国家骨干院校重点建设专业校企合作教材

Yiqi Dazhong Jiaoche TSD Shixun Jiaocheng
一汽大众轿车 TSD 实训教程

赵文天 主编
熊建国 主审

人民交通出版社

内 容 提 要

本书是由青海交通职业技术学院根据国家高职骨干院校建设汽车运用技术试点专业校企合作开发的教材，根据“厂校融通、项目引领、三段递进”312人才培养模式中的品牌汽车TSD训练区的建设要求，以一汽大众汽车维修典型工作任务和技术标准为切入点，按照项目引领、任务驱动的教学理念，开发出7个项目的学习内容，每个项目均注重实用技能的培养，适应一汽大众汽车维修工作的需求。

本书主要内容包括：一汽大众轿车发动机机械系统拆装与检修工艺、一汽大众轿车发动机电子控制系统原理、速腾轿车底盘系统拆装工艺、一汽大众轿车灯光系统、一汽大众轿车车身舒适系统、一汽大众轿车总线网络技术原理与实训、一汽大众轿车维护7个教学项目。

本书可作为高等职业教育汽车运用技术专业教学用书，也可作为汽车行业岗位培训或汽车维修技术人员学习参考用书。

图书在版编目(CIP)数据

一汽大众轿车TSD实训教程 / 赵文天主编. —北京 ：人民交通出版社，2013.2

国家骨干院校重点建设专业校企合作教材

ISBN 978-7-114-10413-8

Ⅰ. ①一… Ⅱ. ①赵… Ⅲ. ①轿车—车辆修理—高等职业教育—教材 Ⅳ. ①U469.110.7

中国版本图书馆CIP数据核字(2013)第041479号

国家骨干院校重点建设专业校企合作教材

书　　名：一汽大众轿车TSD实训教程
著 作 者：赵文天
责任编辑：卢仲贤　袁　方　闫吉维
出版发行：人民交通出版社
地　　址：(100011)北京市朝阳区安定门外外馆斜街3号
网　　址：http://www.ccpress.com.cn
销售电话：(010)59757973
总 经 销：人民交通出版社发行部
经　　销：各地新华书店
印　　刷：北京交通印务实业公司
开　　本：787×1092　1/16
印　　张：17.75
字　　数：450千
版　　次：2013年2月第1版
印　　次：2013年2月第1次印刷
书　　号：ISBN 978-7-114-10413-8
定　　价：55.00元

青海交通职业技术学院

国家骨干院校重点建设专业校企合作教材编审委员会
汽车运用技术专业建设委员会

序

2010年青海交通职业技术学院跻身于全国高职院校“百强”行列，成为西北地区唯一一所交通运输类国家骨干高职院校。汽车运用技术专业群是国家骨干高职院校重点建设项目之一。

本套教材基于汽车运用技术专业“厂校融通、项目引领、三段递进”312人才培养模式，结合现代职业教育理念，以一汽大众汽车、北京现代汽车、丰田汽车、奇瑞汽车四种车系为基础，系统地、科学地将四种品牌汽车知识、新技术、操作规范及在专业中的应用技能进行了整合，引导学生在掌握基本的汽车理论基础后，结合实际的职业岗位能力要求，进行四种车系专项技能学习。

本套教材的内容是在企业调研的基础上，吸收高职高专课程体系改革的先进理念，结合专业特色进行整合的共享型资源，具有较强的指导性、应用性。

本套教材是在多年贯彻“工学结合、校企合作”人才培养模式的教学改革经验的基础上，以职业能力培养为目标，由企业技术人员和学校教师共同编写，体现了学校教学和企业实践的有机统一，传统工艺和现代技术的有机融合，并严格贯彻最新标准、规范、工艺和规程要求。编写过程中注重特定教学对象的认识能力和认知规律，采用图文结合的形式，力求直观明了，提供一种提高学生职业素养和职业能力的解决方案，切实做到了理论够用、重在实践。

本教材的主要特点是：

1. 从企业的需要出发，重塑教学目标

本教材是从企业的需要及学生的职业发展出发，让学生通过品牌汽车专门化学习，能够切实找到自己的职业发展方向或者是能较好地适应未来企业的用人需要。

2. 从人才培养的目标出发，重整教学内容

汽车技术涉及的品牌、范围、层面、内容非常广泛，本教材以丰田、一汽大众、奇瑞和北京现代四种车系基本知识为基础，以面向高职学生的技能实务为主线，把握重点、落到实处。

本教材在编写过程中，参考了近5年来不同版本的本科、专科及中职相关教材、教学参考资料及相关车系4S店提供的信息资料，在此谨向各位参考文献的编写专家及提供信息资料的相关个人、部门表示衷心的感谢。

青海交通职业技术学院

国家骨干院校重点建设专业校企合作教材编审委员会

汽车运用技术专业建设委员会

2012年12月

前　言

2011年青海交通职业技术学院被教育部批准建设国家骨干高职院校,汽车运用技术专业被列为我院骨干校建设试点专业。汽车运用技术专业人才培养模式与课程体系改革以校企合作、工学结合的“厂校融通、项目引领、三段递进”312人才培养模式,以丰田、一汽大众、奇瑞、现代4种品牌汽车为基础,校企共同研究开发课程体系。按照汽车运用技术专业人才培养目标要求,构建基础技能学习、TSD训练区、顶岗实习三大教学领域,形成3个平台、9个项目的能力递进课程体系。

本书根据“厂校融通、项目引领、三段递进”312人才培养模式中的品牌汽车TSD训练区的建设要求,校企共同研究,按照项目引领、任务驱动的教学理念,开发出一汽大众轿车发动机机械系统拆装与检修工艺、一汽大众轿车发动机电子控制系统原理、速腾轿车底盘系统拆装工艺、一汽大众轿车灯光系统、一汽大众轿车车身舒适系统、一汽大众轿车总线网络技术原理与实训、一汽大众轿车维护7个教学项目。突出能力培养,突出学生主体,注重技能训练,实现一体化教学,并渗透素质教育。

本书在编写过程中得到青海通瑞汽车贸易有限公司、青海海通汽车贸易有限公司的智力和技术支持,并特邀青海通瑞汽车贸易有限公司车间技术经理蔡守山参加编写与技术指导,按照不同的项目介绍了一汽大众汽车检测与维修方法,具有较强的针对性和实用性。本书是高职高专汽车类相关专业教材,也可作为中职汽车运用于维修专业的教材,同时也可作为汽车高级维修工培训教材。

本书由青海交通职业技术学院赵文天担任主编,熊建国担任主审。参加编写工作的还有青海交通职业技术学院孙成宁(编写项目一)、赵文天(编写项目二和项目七,其中案例10由张广元编写)、蔡月萍(编写项目三)、田杰春(编写项目四)马焕萍(编写项目五),青海通瑞汽车贸易有限公司车间技术经理蔡守山(编写项目六及项目二中案例1~9)。本书在编写过程中得到了有关领导和老师的大力支持,在此一并表示诚挚的感谢。

由于时间仓促,加之编者水平有限,书中难免存在不足之处,恳请读者给予批评指正。

编者

2012年12月

目　　录

项目一　一汽大众轿车发动机机械系统拆装与检修工艺

任务 1　发动机的拆卸与安装工艺

X 项目描述

某一汽大众 4S 店承修一辆速腾 1.6L 轿车，由于油耗超出标准，动力明显不足，因此发动机需要进行大修。为此，首先应将发动机从车上拆下，此项工作一般由 2～3 人配合完成。

Z 知识目标

1. 知道汽车发动机的整体结构；
2. 知道发动机的工作原理；
3. 知道发动机的编号和特征。

N 能力目标

1. 能根据速腾发动机拆装工艺要求和维修手册制订发动机的拆装工艺流程；
2. 在规定的时间内，按照拆装工艺流程和技术要求，正确、安全使用工具和设备，完成发动机总成的拆装。

S 素质目标

安全与防护，车间 5S 管理，合作、交流、沟通能力的培养。

A　相关知识

一、汽车的组成

汽车是指由独立的动力装置驱动，具有多个车轮，可以单独行驶并完成运载任务的非轨道无架线的车辆。

汽车一般由发动机、底盘、车身和电气设备四个主要部分组成，如图 1-1 所示。

(一) 发动机

发动机是为汽车行使提供动力的装置。其作用使燃料燃烧产生动力，然后通过底盘的传动系驱动车轮使汽车行驶。发动机主要有汽油机和柴油机两种。

(二) 底盘

底盘作用是支承、安装汽车发动机及其各部件、总成，形成汽车的整体造型，并接受发动机的动力，使汽车产生运动，保证正常行驶。底盘由传动系、行驶系、转向系和制动系组成。

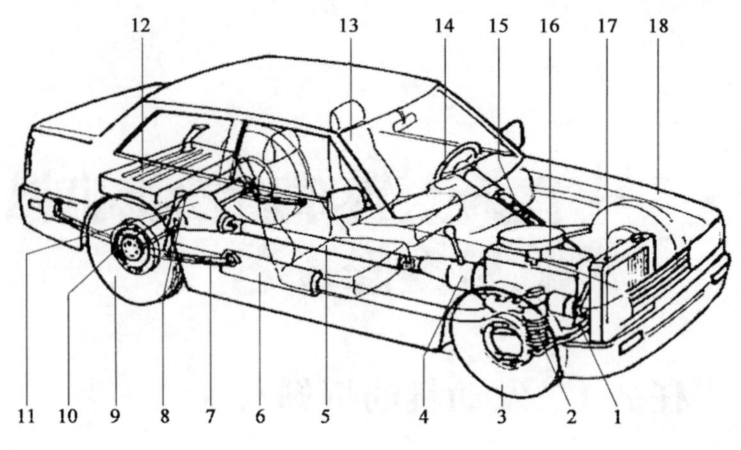

图 1-1　轿车构造示意图

1-前桥；2-前悬架；3-前车轮；4-变速器；5-传动轴；6-消声器；7-后悬架钢板弹簧；8-减振器；9-后轮；10-制动器；11-后桥；12-油箱；13-座椅；14-转向盘；15-转向器；16-发动机；17-散热器；18-车身

（三）车身

车身容纳驾驶员、乘客和货物，并构成汽车的外壳。载货汽车车身由驾驶室的货厢组成，客车与轿车的车身由统一的外壳构成。专用车辆还包括其他特殊装备等。车身还包括车门、窗、车锁、内外饰件、附件、座椅及车前各钣金件等。

（四）电气设备

电气设备由电源和用电设备组成。电源包括发电机和蓄电池。用电设备的内容很多，不同车型不太一样，主要有点火系、起动系、照明、仪表信号系统、空调以及其他用电设备等。

二、发动机的组成

（一）曲柄连杆机构

曲柄连杆机构是由机体、活塞连杆组和曲轴飞轮组三部分组成，其作用是将燃料燃烧所产生的热能，经机构由活塞的直线往复运动转变为曲轴旋转运动而对外输出动力。机体还是发动机各个机构、各个系统和一些其他部件的安装基础，并且机体许多部分还是配气机构、燃料供给系、冷却系和润滑系的组成部分。

（二）配气机构

配气机构是由气门组和气门传动组两部分组成。其作用是按照发动机各缸工作顺序和工作循环的要求，定时地将各缸进、排气门打开或关闭，以便发动机进行换气过程。

（三）燃料供给系

汽油机燃料供给系由燃油箱、燃油泵、汽油滤清器、喷油器、油压调节器、燃油分配管、空气滤清器、输油管、回油管、进排气歧管和排气消声器等组成，其作用是根据发动机不同工况的要求，配制一定数量和浓度的可燃混合气，供入汽缸，并在燃烧作功后将燃烧后的废气排至大气中。

（四）冷却系

冷却系有水冷式和风冷式两种，现代汽车一般都采用水冷式。水冷式由水泵、散热器、风扇、分水管、节温器和水套（在机体内）等组成，其作用是利用冷却水冷却高温零件，并通过散热器将热量散发到大气中去，从而保证发动机在正常温度状态工作。

（五）润滑系

润滑系由机油泵、限压阀、集滤器、机油滤清器、限压阀、油底壳等组成。其作用是将润滑油分送至各个摩擦零件的摩擦面，以减小摩擦力，减缓机件磨损，并清洗、冷却摩擦表面，从而延长发动机的使用寿命。

（六）起动系

起动系由起动机和起动继电器等组成，其作用是带动飞轮旋转以获得必要的动能和起动转速，使静止的发动机起动并转入自行运转状态。

（七）点火系

汽油机点火系由电源（蓄电池和发电机）、点火线圈、分电器和火花塞等组成，其作用是按一定时刻向汽缸内提供电火花以点燃缸内可燃混合气。

三、四冲程汽油机的工作原理

四冲程汽油机的工作循环是由进气、压缩、作功和排气4个行程组成的。图1-2为单缸四冲程汽油机工作循环示意图。

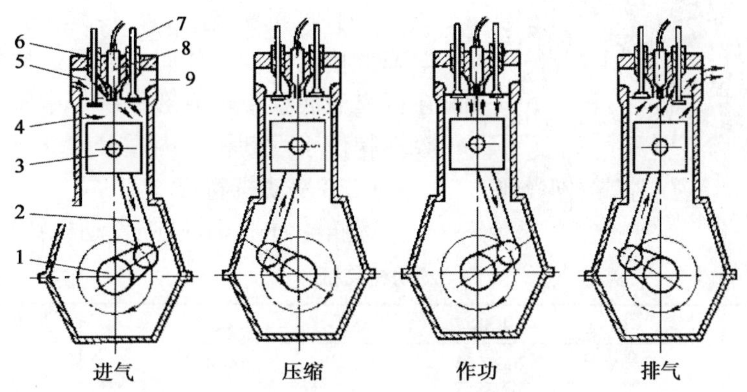

图1-2　四冲程汽油机工作循环示意图

1-曲轴；2-连杆；3-活塞；4-汽缸；5-进气管；6-进气门；7-排气门；8-喷油器；9-排气管

（一）进气行程

进气行程活塞由曲轴带动从上止点向下止点运动，此时，排气门关闭，进气门开启。活塞移动过程中，汽缸内容积逐渐增大，形成一定真空度，于是经过滤清的空气与供油系喷入的汽油混合成可燃混合气，通过进气门被吸入汽缸。活塞从上止点到达下止点时，进气门关闭，停止进气。

（二）压缩行程

为使可燃混合气迅速燃烧，达到改善发动机动力性和经济性的目的，必须在燃烧前对可燃混合气进行压缩，以提高可燃混合气的温度和压力。因此，在进气行程结束时立即进入压缩行程，活塞在曲轴的带动下，从下止点向上止点运动，由于进、排气门均关闭，汽缸内容积逐渐减小，可燃混合气压力、温度逐渐升高。

（三）作功行程

在压缩行程末，火花塞产生电火花点燃混合气并迅速燃烧，使气体的温度、压力迅速升高而膨胀，从而推动活塞从上止点向下止点运动，通过连杆使曲轴旋转作功，活塞从上止点到达下止点时作功结束。

（四）排气行程

为使循环能够连续进行，须将燃烧产生的废气排出。在作功行程终了时，排气门打开，进气门关闭，曲轴通过连杆推动活塞从下止点向上止点运动，废气在自身剩余压力和活塞推动下，被排出汽缸，活塞从下止点到达上止点时，排气门关闭，排气结束。

四、发动机编号和特征

（一）速腾4缸1.6L电喷发动机编号

发动机编号（“发动机标识字母”和“序列号”）位于发动机与变速器的分隔缝左侧。发动机编号最多由9个符号组成（字母和数字）。第一部分（最多3位代码）表示的是“发动机代码”，第二部分（6位）表示的是“序列号”。如果发动机代码相同的发动机产量超过999999个，则6位符号的第一位由字母代替。

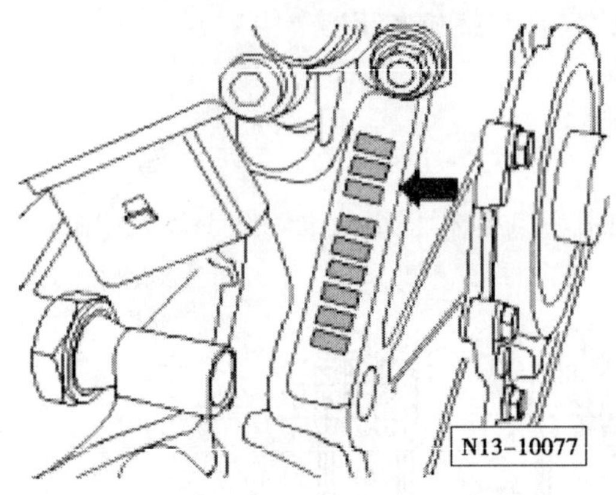

图1-3　齿形传动带护罩上的“发动机码”和“序列号”标签

另外在齿形传动带护罩上贴有“发动机代码”和“序列号”的标签，如图1-3所示。也可在汽车数据牌上找到发动机代码。汽车后部的备胎凹坑中或在行李舱底板上也有数据牌。中国生产的速腾车型数据牌位于发动机室内左悬架支座上。

（二）发动机特征

速腾4缸1.6L电喷发动机特征如表1-1所示。

发动机特征　　表1-1

发动机代码	BSE	BSF	BWH
生产日期	2004.05	2004.05	2003.06
排放限值标准	EU4 标准	EU2kk 标准①	EU4 标准
排量(L)	1.6	1.6	1.6
功率[kW/(r·min)]	75/5600	75/5600	74/6000
转矩[N·m/(r/min)]	148/3800	148/3800	145/3800
缸径(mm)	81.0	81.0	81.0
行程(mm)	77.4	77.4	77.4
压缩比	10.5	10.5	10.3～10.5
每个汽缸气门数	2	2	2
ROZ	95号无铅[2]	95号无铅[2]	95号或93号无铅
喷射装置、点火装置	SIMOS7	SIMOS7	SIMOS7.6
防爆震控制	1个传感器	1个传感器	2个传感器
自诊断	是	是	是
空燃比控制	2个传感器	2个传感器	2个传感器
三元催化转换器	是	是	是
废气再循环	否	否	否
进气切换	是	是	是
二次空气系统	是	否	是
发动机功率电子控制系统	是	是	是

B 实训操作内容

一、实训之前工作

(一)车辆及工具准备

速腾1.6L轿车一辆,所需要的专用工具和维修设备如图1-4所示,有力矩扳手V.A.G 1331、力矩扳手V.A.G1332、发动机和变速器举升装置V.A.G 1383A、弹簧卡箍钳VAS 5024 A、梯子VAS 5085、发动机支架T10012和电缆扎带。

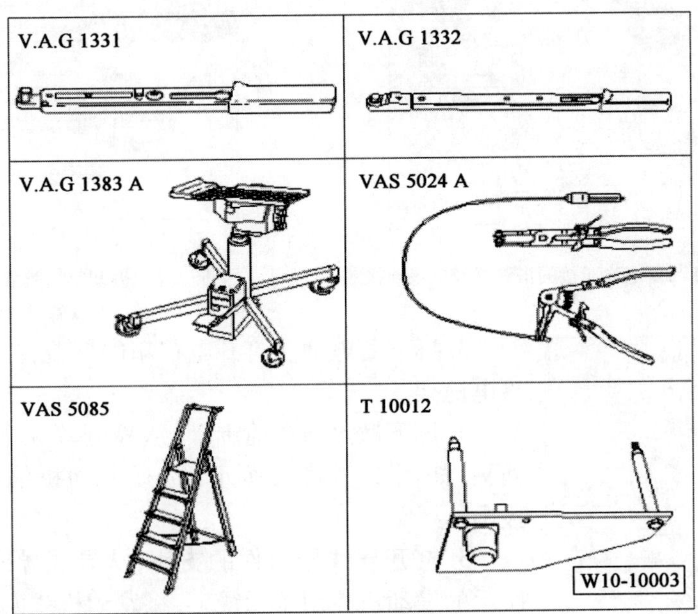

图1-4 专用工具和维修设备

(二)实训注意事项及相关提示

1. 注意事项

对于所有的装配工作,特别是在发动机舱内由于空间狭窄,请注意下列说明:

(1)正确敷设所有类型的管路(例如燃油、液压、活性炭罐装置、冷却液和制冷剂、制动液、真空系统)和电器导线,以便重建原始的布线。

(2)冷却系统与燃油系统管路承受压力,拆卸时要戴好防护眼镜并穿好防护服,以免伤害和接触皮肤。

(3)为了避免损坏管路和导线,应注意所有运动的或热的部件间要有足够的距离。

2. 提示

(1)其他工作步骤中必须断开蓄电池的搭铁线。因此请检查是否安装了已设码的收音机设备,然后在必要时先查询防盗设码。

(2)将发动机连同变速器一起向下拆下。

(3)所有在拆卸发动机时松开或切断的电缆扎带,在安装发动机时应再次在同一位置复原。

二、拆卸和安装发动机总成

（一）发动机拆卸步骤

1. 关闭汽车点火开关后断开蓄电池搭铁线，如图1-5所示，切断与蓄电池连接的搭铁线及正极连接线。

2. 拆下发动机罩。拔下图1-6所示的空气滤清器壳上的软管1和2。旋出螺栓，并将空气滤清器壳拆下。

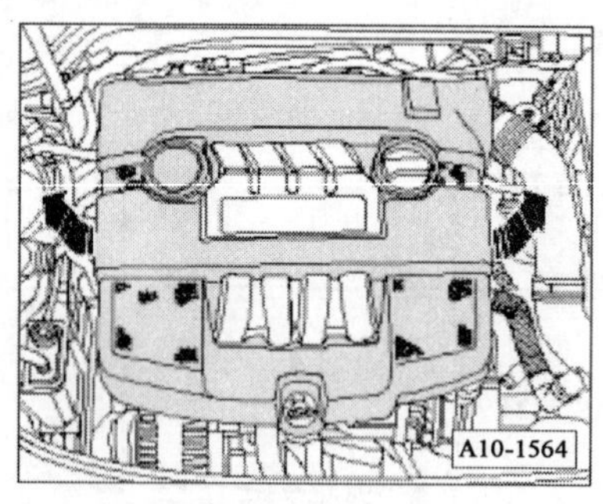

图1-5　切断与蓄电池连接的搭铁线及正极连接线

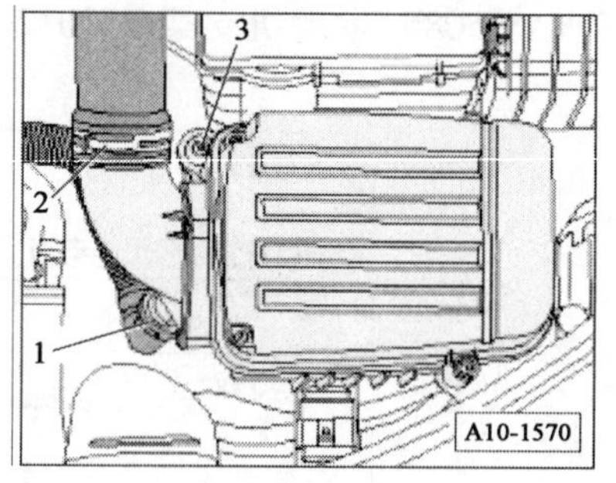

图1-6　拆卸空气滤清器上的软管

1、2-软管；3-螺栓

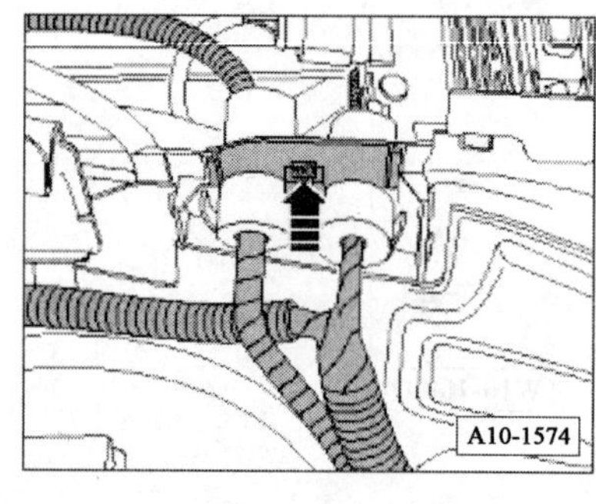

图1-7　发动机线束套管

3. 拆下蓄电池。打开电控箱的端盖，并将管路拧下，拆下蓄电池架。

4. 拆下散热器和前围板，从控制单元上拔下发动机接线插头，如图1-7箭头所示，松开发动机线束的套管并向上拔出。

5. 打开导线导向件的支座，从导线导向件中取出图1-8所示的发动机控制单元线束，将发动机线束置于发动机上。

6. 脱开图1-9所示的通风管和进油管。为此要压入卡环，封闭管路，避免燃油系统受污。

提示：在松开软管前在连接处周围放置抹布，然后小心拔下软管，以卸除压力。

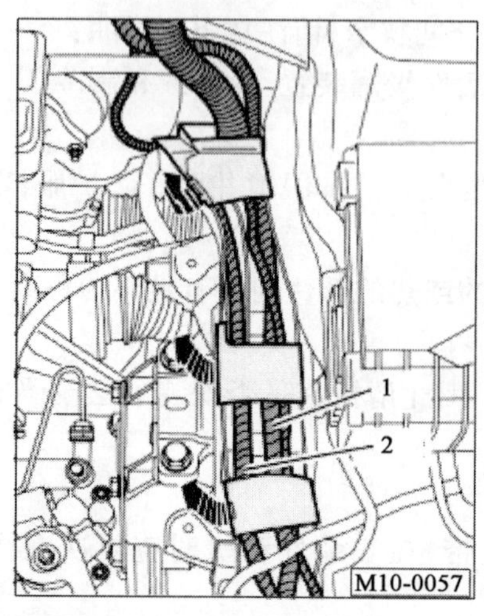

图1-8　发动机控制单元线束

1-控制单元线束；2-发动机线束

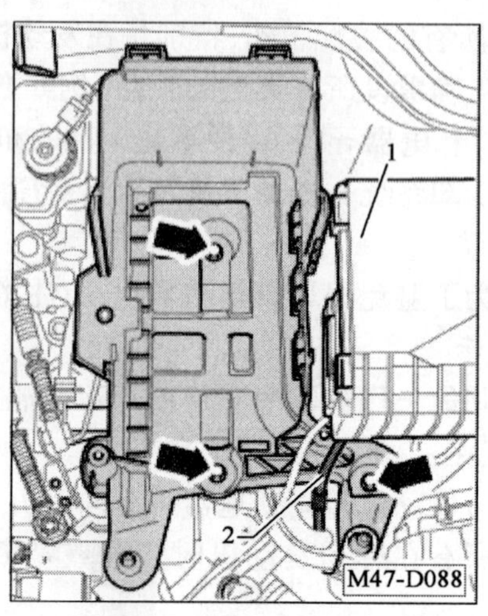

图1-9　脱开通风管和进油管

1-通风管；2-进油管路

7. 拆下隔声垫，将前围支架放于维修位置，放出发动机冷却液。从发动机与变速器上拔下或断开所有其他的导线，并放在一旁；再从发动机上拔下所有连接软管、冷却液软管、真空管和进气软管。

8. 将发动机总成支撑的螺栓略微松动（旋松少于1圈），如图1-10所示。

9. 将变速器总成支撑的螺栓略微松动（旋松少于1圈），如图1-11所示。

图1-10　发动机总成支撑螺栓

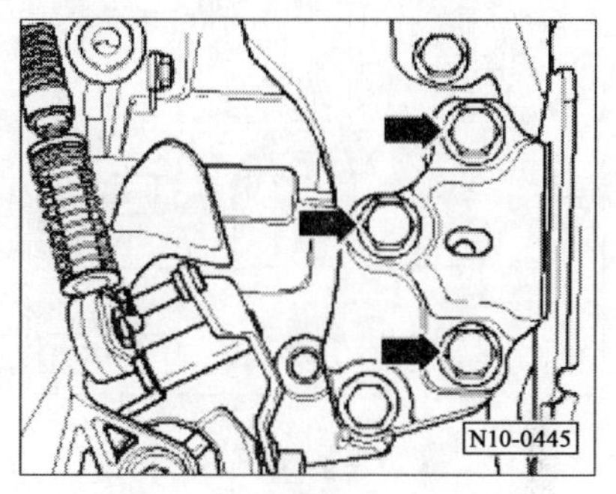

图1-11　变速器总成支撑螺栓

带空调的汽车

提示：为了避免损坏冷凝器和制冷剂管路及软管，应注意不要过度拉伸、弯折或扭曲管路和软管。

10. 拆下多楔带。从附加动力总成支架上拆下空调压缩机、暖风装置和空调器，将空调压缩机安装在前围支架上时，冷却液管路处于卸载状态。

带有手动变速器的汽车

11. 拆卸变速器连接件（5挡手动变速器0AF），如图1-12所示，拆下从动缸并置于一侧，不要打开管道系统。

提示：在拆下从动缸后不要再踩下离合器踏板。

装配自动变速器的汽车

12. 将选择杠杆绳索传动装置从变速器上拆下来（自动变速器09G）。

以下适用于所有汽车

13. 拆下带尾气催化净化器的排气前管，如图1-13所示，首先旋出螺栓1，然后旋出螺栓2和3并拆下摆动支撑。

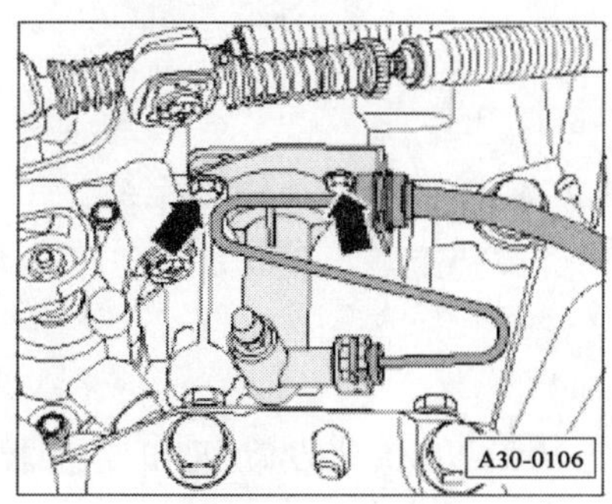

图1-12　拆下从动缸

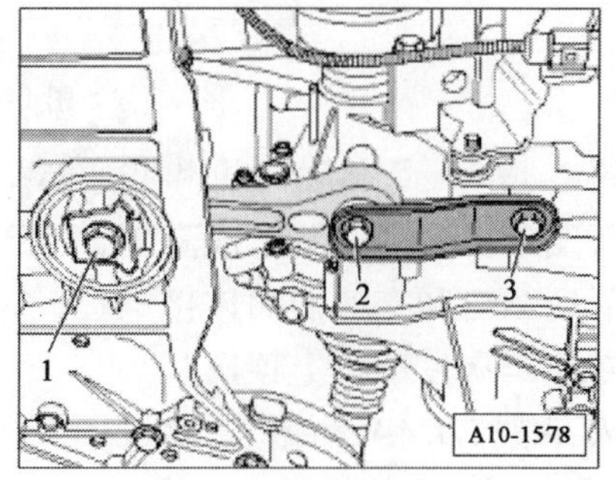

图1-13　拆卸摆动支撑

1～3-螺栓

14. 拆下右侧的万向传动轴并拧下变速器上左侧的万向传动轴。旋出图1-14所示的汽缸体前面的螺纹销。

15. 安装发动机和变速器举升装置 V. A. G 1383A 中的支架 T10012。此时拧出螺栓,使它不要承重过度。

16. 如图 1-15 所示,安装发动机支架 T10012,用 20N·m 的力矩拧紧汽缸体前面的螺钉 M10 ×25,将发动机和变速器用举升装置 V. A. G 1383A 略微举起。

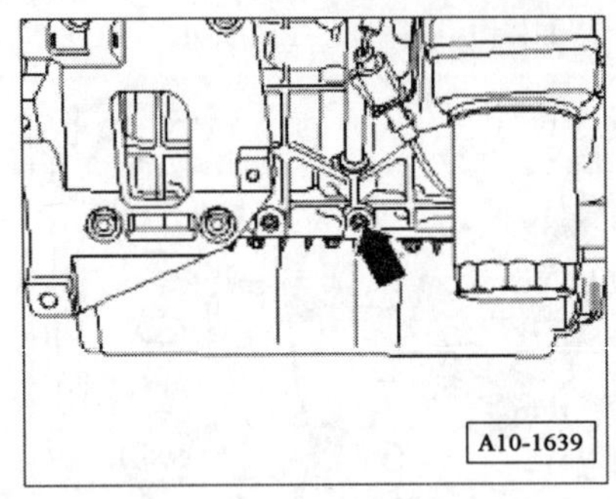

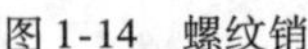

图 1-14　螺纹销

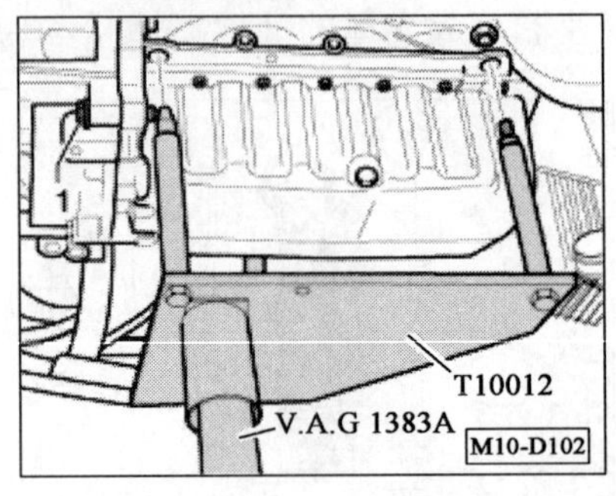

图 1-15　安装发动机和变速器举升装置

1-螺钉

17. 从上面将发动机侧面支撑螺栓从发动机支架上拧下,再从上面将变速器侧面支撑螺栓从变速器支架拧下。

提示:拆卸紧固螺栓时使用梯子 VAS 5085。

18. 小心地向下缓慢降低发动机与变速器总成。

提示:降低发动机与变速器时必须小心地导引,以免损坏车身。

(二)在装配架上固定发动机

所需要的专用工具如图 1-16 所示,吊架 2024 A、车间起重机 VAS 6100 以及发动机和变速器支架 VAS 6095。为了进行装配工作,应将发动机和变速器固定到支架 VAS 6095 上。

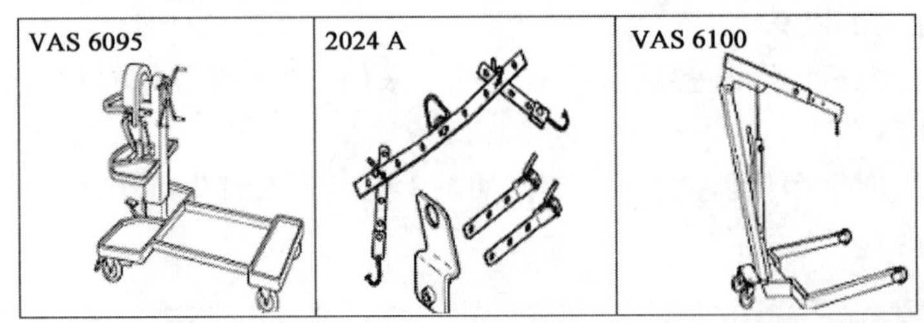

图 1-16　专用工具

1. 如图 1-17 所示,将发动机和变速器举升装置 V. A. G 1383A 送到工作台。
2. 降低发动机和变速器总成高度,使变速器落到支撑垫上。
3. 拆下发动机和变速器的连接螺栓。
4. 将变速器从发动机上顶出。
5. 挂入吊架 2024A,并将发动机用车间起重机 VAS 6100 从发动机和变速器举升装置 V. A. G 1383A 中取下。
6. 吊装位置如图 1-18 所示,在发动机带轮侧,将孔条第 3 个孔置于位置 2。在发动机飞轮侧,将孔条第 3 个孔置于位置 8。

提示:在钩子和锁止杆上使用安全销,以免损坏发动机和汽车;另外将发动机固定到发动机和变速器支架 VAS 6095 上,必须将配合套取下。

(1)拱形支架上标记 1 ~4 的插拔位置指向带轮。

(2)带孔导轨上的孔从挂钩处数起。

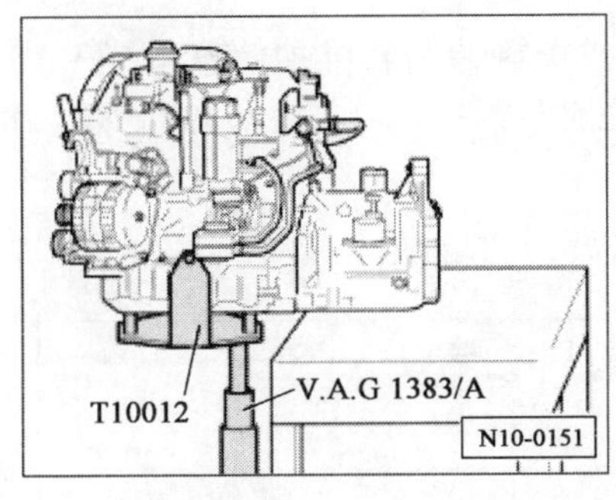

图 1-17　将 V. A. G 1383A 送到工作台

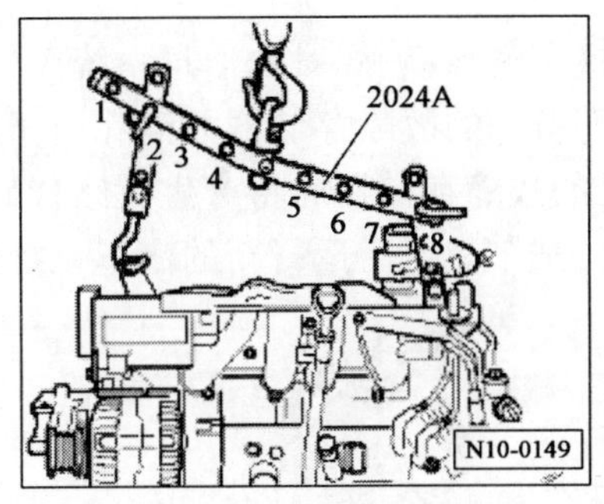

图 1-18　吊装位置

(三)安装发动机

1. 将发动机与变速器定心时将新配合套装入汽缸体。

2. 将垫板嵌到密封凸缘上,然后推到配合套上,如图 1-19 所示。

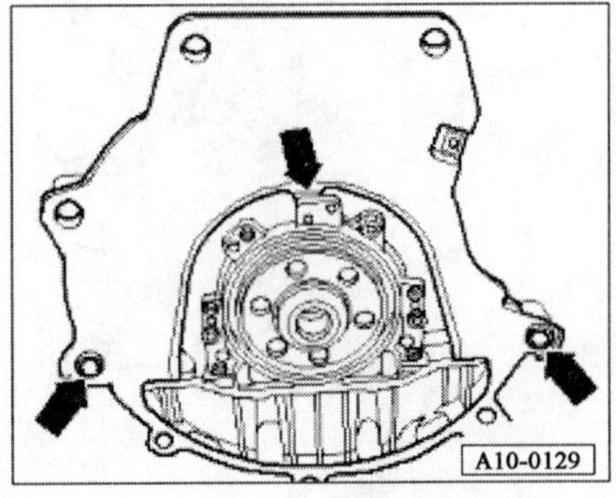

图 1-19　配合套

带有手动变速器的汽车

3. 在驱动轴齿上用少许润滑脂 G000100 润滑。

4. 离合器和离合器操纵装置的检测和安装。

以下适用于所有汽车

在安装发动机和变速器总成时应注意副车架到散热器的距离。

5. 摇动发动机支座,将其调整到无应力,如有必要将发动机支座从车身上松开。

6. 安装上摆动支撑,再次向内偏转带有放松剂的螺纹销并将其拧紧(10N·m)。

7. 安装右侧万向传动轴并将左侧万向传动轴拧到变速器上。

8. 安装带尾气催化净化器的排气前管。

带有手动变速器的汽车

9. 安装变速操纵部件,必要时调整。

10. 安装液压离合器的从动缸。

装配自动变速器的汽车

11. 安装并调试选择杠杆绳索传动装置。

带空调的汽车

12. 安装空调压缩机和多楔带。

以下适用于所有汽车

13. 安装隔声垫。

14. 安装散热器前围板。

15. 如图 1-20 所示,将发动机线束从控制单元下部和线束向左铺设。

16. 安装蓄电池支架并拧紧螺栓。

17. 如图 1-21 所示铺设导线,在电控箱旁将其拧紧。

18. 装入蓄电池并注意夹紧蓄电池。

19. 给燃油系统排气。

20. 加注冷却液。

21. 安装隔热垫。

22. 连接车辆诊断、测量和信息系统 VAS 5051 或车辆诊断和维护信息系统 VAS 5052.

23. 查询所有的故障存储器并清除由于安装发动机而产生的所有故障输入。在清除发动机控制单元的故障存储器后将产生就绪代码。

24. 进行试车。之后运行新的汽车系统测试,必要时排除故障。

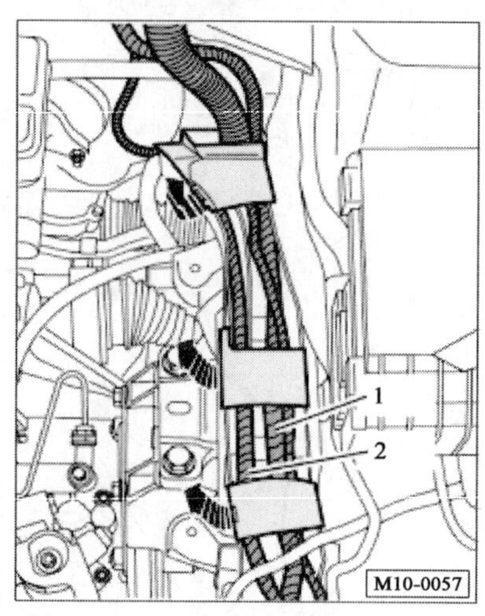

图 1-20　铺设导线

1-发动机线束;2-控制单元下部线束

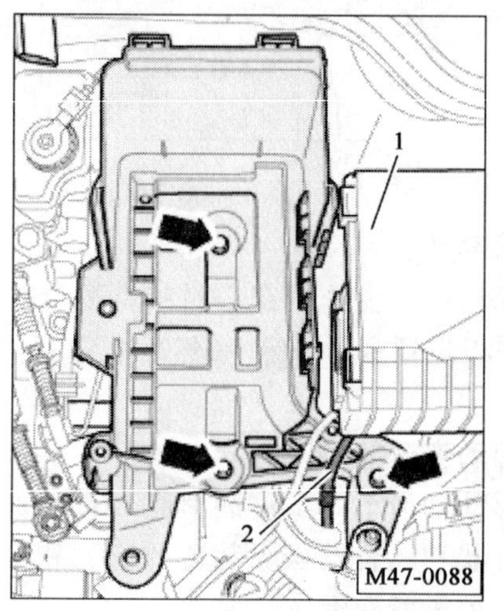

图 1-21　铺设导线

1-电控箱;2-导线

C　知识拓展

一、发动机总成支撑测试和调整

(一)检查调整情况

1. 拆下发动机罩。

2. 进行发动机总成支撑测试。

3. 必须满足下列尺寸:

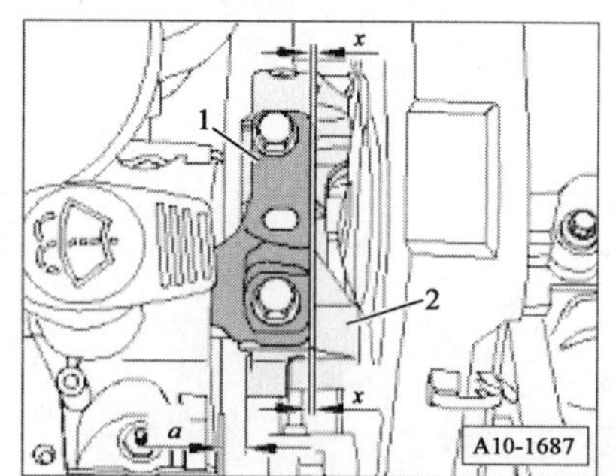

图 1-22　调整间隙

1-支撑臂;2-发动机支座

(1)如图 1-22 所示,发动机支座和右侧大梁之间必须有至少 10mm 的间隙 a。

(2)发动机支座的铸造边角必须和支撑臂平行安装。尺寸 x(大约为 12mm)必须前后一致。

(3)间隙 a = 10mm 可以采用合适的圆形材料等来检测。

(二)调整发动机总成支撑

所需要的专业工具和维修设备有:支撑工装 10-222A 和力矩扳手 V. A. G 1332,如图 1-23 所示。

如果测量间隙发现过宽或过窄时,请进行如下操作。

1. 拔下空气滤清器壳上的插头 1 和 2,旋出螺栓,并将空气滤清器壳拆下。

2. 拆下蓄电池。打开电控箱的端盖并将管路拧下。拧出螺栓并拆卸蓄电池架。

3. 如图 1-24 所示,将支撑工具 10-222 A 和适配器 10-222 A/8 安装在发动机室的气压调节阀前。将螺杆的弹簧加压防止开钩后安装在悬挂钩旁。发动机两侧的螺杆同时松动,不要抬起。旋出发动机总成支撑的螺栓。

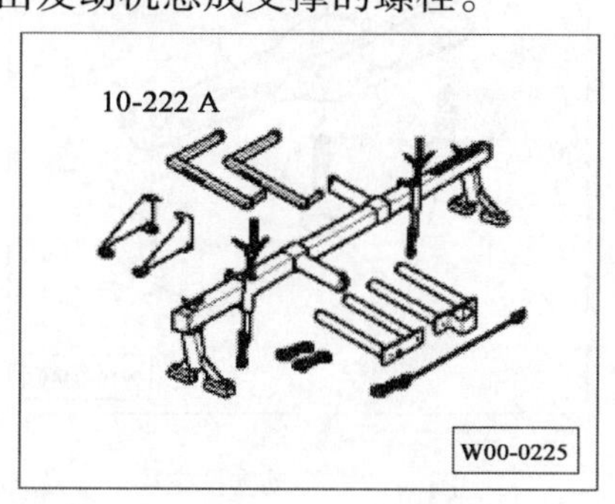

图 1-23 专用工具和维修设备

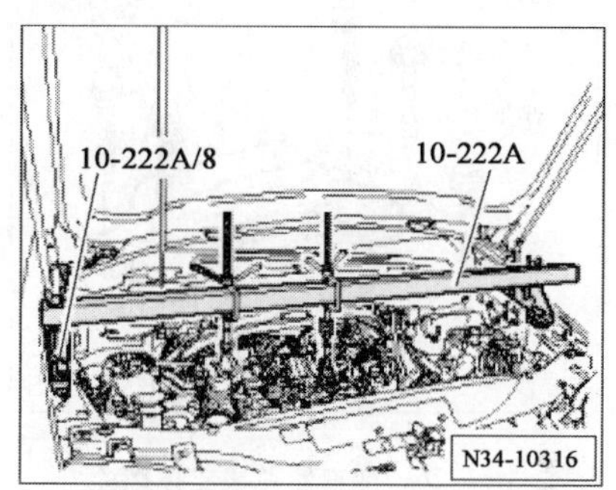

图 1-24

4. 旋出变速器总成支撑的螺栓。将所有的螺栓更新(在发动机安装后立即完成),并将松的螺栓都旋紧。

5. 用安装杆在发动机托架和支撑臂之间推动发动机,指导能安装上下列接地。

(1)发动机支座和右侧大梁之间必须有至少 10mm 的间隙。

(2)发动机支座的铸造边角必须和支撑臂平行安装。尺寸 x 必须前后一致。

提示:间隙可以采用合适的圆形材料等来检测。

6. 紧固发动机侧面支撑的螺栓。

请注意变速器侧面的支撑臂和变速器支座应相互平行安装。尺寸 x 必须前后一致。

7. 紧固变速器总成支撑的螺栓。

8. 按相反顺序安装。

9. 装入蓄电池并夹紧蓄电池。

二、发动机总成支撑

发动机总成支撑包括发动机总成支撑、变速器总成支撑、摆动支撑组成。

(一)发动机总成支撑螺栓的拧紧力矩

如图 1-25 所示,各螺栓拧紧力矩是:

$M_A=20\text{N}\cdot\text{m}$ + 继续旋转 90°(1/4 周)

$M_B=40\text{N}\cdot\text{m}$ + 继续旋转 90°(1/4 周)

$M_C=60\text{N}\cdot\text{m}$ + 继续旋转 90°(1/4 周)

(二)变速器总成支撑螺栓的拧紧力矩

如图 1-26 所示,各螺栓拧紧力矩是:

$M_A=20\text{N}\cdot\text{m}$ + 继续旋转 90°(1/4 周)

$M_B=40\text{N}\cdot\text{m}$ + 继续旋转 90°(1/4 周)

(三)摆动支撑螺栓的拧紧力矩

如图 1-27 所示,各螺栓拧紧力矩是:

$M_A=40\text{N}\cdot\text{m}$ + 继续旋转 90°(1/4 周)

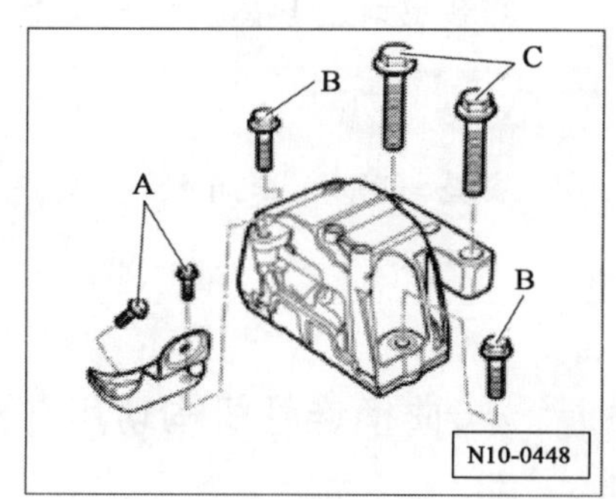

图 1-25 发动机总成支撑螺栓

$M_B = 100N \cdot m +$ 继续旋转 90°(1/4 周)

拆卸：首先拧出螺栓 B，然后拧出螺栓 A。

安装：首先拧紧螺栓 A，然后拧紧螺栓 B。

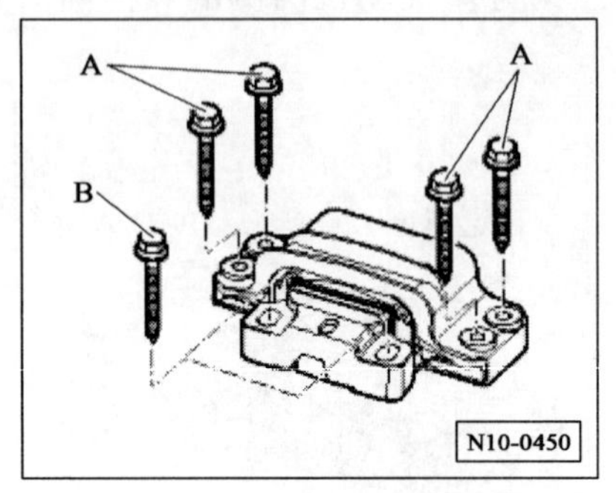

图 1-26　变速器总成支撑螺栓

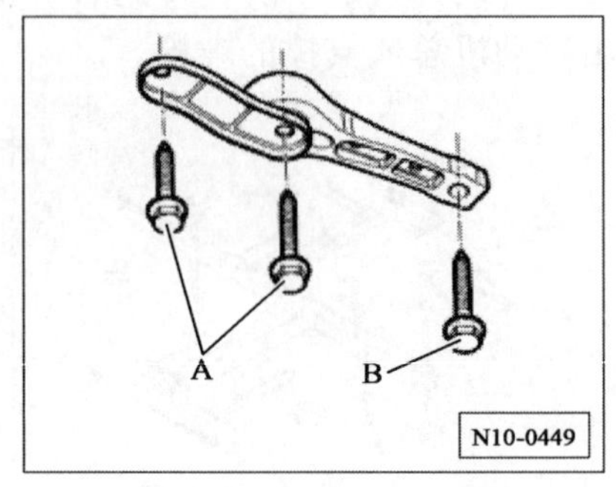

图 1-27　摆动支撑螺栓

任务 2　曲柄连杆机构拆检工艺

X 项目描述

某一汽大众 4S 店承修一辆速腾 1.6L 轿车，需对发动机进行大修。现要求完成曲柄连杆机构的装配。此项工作一般由 2 名机修工完成。

Z 知识目标

1. 知道曲柄连杆机构的组成、各主要部件的构造和装配连接关系；
2. 知道曲柄连杆机构的工作条件及主要机件的受力情况；
3. 知道曲柄连杆机构的装配要求。

N 能力目标

1. 能根据工艺要求和维修手册制订曲柄连杆机构拆装的工艺流程；
2. 在规定的时间内，按照安装工艺流程和技术要求，正确、安全地使用工具和设备，完成曲柄连杆机构的拆装；
3. 能够对曲柄连杆机构主要部件进行检查更换。

S 素质目标

安全与防护，车间 5S 管理，合作、交流、沟通能力的培养。

A　相关知识

一、曲柄连杆机构功用与组成

曲柄连杆机构是往复活塞式发动机将热能转换为机械能的主要机构。曲柄连杆机构的功用是将燃气作用在活塞顶上的压力转变为曲轴旋转运动而对外输出动力。

发动机工作过程中，燃料燃烧产生的气体压力直接作用在活塞顶上，推动活塞作往复直线运动。经活塞销、连杆和曲轴，将活塞的往复运动转换为曲轴的旋转运动。

发动机产生的动力大部分由曲轴后端的飞轮传给传动系中的离合器，还有一小部分通过曲轴前端的齿轮和带轮驱动本机其他机构和系统。

曲柄连杆机构由机体组、活塞连杆组和曲轴飞轮组3部分组成。

机体组：主要由汽缸体、曲轴箱、汽缸盖、汽缸套和汽缸垫等不动件组成。

活塞连杆组：主要由活塞、活塞环、活塞销和连杆等运动件组成。

曲轴飞轮组：主要由曲轴和飞轮等运动机件组成。

二、工作原理与工作条件

发动机工作时，曲柄连杆机构是在高温、高压、高速和有化学腐蚀的条件下工作的。由于曲柄连杆机构是在高压下作变速运动，因此，它在工作中的受力情况很复杂。其中主要有气体作用力、运动质量的惯性力、旋转运动件的离心力以及相对运动件的接触表面所产生的摩擦力等。

（一）气体作用力

在每个工作循环的4个行程中，气体压力始终存在。但由于进气、排气两个行程中的气体压力较小，对机件影响不大。

在作功行程中，气体压力推动活塞向下运动（图1-28a）。设活塞所受的总压力为F_p，其传到活塞销上可分解为F_{p1}和F_{p2}。分力F_{p1}通过活塞销传给连杆，并沿连杆方向作用在连杆轴颈上。F_{p1}还可分解为两个分力R和S。分力R沿曲柄方向使曲轴主轴颈与主轴承间产生压紧力；分力S垂直于曲柄，其除了使主轴颈和主轴承之间产生压紧力外，还对曲轴产生转矩T，驱动曲轴旋转。F_{p2}把活塞压向汽缸壁，形成活塞与缸壁间的侧压力，有使机体翻倒的趋势，故机体下部的两侧应支撑在车架上。

作功行程中气体压力越大，发动机动力也越大。但气体压力又是造成机件磨损和损坏的主要因素。

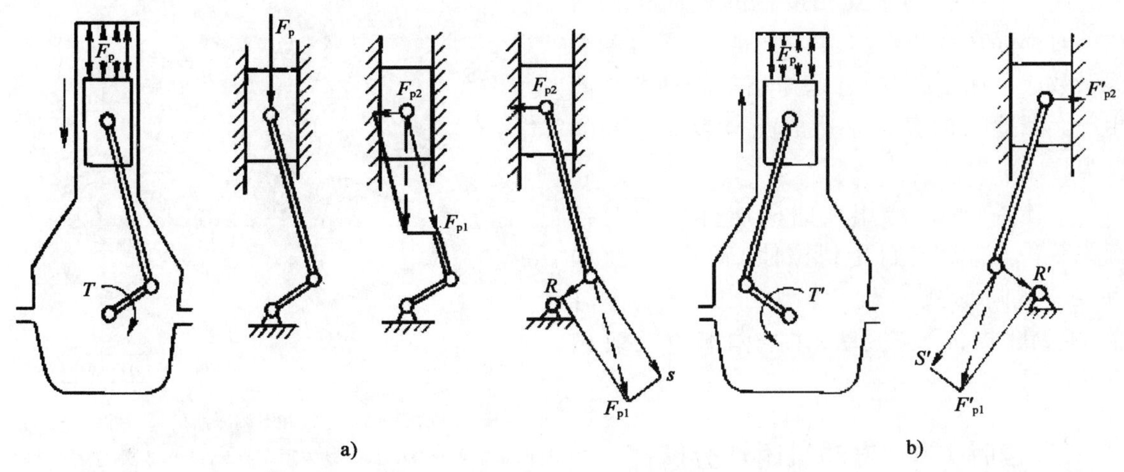

图1-28　气体压力作用情况示意图

a）作功行程；b）压缩行程

在压缩行程中,气体压力是阻碍活塞向上运动的阻力。这时作用在活塞顶上的气体总压力也可分解为 F'_{p1} 和 F'_{p2}(图 1-28b),F'_{p1} 又可分解为 R' 和 S' 分力。S' 对曲轴形成一个旋转阻力矩 T',企图阻止曲轴旋转;而 F'_{p2} 则将活塞压向汽缸的另一侧壁。

(二)往复惯性力与离心力

往复运动的物体,当运动速度变化时,将产生往复惯性力。物体绕某一中心作旋转运动时,就会产生离心力。这两种力在曲柄连杆机构的运动中都存在。

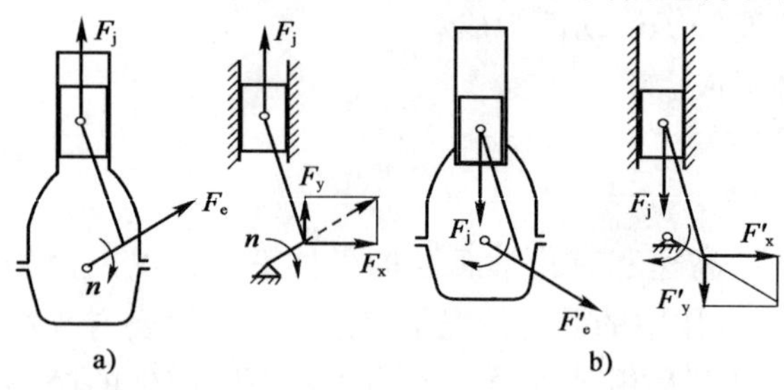

图 1-29 往复惯性力和离心力作用示意图

a)活塞上半行程的惯性力和离心力;b)活塞下半行程的惯性力和离心力

当活塞从上止点向下止点运动时,其速度变化规律是:从零开始,逐渐增大,临近中间速度达最大值,然后又逐渐减小至零。也就是说,当活塞向下运动时,前半行程是加速运动,惯性力向上,以 F_j 表示(图 1-29a);后半行程是减速运动,惯性力向下,以 F'_j 表示(图 1-29b)。同理,当活塞向上运动时,前半行程惯性力向下,后半行程惯性力向上。由于往复惯性力和气体压力都可以认为作用于汽缸中心,只是上下方向有时不同,因此,惯性力分解后引起各传动机件的受力情况和气体压力相同。但惯性力不作用于汽缸盖,它在单缸发动机内部是不平衡的,会引起发动机上下振动,多缸发动机的惯性力可能在各缸之间相互平衡,引起振动的倾向大为减小。

偏离曲轴轴线的曲柄、连杆轴颈和连杆大头在绕曲轴轴线旋转时,将产生离心力 F_e(图 1-29a),其方向沿曲柄向外。F_e 在垂直方向上的分力 F_y 与往复惯性力 F_j 的方向总是一致的,因而加剧了发动机的上下振动。而水平方向上的分力 F_x 则使发动机产生水平方向的振动。另外,离心力使连杆大头的轴承和轴颈、曲轴主轴承和轴颈受到又一附加载荷,增加了它们的变形和磨损。

(三)摩擦力

曲柄连杆机构中互相接触的表面作相对运动时都存在有摩擦力,其大小与正压力和摩擦系数成正比,其方向总是与相对运动的方向相反。摩擦力的存在是造成配合表面磨损的根源。

上述各种力,作用在曲柄连杆机构的各有关零件上,使它们受到拉伸、压缩、弯曲和扭转等不同形式的载荷。为了保证工作可靠,减少磨损,减轻振动,在结构上应采取相应的措施。

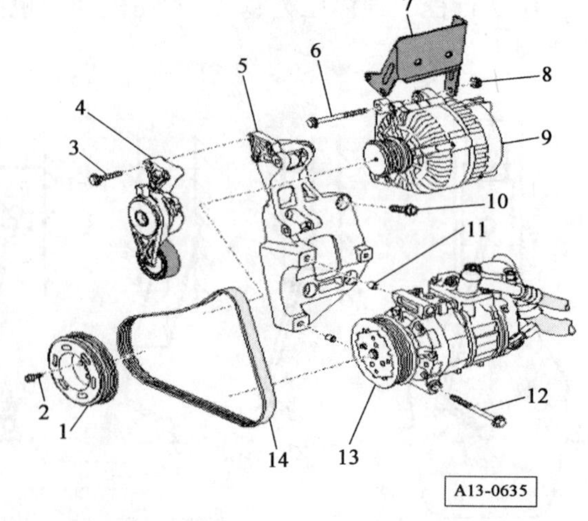

图 1-30 曲轴带盘、发电机和空调压缩机等附件的分解图

1-曲轴带轮;2-螺栓,拧紧力矩 10N·m;3、6、8-螺栓,拧紧力矩 23N·m;4-多楔带的张紧装置;5-辅助机组架;7-防护板;9-发电机;10-螺栓,拧紧力矩 45N·m;11-轴承;12-螺栓,拧紧力矩 25N·m;13-空气压缩机;14-多楔带

三、速腾 1.6L 发动机附件分解图

速腾 1.6L 发动机附件如图 1-30、图 1-31 和图 1-32 所示。

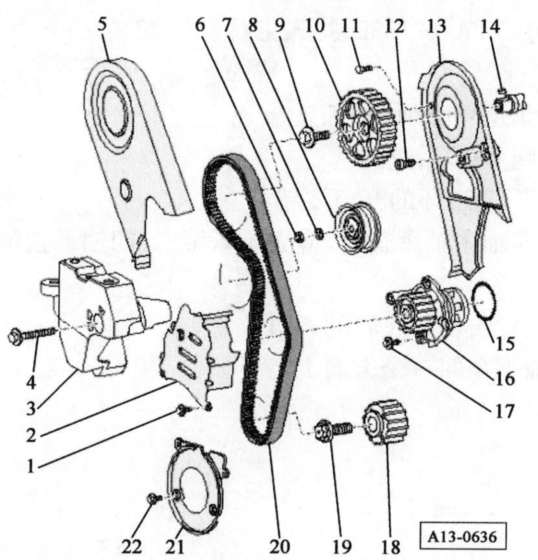

图 1-31 发动机支架及曲轴正时带轮系零件的分解图
1、11、12、17-螺栓(用防松剂涂抹后装入);2-齿形带中部护罩;3-发动机支架;4、6、9、22-螺栓;5-齿形带上部护罩;7-垫圈;8-半自动张紧轮;10-凸轮轴正时齿轮;13-后部齿形带护罩;14-半圆键;15-O 形圈;16-冷却液泵;18-曲轴正时齿轮;19-螺栓,拧紧力矩 90N·m+继续旋转 90°;20-齿形带;21-齿形带下部护罩

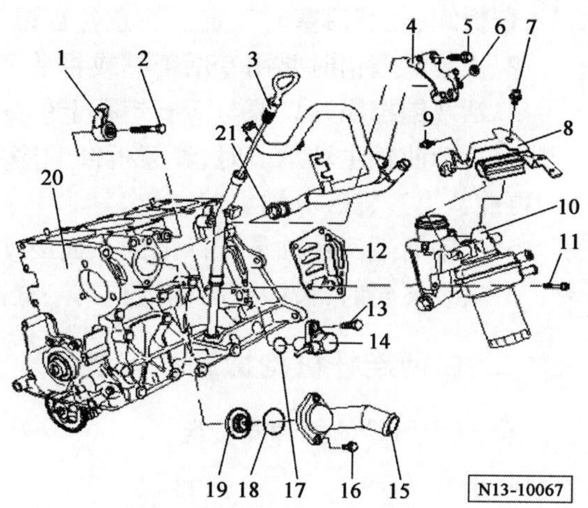

图 1-32 发动机爆震传感器、发动机转速传感器及节温器零件的分解图
1-132 爆震传感器 1(G61);2、5、6、7、9、11、13、16-螺栓;3-机油尺;4、8-支架;10-带加装件的机油过滤器支架;12-密封条;14-发动机转速传感器(G28);15-连接接头;17-O 形圈;18-密封环;19-节温器;20-汽缸体;21-冷却液管上的密封环

B 实训操作内容

一、实训之前准备工作

(一)车辆及工具准备

速腾 1.6L 轿车一辆,所需要的专用工具如图 1-33 所示,密封环起拔器 3203、夹具 3415、

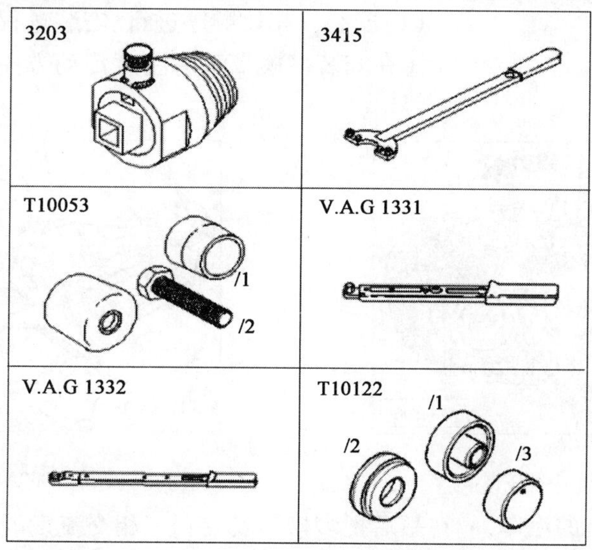

图 1-33

装配工具 T10053、力矩扳手 V. A. G 1331、力矩扳手 V. A. G 1332、拉入工具 T10122。

（二）实训注意事项

1. 拆卸、安装活塞时一定要注意各缸记号，若无记号必须做标记。

2. 安装活塞销时要用专用工具或将活塞加热到 60℃后进行。

3. 活塞销挡圈开口要与活塞销孔上的缺口错开，3 道环的开口要错开。

4. 拆卸曲轴主轴承盖时，注意拆卸顺序；安装曲轴主轴承盖时，应先旋紧第二、四轴承盖螺栓，再旋紧第一、三、五轴承盖螺栓。

5. 曲轴后端滚针轴承有标记的一面应朝外，注意曲轴与飞轮的相对位置。

6. 安装飞轮时，齿圈上的标记与第一缸连杆轴颈在同一个方向上。

二、曲柄连杆机构拆卸和安装

（一）齿形带的拆卸与安装

1. 拆卸

（1）拆下齿形带上部护罩。

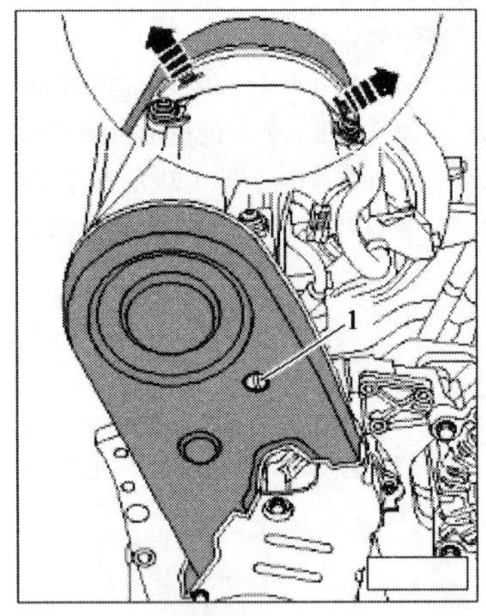

图 1-34　拆卸齿形带上部护罩
1-紧固螺栓

（2）如图 1-34 所示，将紧固螺栓垂直放置。用小螺钉旋具将固定凸耳向上按压（箭头），然后取下齿形带护罩。

2. 安装

安装时，用力将上齿形带压至后齿形带，直到支架托锁入。

（二）多楔带的拆卸与安装

1. 拆卸

（1）拆下隔声垫

（2）拆卸时，按照图 1-35 标出的多楔带转动方向松开多楔带，松开多楔带时应沿箭头方向摇动张紧部件。

（3）如图 1-36 所示，用定位芯棒 T10060A 锁住张紧部件，取下多楔带。

2. 安装

（1）安装以相反顺序进行，安装过程中要注意以下几点：

①在安装多楔带时请注意传动方向和带盘中传动带的正确位置。

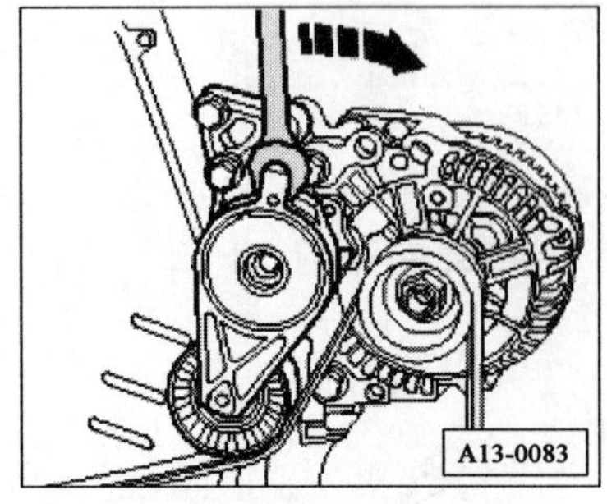

图 1-35　拆卸多楔带

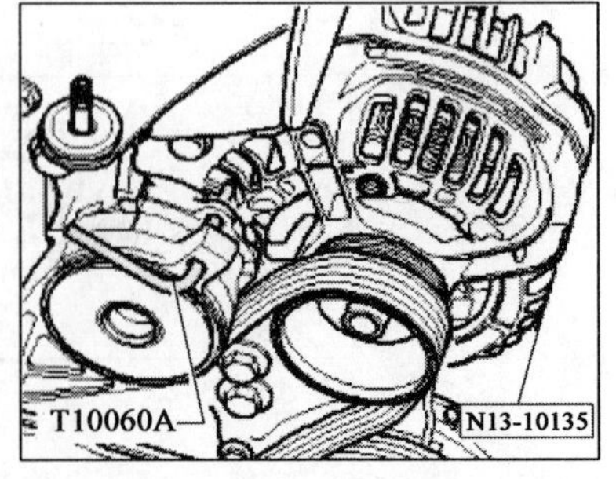

图 1-36　用 T10060A 锁住张紧部件

②对于没配备空调的汽车，应在最后把多楔带安装到三相交流发电机带轮上。

③对于配备了空调的汽车，应在最后把多楔带安装到空调压缩机带轮上。

(2)完成安装工作后,原则上应起动发动机并检查传动带的转动情况。不带空调压缩机时的带传动如图 1-37a)所示,带空调压缩机时的带传动如图 1-37b)所示。

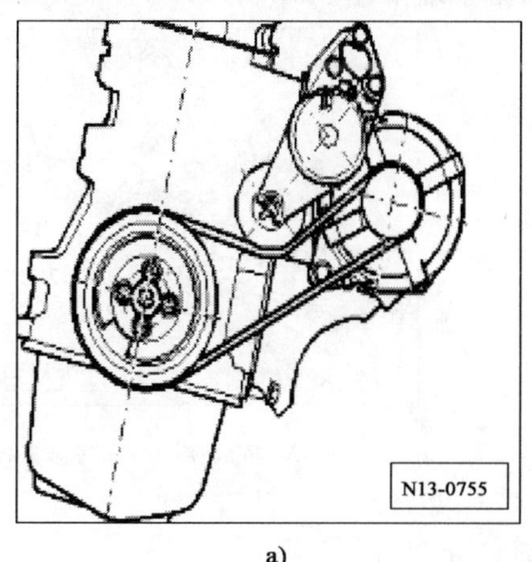

a)

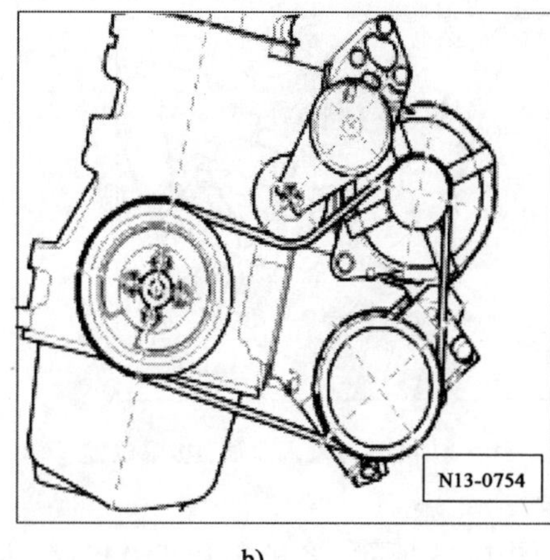

b)

图 1-37 带传动

a)不带空调压缩机时的带传动;b)带空调压缩机时的带传动

(三)带轮侧曲轴油封的更换

1. 拆卸

(1)拆下多楔带。

(2)拆下齿形带上部护罩。

(3)转动着将凸轮轴正时齿轮安装到曲轴上,至第一缸上止点处,如图 1-38 所示,凸轮轴正时齿轮的标记必须与后部齿形带护罩的箭头平齐。

(4)松开张紧轮并将齿形带从凸轮轴正时齿轮上取下,然后将曲轴略微向反方向旋转。

(5)如图 1-39 所示,拆下曲轴正时带轮。

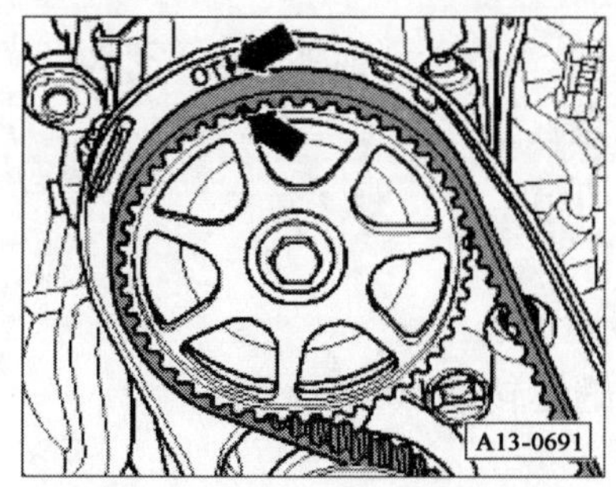

图 1-38 齿轮标记与护罩箭头平齐

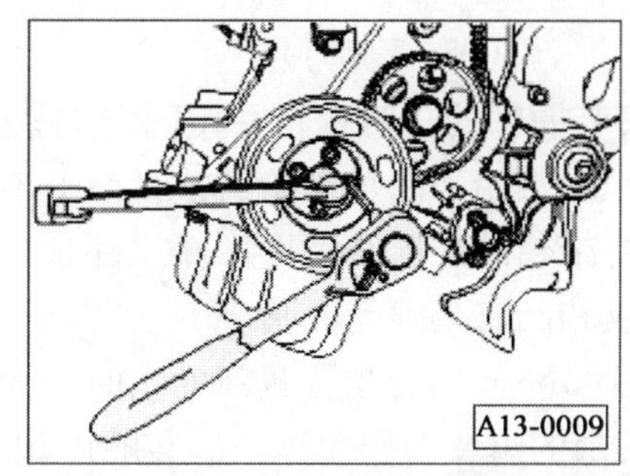

图 1-39 拆卸曲轴正时带轮

(6)拆下齿形带保护罩中段和下段。

(7)拆下曲轴正时带轮。如图 1-40 所示,拆卸时,应用固定支架 3145 将正时带轮锁紧。

(8)为导入密封环起拔器,如图 1-41 所示,手动将中心螺栓旋入曲轴至极限位置。

(9)将密封环起拔器 3203 的内件从外件中旋出九圈(约 20mm),然后用滚花螺栓锁定,如图 1-42 所示。

(10)在密封环起拔器 3203 的螺纹头涂油,装入并尽量用力下压,旋入密封环内。

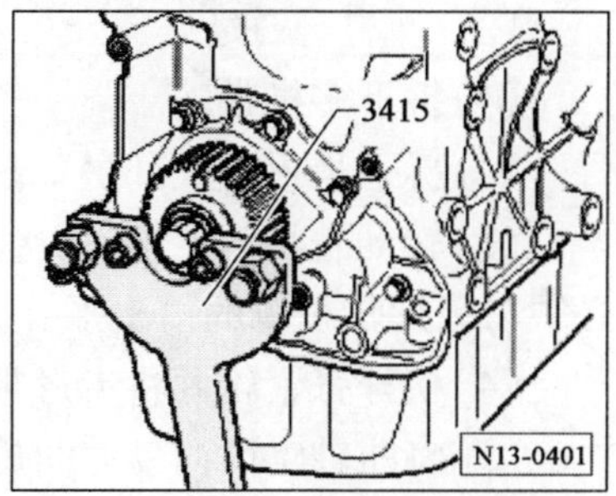

图 1-40 用 3145 将正时带轮锁紧

(11)松开滚花螺钉,逆着曲轴旋转内件,直到拉出密封环。

(12)将密封环起拔器夹在台钳的平口上,用钳子取下密封环。

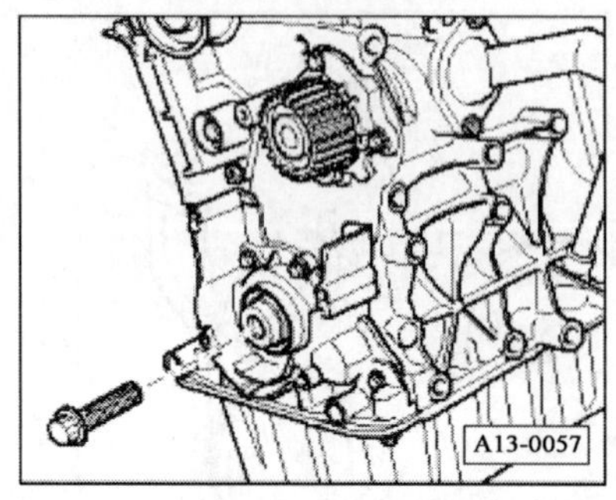

图 1-41 手动将中心螺栓旋入曲轴至极限位置

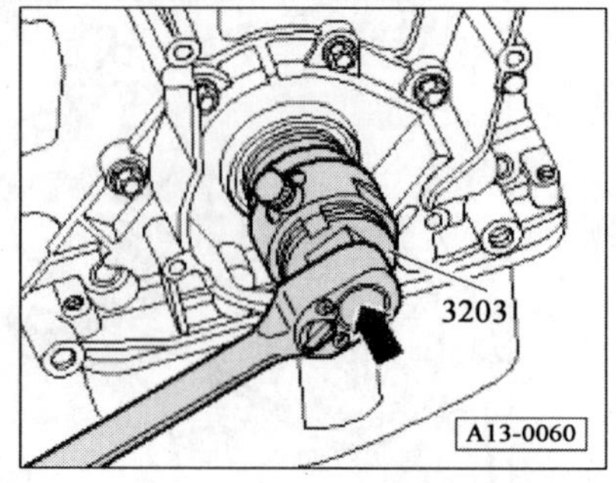

图 1-42 安装密封环起拔器 3203

2. 安装

(1)如图 1-43 所示,将导向套 T10053/1 装到曲轴轴颈上。

(2)将干燥的密封环经导向套推到曲轴轴颈上。

(3)如图 1-44 所示,将密封环用压套 T10053 和螺栓 T10053/2(M16 ×1.5 ×60)压到底。

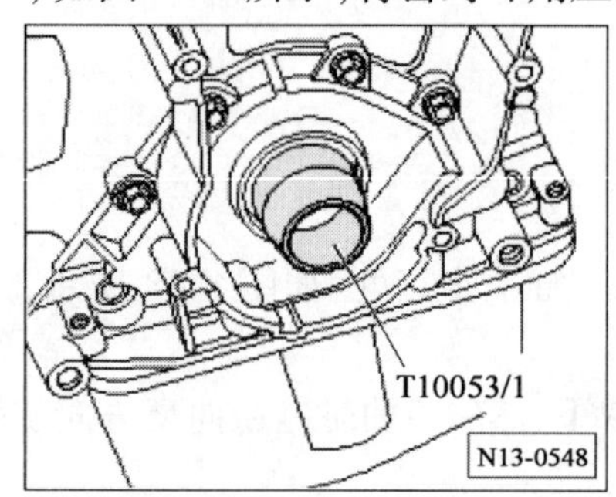

图 1-43 安装导向套

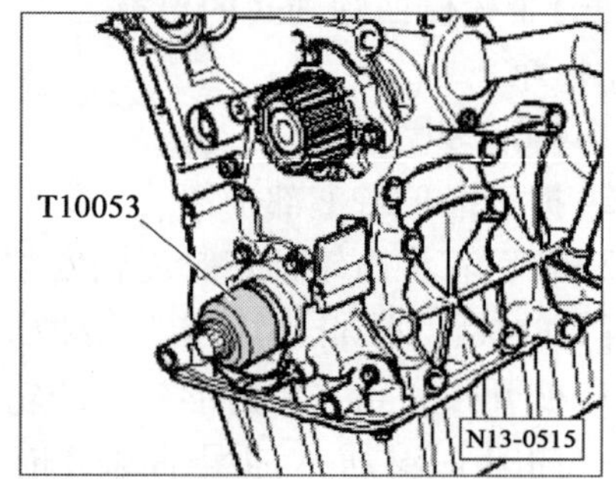

图 1-44 将密封环用压套和螺栓压到底

(4)安装曲轴的正时带轮并用固定支架 3415 锁定。

①在正时带轮和曲轴带轮的接触面上不允许有油脂。

②正时带轮的螺栓必须更换新零件。

③螺纹和凸肩必须无油脂。

(5)用 90N·m 的力矩拧紧新的正时带轮螺栓并继续转动 90°。

(6)其余的组装工作大体与拆装顺序相反。

(四)拆卸和安装密封凸缘(带轮侧)

1. 拆卸密封凸缘

(1)拆下多楔带。

(2)拆下齿形带上部护罩。

(3)转动着将凸轮轴正时齿轮安装到曲轴上,至第一缸上止点处,凸轮轴正时齿轮的标记必须与齿形带护罩的箭头平齐。

(4)松开张紧轮并将齿形带从凸轮轴正时齿轮上取下。

(5)将曲轴略微向反方向旋转。

(6)拆下曲轴正时带轮。

(7)拆下齿形带保护罩中段和下段。

(8)拆下曲轴正时带轮。为此用固定支架3415将正时带轮锁紧。

(9)拆下油底壳，从带轮侧拧下密封凸缘。

(10)取下密封凸缘，必要时用橡胶锤略微敲打松开。

(11)从拆下的密封凸缘中取出密封圈。

(12)用平刮刀去除汽缸体上的密封剂残余物。

(13)如图1-45所示，用一个可旋转塑料刷子去除密封凸缘上的密封剂残余物(戴上防护眼镜)。

(14)清洁密封面。密封面上必须无油脂。

2.安装密封凸缘

(1)在涂敷密封剂条之前用一块干净的抹布覆盖密封环的密封面。

(2)将管口从前部的标记处剪开(喷嘴直径约3mm)。

(3)如图1-46所示，在密封凸缘干净的密封面上涂敷密封剂条，其厚度为2～3mm。

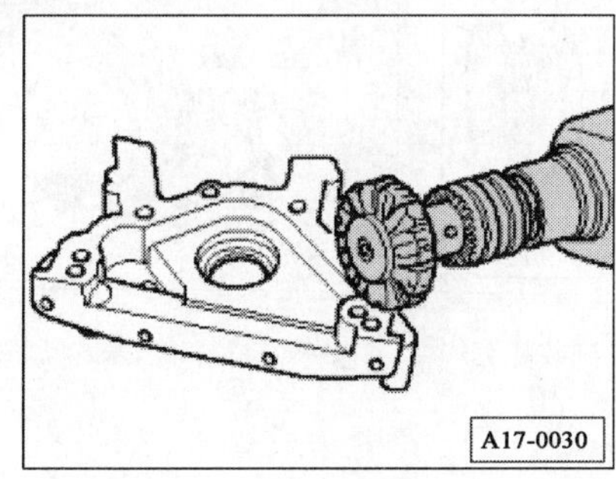

图1-45 清洁密封剂残余物

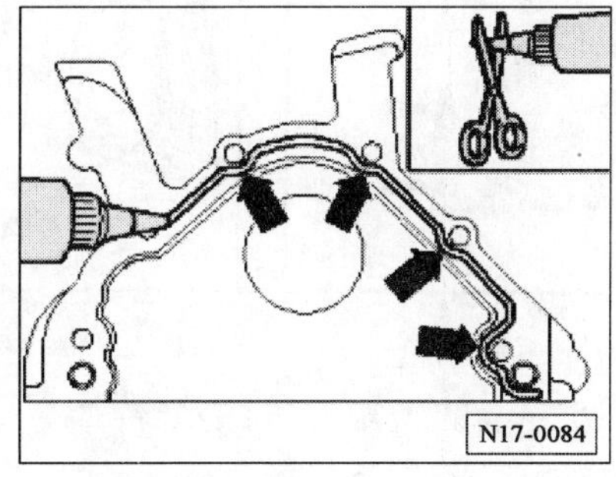

图1-46 密封面上涂敷密封剂条

提示：

①密封剂条不允许厚于3mm，否则多余的密封剂会进入油底壳并且堵塞进油管中的滤网。

②请注意密封剂的使用有效截止日期。

③密封凸缘必须在涂敷硅胶剂后5min内安装。

④装配后必须让密封剂干燥30min，在这以后才能加注发动机机油。

(4)立即安装密封凸缘并略微拧紧所有螺栓。

(5)将密封凸缘的紧固螺栓以交叉的方式拧紧(拧紧力矩为15N·m)。

(6)清除多余的密封剂，曲轴轴颈和密封环上不允许有密封剂。

(7)安装油底壳和新的曲轴油封。

(8)安装曲轴的正时带轮并用固定支架3415锁定。

提示：

①在正时带轮和曲轴带轮的接触面上不允许有油脂。

②正时带轮的螺栓必须更新。

③螺纹和凸肩必须无油脂。

(9)用90N·m的力矩拧紧新的正时带轮螺栓并继续转动90°(继续转动时可分多次进行)。

(10)其余的组装工作大体上与拆卸顺序相反。

(11)安装齿形带。

(五)拆卸和安装密封凸缘(变速器侧)

1.拆卸密封凸缘

(1)拆卸变速器。

(2)拆下飞轮或从动盘。

(3)拆下油底壳。

(4)如图 1-47 所示,拧下密封凸缘的固定螺栓,拆卸密封凸缘。

2. 安装密封凸缘

提示:密封环的密封唇不要另外涂机油或涂抹油脂。

(1)清洁密封面,密封面上必须无油脂。

(2)用一块干净的抹布去除曲轴轴颈上的机油残余物。

(3)将装配套插装在一起。

(4)如图 1-48 所示,将密封凸缘 A 的外侧推到装配套上,脱下装配套。

(5)如图 1-49 所示,将密封凸缘 A 用装配套 T10122/2 安装到曲轴上并将其推到曲轴轴颈上。

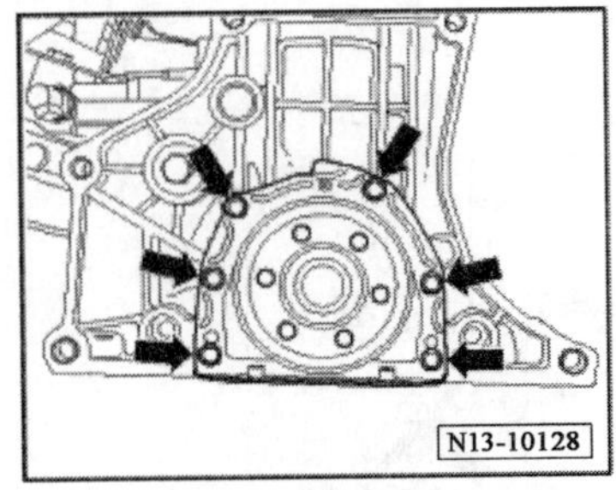

图 1-47 拆卸密封法兰

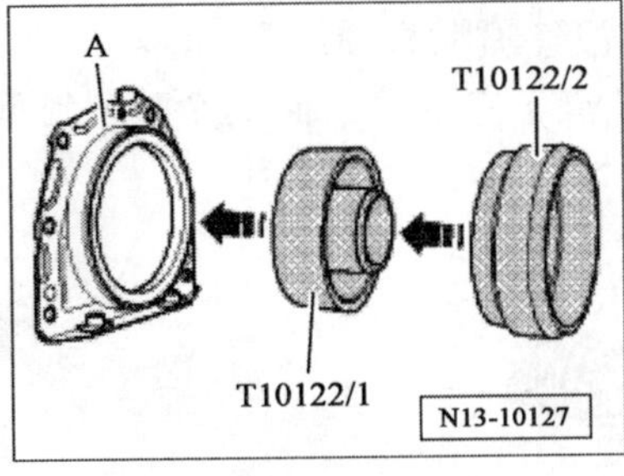

图 1-48 将密封凸缘 A 推到装配套

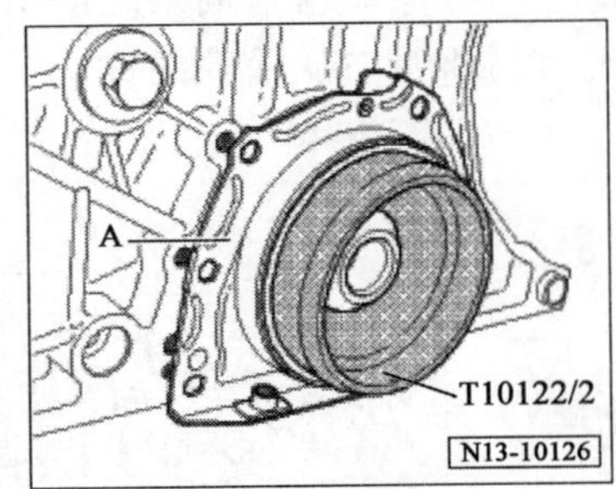

图 1-49 将密封凸缘 A 安装到曲轴上

(6)用 15N·m 的力矩拧紧固定螺栓。

(7)安装油底壳。

(8)其余的组装工作大体上与拆卸顺序相反。

(六)拆卸和安装从动盘

1. 拆卸从动盘

(1)松开和拧紧从动盘。

(2)将夹具 VW558 用六角螺栓 M×45 固定在从动盘上,在夹具和从动盘之间垫入两个 M10 六角螺母。

(3)如图 1-50 所示,夹具安装位置:A 松开,B 拧紧。

2. 安装从动盘

(1)如图 1-51 所示,仅使用带凹口的平垫圈(无补偿垫片)安装从动盘。

(2)装入新螺栓并以 30N·m 的力矩拧紧。

(3)如图 1-52 所示,检查 3 个位置上的尺寸 a 并算出平均值。

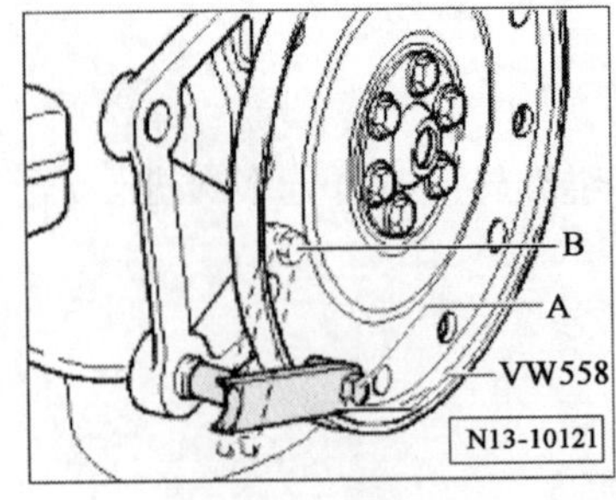

图 1-50 夹具安装位置

A-松开;B-拧紧

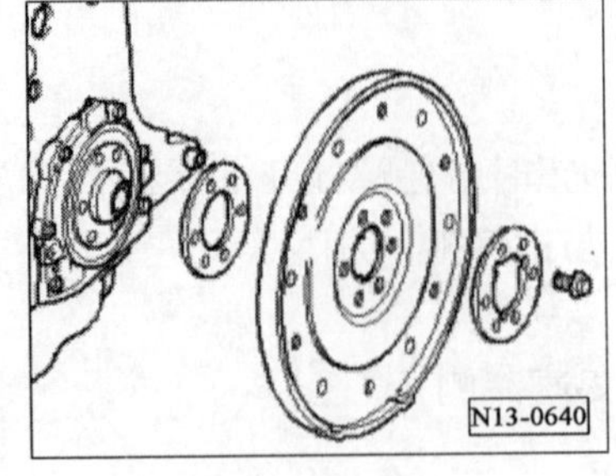

图 1-51 安装从动盘

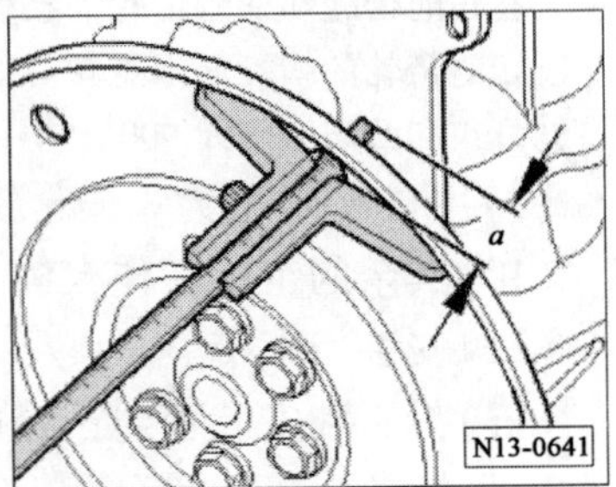

图 1-52 测量尺寸 a

提示:通过从动盘的孔在汽缸体的铣削平面上测量,标准值:19.5~21.1mm。

如果小于标准值:

(4)再次拆下从动盘,同时使用补偿垫片,用30N·m的力矩重新拧紧螺栓。

(5)用60N·m的力矩拧紧螺栓并继续转动90°(继续转动时可分多次进行)。

(七)曲轴

1.提示

(1)在拆卸曲轴之前,请准备一只合适的杂物箱,防止碰撞或损坏脉冲信号轮。

(2)为了进行装配工作,应将发动机用发动机和变速器支架VAS 6095固定在装配架上。

(3)如果在修理发动机时发现大量金属屑或粉末,这表明可能是曲轴或连杆轴承损坏,为防止继续出现这种磨损,请在维修时执行下列操作:

①仔细清洁油道。

②更新喷油嘴。

③更新机油滤清器。

2.曲轴装配

曲轴装配可参照分解图1-53所示进行。

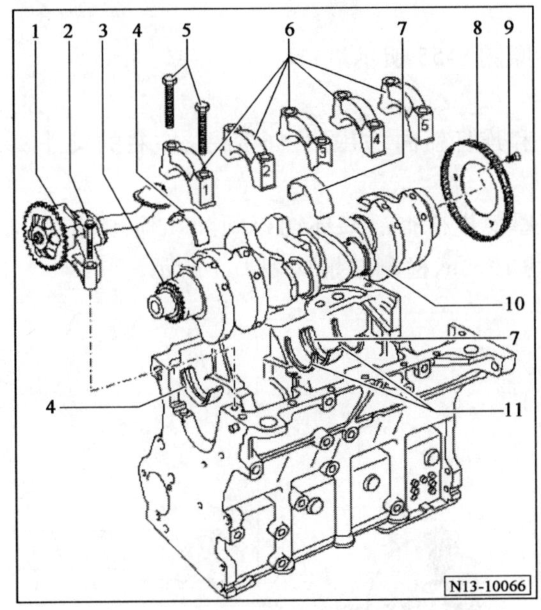

图1-53 曲轴装配分解图

1-机油泵;2-螺栓15N·m;3-链轮;4、7-轴承;5、9-螺栓,拧紧力矩40N·m+继续旋转90°;6-轴承盖;8-脉冲信号轮;10-曲轴;11-止推垫片

3.拆卸和安装脉冲信号轮

如图1-54所示,原则上每次松开螺栓后都要更新脉冲信号轮。

提示:

(1)第二次固定后,脉冲信号轮内沉头螺栓的固定点已严重变形,螺栓头在曲轴上露出且脉冲信号轮在螺栓下面有松动。

(2)只能在一个位置上安装传感器齿轮,开孔是错位的。

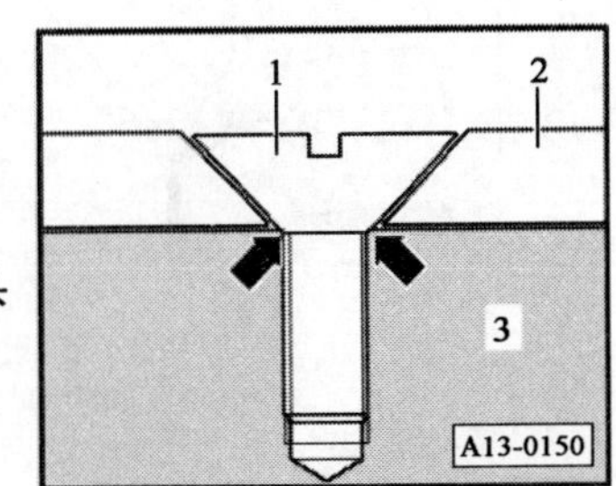

图1-54 脉冲信号轮

1-螺栓;2-脉冲信号轮;3-曲轴

4.上部曲轴轴承的标记

(1)必须安装多厚的轴承以及安装在什么位置,都用字母标记在

汽缸体的下密封面上。出厂时上部轴承已按正确厚度装配到汽缸体,彩色点用于记录轴承厚度。

R = 红色;G = 黄色;B = 蓝色;W = 白色。

提示:箭头方向为行驶方向,如果已无法看出彩色标记,就用蓝色的轴承。下部曲轴轴承作为备件,提供时原则上用"黄色"标记。

(2)曲轴尺寸如表 1-2 所示。

曲轴尺寸(单位:mm) 表 1-2

轴承及轴颈 / 等级	曲轴轴承及轴颈		曲轴轴承及轴颈	
基本尺寸	48.00	−0.017 −0.037	42.00	−0.022 −0.042
等级 I	47.75	−0.017 −0.037	41.75	−0.022 −0.042
等级 II	47.50	−0.017 −0.037	41.50	−0.022 −0.042
等级 III	47.25	−0.017 −0.037	41.25	−0.022 −0.042

5. 活塞和连杆

活塞和连杆装配可参照图 1-55 所示进行。

(1)轴承安装位置

将轴承居中装入连杆和连杆盖内,如图 1-56 所示,左右的尺寸 a 必须一致。

(2)检查活塞环

①如图 1-57 所示,用厚薄规检查活塞环切口间隙。检测时,将活塞环垂直地从上面推进汽缸内,离汽缸口上边缘约 15mm,检测结果如表 1-3 所示。

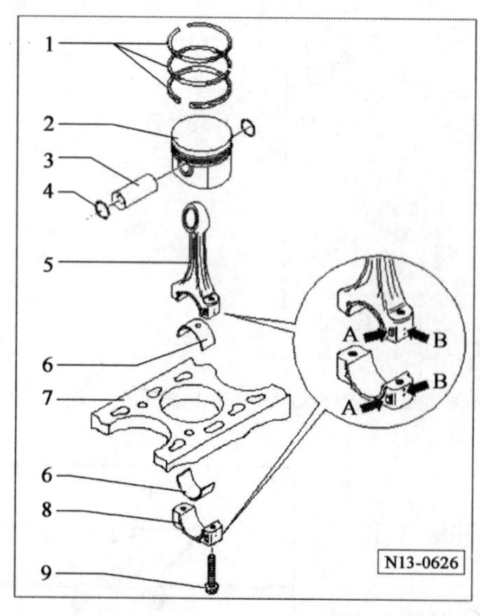

图 1-55 脉冲信号轮

1-活塞环;2-活塞;3-活塞销;4-卡环;5-连杆;6-轴承;7-汽缸体;8-连杆盖;9-连杆螺栓,拧紧力矩 30N·m + 继续旋转 90°

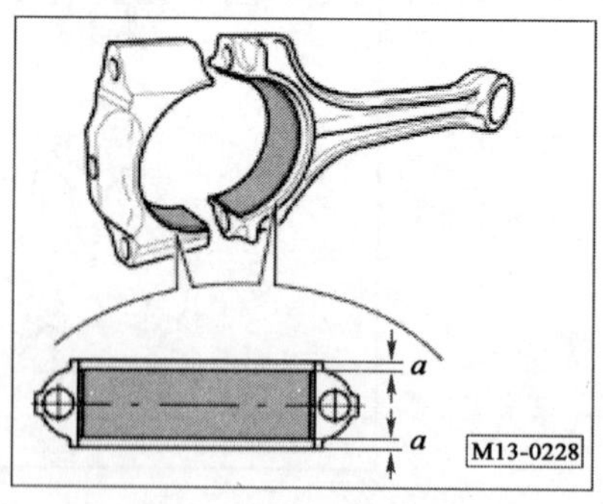

图 1-56 轴承安装图

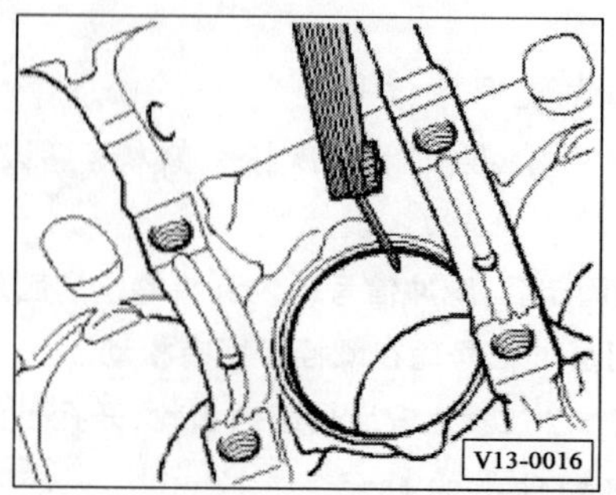

图 1-57 检查活塞环切口间隙

活塞环切口间隙 表 1-3

活塞环	单位	切口间隙	
		新环	磨损极限
压缩环	mm	0.20～0.40	0.8
挡油环	mm	0.25～0.50	0.8

②检查活塞环的高度间隙。

如图 1-58 所示，用厚薄规检查活塞环的高度间隙。检查前清洁活塞环槽，检查结果如表 1-4 所示。

活塞环高度间隙 表 1-4

活塞环	单位	高度间隙	
		新环	磨损极限
压缩环	mm	0.06～0.09	0.20
挡油环	mm	0.03～0.06	0.15

(3)检查活塞

使用专用外径 75～100mm 千分尺测量活塞下边缘约 10mm 处，并将各道活塞环的开口位置错开 90°。相对于额定尺寸的偏差：最大 0.04mm，测量方法如图 1-59 所示。

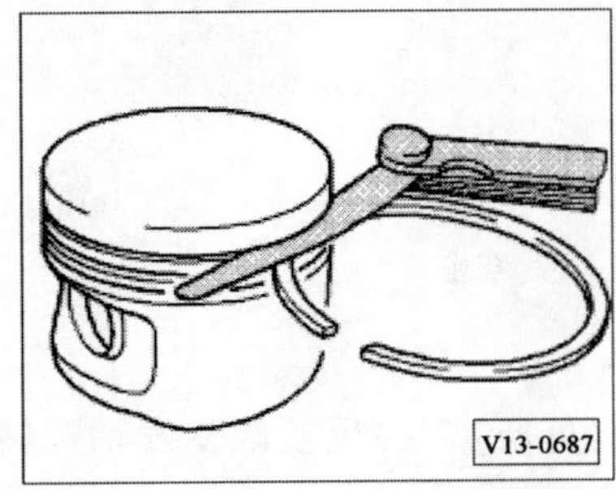

图 1-58 检查活塞环高度间隙

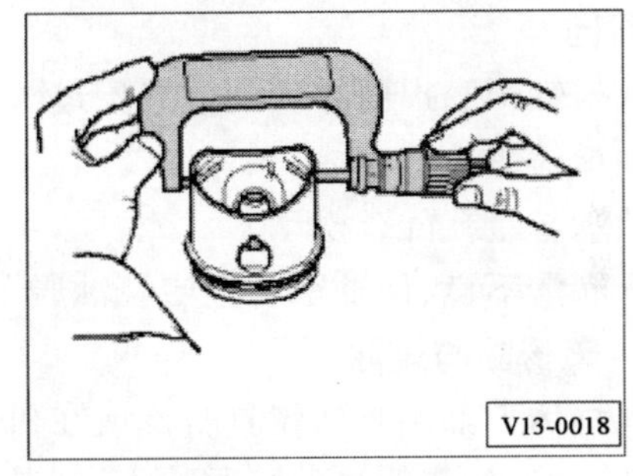

图 1-59 活塞的测量

(4)检查汽缸内径

用内径微测量仪(50～100mm)，如图 1-60 所示，在 3 处位置上以交叉方式沿横向 A 和纵向 B 测量。相对于额定尺寸的偏差：最大 0.08mm。

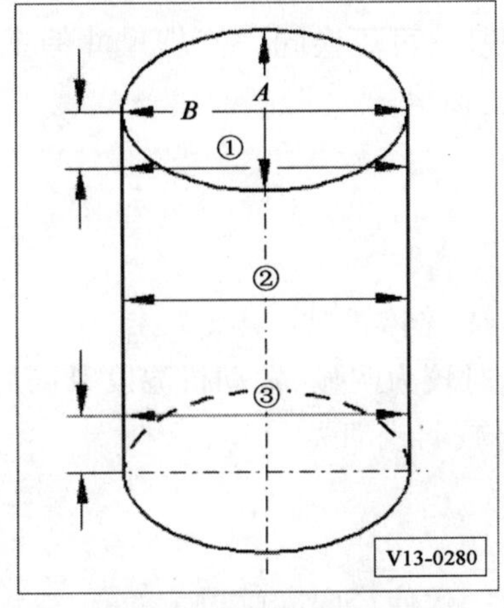

图 1-60 测量汽缸内径

提示:如果汽缸体固定在发动机和变速器支架 VAS 6095 上,则不允许测量汽缸内径,否则可能出错。活塞基本尺寸:80.965mm,缸孔基本尺寸:81.01mm。

C 知识拓展

曲柄连杆机构常见故障诊断与排除

曲柄连杆机构的故障属于机械类故障,此类故障大多数是以异响出现的。曲柄连杆机构的异响,往往反映着不同性质和不同程度的故障。异响的判断是根据异响的产生部位、声响特征、出现时机、变化规律以及尾气排放的烟色、烟量等情况,并借助诊断仪具来找出产生故障的部位及原因。

一、曲轴主轴承响

(一)现象

1. 发动机转速突然变化时,发出低沉连续“镗镗”的金属敲击声,严重时发动机机体发生振动。

2. 响声随发动机转速提高而增大,随负荷的增大而增大,产生响声的部位在汽缸的下部。

3. 单缸“断火”时,响声无明显变化,相邻两缸“断火”时,响声会明显减弱。

4. 观察机油压力表,机油压力明显降低。

(二)原因

1. 轴承与轴颈磨损而导致配合间隙过大。

2. 主轴承盖螺栓松动。

3. 主轴承与座孔配合松动。

4. 轴承润滑不良,使轴承合金层烧蚀脱落。

(三)故障诊断与排除

1. 在汽缸体下部用听诊仪具听诊或在机油加油口处听察,并反复改变发动机转速。当突然加速或减速时,如有明显的沉重响声,则是主轴承响。

2. 发动机在正常工作温度情况下,当转速由低速加速到中速,出现有节奏而沉重的响声,发动机温度越高响声越明显。

3. 单缸“断火”时,响声无变化,而相邻两缸“断火”时,响声会明显减弱。

4. 若主轴承盖螺栓松动,可按规定的拧紧力矩拧紧;若主轴承磨损致使与轴颈的配合间隙过大或主轴承表面合金层烧蚀脱落,可更换同一修理尺寸的主轴承;当主轴颈磨损时,应修磨主轴颈并配以相应修理级别的主轴承。

二、连杆轴承响

(一)现象

1. 在突然加速时,有明显连续“铛铛”敲击声。

2. 响声在怠速时较小,中速时较为明显,发动机温度升高后,响声无变化。

3. 单缸“断火”后,响声明显减弱或消失。

(二)原因

1. 连杆轴承盖螺栓松动。

2. 连杆轴承与轴颈磨损过甚,致使径向间隙过大。

3. 轴承润滑不良，造成轴承合金层烧毁、脱落。

4. 连杆轴承与座孔配合松动。

(三)诊断与排除

1. 在机油加油口处听诊，发动机由低速加速时，发出明显连续的敲击声。当发动机温度升高时，其响声增大。

2. 单缸“断火”时响声减弱或消失，复火时响声恢复，这是连杆轴承间隙过大或轴承合金层脱落所致。

3. 观察机油压力是否过低。

4. 若连杆轴承盖螺栓松动，按规定的拧紧力矩拧紧；如果连杆轴承磨损而使得与轴颈的配合间隙过大或连杆轴承表面合金层烧蚀、脱落，可更换同一修理尺寸的连杆轴承；当连杆轴颈磨损或圆度误差过大时，应修磨连杆轴颈并配以相应修理级别的连杆轴承。

三、活塞敲缸响

(一)现象

1. 发动机怠速时，在汽缸的上部发出清晰的“嗒嗒嗒”敲击声。

2. 冷车时响声明显，热车时响声减弱或消失。

3. 该缸“断火”后，响声减弱或消失。

(二)原因

1. 活塞与汽缸壁的间隙过大，活塞在汽缸内摆动，导致撞击汽缸壁而发出响声。

2. 活塞销与连杆衬套装配过紧。

3. 活塞顶碰到汽缸衬垫。

4. 连杆变形。

(三)故障诊断与排除

1. 用听诊器在汽缸体上部听诊，声响明显。

2. 响声在冷车时明显，热车时减弱或消失。

3. 该缸“断火”后，响声减弱或消失。

4. 为进一步证明某缸敲缸，可向怀疑发响的汽缸内注入少量机油，使机油附于汽缸壁和活塞之间，再起动发动机察听，若敲击声减轻或消失，但运转短时间后又出现，则判断是该缸活塞敲缸响，这是由活塞与汽缸壁间隙过大所致。

5. 如果是连杆变形或连杆衬套与活塞销装配过紧而产生的响声，应重新校正连杆或修刮连杆衬套；当活塞与汽缸壁的配合间隙过大时，若因活塞磨损过大而产生异响，可更换同一修理级别的新活塞；若因汽缸磨损过大时，则应镗磨汽缸并配以相应修理级别的活塞。

四、活塞销响

(一)现象

1. 怠速和中速时响声比较明显、清脆，为有节奏的“嗒嗒”声。

2. 发动机转速变化时，响声的周期也随着变化。

3. 发动机温度升高后，响声不减弱。

4. 该缸“断火”后，响声减弱或消失；恢复该缸工作时的瞬间，会出现明显的响声或连续两个响声。

（二）原因

1. 活塞销与连杆小端衬套配合松旷。

2. 活塞销与活塞销座孔配合松旷。

（三）故障诊断与排除

1. 当发动机转速变化时，将听诊器触及汽缸体上部，可听出清脆连续的响声。

2. 该缸“断火”后，响声减弱或消失；在复火瞬间，响声会敏感地突然恢复并出现双响。

3. 若活塞销与连杆小端衬套配合间隙过大，应更换新的活塞销和连杆衬套后重新铰削；若活塞销与活塞销座孔配合松旷，应更换新的活塞销和活塞。

任务3　配气机构拆检工艺

X 项目描述

某一汽大众4S店承修一辆速腾1.6L轿车，经诊断认为需要更换发动机气门油封并清除积炭。

Z 知识目标

1. 知道配气机构组成及工作原理；
2. 知道配气机构主要零件的作用与结构；
3. 知道配气机构的装配要求；

N 能力目标

1. 能根据工艺要求和维修手册制定配气机构的拆装工艺流程；
2. 在规定的时间内，按照安装工艺流程和技术要求，正确、安全使用工具和设备，完成配气机构的拆装；
3. 能够对配气机构主要部件进行检查更换；

S 素质目标

安全与防护，车间5S管理，合作、交流、沟通能力的培养

A　相关知识

一、配气机构的作用与组成

（一）配气机构的作用

配气机构的作用是按照发动机各缸的作功次序和每一缸工作循环的要求，定时地将各缸进气门与排气门打开、关闭，以便发动机进行进气、压缩、作功和排气等工作过程。

（二）配气机构的组成（图1-61）

配气机构由气门组和气门传动组组成。

（1）气门组的作用是封闭进、排气道。气门传动组的作用是使进、排气门按配气相位规定的时刻开闭，且保证有足够的开度。

(2)气门组主要包括气门、气门导管、气门弹簧、气门弹簧座和气门锁片等，如图1-62所示。气门传动组主要包括凸轮轴正时齿轮、凸轮轴、挺柱、推杆、摇臂和摇臂轴等。

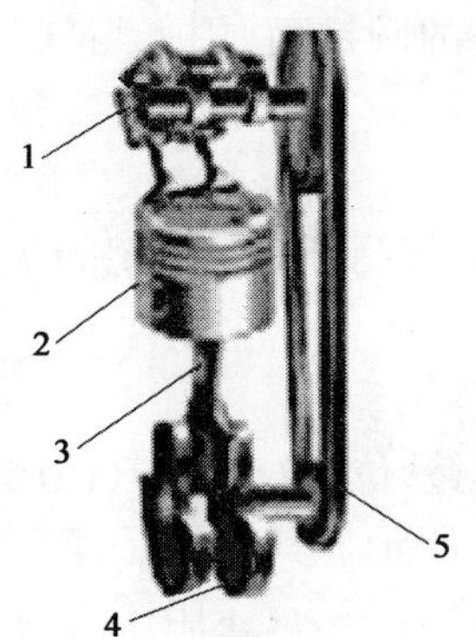

图1-61 配气机构的组成

1-气门组；2-活塞；3-连杆；

4-曲轴 5-正时皮带

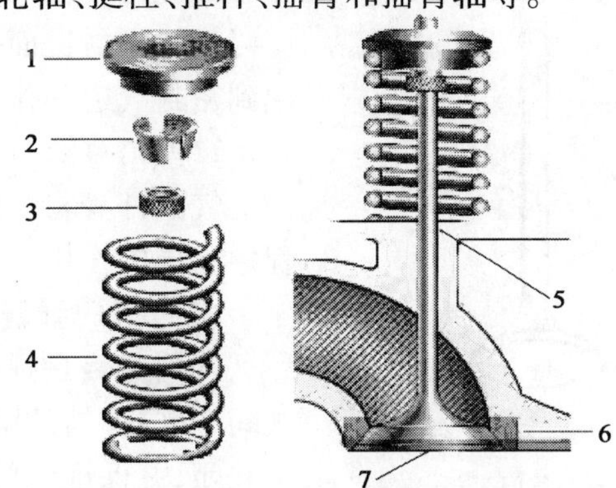

图1-62 气门组的组成

1-气门弹簧座；2-锁片；3-油封；4-气门弹簧；

5-气门弹簧；6-气门座圈；7-气门

①气门穿过气门导管，在其尾端通过气门锁片固定着气门弹簧座。气门弹簧套于气门杆外围，并有一定的预紧力。

②气门弹簧的上端低于弹簧座，下端低于缸盖。当气门关闭时，在气门弹簧预紧力的作用下，气门头部密封锥面压紧在气门座上，将气道封闭。

③摇臂轴通过支架固定在缸盖上平面，摇臂套在摇臂轴上，可绕摇臂轴转动。摇臂长臂端与气门杆尾部接触，短臂端装有调整气门间隙的调整螺钉。

④凸轮轴安装在缸体的一侧，挺柱呈杯状，位于挺柱导向体内，下端与凸轮轴接触。在高速发动机上还广泛采用齿形带来驱动凸轮轴。

二、配气装置的工作原理

(一)气门的驱动(图1-63)

1.气门的开启是通过气门传动组的作用而完成的，而气门的关闭则是由气门弹簧来完成的。

2.气门的开闭时刻与规律完全取决于凸轮的轮廓曲线形状。每次气门打开时压缩弹簧，为气门关闭积蓄能量。

(二)配气相位

配气相位就是用曲轴转角来表示的进排气门的实际开闭时刻和开启的持续时间，如用曲轴转角的环形图来表示配气相位，这种图形即称为配气相位图。

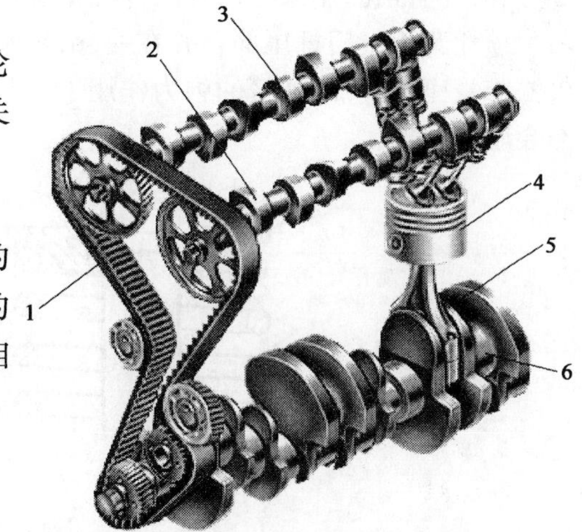

图1-63 气门的驱动

1-正时皮带；2-排气凸轮轴；3-进气凸轮轴；4-活塞；5-曲柄；6-曲轴

三、配气装置的结构

(一)气门

气门是用来封闭气道的。气门由头部和杆身两部分组成。头部用来封闭进排气道，杆身用来在气门开闭过程中起导向作用，如图 1-64 所示。

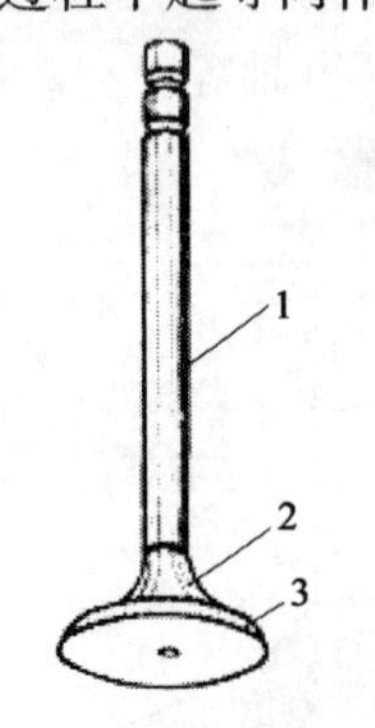

图 1-64　气门的结构

1-气门杆身；2-气门头部；3-气门密封锥面

1. 气门密封锥面

气门密封锥面是与杆身同心的圆锥面，用来与气门座接触，起到密封气道的作用。

2. 气门杆身

气门杆身与气门导管配合，在气门开启与关闭的上下运动过程中起导向作用。

（二）气门弹簧

气门弹簧是圆柱形的螺旋弹簧，位于缸盖与气门尾端弹簧座之间，气门弹簧的结构如图 1-65 所示。其作用是使气门自动回位关闭，并保证气门与气门座的密合压力；还用于吸收气门在关闭过程中各传动零件所产生的惯性力，以防各个传动件彼此分离而破坏配气机构正常工作。

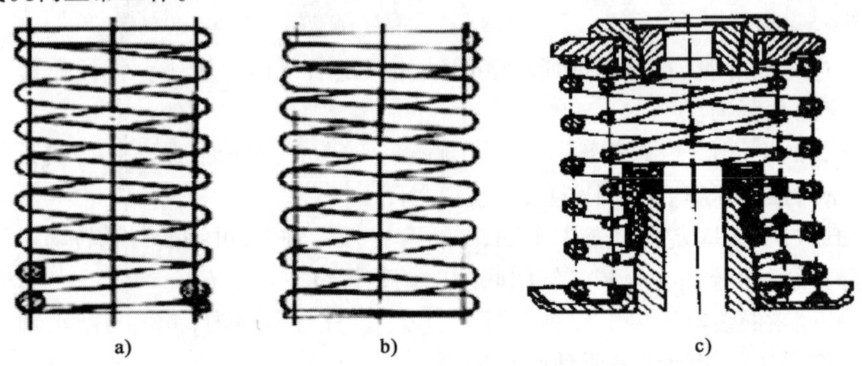

图 1-65　气门弹簧的结构

a）等螺距弹簧；b）变螺距弹簧；c）双弹簧结构

（三）气门弹簧座的固定（图 1-66）

锥形锁片被分成两半，合在一起形成一个完整的圆锥结构，内孔有一环形凸起。弹簧座的中心孔为圆锥孔，用来与锁片的外圆锥面配合。安装时，用力将弹簧座连同气门弹簧压下，将两片锁片套于气门杆尾部合并在一起，锁片内孔的环状凸起正好位于气门杆尾端的环形槽内。放松弹簧座，在气门弹簧的弹力作用下，弹簧座的圆锥孔与锁片的圆锥面紧紧地贴合在一起，不会脱落。

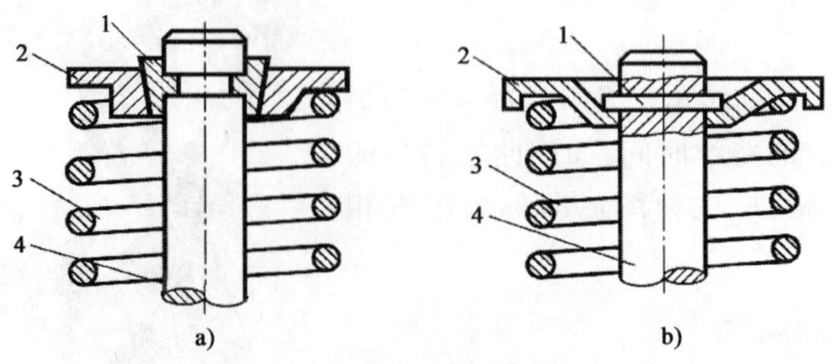

图 1-66　弹簧座的固定

a）锥形锁环式；b）锁销式

1-锁环；2-弹簧座；3-气门弹簧；4-气门杆

(四)防漏装置

适量的机油进入气门导管与气门之间的间隙对于气门杆的润滑是必要的,但如果进入的机油过多,将会在汽缸内造成积炭和在气门上产生沉积物。因此,有的发动机在气门杆上设有机油防漏装置(油封)。

(五)气门导管

气门导管的功用是给气门的运动起导向作用,保证气门的往复直线运动和气门关闭时能正确地与气门座贴合,并为气门杆散热。气门导管的结构如图1-67所示。

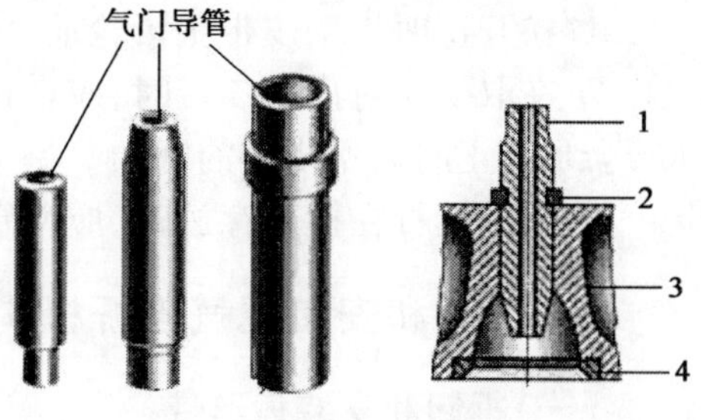

图1-67 气门导管的结构

1-气门导管;2-卡环;3-汽缸盖;4-气门座圈

(六)气门座

进、排气道口与气门密封锥面直接贴合的部位称为气门座。气门座与气门头部一起对汽缸起密封作用,同时接收气门头部传来的热量,对气门起到散热的作用。

(七)气门座的锥角

气门座的锥角与气门密封锥面贴合,保证有一定的座合压力,使密封可靠,同时又有一定的散热面积。

B 实训操作内容

一、实训之前工作

(一)车辆及工具准备

速腾1.6L轿车一辆、所需要的专用工具如图1-68所示:支撑工装10-222A、双孔螺母扳手

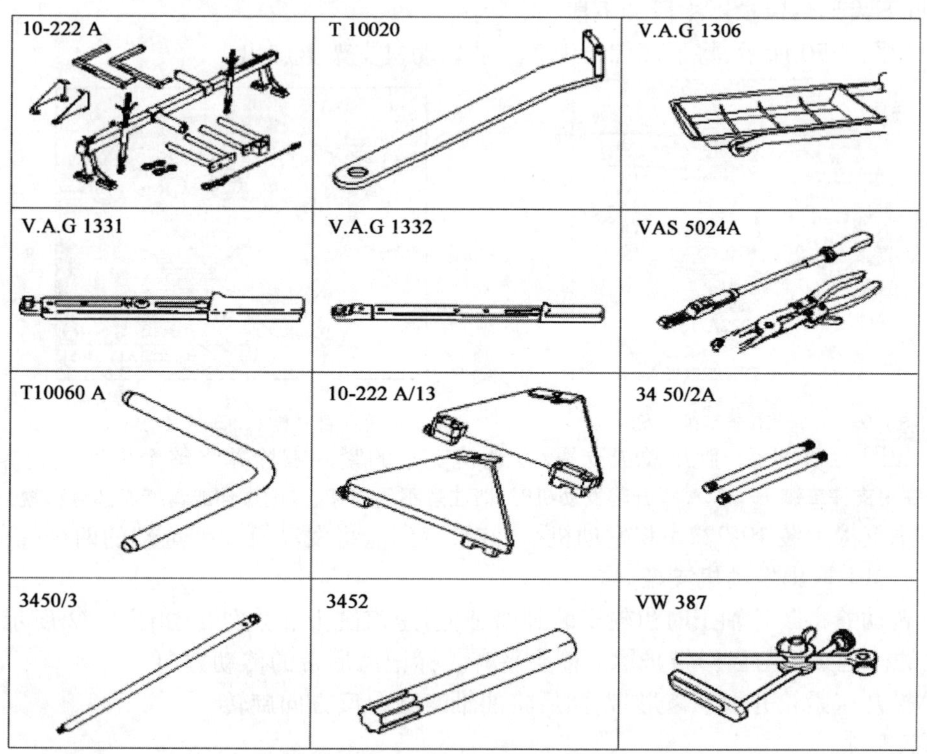

图 1-68

T10020、收集盘 VAG1306、力矩扳手 V. A. G 1331、力矩扳手 V. A. G1332、弹簧卡箍钳 VAS5024A、定位芯棒 T10060A、适配接头 10-222A/13、导向螺栓 3450/2A、旋出器 3450/3、止旋工具 3452、通用千分尺支架 VW387。

(二)实训注意事项

1. 松开正时齿型皮带张紧轮前,应将曲轴转到 1 缸上止点位置。

2. 在取下正时齿型皮带时,应在正时齿型皮带上标上其原转动方向,以防安装时装反。否则,会加速正时齿型皮带的磨损。

3. 液压挺杆在拆下存放时,应特别注意防尘。

二、拆卸和安装配气连杆机构

(一)拆卸和安装齿形带

1. 拆卸齿形带

(1)拆下发动机罩。

(2)拆下多楔带并取出定位芯棒 T10060A。

(3)将上部软管从冷却液补偿罐上拔下。

(4)拆除冷却液均衡器并将其置于连接软管边侧。

(5)拆下齿形带上部护罩。

(6)如图 1-69 所示,在支撑工装 10-222A 上安装适配街头 10-222A/13 并在安装位置支撑住发动机。

(7)拆下隔声垫。

(8)拆下曲轴正时带轮。

(9)拆下齿形带保护罩中段和下段。

(10)如图 1-70 所示,将下部螺栓 1、2、3 从发动机支架上旋出。

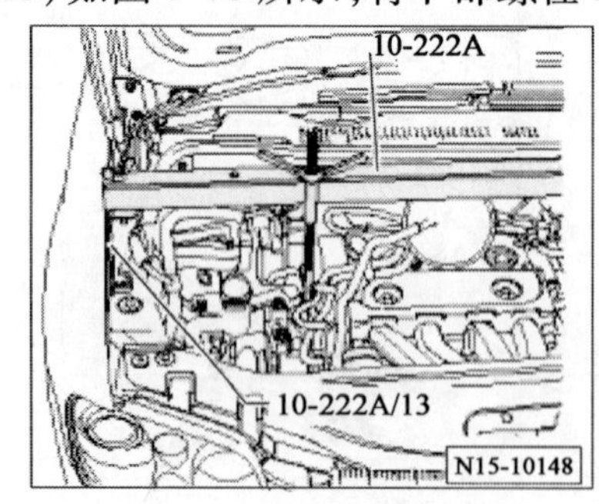

图 1-69 在安装位置支撑住发动机

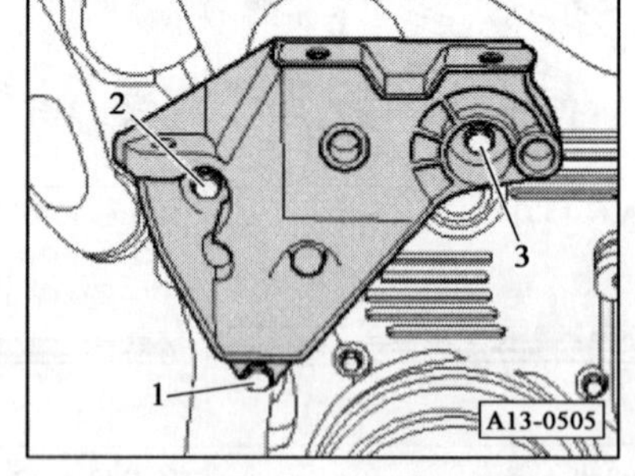

图 1-70 在下部螺栓 1、2、3 从发动机支架上旋出

(11)如图 1-71 所示,旋出总成支撑/发动机支架的紧固螺栓并将整个机组支架拆下。

注意:在用支撑工装 10-222A 举升起发动机时,请注意不要损坏、过度拉伸或者折断部件和软管。

(12)用支撑工装 10-222A 将发动机举升起,直到能将发动机支架上部的两个螺栓松开并旋出为止。向上取出发动机支架。

(13)转动着将凸轮轴正时齿轮安装到曲轴上,至汽缸上止点处。如图 1-72 所示,凸轮轴正时齿轮的标记必须与齿形带护罩的箭头平齐。标记齿形带的传动方向。

(14)松开张紧轮并取下齿形带,然后将曲轴略微向反方向旋转。

2. 装齿形带

提示:在转动凸轮轴时不允许将曲轴停在上止点。否则气门/活塞头有损坏危险,发动机最高只允许有手

温的温度。

(1)将齿形带安装到曲轴齿轮和冷却液泵上(注意转动方向)。

(2)将凸轮轴正时齿轮上的标记和齿形带护罩上的标记调节到互相重合。

(3)安装齿形连接的中部和下部。用新螺栓安装带盘/曲轴。

(4)如图 1-73 所示,将减振器上的曲轴置于汽缸的上止点。必须对准箭头。将齿形带安装到张紧轮和凸轮轴正时齿轮上。

提示:如图 1-74 所示,注意汽缸盖中张紧轮的正确安装位置。

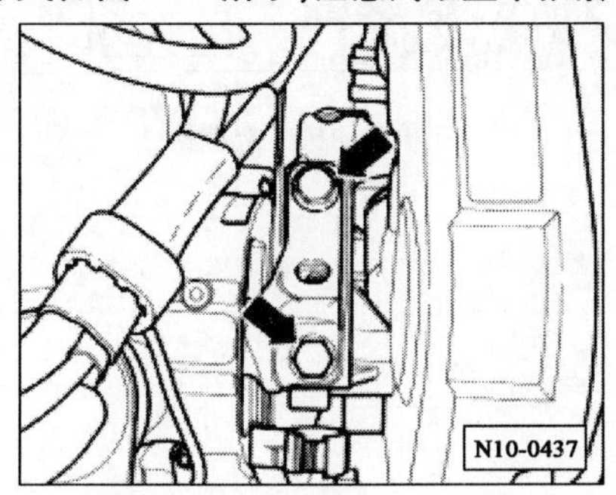

图 1-71　拆卸机组支架

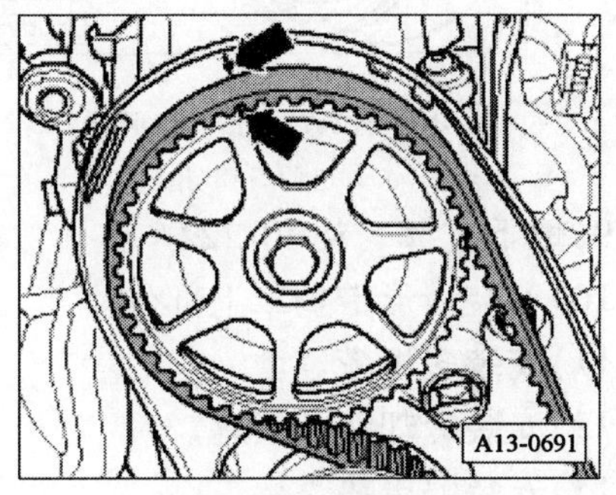

图 1-72　汽缸上止点

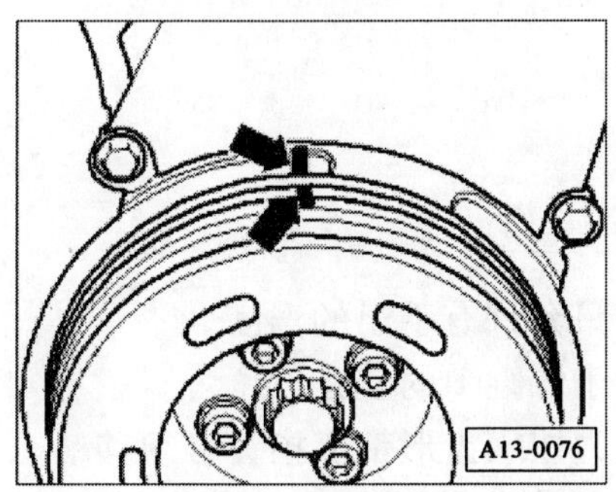

图 1-73　将减振器上的曲轴置于汽缸的上止点

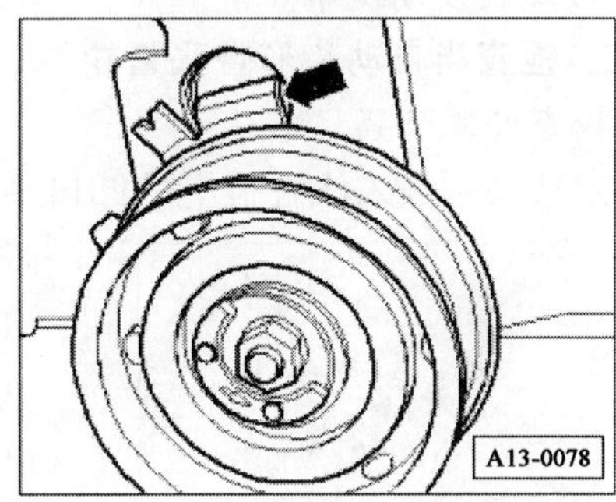

图 1-74　张紧轮安装位置

(5)张紧齿形带。如图 1-75 所示,在凸轮上向左转动双孔螺母扳手 T10020 直至指针位于切口上(齿形带拉紧)。

①重复这个步骤(拉紧齿形带)5 次,直到齿形带到位。然后松开齿形带,直到切口和指针对准。用 20N·m 的力矩拧紧固定螺母。将曲轴沿发动机旋转方向继续转动两圈,直至发动机再次停到汽缸 1 的上止点上。需要特别注意的是,最后旋转的 45°(1/8 圈)不能中断。

②再次检查齿形带是否张紧(标准值:指针和切口对准)。

③再次检查曲轴和凸轮轴是否在汽缸的上止点:

a. 如果标记无法对齐:重复以上工作步骤以张紧齿形带。

b. 如果这些标记对齐:从上面将发动机支架装到汽缸体上并以 45N·m 的力矩拧紧上部的两个螺栓。

④将发动机降下直至安装位置。

(6)安装下部螺栓并以 45N·m 的力矩拧紧螺栓。

(7)安装整个发动机侧总成支撑。

(8)如图 1-76 所示,将发动机侧总成支撑在发动机支架上拧紧。设备表面采用支撑工装 10-222A 作为支撑。

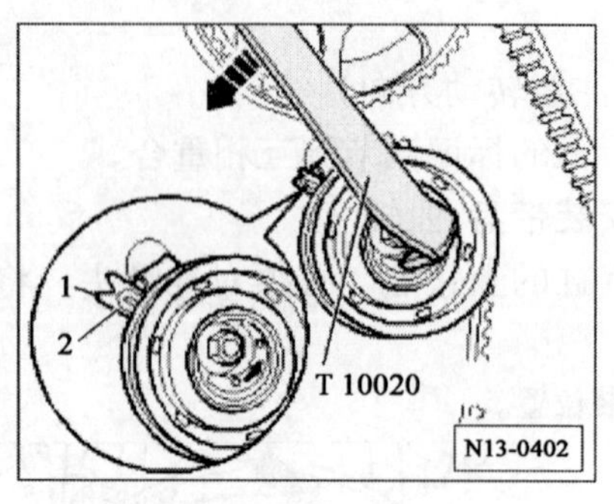

图 1-75　张紧齿形带

1-切口;2-指针

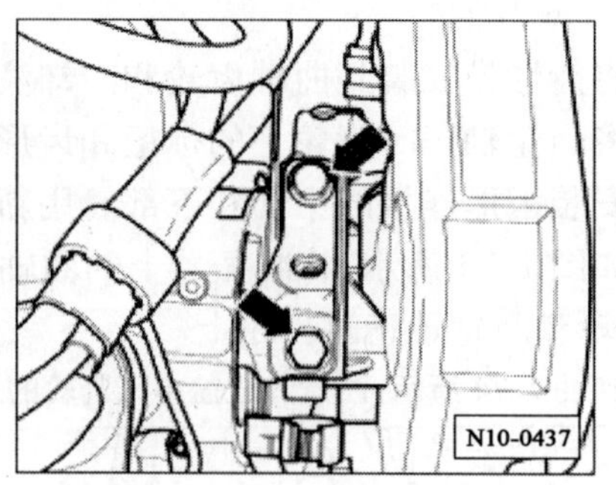

图 1-76　拧紧发动机支架螺栓

(9)取下支撑工装 10-222A。

(10)安装齿形带护罩上部件。

(11)安装多楔带。

(12)安装冷却液补偿罐。

(13)安装隔声垫。

(14)安装发动机罩。

(二)检查半自动齿形带张紧轮

1. 检查安装位置

固定架必须嵌入汽缸盖上的凹口中。

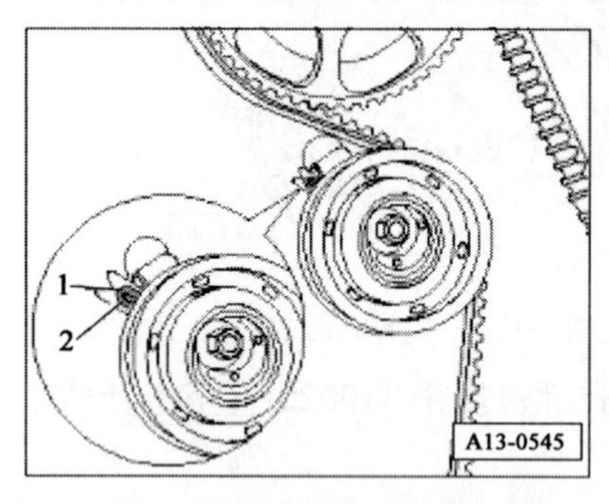

图 1-77　切口和指针必须再次对准

1-切口;2-指针

2. 检测过程

(1)发动机最高只允许有手温的温度。

(2)将发动机置于汽缸 1 的上止点位置。

(3)用大拇指用力按压齿形带。指针必须移动。

(4)松开齿形带并将曲轴沿发动机旋转方向继续转动两圈,直至曲轴再次停到汽缸的上止点上。需要特别注意的是,最后旋转的 45°(1/8 圈)不能中断。

(5)如图 1-77 所示,张紧轮必须返回初始位置(切口和指针必须再次对准)。

提示:检查时请使用镜子。

(三)拆卸和安装汽缸盖

1. 拆下汽缸盖

在拧紧汽缸盖时发动机最高只允许有手温的温度,否则汽缸盖会扭曲。

对于所有的装配工作,特别是在空间狭窄的发动机室内作业时,请注意下列说明:

①正确敷设所有类型的管路(例如燃油、液压、活性炭罐装置、冷却液和制冷剂、制动液、真空系统)和电气导线,以便重建原始的布线。

②为了避免损坏管路和导线,应注意所有运动的或热的部件要有足够的距离。

(1)首先检查是否安装了已设码的无线电设备。在点火开关断开时连接蓄电池旁的搭铁线的时候,请问明防盗设码。

(2)拆下发动机罩。放出冷却液。拆下进气管。

提示:用一块干净的抹布封闭进气管下部件中的进气通道。

(3)如图1-78所示,拧下冷却液分配器外壳。

(4)如图1-79所示,将汽缸盖上后部进气接头上的冷却液软管拔下。

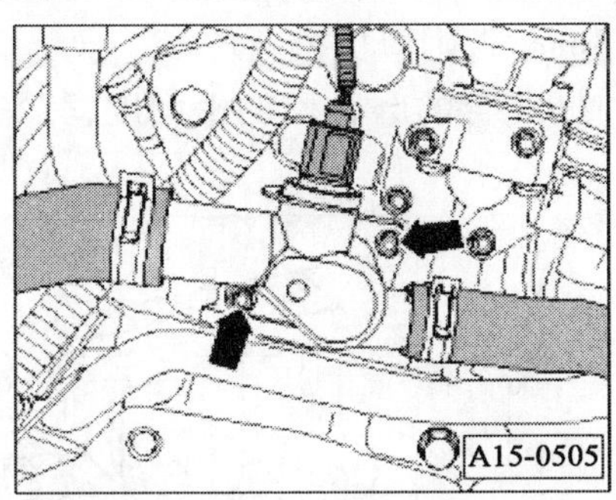

图1-78　拧下冷却液分配器外壳

图1-79　拔下冷却液软管

(5)从汽缸盖上拔下或断开所有的导线,并放在一旁。

(6)拧下废气排放装置的支架,如图1-80所示。

(7)拆下排气歧管上的排气前管。

(8)拆下多楔带。

(9)拆下齿形带上部护罩。

(10)转动着将凸轮轴正时齿轮安装到曲轴上,至汽缸上止点处。如图1-81所示,凸轮轴正时齿轮的标记必须与齿形带护罩的箭头平齐。松开张紧轮上的紧固螺母并从凸轮轴正时齿轮上取下齿形带。将张紧轮的紧固螺母和垫圈取下,然后将曲轴略微向反方向旋转。

图1-80　拧下废气排放装置的支架

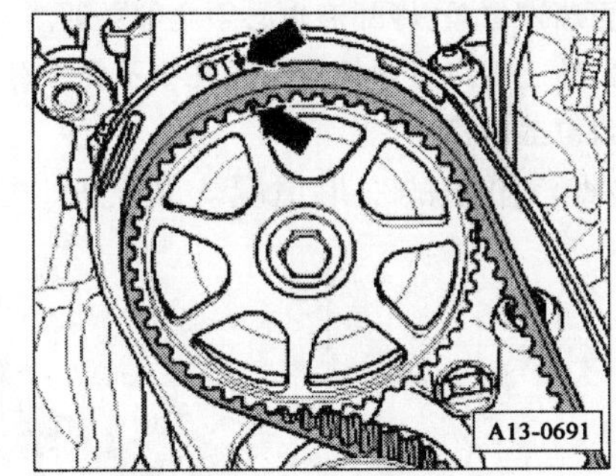

图1-81　凸轮轴正时齿轮的标记

(11)拆下凸轮轴正时齿轮。如图1-82所示,松开螺栓时,用固定支架3415固定凸轮轴正时齿轮。

(12)从凸轮轴中取出平键。

(13)如图1-83所示,将齿形带后部护罩从汽缸盖上拆卸。

(14)拆下汽缸盖罩。

(15)将汽缸盖螺栓用止旋工具3452或插接套件T10070按规定顺序松开并拧出,汽缸盖螺栓拆卸顺序如图1-84所示。

(16)将汽缸盖略微抬起,并从齿形带护罩的侧面经过,从发动机上取下来。

提示:齿形带张紧轮留在发动机支架上。汽缸必须小心移动,以免损坏。

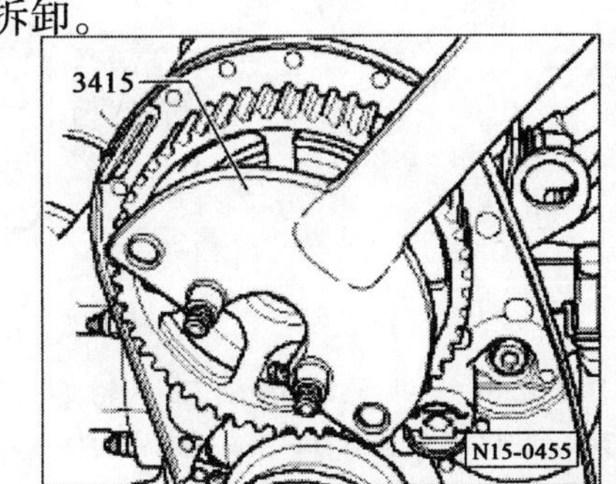

图1-82　用固定支架3415固定凸轮轴正时齿轮

2. 检查汽缸盖的变形情况

用钢直尺和塞尺检查汽缸盖表面平面度，如图 1-85 所示。汽缸盖表面平面度磨损极限为 0.1mm。超过此极限值时，可进行修磨至极限高度 133mm，否则应更换新件。

也可用同样的方法测量汽缸体上平面及汽缸盖与排气管的磨合面的平面度，其平面度均应大于 0.05mm。

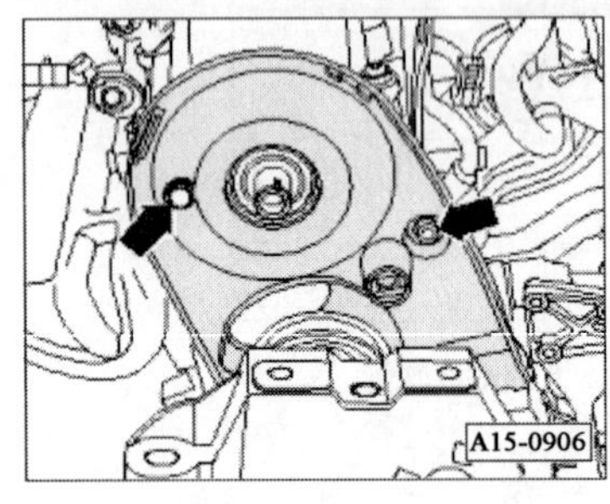

图 1-83　拆卸齿形带后部护罩

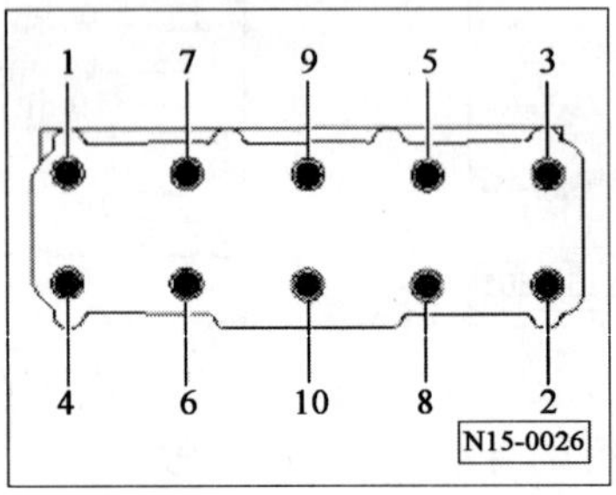

图 1-84　汽缸盖螺栓拆卸顺序

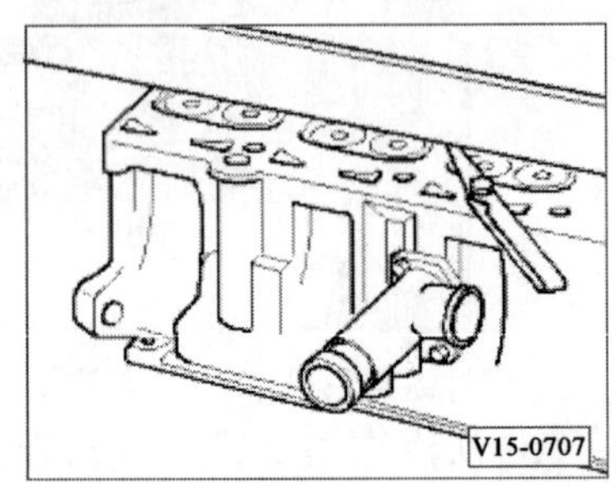

图 1-85　检查汽缸盖、汽缸体表面平行度

3. 安装汽缸盖

提示：

①如果要安装一个翻新汽缸盖，必须在安装汽缸盖罩前对挺柱、滚子摇臂和凸轮轴的凸轮滑轨之间的整个接触面涂油。

②随附的用于保护敞开气门的塑料垫在安装汽缸盖前才能允许去除。

③处置新密封件必须格外小心，损坏会导致泄漏。

④如果更新汽缸盖，冷却液也必须全部更新。

⑤在汽缸体上的汽缸盖螺栓不通孔中不允许有油或冷却液。

⑥更换汽缸盖螺栓。

(1)检查汽缸盖的变形情况。装配时，可参照分解图 1-86 所示进行。

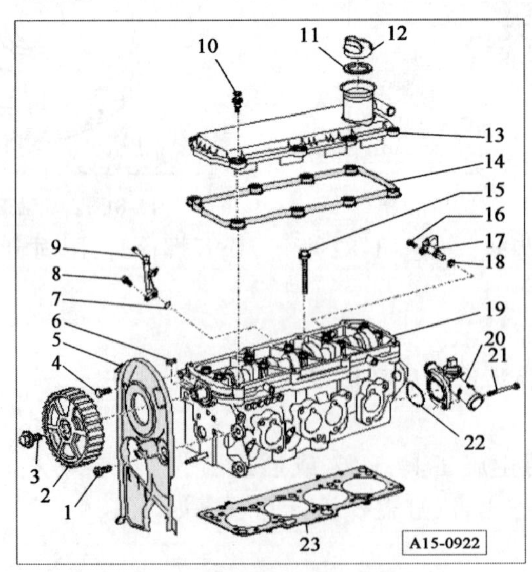

图 1-86　汽缸盖装配分解图

1、3、4、8、16、21-螺栓；2-凸轮轴正时齿轮；5-后部齿形带护罩；6-平键；7-密封环；9-排气接头；10-专用螺栓；11-密封条；12-端盖；13-汽缸盖罩；14-汽缸盖罩密封件；15-汽缸盖螺栓；17-霍尔传感器 G40；18、22-O 形圈；19-汽缸盖；20-连接接头；23-汽缸盖密封垫

(2)如果在此期间转动了曲轴:将汽缸1的活塞置于上止点,并将曲轴再次略微往回转。

(3)定心时,如图1-87所示,将导向销3450/2A旋入废气侧的外孔中。

(4)放上新的汽缸盖密封件。标签(备件号码)必须可以看得清。

提示:安装汽缸盖时必须将无头螺栓插入张紧轮。

(5)装上汽缸盖,装入其余的8个汽缸盖螺栓略微拧紧。用旋出器3450/3将导向销旋出。为此必须将旋出器向左旋转,直至可取出导向销。再装入最后两个汽缸盖螺栓并用手拧紧。

(6)按图1-88所示的拧紧顺序并以表1-5所示方法拧紧汽缸盖螺栓。

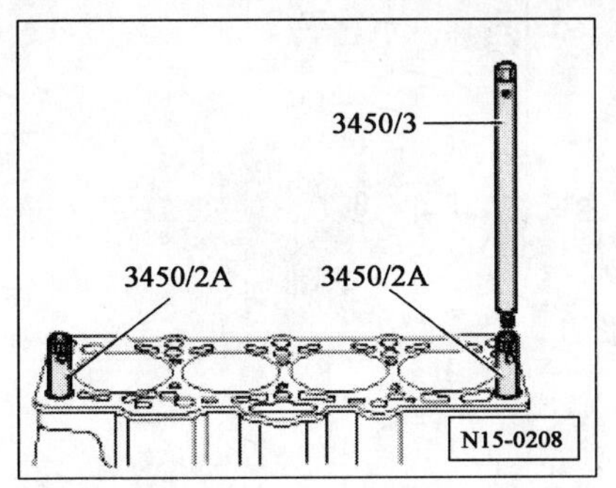

图1-87 定心操作

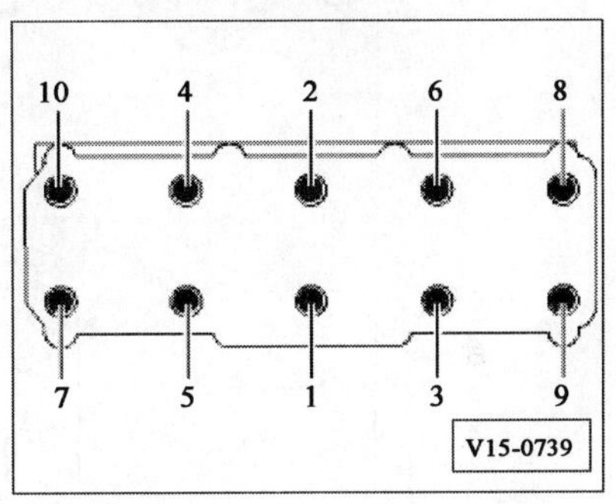

图1-88 汽缸盖螺栓拧紧顺序

拧紧步骤与方式 表1-5

步 骤	拧紧方式	步 骤	拧紧方式
1	用力矩扳手以40N·m的力矩拧紧	3	用固定扳手继续旋转90°(1/4圈)
2	用固定扳手继续旋转90°(1/4圈)		

提示:在转动凸轮轴时不允许将曲轴停在上止点。否则气门/活塞头有损坏危险。

(7)安装齿形带并使其张紧。

(8)安装多楔带。

(9)其余的组装工作基本与拆卸顺序相反。

(10)更新冷却液。

(四)气门机构的拆卸与安装

提示:气门座之间有裂缝或一个气门座圈与火花塞线圈之间有裂缝的汽缸盖,如果只是有轻微的、小于0.3mm宽的裂缝,或只是火花塞线圈的前4个螺距有裂缝,可以继续使用而不降低使用寿命。只允许将汽缸体和整体式轴承盖一起更换。

1. 气门机构拆卸与安装,可参照装配图1-89所示进行。

2. 气门尺寸。

提示:不允许修整气门,只允许研磨。

气门尺寸标准如图1-90和表1-6所示。

气门尺寸标准 表1-6

尺 寸		进 气 门	排 气 门
ϕ_a	mm	39.50 ±0.15	32.92 ±0.15
ϕ_b	mm	5.980 ±0.007	5.965 ±0.007
c	mm	93.85	93.85
α	∠°	45	45

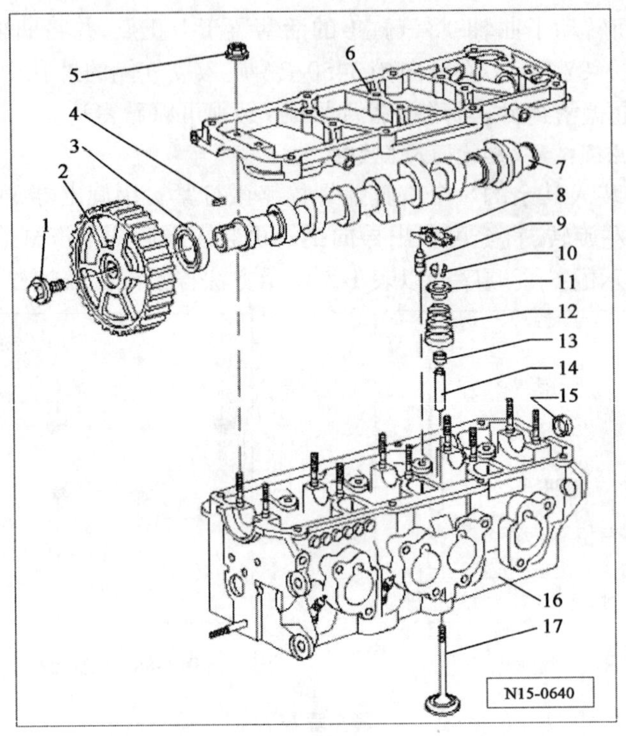

图 1-89　气门机构装配图

1、5-螺栓；2-凸轮轴正时齿轮；3-密封环；4-平键；6-整体式轴承盖；7-凸轮轴；8-滚子摇臂；9-支撑元件；10-气门锥形锁夹；12-气门弹簧；13-气门杆密封件；14-气门导管；15-端盖；16-汽缸盖；17-气门

3. 修整气门座。

所需要的专用工具和维修设备：深度游标卡尺、气门座加工装置。

提示：修理气门不密封的发动机，仅仅处理或更新气门座和气门是不够的。尤其是对于运行时间较长的发动机，必须检查气门导管的磨损情况。

修整气门座，直至达到良好的表面承压图。修整前必须先计算最大允许修整尺寸。如果超过该修整尺寸，无法确保液压气门间隙补偿功能，必须更新缸盖。

最大允许修整尺寸的计算如下：

(1) 插入气门，用力向气门座按压。

提示：如果修理时更新气门，必须用新的气门测量。

(2) 如图 1-91 所示，测量气门杆末端和汽缸盖边缘之间的距离 a，根据测得的距离 a 和最小尺寸计算最大允许修整尺寸。

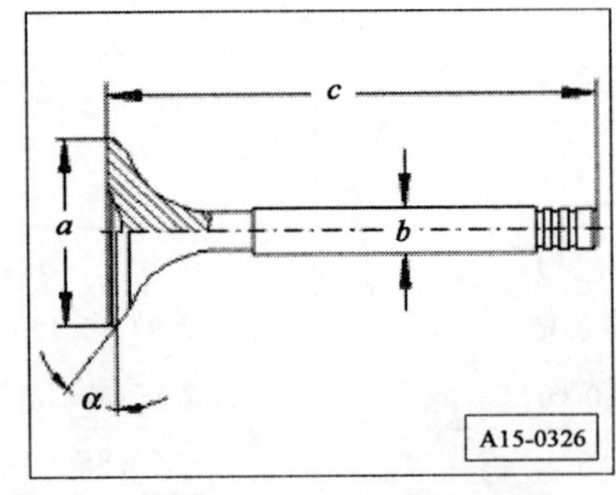

图 1-90　气门尺寸图

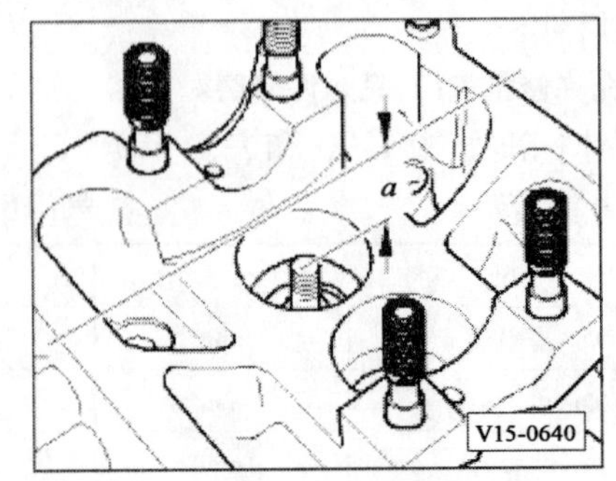

图 1-91　测量气门杆末端和汽缸盖上缘之间的距离 a

最小尺寸:进气门:31.7mm;排气阀:31.7mm。

测得的距离 a - 最小尺寸 = 最大允许修整尺寸。

举例:32.0mm(测得距离) - 31.7mm(最小尺寸) = 0.3mm(最大允许修整尺寸)。

最大允许修整尺寸在气门座修整图 1-92 中表示为尺寸 b。进气门座修复尺寸如表 1-7 所示,排气门座修复尺寸如表 1-8 所示。

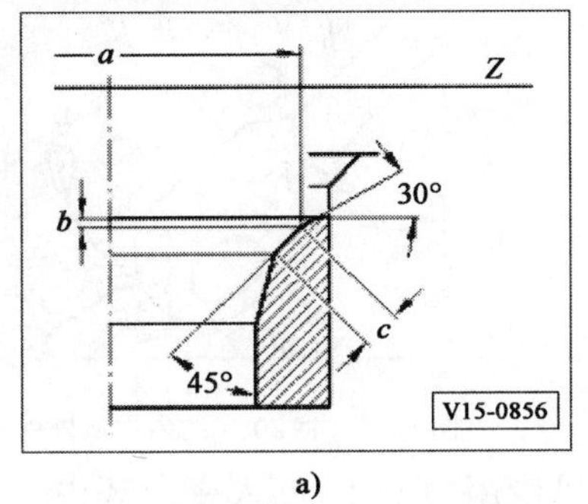

a)

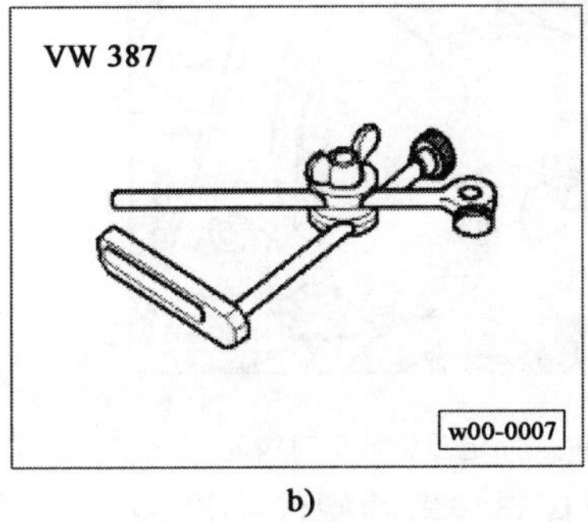

b)

图 1-92　气门座修复尺寸

a)进气门;b)排气门

进气门座修复尺寸　　表 1-7

尺寸	单位	进气门座
ϕ_a	mm	39.2
b	mm	最大允许修整尺寸
c	mm	1.8 ~ 2.2
Z		汽缸盖下缘
45°		气门座角度
30°		上修正角

排气门座修复尺寸　　表 1-8

尺寸	单位	排气门座
ϕ_a	mm	32.4
ϕ_b	mm	最大允许修整尺寸
c	mm	2.2 ~ 2.6
Z		汽缸盖下缘
45°		气门座角度
30°		上修正角

4. 检查气门导管。

所需要的专用工具和维修设备:通用千分表支架 VW387 和千分表。

(1)将新气门插入气门导管中。气门杆末端必须和导管紧贴。因为杆直径不同,进气门只能用在进气门导管中,而排气门只能用在排气门导管中。

(2)如图 1-93 所示,测量确定旷摆间隙。

(3)磨损极限:0.6mm。如果超过旷摆间隙,更新汽缸盖。

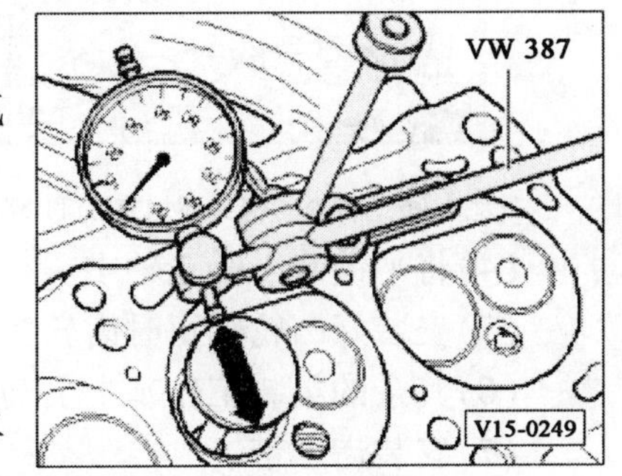

图 1-93　测量确定旷摆间隙

(五)更新凸轮轴的密封环

1. 凸轮轴密封环的拆卸

(1)拆下齿形带上部护罩。

(2)转动着将凸轮轴正时齿轮安装到曲轴上,至汽缸上止点处,凸轮轴正时齿轮的标记必须与齿形带护罩的箭头平齐。

(3)松开张紧轮并将齿形带从凸轮轴正时齿轮上取下,然后将曲轴略微向反方向旋转。

(4)拆下凸轮轴正时齿轮。如图 1-94 所示,松开螺栓时,用固定支架 3415 固定凸轮轴正时齿轮,从凸轮轴中取出平键。

(5)将凸轮轴正时齿轮紧固螺栓拧入凸轮轴内并拧到底。

(6)如图1-95所示,将密封环拔出器2085的内件从外件中旋出两圈(约3mm),然后用滚花螺栓锁定。

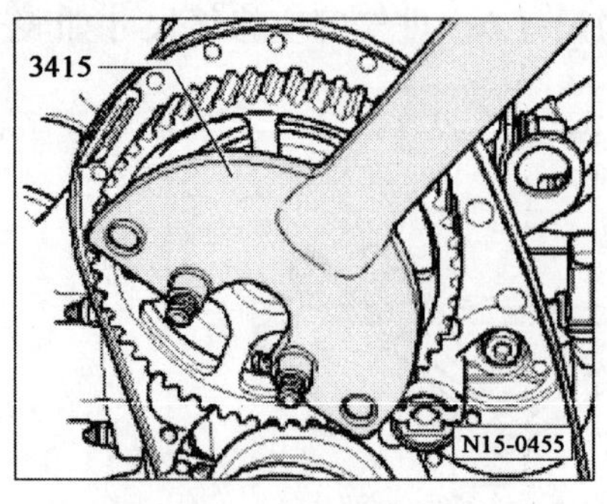

图1-94 固定凸轮轴正时齿轮

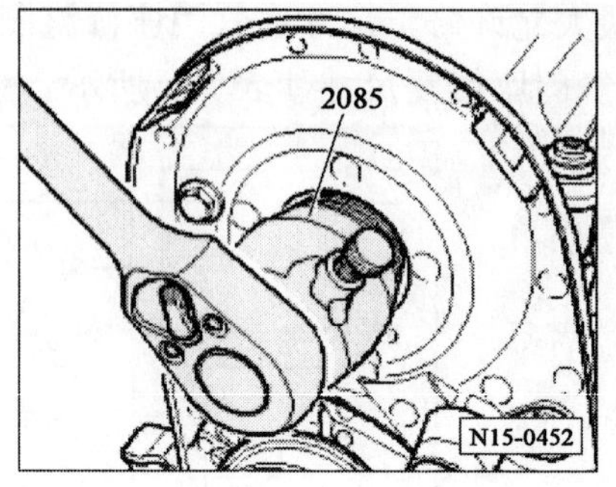

图1-95 将2085的内件从外件中旋出两圈

(7)在密封环起拔器的螺纹头涂油,装入并尽量用力下压,旋入密封环内。

(8)松开滚花螺钉,逆着凸轮轴旋转内件,直到拉出密封环。

(9)将密封环起拔器夹在台虎钳的平口上,用钳子取下密封环。

(10)擦去凸轮轴轴颈上的机油。

2. 凸轮轴密封环的安装

安装时,不允许活塞位于上止点。凸轮轴轴颈必须无油。密封唇不能浸油。

(1)如图1-96所示,将新的密封环加装在导向套T10071/1上。

(2)取下导向套。

(3)如图1-97所示,将密封环用拉入套3265和螺栓T10071/2压入至限位位置。

提示:将一个较大的常用垫圈M12放在螺栓下面,以免磨坏压套。

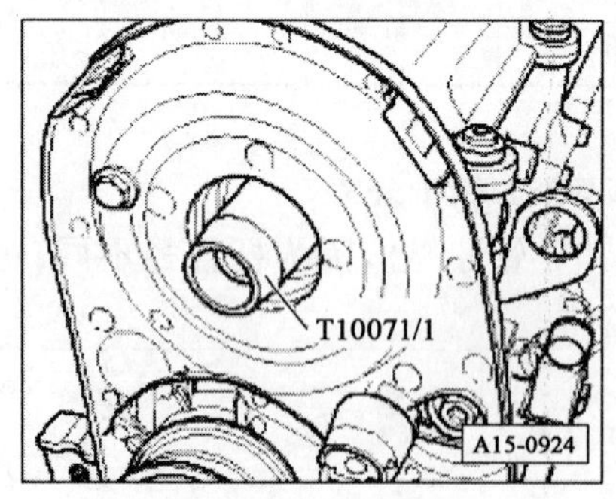

图1-96 将新的密封环加装在T10071/1上

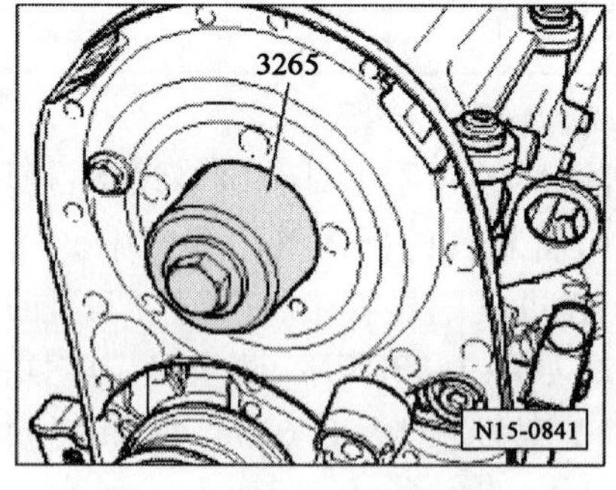

图1-97 将密封环压入至限位位置

(4)将平键装入凸轮轴中。

(5)安装好凸轮轴正时齿轮。拧紧螺栓时,用固定支架3415固定凸轮轴正时齿轮。

(6)其余的组装工作基本上与拆卸顺序相反。

(7)安装齿形带。

(六)拆卸和安装凸轮轴

1. 拆卸凸轮轴

整体式轴承盖下部和汽缸盖上部的密封面不允许再加工。凸轮轴轴承集成在汽缸盖中或者整体式轴承盖中。在拆下整体式轴承盖之前,必须松开齿形带。如果已松开整体式轴承盖,就必须更新凸轮轴的密封环和后部端盖。

(1)拆下发动机罩。

(2)拆下进气管。

(3)拆下齿形带上部护罩。转动着将凸轮轴正时齿轮安装到曲轴上,至汽缸上止点处。凸轮轴正时齿轮的标记必须与齿形带护罩的箭头平齐。松开张紧轮并将齿形带从凸轮轴正时齿轮上取下,然后将曲轴略微向反方向旋转,拆下凸轮轴正时齿轮。松开螺栓时,用固定支架3415固定凸轮轴正时齿轮。

(4)从凸轮轴中取出平键。

(5)从外向内松开汽缸盖罩的螺栓。

(6)拆下汽缸盖罩。

(7)将齿形带后部护罩从汽缸盖上拧下。从轴承5、1和3上旋下螺母,然后以交叉的方式拧紧轴承2、4的螺母,取下整体式轴承盖。

(8)小心地向上取下凸轮轴并将其放在一块干净的垫子上。

(9)将滚子摇臂和挺柱一同取出,把其放在一块干净的垫子上。注意不要混淆滚子摇臂和挺柱。

(10)如图1-98所示,从整体式轴承盖的凹槽和汽缸盖的密封面上清除掉旧密封剂。要避免污物和密封剂残余物进入汽缸盖中。

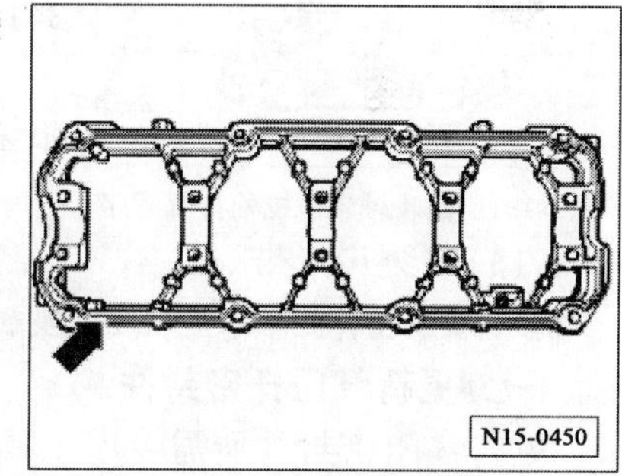

图1-98　清除掉旧密封剂

2. 安装凸轮轴

安装时密封面上必须无机油和油脂。安装整体式轴承盖或者凸轮轴时,汽缸1的凸轮必须指向上方,不允许活塞位于上止点。

(1)将挺柱装入汽缸盖,并将相应的滚子摇臂安装在气门杆末端或挺柱上。

(2)如图1-99所示,装配时注意要让所有的滚子摇臂正确安装在气门杆末端上,并且卡到相应的挺柱上。装配时给凸轮轴的摩擦面涂油。

(3)按图1-100所示将凸轮轴小心地装入汽缸盖的凸轮轴承中,汽缸1的凸轮必须指向上方。

装配时,在整体式轴承盖干净的凹槽中均匀地涂敷一层略微凸起的密封剂条(D188800 A1)。

提示:请注意密封剂的有效期截止日期。涂敷的密封剂不允许过厚,必要时将多余的密封剂用一块不含纤维的抹布擦掉。在安装和拧紧整体式轴承盖时不得中途中断,因为一旦密封面接触到一起,密封剂就立刻开始硬化。

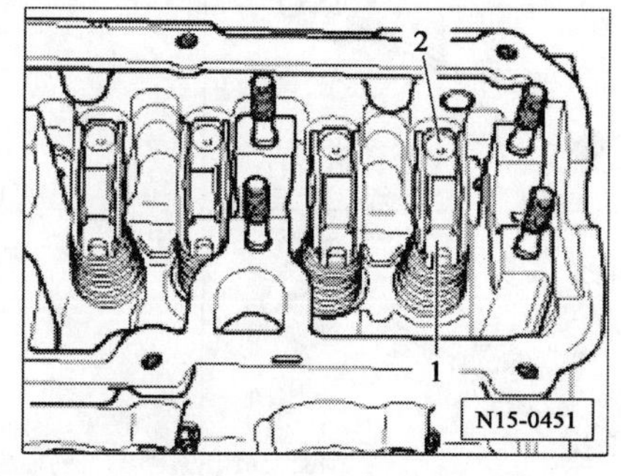

图1-99　正确安装滚子摇臂

1-气门杆末端;2-挺柱

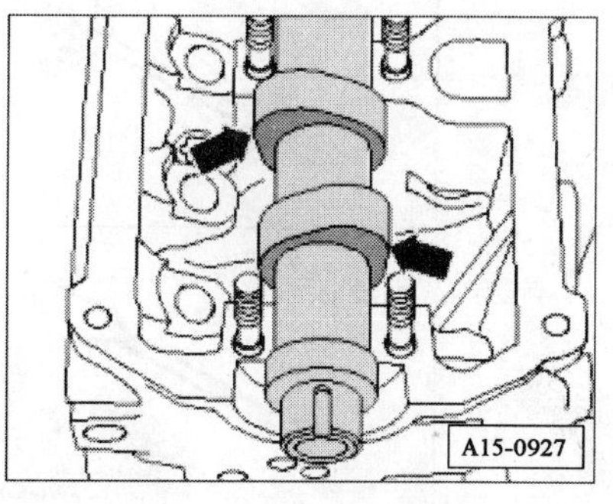

图1-100　安装凸轮轴

(4)将一个新的后部端盖平齐安装。

(5)装上整体式轴承盖,并将轴承2和4的螺母交替着以交叉的方式略微拧紧,然后同样略微拧紧轴承3、1和5的螺母。

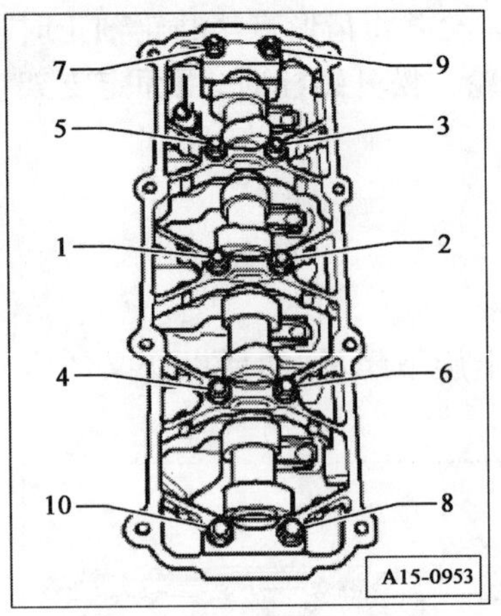

图1-101 凸轮轴轴承螺栓拧紧顺序

(6)最后按图1-101所示的顺序以23N·m的力矩拧紧螺母。

(7)安装汽缸盖罩。将螺栓从内向外以交叉的方式拧紧。

(8)安装齿形带后部护罩。

(9)用导向套T10071/1安装新的密封环并用拉入套3265和螺栓T10071/2压入至极限位置。

提示:将一个较大的常用垫圈M12放在螺栓下面,以免磨坏压套。

(10)将平键装入凸轮轴中。

(11)安装好凸轮轴正时齿轮。拧紧螺栓时,用固定支架3415固定凸轮轴正时齿轮。

提示:在转动凸轮轴时不允许将曲轴停在上止点。气门/活塞头有损坏危险。

(12)其余的组装工作大体上与拆卸顺序相反。

(13)安装齿形带。

提示:安装整体式轴承盖和汽缸盖罩后必须让密封剂干燥约30min。

(七)更新气门杆密封件

更行气门密封件所需专用工具和维修设备如图1-102所示有:力矩扳手VAG1331、气门撬

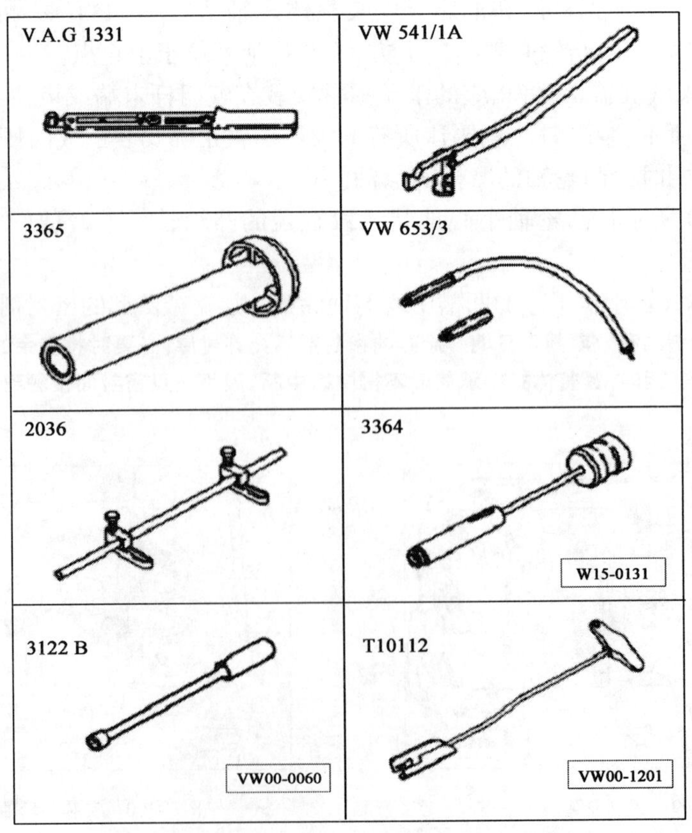

图 1-102

杆 VW541/1A、气门杆密封圈压入器 3365、压力软管 VW653/3、气门装配工装 2036、气门杆密封圈拔出器 3364、火花塞扳手 3122B、起拔器 T10122。

1. 拆卸

(1)拆卸凸轮轴。

(2)拆下滚子摇臂,将其放在一块干净的垫子上(注意不要混淆滚子摇臂)。

(3)如图 1-103 所示,用起拔器 T10112 拔下火花塞插头,用火花塞扳手 3122B 旋下火花塞,并将相应汽缸的活塞置于"下止点"。

(4)如图 1-104 所示,装上气门装配工装 2036 并将支座调整到无头螺栓的高度,将压力软管 VW653/3 旋入火花塞螺纹中。

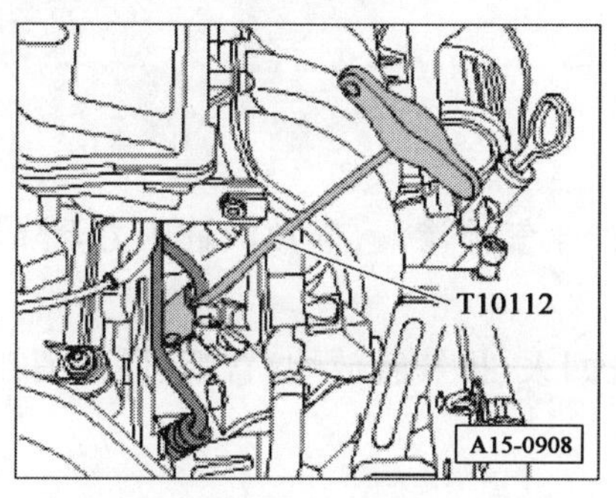

图 1-103 用起拔器 T10112 拔下火花塞插头

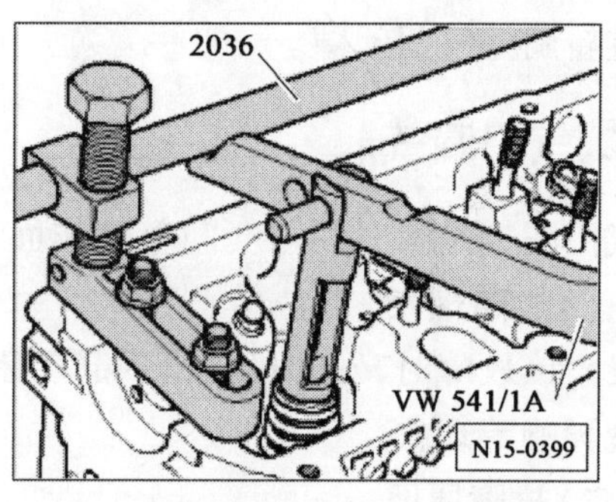

图 1-104 装上气门装配工装 2036

(5)将压力软管接到至少有 630bar 过压的压缩空气上,用气门撬棒 VW541/1A 和压块 VW541/6A 拆卸气门弹簧。

提示:用锤子轻敲装配杆,松开固定的气门锁夹。

(6)用气门杆密封圈拔出器拆下气门杆密封圈。

2. 安装

(1)将随附的塑料套筒 A 套到相应的气门杆上。这样可以避免损坏新的气门杆密封件。

(2)如图 1-105 所示,将新的气门杆密封圈 B 装入气门杆密封圈的推杆 3365 中。

(3)给气门杆密封件密封唇涂油并小心地移动到气门导管上。

(4)其余的组装工作基本与拆卸顺序相反。

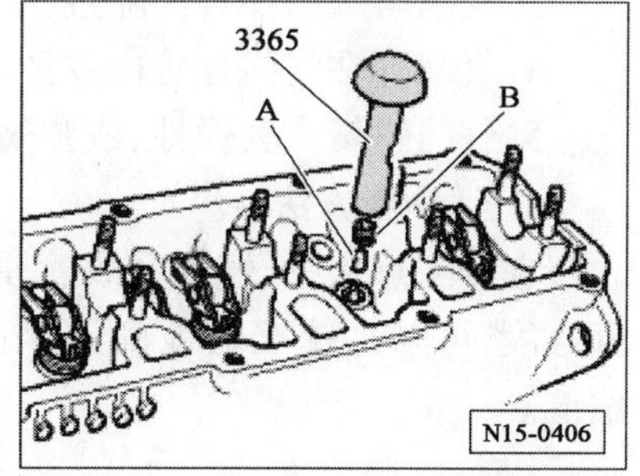

图 1-105 将新的气门杆密封圈 B 装入气门杆密封圈的推杆 3365 中

C 知识拓展

配气机构常见故障诊断与排除

配气机构传动链长、零件多,旋转、往复运动频繁,运动规律特殊,润滑条件相对较差,工作中由于磨损使各配合副、摩擦副的间隙增大,都会影响到发动机的技术性能。配气机构常见的故障有气门脚响、气门漏气、凸轮轴响、液刀挺住故障等。

一、气门脚响

气门脚响是因为气门间隙过大而发出的一种连续而有节奏的金属敲击声。

(一)故障现象

发动机发出清脆有节奏的“哒哒”响声,响声随转速而变化,与温度变化无关。

(二)故障原因

该响声在发动机任何转速下均能听到,并且随发动机转速升高而响声增大,尤其在怠速、中速时响声更加清晰,其响声不随温度改变和“断火”而变化。

(三)诊断方法

响声在缸盖处比较明显,拆下气门室盖,发动机怠速运转,用厚薄规依次插入气门间隙处检查。如果插入一个气门后,响声减弱或消失,即为气门间隙过大而发响。

(四)排除方法

重新调整气门间隙。

二、气门漏气

气门漏气是指气门与气门座工作面密封不良,产生气体渗漏,导致汽缸压力下降等现象。

(一)故障现象

发生该故障时,发动机会出现起动困难、进气管回火、排气管放炮、冒烟、燃油消耗增加,以及出现异响等现象。

(二)故障原因

1. 气门与气门座工作面磨损、烧蚀、密封不良而漏气。
2. 气门与气门座工作面有积炭,气门关闭不严而漏气。
3. 气门与气门导管间隙过大,气门杆晃动,导致气门关闭不严而漏气。
4. 气门杆在气门导管内发涩或卡住,气门不能上下移动。
5. 气门弹簧失去弹性,或弹簧折断。

(三)诊断方法

在排除点火系、燃料系故障原因后,尚不能确定故障时,测量汽缸压力或测量进气歧管的真空度,可以比较准确地确定该故障。测量汽缸压力时,气门漏气的汽缸压力较其他汽缸偏低。

(四)排除方法

拆卸缸盖,对气门组零件进行修理,修磨或更换损坏的气门等零件。

三、凸轮轴响

(一)故障现象

发动机缸盖处出现有节奏而较钝的“嗒嗒”响声,发动机一般无其他异常现象。

(二)故障原因

凸轮轴及其轴承间配合松旷;凸轮轴弯曲变形;凸轮轴轴向间隙过大。

(三)诊断方法

在缸盖处可听到有节奏而较钝的“嗒嗒”响声,发动机中速时比较明显,高速时消失,作单缸断火试验,声响依旧。

(四)排除方法

拆检配气机构,更换故障零件。

四、液刀挺住故障

(一)故障现象

发动机发出类似普通机械气门脚响的现象。

(二)故障原因

1. 发动机机油油面过高或过低,导致有气泡的机油进到液压挺柱中,形成弹性体而产生噪声。

2. 机油压力过低。

3. 机油泵、集滤器损坏或破裂,使空气吸到机油中去。

4. 液力挺柱失效。

5. 使用质量低劣的机油。

(三)诊断方法

发动机运转时,出现有节奏的"嗒嗒"声,怠速时明显,中速以上减弱或消失。

(四)排除方法

拆卸油底壳,检查更换机油泵、集滤器;调整机油液面或更换机油;拆检配气机构,更换液压挺柱或气门导管。

任务4　润滑系拆检工艺

X 项目描述

某一汽大众4S店承修一辆速腾1.6L轿车,该车发动机机油压力指示灯亮,即表明润滑系统有故障,因此需要对润滑系主要部件进行拆检。

Z 知识目标

1. 知道发动机润滑系统的功用及组成;

2. 知道机油的流动路线;

3. 知道机油压力警告灯点亮检测流程。

N 能力目标

1. 能根据维修手册对润滑系主要部件进行拆装;

2. 能够对润滑系主要部件进行检查、更换。

S 素质目标

安全与防护,车间5S管理,合作、交流、沟通能力的培养。

A 相关知识

一、发动机润滑系的功用

为了减轻磨损、减小摩擦阻力,延长使用寿命,发动机上设置了润滑系。润滑系将清洁的润滑油不断地供给各运动零件的摩擦表面。发动机运转时,各运动零件互相接触表面在作高速相对运动时会产生摩擦。这种摩擦不仅会增加发动机内部功率消耗,加速零件表面摩损,而且还会因摩擦而产生的热量使得零件受热膨胀,导致其配合间隙减小,甚至使零件表面熔化,发动机不能正常运转。

二、发动机润滑系统的组成及机油流动路线

(一)润滑系统组成

润滑系一般由机油泵、油底壳、机油滤清器、机油散热器、各种阀、传感器和机油压力指示灯等组成。

(二)机油流动路线(如图1-106所示)

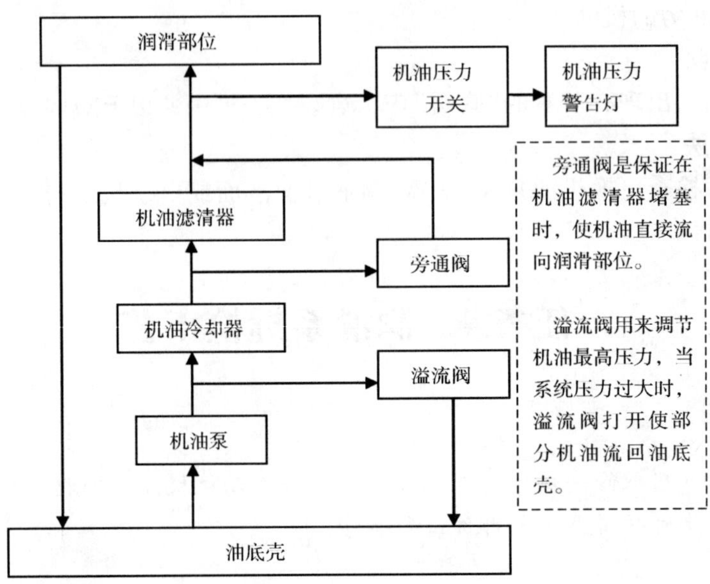

图1-106 机油流动路线框图

三、机油压力警告灯点亮检测流程

(一)机油压力警告灯何时点亮

机油压力开关安装在润滑系统的油道上,当系统中的机油压力低于规定值时(表1-9),仪表板上的机油压力警告灯点亮,向驾驶员报警(图1-107)。

常见发动机润滑系统的机油压力 表1-9

发动机型号	条　件	机油压力(kPa)
丰田5A或8A	怠速	49
	转速3000r/min	294～539
凯越L91或L79	怠速、冷却水温度80℃	不小于30
桑塔纳AJR	转速2000r/min、机油温度80℃	200
速腾1.6	转速2000r/min、机油温度80℃	270～450

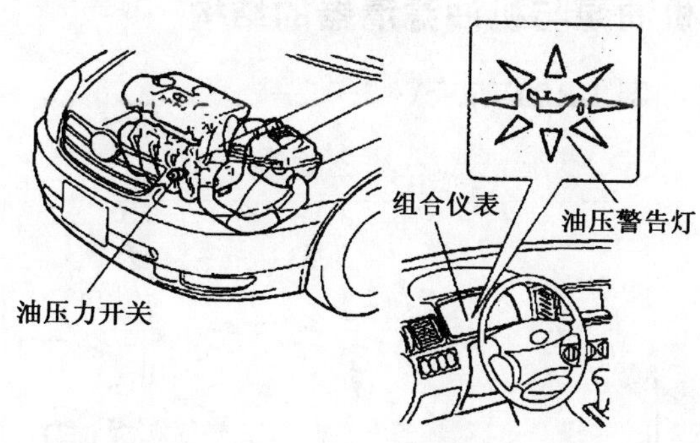

图 1-107　机油压力开关和机油压力警告灯

(二)机油压力警告灯点亮的检测工艺流程

机油压力警告灯点亮,说明润滑系统的机油压力低于规定值,应按照规定的检测工艺流程(图 1-108)进行故障分析。

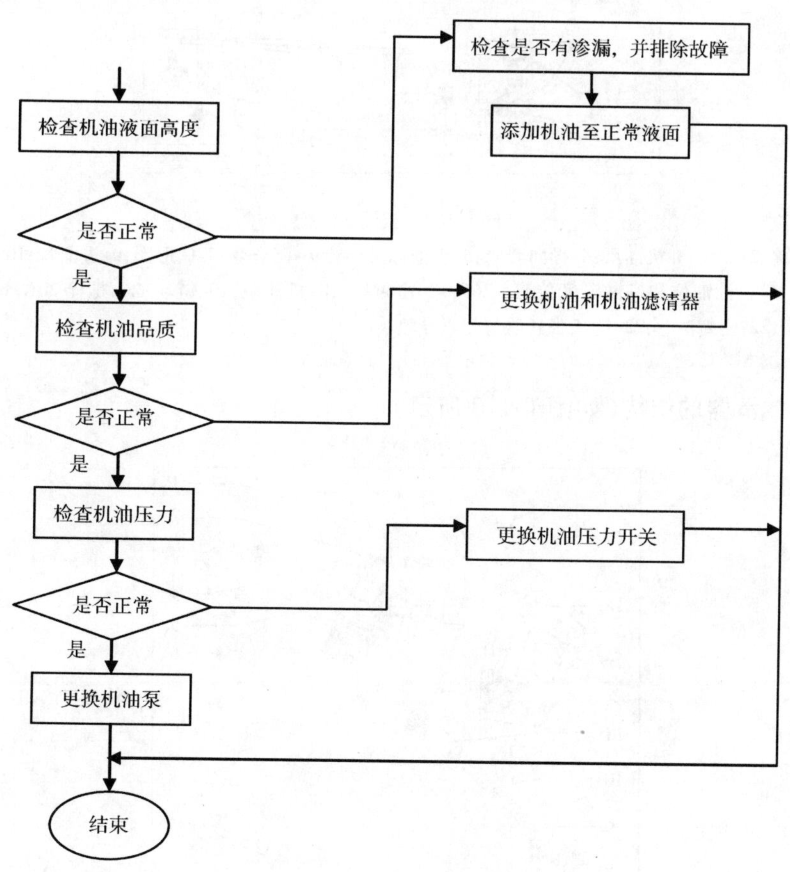

图 1-108　机油压力警告灯点亮的检测工艺流程

四、速腾 1.6 轿车机油泵与机油滤清器的结构

(一)机油泵的结构(如图 1-109 所示)

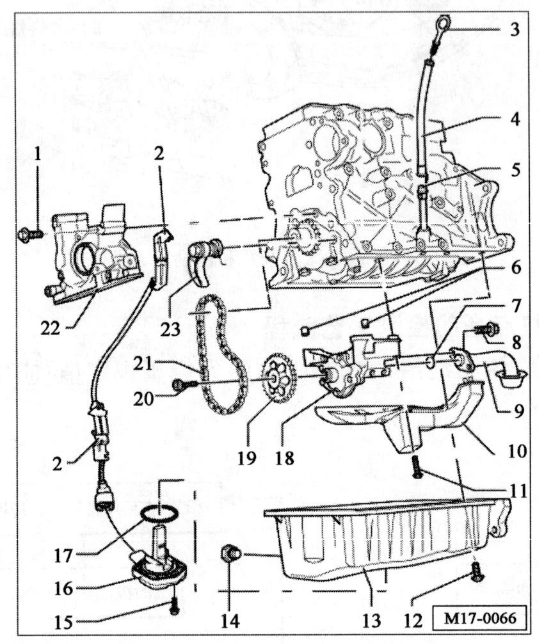

图 1-109　机油泵结构

1、8、11、12、15-螺栓;2-支架;3-机油尺;4-导向套管;5-机油标尺导管;6-配合套;7-O 形圈;9-进油管;10-挡油板;13-油底壳;14-放油螺塞;16-机油油位和机油温度传感 G266;17-密封环;18-机油泵;19-链轮;20-螺栓 20N·m + 继续旋转 90°(1/4 圈);21-链条;22-密封法兰;23-链条张紧器与张紧导轨

(二)机油滤清器的结构(如图 1-110 所示)

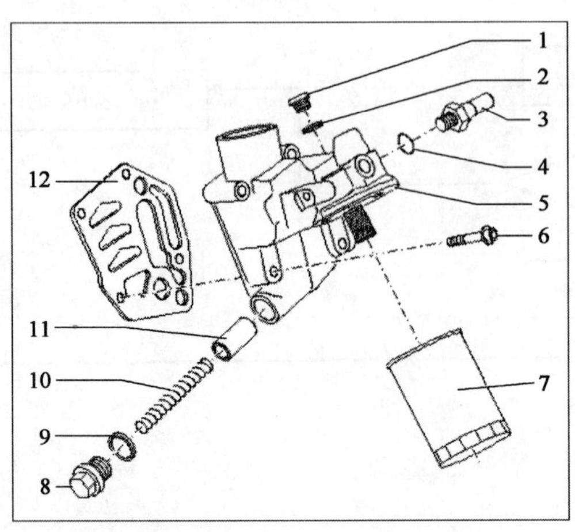

图 1-110　机油滤清器结构

1-螺旋塞;2-密封环;3-油压开关 F1;4-密封环;5-机油滤清器支架;6-螺栓 15N·m + 继续旋转 90°(1/4 圈);7-机油滤清器;8-螺旋塞;9-密封环;10-弹簧;11-活塞;12-密封条

B 实训操作内容

一、实训之前工作

(一)车辆及工具准备

速腾 1.6L 轿车一辆、所需要的专用工具如图 1-111 所示:连杆扳手 SW 10-3185、扳手头 T10058、机油压力检测器 V. A. G1342、二极管测试笔 V. A. G1527B、测量辅助工具套件 V. A. G1594C、车间收集盘 VAS6208。

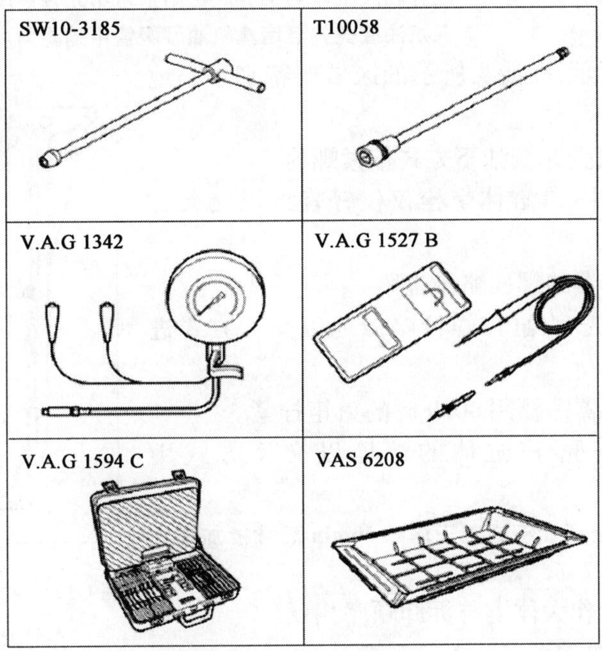

图 1-111 工具准备

(二)实训注意事项

1. 保持工作场地的清洁。
2. 油底壳上的螺栓属于螺栓组,交替对角拧紧。
3. 润滑系统安装完成时要进行密封情况的检查。

二、润滑系主要部件的拆卸与安装及机油压力的检查

(一)拆卸和安装油底壳

1. 拆卸

(1)拆卸隔声垫。

(2)排放发动机机油。

(3)拔下机油油位和机油温度传感器 G266 的 3 芯插头。

(4)旋出变速器/油底壳的紧固螺栓。

(5)用连杆扳手 SW 10-3185 旋松飞轮侧的油底壳螺栓并用插接套件 T10058 旋出。

(6)旋出剩余的螺栓并拆下油底壳。如有必要,必须用橡胶锤子轻轻敲打来松开油底壳。

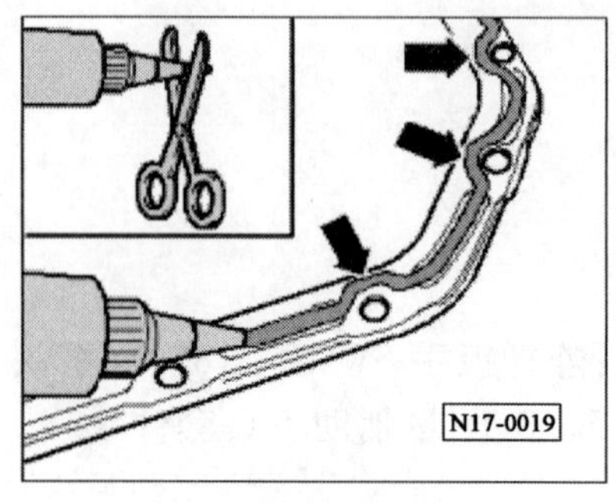

图 1-112　沿着螺栓孔区域的内侧涂抹硅胶密封剂

2. 安装

提示：请注意密封剂的有效期截止日。油底壳必须在涂敷硅胶密封剂后 5min 内安装。

(1)将管口从前部的标记处剪开(喷嘴直径约 3mm)。

(2)如图 1-112 所示，将硅胶密封剂涂到油底壳干净的密封面上，密封剂条必须 2 ~ 3mm 厚，并沿着螺栓孔区域的内侧涂抹。

提示：将油底壳安装到已拆下来的发动机上时，注意飞轮侧的油底壳和汽缸体要平齐。密封剂带不允许过厚，否则多余的密封剂会进入机油底壳并且堵塞机油泵吸管中的滤网。

(3)如图 1-113 所示，在箭头所示的区域要特别小心地涂敷密封剂条。

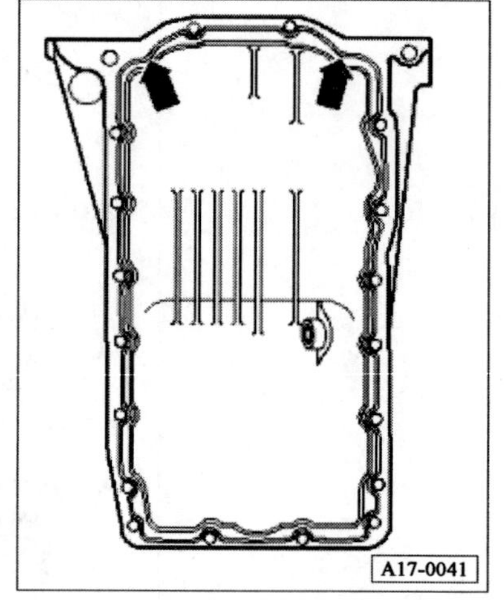

图 1-113　在箭头所示的区域涂敷密封剂条

(4)立即安装油底壳并按如下方式拧紧螺栓：

①将所有的油底壳/汽缸体螺栓仅仅轻轻地以交叉方式拧紧。

②将油底壳/变速器的螺栓略微拧紧。

③将所有的油底壳/汽缸体螺栓略微地以交叉方式进一步拧紧。

④将油底壳/变速器螺栓用 40N·m 的力矩拧紧。

⑤将所有的油底壳/汽缸体的螺栓以交叉方式用 15N·m 拧紧。

提示：装配油底壳后必须让密封剂干燥约 30min 后才能加注发动机机油。

(5)其余的组装工作大体上与拆卸顺序相反。

(二)拆卸和安装机油泵

1. 拆卸

(1)如图 1-114 所示，旋出机油泵链轮固定螺栓 2。

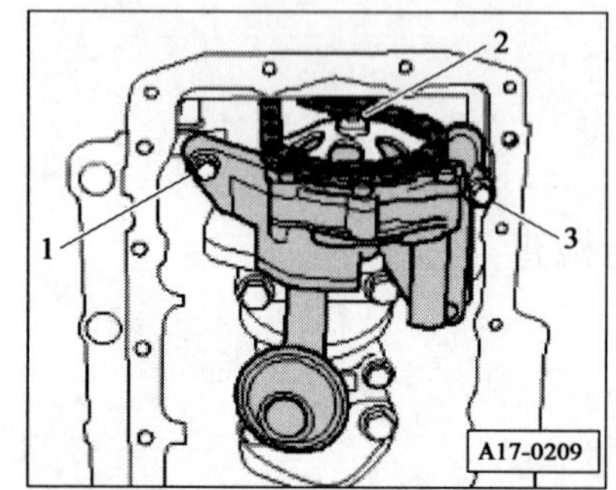

图 1-114　拆卸机油泵

1、3-机油泵固定螺栓；2-机油泵链轮固定螺栓

(2)从机油泵轴上拔下链轮。

(3)旋出机油泵固定螺栓 1 和 3 并拆下机油泵。

2. 安装

按相反顺序进行安装。同时要注意下列事项：

(1)将配合套的上部装到机油泵上。

(2)链轮只能安装在机油泵阀(平面)上的位置中。

(3)安装油底壳。

(4)链轮安装到油泵轴上。

(5)油泵安装到汽缸体上。

(三)检查机油压力和油压开关

1. 检测条件

(1)发动机油位正常。

(2)机油温度至少 80°C(冷却器风扇必须运行一次)。

2. 检测过程

(1)拆下油压开关 F1 并将其旋入检测设备中。

(2)将检测设备取代油压开关旋入机油滤清器支架中。

(3)检测设备的棕色导线搭铁(-)。

(4)如图 1-115 所示,将二极管测试笔 V. A. G 1527B 连同辅助测量工具套件 V. A. G1594C 中的导线从蓄电池正极(+)旁连接至油压开关。发光二极管不得亮起。

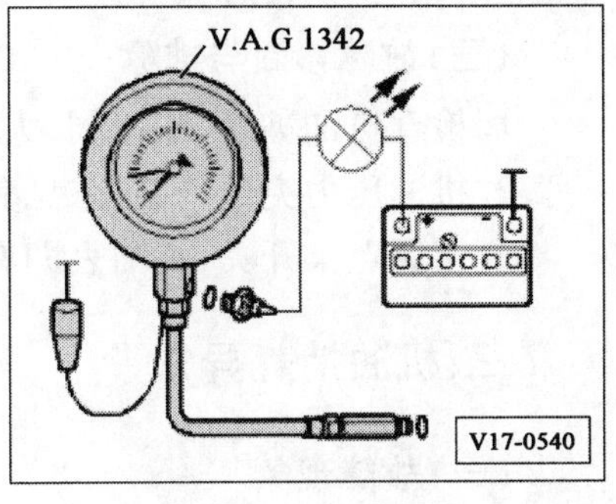

图 1-115　检查机油压力和油压开关

如果发光二极管亮起:更换 1.4bar 的油压开关 F1。

如果发光二极管不亮:起动发动机并提高转速。在 1.2 ~ 1.6bar 过压时,发光二极管必须亮起,否则更新机油压力开关。

(5)继续提高转速。在转速为 2000r/min 且机油温度为 80°C 时,机油过压应在 2.7 ~ 4.5bar。转速更高时油压不允许超过 7.0bar。

如果小于标准值:检查进油管的滤网上是否有污物。

提示:机械性的损坏,例如轴承损坏也可能造成机油压力过低。

如果未发现故障:更新机油泵。

如果超过标准值:检查油道。必要时更新机油滤器支架与安全阀。

C 知识拓展

润滑系常见故障有机油压力过低、机油压力过高、机油消耗异常等。

一、机油压力过低

(一)故障现象

发动机冷车起动后,机油压力表指示值过低,正常温度和转速下,机油压力表指示值始终低于规定值。

(二)故障原因

机油油量不足;机油黏度太低;限压阀弹簧失效或调整不当;机油滤清器旁通阀弹簧失效;机油泵齿轮磨损;机油滤清器堵塞;曲轴主轴承、连杆轴承或凸轮轴轴承间隙过大;机油压力表或传感器失效;润滑系内、外管路或管接头泄漏。

(三)故障诊断与排除

1. 若发现机油压力过低或为零时,应立即停车熄火,以免发生机件烧毁事故。

2. 检查油底壳内机油量及机油品质,油量不足,应添加;油质变坏,应更换。

3. 检查机油压力传感器的导线是否松脱。若连接良好,在发动机运转时,拧松机油压力传感器或主油道螺塞,若机油从连接螺纹孔处喷出有力,则机油压力表或其传感器故障。

4. 检测主油道机油喷出无力,则应立即熄火,检查集滤器、机油泵、限压阀、粗滤器滤芯是否堵塞且旁通阀无法打开,各进出油管、油道及油堵是否漏油。

5. 以上检查均正常,则应检查曲轴轴承、连杆轴承或凸轮轴轴承的间隙是否过大。

二、机油压力过高

(一)故障现象

发动机在正常温度和转速下,机油压力表读数高于规定值;运转中,机油压力表读数突然增高;机油冲裂机油压力传感器或机油滤清器盖等。

(二)故障原因

机油黏度过大;限压阀失效或调整不当;汽缸体油道、机油粗滤器堵塞且旁通阀开启困难;机油压力表或其传感器工作不良;曲轴主轴承、连杆轴承或凸轮轴轴承的间隙过小。

(三)故障诊断与排除

1. 检查机油黏度、限压阀;大修后发动机,应检查主轴承、连杆或凸轮轴轴承间隙。

2. 机油压力突然增高,未见其他异常,应检查压力传感器及导线是否搭铁。

3. 接通点火开关,机油表即有压力指示,应检查机油压力表、传感器是否完好。

三、机油消耗异常

(一)故障现象

机油消耗异常(>0.1L/100km ~0.5L/100km);排气管冒蓝烟。

(二)故障原因

活塞与缸壁间隙过大;活塞环方向装反、对口、卡滞或磨损过甚;进气门导管磨损过甚或进气门杆油封损坏;曲轴箱通风不良;机体密封不良,润滑油向外渗漏。

(三)故障诊断与排除

1. 检查机体外部是否有漏油。

2. 检查、清理曲轴箱通风装置。

3. 若排气管明显冒蓝烟,则为进行发动机二次维护,拆检曲柄连杆、配气机构等。

4. 气压制动汽车,若贮气筒严重积油,则空气压缩机活塞、活塞环、缸壁磨损过甚。

任务5　冷却系拆检工艺

X 项目描述

某一汽大众4S店承修一辆速腾1.6L轿车,使用51000km后,发现发动机的水温过高,需对冷却系相关部件进行拆装检查。

Z 知识目标

1. 知道冷却系的作用、组成及工作原理;

2. 知道冷却液的循环路线。

N 能力目标

1. 能根据维修手册进行冷却系主要部件的拆装;

2. 能够排放与添加冷却液、检查冷却系统压力。

S 素质目标

安全与防护,车间5S管理,合作、交流、沟通能力的培养。

A 相关知识

一、发动机冷却系的功用

保持发动机在最适宜的温度范围内工作(水冷式发动机冷却水温度一般为 80~90℃)。发动机工作时,由于燃料的燃烧,汽缸内气体温度高达 2200~2800K(1927~2527℃),使发动机零部件温度升高,特别是直接与高温气体接触的零件,若不及时冷却,则难以保证发动机正常工作。

二、发动机过热或过冷的危害

(一)发动机过热的危害

(1)降低充气效率,使发动机功率下降。

(2)早燃和爆燃的倾向加大,使零件因承受额外冲击性负荷而造成早期损坏。

(3)运动件的正常间隙被破坏,运动阻滞,磨损加剧,甚至损坏。

(4)润滑情况恶化,加剧了零件的摩擦磨损。

(5)零件的机械性能降低,导致变形或损坏。

(二)发动机过冷的危害

(1)进入汽缸的混合气(或空气)温度太低,可燃混合气品质差,使点火困难或燃烧迟缓,导致发动机功率下降,燃料消耗量增加。

(2)燃烧生成物中的水蒸气易凝结成水而与酸性气体形成酸类,加重了对机体和零件的侵蚀作用;

(3)未汽化的燃料冲刷和稀释零件表面(汽缸壁、活塞、活塞环等)上的油膜,使零件磨损加剧。可见,发动机正常的工作温度是保证发动机良好的工作性能及其使用寿命的一个重要条件。

三、发动机冷却系组成及工作原理

水冷却系大都是风扇、水泵、水套、散热器、百叶窗、节温器、水管、水温表和传感器等组成,其工作原理为:散热器内的冷却水加压后通过汽缸体进水孔压送到汽缸体水套和汽缸盖水套内,冷却水在吸收了机体的大量热量后经汽缸盖出水孔流回散热器。由于有风扇的强力抽吸,空气流由前向后高速通过散热器。因此,受热后的冷却水在流过散热器芯的过程中,热量不断地散发到大气中去,冷却后的水流到散热器的底部,又被水泵抽出,再次压送到发动机的水套中,如此不断循环,把热量不断地送到大气中去,使发动机不断地得到冷却。

四、冷却水的循环路线

当发动机处于冷态或温度较低时,冷却液进行小循环,即不经过散热器。只有当冷却液温度达到一定数值后,冷却液才进行大循环,即冷却液流经散热器。

冷却液的循环路线是由位于水泵下部的节温器控制,当冷却液温度低于 86℃时,节温器关闭,冷却液不经过散热器,冷却液进行小循环;当冷却液温度达到 86℃时,节温器开启,并随冷却液温度的升高,开启度逐渐加大,同时,经节温器流至散热器的冷却液量也逐渐增大。

五、速腾 1.6 轿车冷却系统的部件装配图

(一)发动机侧冷却系统的部件装配图(如图 1-116 所示)

(二)散热器、补偿罐、散热器风扇等部件的装配图(如图 1-117 所示)

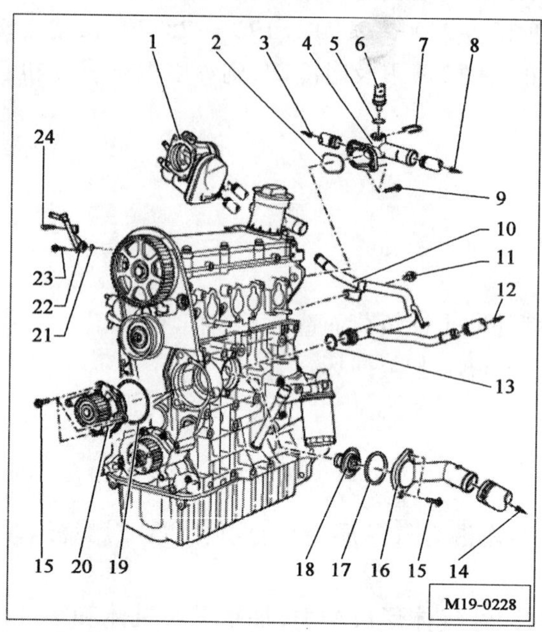

图 1-116　发动机侧冷却系统的部件装配图

1-节气门控制单元 J338;2-密封环;3-至暖风装置的热交换器;4-冷却液分配器外壳;5、13、17、19、21-O 形圈;6-冷却液温度传感器 G62;7-固定夹;8-至上部散热器;9、11、15、23、24-螺栓;10-冷却液管路;12-至补偿罐的软管;14-至散热器下部的软管;16-连接接头;18-节温器;20-冷却液泵;22-排气管路

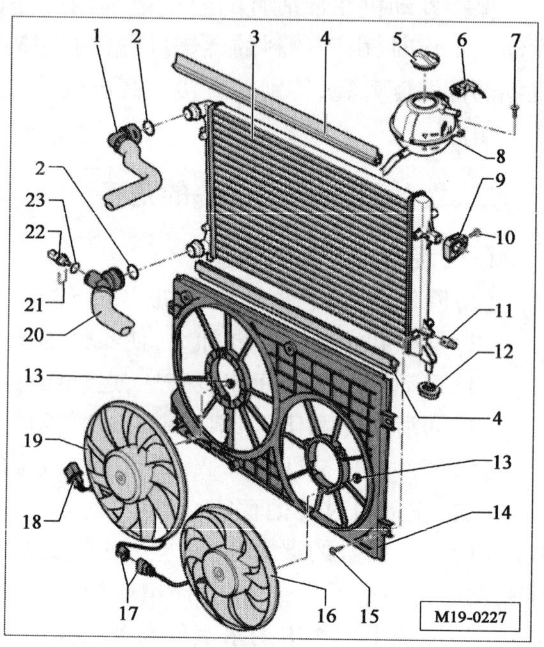

图 1-117　发动机冷却系统

1-上部冷却液软管;2、23-O 形圈;3-散热器;4-密封环;5-端盖;6、17、18-连接插头;7、10、13、15-螺栓;8-补偿罐;9-散热器支座;11-间隔板;12-定位件;14-空气导管保护;16-散热器风扇 2-V177;19-散热器风扇-V7;20-下部冷却液软管;21-固定夹;22-散热器出口上的冷却液温度传感器 G83

B　实训操作内容

一、实训之前工作

(一)车辆及工具准备

速腾 1.6L 轿车一辆、所需要的专用工具如图 1-118 所示:收集盘 VAS6208、弹性卡箍拆卸钳 VAS5024A、折射计 T10007、V. A. G1274。

(二)实训注意事项

1. 保持工作场地的清洁。
2. 冷却系统管路承受压力,拆卸时要戴好防护眼镜并穿好防护服,以免伤害和接触皮肤。
3. 冷却液有毒,排放的冷却液要进行妥善处理。
4. 冷却系统安装完成要进行密封情况的检查。

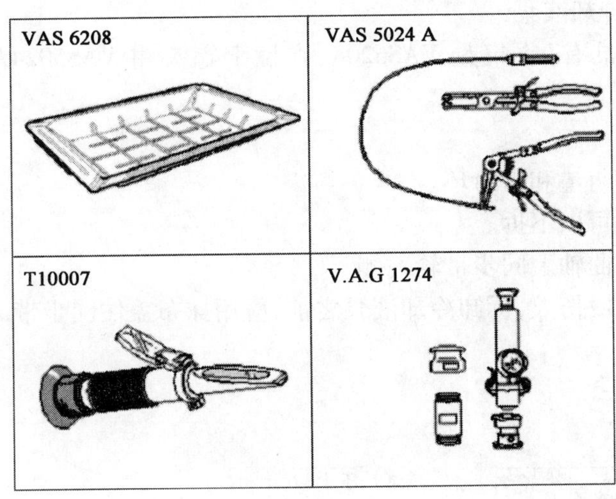

图 1-118

二、冷却系主要部件的拆卸与安装及检查

(一)排放与添加冷却液

1. 排放冷却液时必备的专用工具、检测仪和辅助工具有:收集盘 VAS6208、弹性卡箍拆卸钳 VAS5024A、折射计 T10007 及扭力扳手 V. A. Gl331(5 ~50N·m)。

2. 排放冷却液时,按以下步骤进行:

(1)打开膨胀箱盖。

(2)通过散热器下软管放出冷却液。

(3)从连接管 2 上拆下冷却液软管,如图 1-119 所示。

(4)拧下螺栓 1,将连接管连同 O 形密封环 3 和冷却液节温器 4 一起取下。

说明:请注意废物排放规程。

3. 加注冷却液时,按以下步骤进行:

(1)慢慢注入冷却液,直到膨胀箱上最大标记处,注入时间约 5min。

(2)盖上膨胀箱盖并拧紧。

(3)起动发动机,直到电扇开启。

(4)检查冷却液液面的高度,如需要,补充冷却液,热机时液面应在最大标记处,冷机时,游标面应在最小(min)和最大(max)标记之间,如图 1-120 所示。

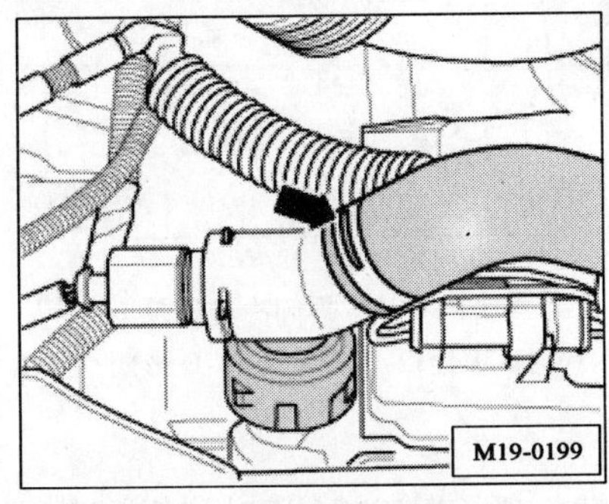

图 1-119　拆下冷却液软管

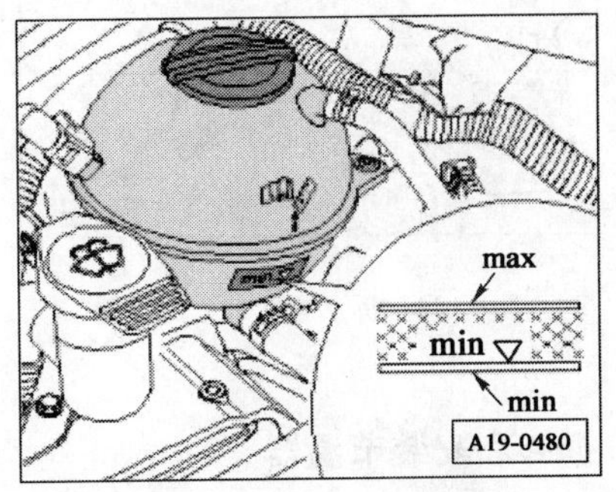

图 1-120　冷却液加注位置

(二)拆卸和安装冷却液泵

1. 所需的专用工具有:收集盘 VAS6208、弹性卡箍夹钳 VAS5024A 及力矩扳手 V. A. G1331(5 ~50N·m)。

2. 说明:

(1)要换所有的密封垫和密封环。

(2)同步带下护罩可以不拆。

(3)同步带仍留在曲轴上同步带轮一侧。

(4)为防止冷却液烫伤人,拆卸冷却液泵之前,应用抹布盖住同步带。

3. 拆卸步骤:

(1)放出冷却液。

(2)拆下多楔带。

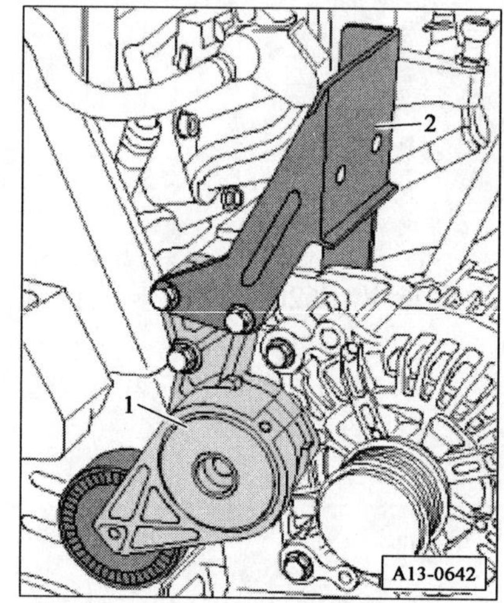

图 1-121 拆卸冷却液泵

1-张紧装置紧固螺栓;2-防护板

(3)拆下防护板。

(4)拆下多楔带的张紧装置。

(5)从冷却液泵的同步带轮上取下同步带。

(6)从冷却液泵上拧下紧固螺栓,并拆下冷却液泵,如图 1-121 所示。

(7)拆下齿形带中部护罩,如图 1-122 所示。

(8)拆卸冷却液泵的紧固螺栓,如图 1-123 所示,将冷却液泵拆下。

4. 安装步骤:

(1)用冷却液浸润新 O 形密封环。

(2)装上冷却液泵,安装位置:外壳中的封盖朝下。

(3)将冷却液泵 2 装到汽缸体上并拧紧紧固螺栓,拧紧力矩为 15N·m。

(4)安装同步带,调整配气相位。

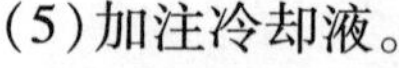
(5)加注冷却液。

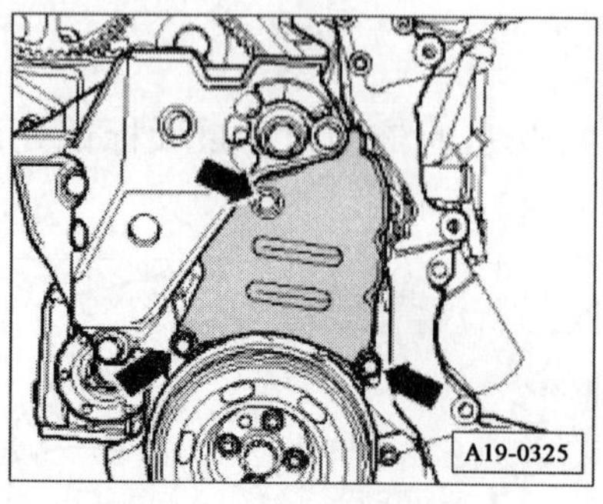

图 1-122 拆下齿形带中部护罩

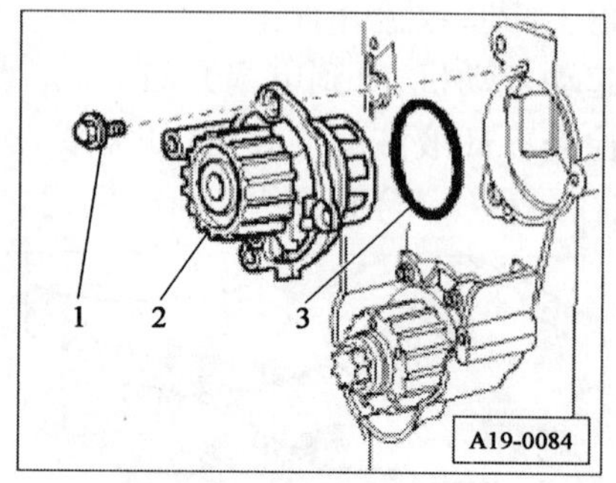

图 1-123 拆卸冷却液泵

1-螺栓;2-冷却液泵;3-O 形圈

(三)拆卸和安装节温器

1. 所需的专用工具有:力矩扳手 V. A. Gl331、连杆扳手 SW10-3185、插接套件 SW5-3249、弹簧卡箍钳 VAS5024A、车间收集盘 VAS6208、折射计 T10007。

2. 拆卸

注意:在打开补偿罐时可能有热蒸汽逸出,戴好防护眼镜并穿上防护服,以免伤害眼睛和烫伤。用抹布盖住密封盖并小心地打开。

(1)放出冷却液。

(2)从连接套管上拔下冷却液软管。

(3)如图 1-124 所示,用连杆扳手 SW10-3185 松开紧固螺栓 4,用插接套件 SW5-3249 旋出并拆下连接套管 3。

(4)用老虎钳从发动机缸体拆卸节温器 1。

3. 安装

(1)用冷却液浸润新的 O 形环。

(2)用 O 形环将节温器安装在发动机缸体上。

提示:节温器的把手必须处在几乎垂直的位置。

图 1-124　拆卸节温器

1-节温器;2-O 形环;3-连接套管;4-紧固螺栓

(3)装上连接套管并用插接套件 SW5-3249 拧紧紧固螺栓(拧紧力矩:15N·m)。

(4)将冷却液软管插在连接套管上并填满冷却液。

(四)拆卸和安装散热器风扇

1. 拆卸(所需专用工具为弹簧卡箍钳 VAS5024A)

(1)将前围支架的空气导管旋下,如图 1-125 箭头所示。

(2)旋出空气导管护罩的 5 个上部紧固螺栓,如图 1-126 箭头所示。

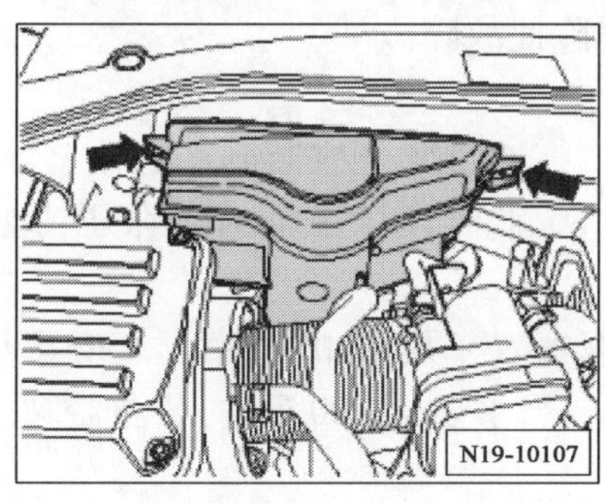

图 1-125　旋下前围支架空气导管

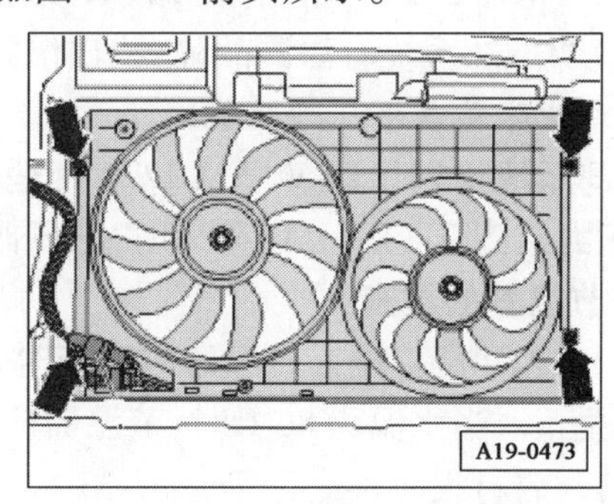

图 1-126　旋出空气导管护罩紧固螺栓

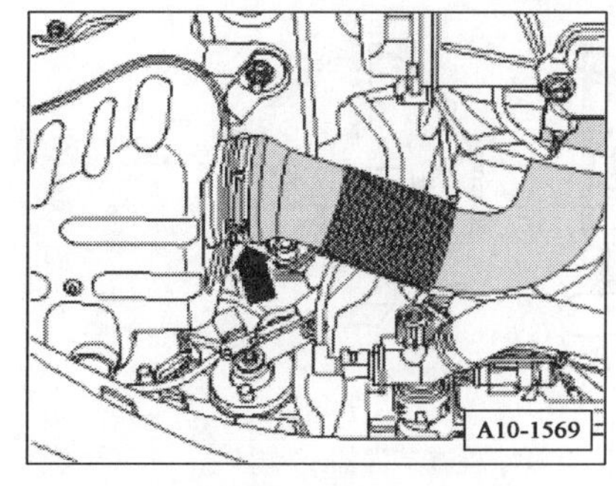

图 1-127　拆下弹簧卡箍

(3)拆下隔声垫。

(4)从空气导管护罩的支架中夹出下部冷却液软管。

(5)用弹簧卡箍钳 VAS5024A 拆下弹簧卡箍如图 1-127 箭头所指位置,然后拆下下面的空气导流软管。

(6)旋下支架上的空气导管如图 1-128 箭头所示,并将其拆下。

(7)脱开插头连接 1,并旋出空气导管护罩的紧固螺栓,拆下空气导管护罩。

(8)拧出螺母如图 1-129 箭头所示,并拆下风扇。

2. 安装

安装以相反顺序进行,安装过程中要注意以下几点:

(1)从上部安装空气导管护罩。

(2)拧紧力矩如表 1-10 所示。

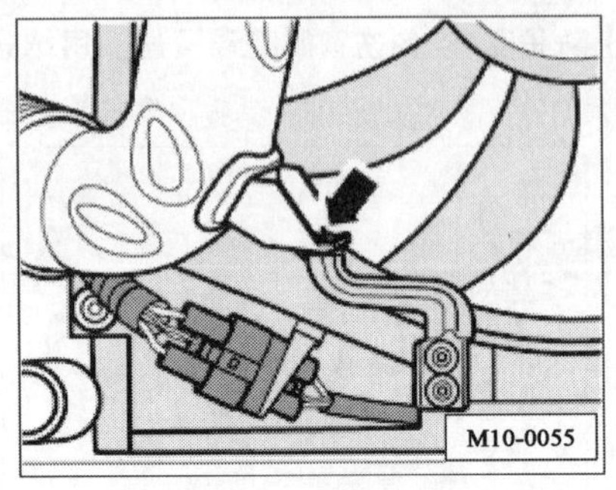

图 1-128 旋下空气导管

图 1-129 拧出螺母

拧紧力矩 表 1-10

部 件	N·m
散热器风扇安装到空气导管护罩上	5
空气导管护罩安装到散热器上	5

(五)冷却系统压力的检查

检查冷却系统的密封性和膨胀箱盖的功能可用工具 V. A. G1274 检查仪器。

1. 检查冷却系统的密封性

将检查仪器 V. A. G1274 用适配器 V. A. G1274/8 安装到膨胀箱盖上,如图 1-130 所示。在手动泵(V. A. G1274)上打压,使压力达到 0. 1MPa,停止打压,如果压力不能保持在 0. 1MPa,说明冷却系统有渗漏故障,找出渗漏处,并排除此故障。

2. 检查膨胀箱盖限压阀功能

将冷却系统检查仪器 V. A. G1274 用适配接头 V. A. G1274/9 安装到密封盖上,用手动泵打压,当压力达到 0. 13 ~ 0. 15MPa 时,限压阀必须打开。此时,说明膨胀箱盖限压功能正常。

(六)节温器的检查

如图 1-131 所示,检查节温器的功能时,可将节温器置于热水中,观察温度变化与节温器开启距离关系。当水温为 86℃时,节温器应开始打开;当水温达 100℃时,节温器阀门应全部开工启,其开启行程应不小于 7mm。

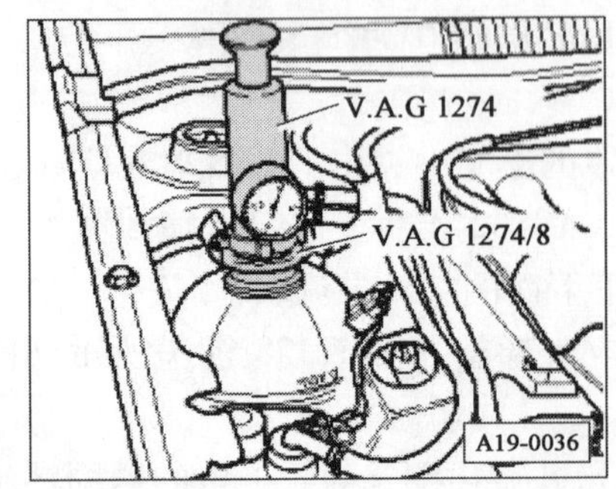

图 1-130 冷却系统密封性试验

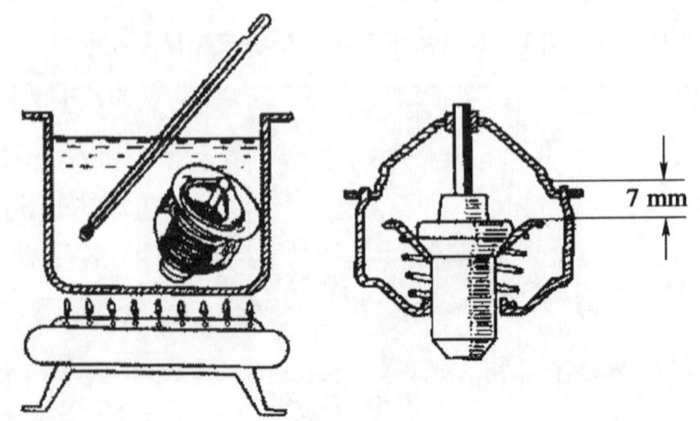

图 1-131 检查节温器

(七)散热器风扇及热敏开关的检查

散热器风扇是由冷却液温度控制的热敏开关控制的。风扇 1 挡,接通温度 92 ~ 97℃,断开温度 84 ~ 91℃;风扇 2 挡,接通温度 99 ~ 105℃,断开温度 91 ~ 98℃。当冷却液温度已达到风扇转动但风扇没有旋转时,应首先检查熔丝是否熔断。如果熔丝良好,应再拔下热敏开关插头，将两插片短路，此时若风扇仍不转。表明电动风扇损坏，应予以更换。若两插片接通后风扇转动，表明热敏开关损坏，应更换热敏开关（热敏开关拧紧力矩为35N·m）。

C 知识拓展

冷却系常见故障有冷却水温度过高、冷却水温度过低。

一、冷却水温度过高

（一）冷却水量足但发动机过热

1. 故障现象

冷却水量符合标准，且无漏水，但行驶中动力不足，水温超过90℃，直至沸腾（开锅）；运行至温度在90℃，停车后冷却水立即沸腾。严重时关闭点火开关，发动机不能熄火。

2. 故障原因

（1）百叶窗关闭或开度不足，风扇皮带松弛或打滑，节温器大循环工作不良；缸体水套水垢过多，散热器管芯或散热片间堵塞；风扇离合器失效，风扇叶片变形，角度不当；水泵叶轮松脱、叶轮与泵壳间隙过大失去泵水作用。

（2）点火时间过迟，排气门间隙过大，积炭过多，长时间超负荷低速挡行驶，润滑不良。

（3）冷却水温度>95℃，散热器加水口冒大量水蒸气，伴有焦臭味，汽车行驶无力。

3. 故障诊断及排除

（1）检查百叶窗开度，风扇皮带紧度，风扇叶片形状。

（2）检查散热器、节温器、水泵工作是否正常，检查调整点火时间、排气门间隙。

（3）检查、添加或更换润滑油；结合维护保养检查清洗冷却水套，清除燃烧室积炭。

（二）冷却水量不足引起发动机过热

1. 故障现象

发动机冷却系容纳不了规定的冷却水量，在运行中冷却水消耗异常。

2. 故障原因

冷却系水垢过多造成局部堵塞；散热器漏水或散热器盖空气蒸汽阀失效；水泵因水封装置失效漏水；汽缸垫冲破、汽缸内壁破损缸体水套与汽缸沟通。

3. 故障诊断及排除

检查冷却系容水量，散热器、水泵及冷却系其他部位有无渗漏；若上述符合要求，应检查清洗冷却系水垢；行驶中若水温表指示水温过高，而散热器下部温度并不高，则应解体发动机检查汽缸垫是否冲破、汽缸内壁是否破损，缸体水套与汽缸是否沟通。

（三）发动机突然过热

1. 故障现象

水温表很快指向100℃，发动机功率明显下降，冷车起动时，发动机水温迅速升高，补充冷却水后转为正常。

2. 故障原因

风扇皮带断裂或皮带装紧装置松动使皮带松动打滑；节温器主阀门松脱；水泵叶轮松脱；冷却系严重漏水；汽缸垫冲坏；风扇离合器失效。

3. 故障诊断与排除

检查冷却系有无渗漏；检查发动机机体温度高而散热器温度低，则水泵轴、水泵叶轮松脱，冷却水不能循环;若提高发动机转速,电流表不指示充电,则风扇带松脱或打滑;冷车起动时发动机温度迅速升高,冷却水沸腾,应检查节温器主阀是否横卡在散热器进水管内。当冷却水沸腾,散热器下部温度不高,散热器口有汽泡冒出时,应检查汽缸垫是否冲坏烧损。

二、发动机温度过低

一般发生在寒冷的冬季或高寒地区。

1. 故障现象

水温表指示值低于正常工作温度,发动机乏力,消声器有放炮声,燃油消耗增加。

2. 故障原因

百叶窗未关或无法调节,在严寒地区未使用保温措施,节温器失效,导致起动时不能迅速升温以保持发动机正常温度运转。

3. 故障诊断及排除

检查百叶轮船是否能关闭自如,若关闭后仍不能升高温度,则应考虑使用保温套;检查发动机节温器是否失效。

任务6　燃料供给系拆检工艺

X 项目描述

某一汽大众4S店承修一辆速腾1.6L轿车,无法起动,经检查该车点火系正常,因此需要对燃料供给系进行拆卸检查。

Z 知识目标

1. 知道燃料供给系的组成与工作过程;
2. 知道燃料供给系主要部件的作用与结构;
3. 知道电控发动机燃油卸压的过程以及油压测试的内容。

N 能力目标

1. 能根据维修手册进行燃油滤清器、燃油泵、油箱的拆装;
2. 能进行燃油泵、燃油系统压力、燃油系统供油量的检查。

S 素质目标

安全与防护,车间5S管理,合作、交流、沟通能力的培养。

A　相关知识

一、汽油供给系统组成及基本工作过程

由油箱、油泵、油滤器、油压调节器及喷油器等组成,如图1-132所示。工作时,电动汽油泵源源不断将汽油从汽油箱泵出,经汽油滤清器滤去水分和杂质,压力调节器调压、稳压后,以一定压力将汽油送至喷油器,由ECU根据发动机负荷工况按某特定方式,将汽油喷入进气管

或汽缸内,与空气混合成特定浓度的混合气。

二、汽油供给系统主要部件作用

(一)电动汽油泵功用与分类

1. 作用

将燃油从油箱中吸出,供给各喷油器及冷启动喷油器高于进气歧管压力 250 ~ 300kPa 的燃油,为防止发动机供油不足及油路气阻,最高压力可达 450 ~ 600kPa。

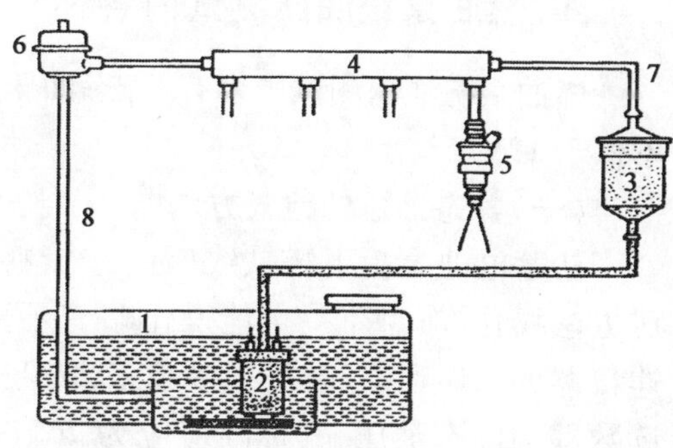

图 1-132

1-油箱;2-电动汽油泵;3-汽油滤清器;4-燃油分配管;5-喷油器;6-油压调节器;7-进油管;8-回油管

2. 分类

(1)按安装位置不同分为内置式和外置式。

①内置式:安装在油箱中,具有噪声小、不易产生气阻、不易泄漏、管路安装较简单等优点,已被 EFI 系统广泛使用。

②外置式:串接在油箱外部的输油管路中,优点是容易布置、安装自由度大,但噪声大,易产生气阻。

(2)按结构不同分为:叶片式、滚柱式、转子式和侧槽式。

(二)喷油器功用与分类

1. 作用

据 ECU 喷油信号,将适量汽油喷射入进气管(或汽缸)内。

2. 分类

按喷射方式分为多点喷射和单点喷射喷油器;按结构工作原理分为针阀、球阀、片阀式;按喷口数分为单、双、多喷口喷油器;按电磁线圈阻值分为低电阻(0.6 ~ 3Ω)、高电阻(12 ~ 17Ω);按驱动方式又分为电流驱动式和电压驱动式等。

(三)燃油压力调节器的功用

根据进气歧管压力的变化来调节进入喷油器的燃油压力,使两者保持恒定的压力差,这样,从喷油器喷出的燃油量便只取决于喷油器的开启时间。

三、释放与预置燃油系统油压

(一)释放燃油系统油压

电控燃油喷射式发动机为了便于再次起动,在发动机熄火后,燃油管路中仍保持着较高的燃油压力。在拆卸燃油管道、进行检修或更换燃油滤清器、电动燃油泵、喷油器等部件时,应先释放掉燃油管道内的油压,其方法如下:

1. 起动发动机,带运转后关闭点火开关。

2. 拔下电动燃油泵熔断丝。

3. 起动发动机,待发动机自行熄火后,再转动起动开关,起动发动机 2 ~ 3 次,燃油压力即可完全释放。

4. 关闭点火开关,装上燃油泵熔断丝。

(二)预置燃油系统油压

在拆卸燃油管道进行检修之后,为避免首次起动发动机时因油路内尚未建立起燃油压力而使起动时间过长,应将点火开关反复打开、关闭数次,来预置燃油系统的油压。

四、燃油系统油压测试内容

燃油系统油压测试内容有：静态油压、保持油压和动态油压 3 项。检查时，蓄电池电压应不低于 12V。

(一) 静态油压的检查方法

从蓄电池上拆下搭铁线（注：按资料规定拆装蓄电池极线，以及按油压的卸压和预置油压方法操作，车型不一可能操作略有不同），把油压表接到总输油管上，再用连接线把检查连接器的 +B 和 F_p 端子连接起来，装上蓄电池搭铁线，然后接通点火开关。此时油压表的读数即为静态油压，其标准值应为 265 ~ 304kPa。如果油压过高，则为油压调节器的故障。如查油压过低，则应检查燃油管、连接器（有无渗漏）、汽油泵、燃油滤清器以及燃油压力调节器等。此时，把油压调节器的回油管卡死（人为夹住，即系统不回油压力应上升），如果油压迅速上升到油泵安全阀开启压力（400kPa），则证明为调节器的故障；若油压不上升或上升不明显，则说明为油泵的问题（可能是安全阀打开卡滞或油泵长期使用磨损或保压阀泄漏）。

(二) 保持油压的检查方法

起动发动机并让其运转一段时间，然后熄火，检查其油压是否能保持 5min 而不降低（符合标准）。若下降太快（超过标准，下降速率太快），则应检查汽油泵和燃油压力调节器、喷油器（泄漏情况）。

另一种方法：钳住调节器回油管不松开，使油泵停转，5min 后表压力不低于 350kPa，如油压低于 350kPa，证明单向阀保压能性能下降（注：数据以得厂家提供数据为准）。检查完毕，应先拆下蓄电池搭铁线，再拆下油压表。待重新装上蓄电池搭铁线后，应再检查各接头处燃油有无渗漏现象。

(三) 动态油压的检查方法

装上油压表，启动发动机使其达到正常工作温度，然后使之怠速运转，然后从油压调节器上拆下真空管并用塞子堵住管口，此时油压表的读数应为 265 ~ 304kPa（无真空作用时的油压）；当重新接上油压调节器处的真空管后，油压表的读数应为 196 ~ 236kPa（怠速油压）。若上述油压检查不符合要求，则应检查真空管和燃油压力调节器。

B　实训操作内容

一、实训之前工作

(一) 车辆及工具准备

速腾 1.6L 轿车一辆、所需要的专用工具有：燃油收集容器、带转接线 V. A. G1384/3-2 的遥控器 V. A. G1384/3A、带有辅助接线 V. A. G1594 的二极管电笔 V. A. G1527、紧固螺母专用扳手 3217、压力测试仪 V. A. G1318、接头 V. A. G1318/1、接头 V. A. G1318/10、接头 V. A. G1318/11、量杯及力矩扳手 V. A. G1331、扭力扳手 V. A. G1332（40 ~ 200N·m）、力矩扳手 V. A. G1783 等。

(二) 实训注意事项

燃油管路处于压力状态下，松开软管接头前，先将抹布放在接头处，小心地拧下软管以卸压。

拆装燃油表传感器或从满或半满油箱上拆装燃油泵(燃油输送单元),应注意以下几点:

1. 拆装开始前,为排净蒸发出的燃油气,必须在油箱安装口附近安装一个插入式的燃油蒸气排放软管。如果没有燃油蒸气排放装置,可使用送气量大于 $15m^3/h$ 的离心式送风机(电动机不处于气流中)。

2. 皮肤勿接触燃油,务必戴上防油手套。

在燃油供给系统或喷射装置附近工作时,清洗前应注意下述5项规定:

(1)断开接头前应彻底清洗所有接头,周围区域拆下零件应放在清洁表面并覆盖好,勿使用绒的布。

(2)若不马上修理,则已打开的部件应盖上或锁起来妥善保管。

(3)干净的零件才可安装,只在安装前才从包装中取出备件。

(4)未包装存放的零件(如在工具箱中等)不能使用,尽可能不用压缩空气。

(5)尽可能不移动汽车。

二、燃料供给系主要部件的拆卸与安装及检查

(一)拆卸和安装燃油滤清器

1. 拆卸和安装燃油滤清器时必备的专用工具有力矩扳手 V. A. G1783、燃油收集容器等。

2. 拆卸。

提示:注意安全措施和遵守清洁规定。

(1)将收集容器放在燃油滤清器下。

(2)如图1-133所示,拆下黑色的进油管路1和3以及蓝色的回油管路2,为此要压入卡环。

(3)旋出螺栓4,取下燃油滤清器。

3. 安装。

安装大体按照倒序进行。同时要注意下列事项:

(1)流动方向在滤清器壳上用箭头标出。

(2)给燃油系统排气。

(3)如图1-134所示,滤清器壳上的销钉2必须嵌入滤清器支架上导向件的凹口1中。

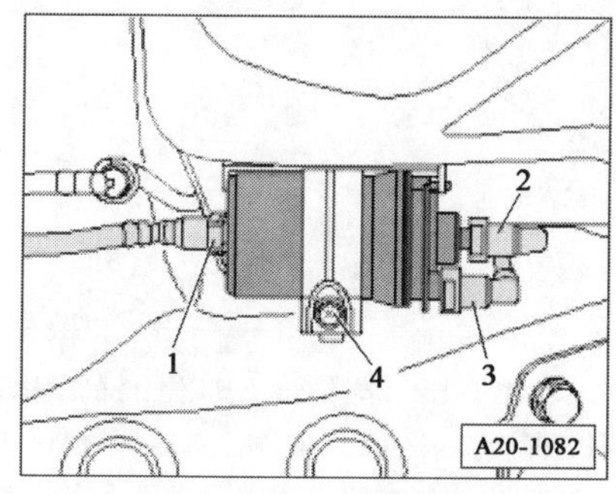

图1-133 拆卸燃油滤清器

1、3-进油管路;2-回油管路;4-螺栓

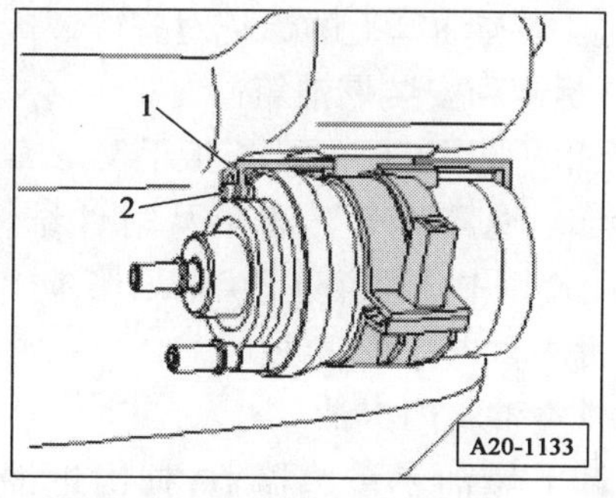

图1-134 滤清器安装位置

1-导向件凹口;2-销钉

(4)燃油滤清器的紧固夹圈拧紧力矩为3N·m。

(二)拆卸和安装燃油泵

1. 所需的专用工具有:扳手3217和力矩扳手V. A. G1332(40~200N·m)。

2. 注意:拆装燃油表传感器或从满或半满油箱上拆装燃油泵(燃油输送单元),应注意以下几点:

(1)拆装开始前,为排净蒸发出的燃油气,必须在油箱安装口附近安装一个插入式的燃油蒸气排放软管。

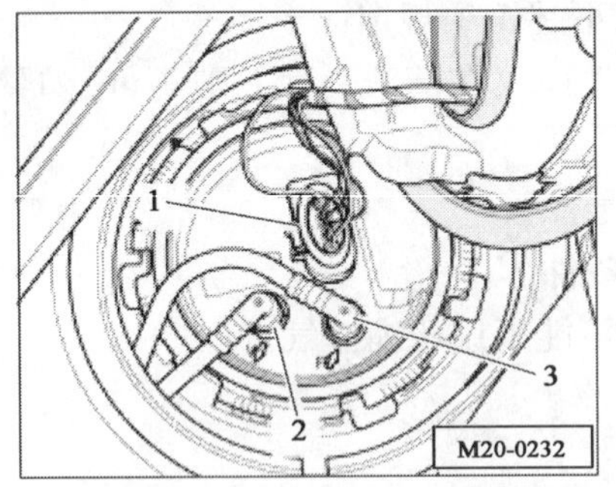

图1-135 拔下燃油泵控制插头

1-连接插头;2-黑色进油管路;3-蓝色回油管路

(2)如果没有燃油蒸气排放装置,可使用送气量大于$15m^3/h$的离心式送风机。

(3)皮肤勿接触燃油,务必戴上防油手套。

3. 拆卸步骤。

(1)关闭点火开关,断开蓄电池接地线。

(2)拆下油箱盖。

(3)从燃油泵连接凸缘上拔下供油和回油管插头1,如图1-135所示。

(4)用专用工具3217从连接凸缘上拧下紧固螺母。

(5)从油箱口处拔下带燃油表传感器和密封圈的连接凸缘。

(6)向左拧,从插入式座上松开燃油泵,并从燃油箱上取下燃油泵。

说明:如果要更换燃油泵,用过的燃油泵扔掉前一定要倒空。

4. 安装步骤。

燃油泵的安装顺序与拆卸顺序相反。安装时应注意以下几点:

(1)更换连接凸缘时应注意,不要损坏燃油表的传感器。

(2)安装连接凸缘密封圈应先用燃油浸润。

(3)注意燃油泵连接凸缘的安装位置,凸缘上的标记必须与油箱上的标记对齐。

(三)拆卸和安装燃油箱

1. 所需的专用工具有:力矩扳手V. A. G1331。

2. 拆卸:速腾轿车燃油箱及附件结构如图1-136所示,使用中应注意防止尖器划伤,防止火星。

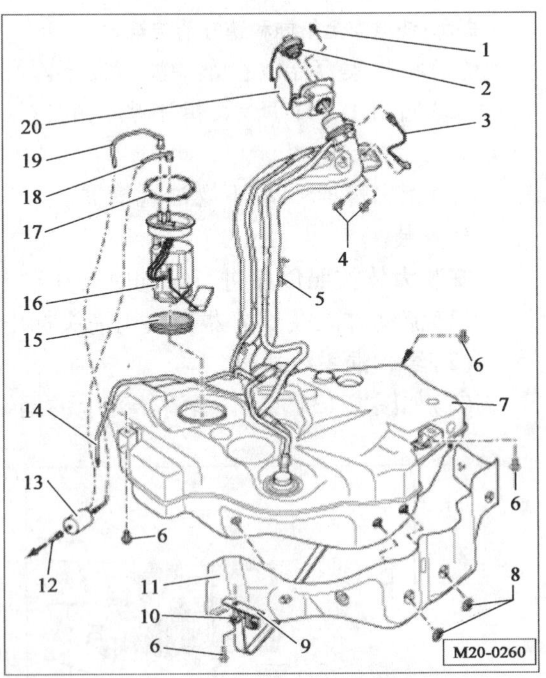

图1-136 燃油箱及其附图件的结构图

1-固定螺栓;2-端盖;3-搭铁接头;4、6-螺栓;5-布线夹;7-燃油箱;8-夹紧垫片;9-废气排气装置的支架;10-固定架;11-隔板;12-进油管路;13-燃油滤清器;14-通风管;15、17-密封环;16-燃油输送单元;18-进油管路;19-回油管路;20-燃油箱盖板单元

(1)拆去蓄电池搭铁线。

(2)排空油箱内汽油。

(3)卸下燃油表传感器盖,抽出进油管、回油管及通气管。

(4)拆下燃油表导线。

(5)松开并卸下紧固螺栓。

(6)松开并卸下油箱紧固螺栓,使油箱下沉。

(7)拆卸下燃油箱。

3. 安装。

安装大体按照倒序进行。同时要注意下列事项:

(1)所有密封件若损坏必须更换。

(2)铺设排气管路和燃油管路时不要弯折。

(3)不要混淆进油管路和回油管路(回油管路为蓝色,进油管路为黑色)。

(4)安装连接密封环时,应注意其在燃油箱上的安装位置。

(5)在安装密封圈时,应用燃油浸润。

(6)安装燃油箱后检查导管是否还嵌在燃油箱上。

(7)给燃油系统排气。

(四)燃油泵的检查

1. 所需的专用工具有:带转接线 V. A. G1384/3-2 的遥控器 V. A. G1384/3A(图 1-137)、带有辅助接线 V. A. G1594 的二极管电笔 V. A. G1527、紧固螺母专用扳手 3217、压力测试仪 V. A. G1318、接头 V. A. G1318/1、接头 V. A. G1318/10、接头 V. A. G1318/11、量杯及力矩扳手 V. A. G1332(40 ~200N·m)。

2. 检查条件。

(1)蓄电池电压正常。

(2)18 号熔丝正常。

3. 检查步骤(燃油泵不工作)。

(1)拆下左前方脚窝处的罩盖。

(2)用工具从继电器盘上 12 号位置拔下燃油泵继电路(J17),如图 1-138 所示。

说明:必须用工具从继电盘上拔下继电器,拔之前应断开蓄电池接地线。

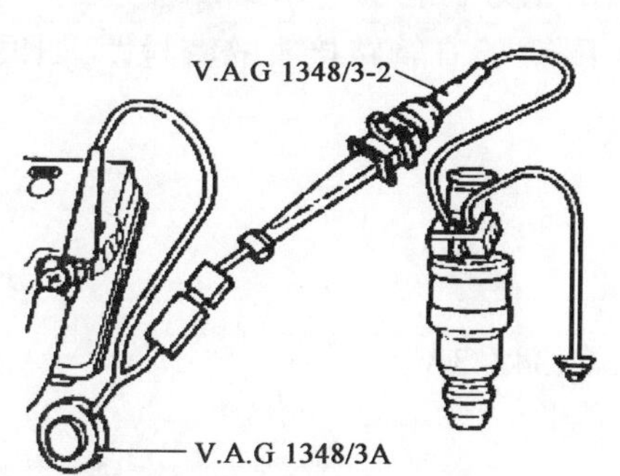

图 1-137 带转接线 V. A. G1384/3-2 的遥控器 V. A. G1384/3A

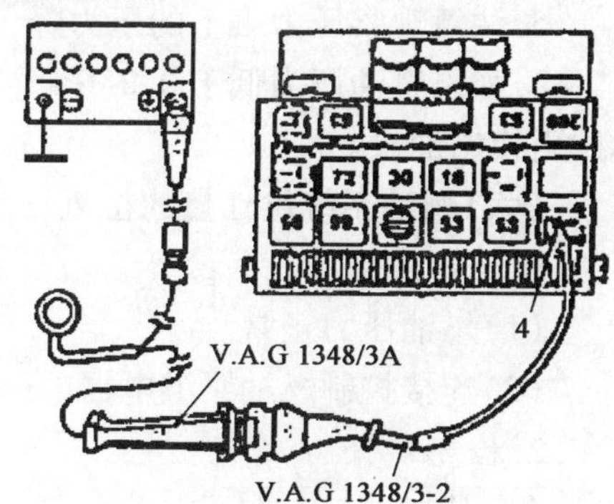

图 1-138 拔下燃油泵继电器并短接油泵

(3)把带有转接 V. A. G1348/3-2 的遥控器 V. A. G1348/3A 接到触点 4 和蓄电池正极上。

(4)启动遥控器。

若燃油泵运转,应检查燃油泵继电器的工作情况。若燃油泵不转,应如下检查:

①拆下油箱盖。

②从油箱连接凸缘上拔下插头。

③把带有辅助接线 V. A. G1594 的二极管电笔 V. A. G1527 接到插头的外触点,如图 1-139 所示。

④启动遥控器,发光二极管应亮。

若不亮,应再检查:

a. 按电路图查清电线断路处并排除故障,发光二极管亮(电压正常)。

b. 用专用工具3217从连接凸缘上拧下锁紧螺母。

c. 检查连接凸缘和燃油泵之间电线是否接好,应保证线路无断路处。

d. 更换燃油泵。

(五)燃油系统压力检查

1. 连接遥控器V. A. G1348/3A。

2. 连接燃油压力测试仪V. A. G1318,如图1-140所示。将转接管V. A. G1318/10接到燃油分配管前端的进油管上。

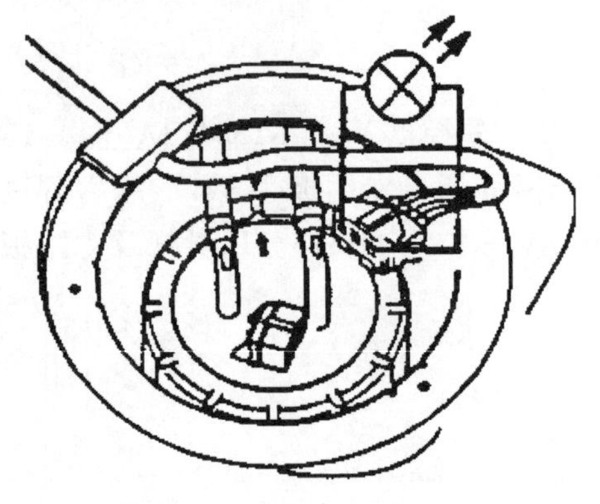

图1-139 连接二极管电笔

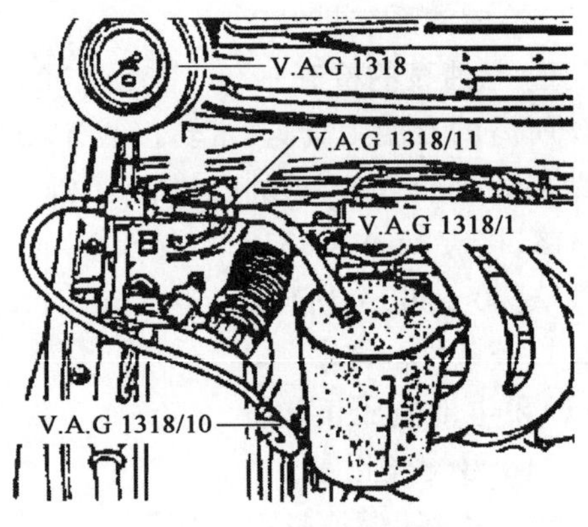

图1-140 检查燃油系统压力

3. 关闭压力测试仪的锁止旋杆。

4. 间歇地启动遥控器,直到产生0.3MPa的压力。

5. 注意观察压力表上的压力降,10min后燃油压力不能低于0.2MPa。

6. 如果燃油压力低于0.2MPa,或压力继续下降,检查管路接头的密封性,如果管路密封良好,更换燃油泵。

(六)燃油系统供油量的检查

1. 检查条件

(1)燃油压力正常。

(2)连接控制燃油泵继电器的遥控器V. A. G1348/3A。

2. 检查步骤

(1)从燃油口上取下加油口盖。

(2)从燃油分配管上松开进油管卡子,拔下进油管。

注意:燃油管路处于压力状态下,松开软管接头前,先进行卸压,然后将抹布放在接头处,小心地拔下软管。

(3)把带有转接管V. A. G1317的压力测试仪接到进油管上。

(4)把软管V. A. G1318/1插到压力测试仪接头V. A. G1318/11上,并将其放到量杯中。

(5)打开压力测试仪的锁止旋杆,平衡杆指向流动方向A。

(6)起动遥控器V. A. G1348/3A,慢慢关闭锁止旋杆,直到压力表显示0.3MPa压力,不要再改变锁止旋杆位置。

(7)倒净量杯。

(8)燃油泵供油量取决于蓄电池电压,把带辅助接线 V. A. G1594 的万用表接到汽车蓄电池上。

(9)启动遥控器 30s,测量蓄电池电压。

(10)把供油量与额定值对比,如图 1-141 所示。

读取举例:测量时若蓄电池电压为 12.2V,则燃油泵电压比蓄电池电压低 2V,最小供油量为 430cm³/30s。

(11)若未达到最小供油量,应检查燃油管路是否有管径收缩处(折叠)或阻塞。

(12)从燃油滤清器进油口拔下输油软管,如图 1-142 所示。

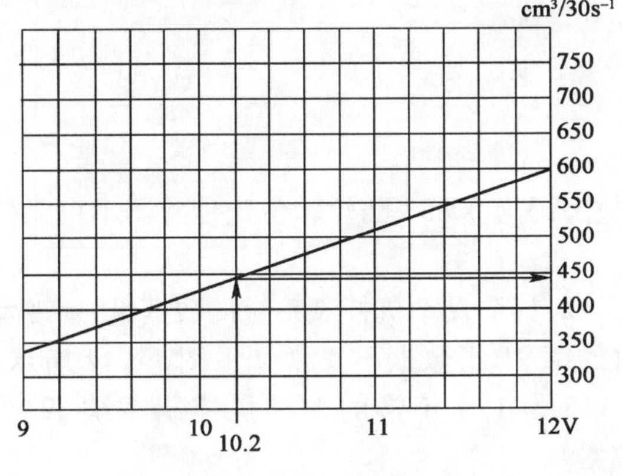

图 1-141 额定供油量曲线

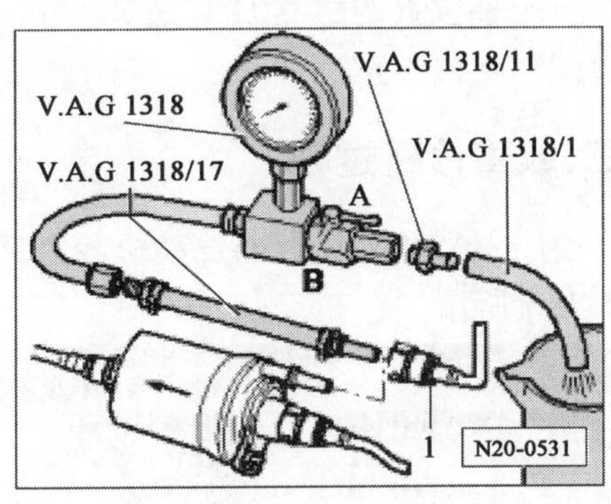

图 1-142 拔下燃油滤清器连接压力测试仪
1-输油软管

(13)把带接头 V. A. G1318/11 的压力测试仪 V. A. G1318 接到软管上。

(14)检查供油量,若达到最小供油量应更换燃油滤清器。

(15)若未达到最小供油量,应拆下燃油泵,检查滤芯阻塞情况。

(16)此时,若还未发现故障,则更换燃油泵。

C 知识拓展

燃油压力常见的故障有燃油压力过高、燃油压力过低、燃油压力不稳、无油压,如表 1-11 所示。

燃油压力常见故障及分析 表 1-11

燃油压力常见故障	原因分析	对发动机工作的影响
燃油压力过高	燃油压力调节器真空软管破裂,连接部位漏气;压力调节器失效(卡死、阻塞);回油管堵塞或回油不畅	发动机怠速过高;发动机油耗过高,混合气过浓;发动机起动时火花塞“淹死”;火花塞积炭严重;发动机排放超标;三元催化转换器发热
燃油压力过低	燃油压力调节器不良;燃油泵供油压力不足;燃油泵进油滤网堵塞	冷车起动困难;热车起动困难;怠速不稳;运转无力、混合气过稀;加速失速;发动机回火,排气管放炮
燃油压力不稳	燃油压力调节器不良;燃油泵供油不足或进油滤网堵塞;燃油泵电路接触不良;燃油滤清器或输油管路堵塞	怠速不稳;发动机运转不稳;加速无力发喘
无油压	燃油泵损坏;燃油电路短路、保护器烧断、燃油泵继电器烧蚀;燃油压力调节器损坏;燃油滤清器或输油管路堵塞	发动机无法起动

案例一　迈腾 1.8TSI 发动机怠速抖动

一、故障现象

迈腾 1.8T 发动机更换正时链条张紧器后出现发动机怠速抖动。

二、可能原因

1. 凸轮轴位置传感器 G40 线路故障。
2. 凸轮轴位置传感器 G40 故障。
3. 配气相位不正确。

三、故障诊断过程

1. 使用 VAS5052A 查询发动机控制系统的故障码为 00833 凸轮轴位置传感器不可靠信号如图 1-143 所示。

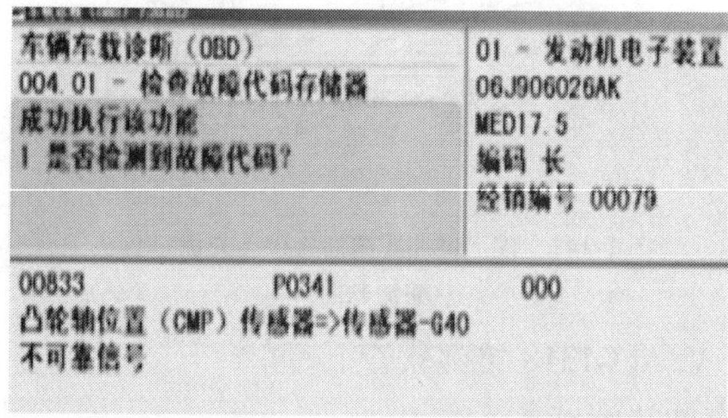

图 1-143　VAS5052A 查询发动机控制系统的故障码

2. 读取发动机控制系统的数据组，发现发动机的第 91 组数据不正常如下图 1-144 所示，图 1-145 为工作正常的发动机控制系统第 91 组数据。

对比发动机控制系统第 91 组数据的第三区、第四区，发现进气凸轮轴的目标正时角度与实际的正时角度相差较大，而工作正常的发动机目标正时角度与实际的正时角度相差很小。

3. 根据读取的发动机故障码 00833 并结合第 91 组数据分析，该发动机故障的可能原因有以下 3 点：

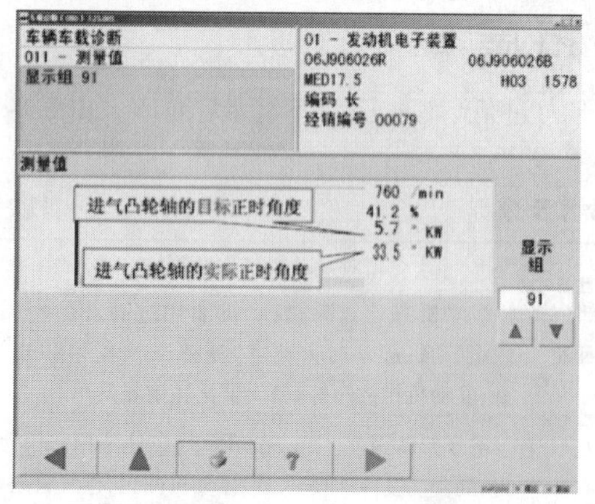

图 1-144　故障发动机的第 91 组数据

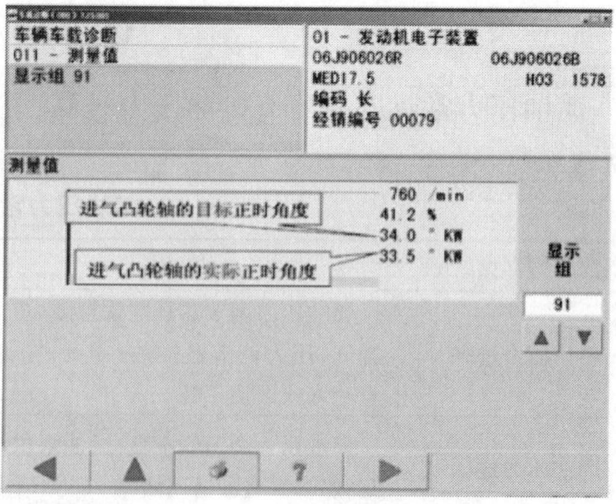

图 1-145　正常发动机的第 91 组数据

（1）凸轮轴位置传感器 G40 线路故障。

（2）凸轮轴位置传感器 G40 故障。

（3）配气相位不正确。

4. 根据发动机控制系统电路图检查凸轮轴位置传感器 G40 与发动机控制单元之间的连

接线路正常；

5. 采用替代法安装正常的凸轮轴位置传感器 G40 试验，故障仍然存在，于是可排除 G40 故障；

6. 按照维修手册正时记号标准如图 1-146，检查发动机的正时记号如图 1-147 所示，未发现异常。

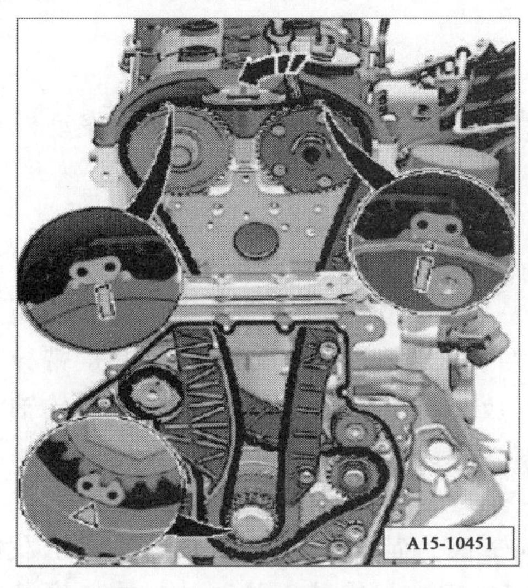

图 1-146 维修手册正时记号标准

图 1-147 检查发动机的正时记号

7. 在进一步拆检发动机配气正时过程中，发现曲轴正时链轮与曲轴（图 1-148 中箭头所指）之间存在错位。

8. 重新对准曲轴链轮和曲轴后，装配好发动机。试车，此时发动机怠速运转正常，用 VAS5052 进行检测，发动机控制系统无故障码。

故障原因分析：该车发动机由于在维修过程中把曲轴链轮和曲轴安装错位，使得发动机配气相位错误，从而导致发动机怠速时抖动。

故障处理方法：按照迈腾发动机维修手册要求，重新装配曲轴链轮后，故障排除。

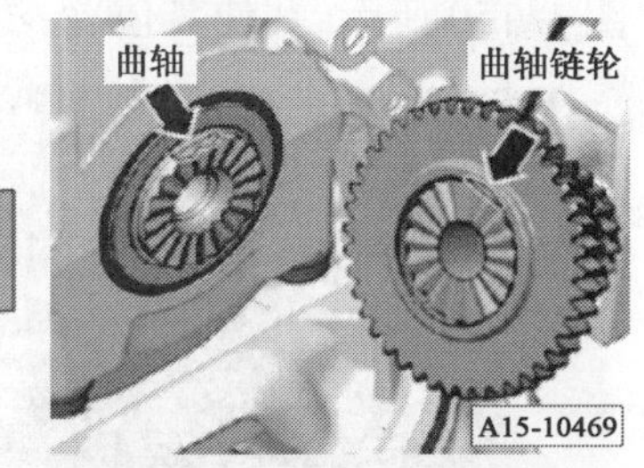

图 1-148 曲轴正时链轮与曲轴之间错位

四、经验

1. 进行发动机大修或其他总成修理时，一定要严格按照维修手册的要求进行操作。

2. 本案例中分析发动机中第 91 组数据对判断配气相位是否正常，也不失为很好的参考手段，维修技师应通过不断积累各电控系统的工作数据组，为故障诊断夯实基础。

案例二　速腾 1.6 凸轮轴油封导致发动机异响

一、故障现象

一辆速腾 1.6 轿车只行驶了 160km，发动机在热车时出现“吱吱”的异响声音。

二、可能原因

1. 底盘、发动机和车身是否发生过碰撞。

2. 正时皮带、涨紧轮、水泵故障。

3. 凸轮轮油封异响。

三、故障诊断过程

1. 因此只行驶了160km,首先检查是否有撞击痕迹如图1-149所示,检查底盘、发动机和车身,没有撞击痕迹。

2. 倒换并调试正时皮带、涨紧轮,故障依旧,又更换一水泵故障减轻,但没有排除。

3. 此车在凉车时发动机声音正常,但热车时发动机前部有"吱吱"的异响声音,于是将齿形皮带保护罩拆下,进行详细诊断。

重新分析判断:从声音的来源上看,此声音不是来源于前部轮系(从分析上知,皮带异响一般是凉车响,而热车正常,此故障现象恰恰相反)。故分析可能原因有两点,一个凸轮轴油封异响,另一个是凸轮轴在一缸处与缸盖或端盖相连接部分相刮擦造成的异响。

由于凸轮轴油封在外端能看到,故我们先判断是不是凸轮轮油封异响。

4. 因凸轮轮油封本身由塑料、尼龙等做成,故也可能因热而出现问题,如果是它异响,我们将其位置发生变化,声音肯定将有变化,于是我们用专用油封安装工具对油封重新安装如图1-150所示,并使其位置发生变化,再移入或松动一下。

图1-149　检查撞击痕迹

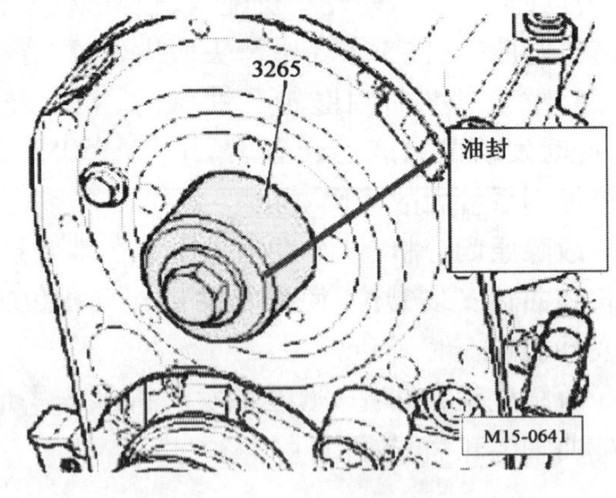

图1-150　重新安装油封

5. 做了调整重新安装后,发现声音发生了很大的变化,声音变小,故断定为凸轮轴油封处异响。

故障原因分析:因油封问题导致异响

故障处理方法:拆下凸轮轴油封:按维修手册说明更换了凸轮轴油封后,故障排除。

案例三　速腾1.8T曲轴正时皮带轮与花键槽磨损,导致车辆加速无力

一、故障现象

速腾1.8T轿车行驶中加速无力,油耗偏高。

二、可能原因

1. 凸轮轴位置传感器 G40 线路故障。
2. 凸轮轴位置传感器 G40 故障。
3. 凸轮轴可变正时调整工作不正常。
4. 配气正时系统故障。
5. 凸轮轴位置传感器 G40 靶轮故障。
6. 转速传感器 G28 故障。
7. 发动机控制单元故障。

三、故障诊断过程

1. 连接 VAS5051B 诊断仪,进入网关列表,查询整个系统故障代码存储器,发现在 01-发动机控制系统内有如图 1-151 所示故障码:

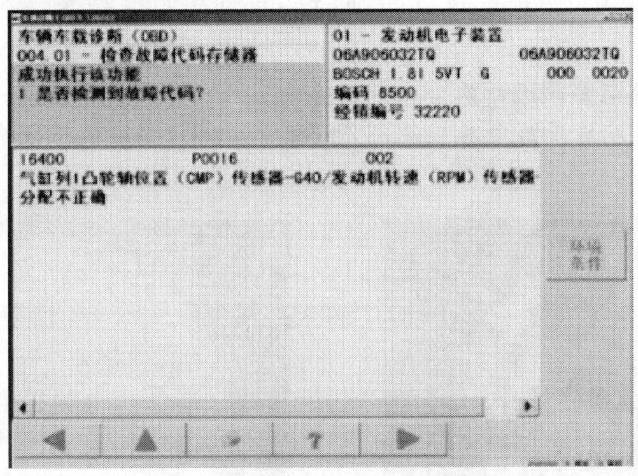

图 1-151　查询整个系统故障代码

2. 清除故障代码,怠速运行正常但一加速故障码再次出现,说明该故障不是偶发性故障,而是现实存在的故障。

3. 根据故障原因的分析,进行诊断与排除:

(1)用 5051B 检测 G28 和 G40 的波形如图 1-152 所示,对比正常波形如图 1-153 所示。

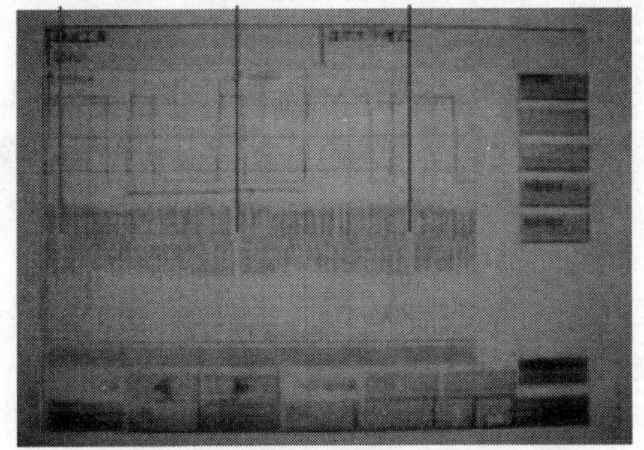

图 1-152　故障车波形(G28 缺齿信号与两个与两个连续的 G40 信号波峰相对应)

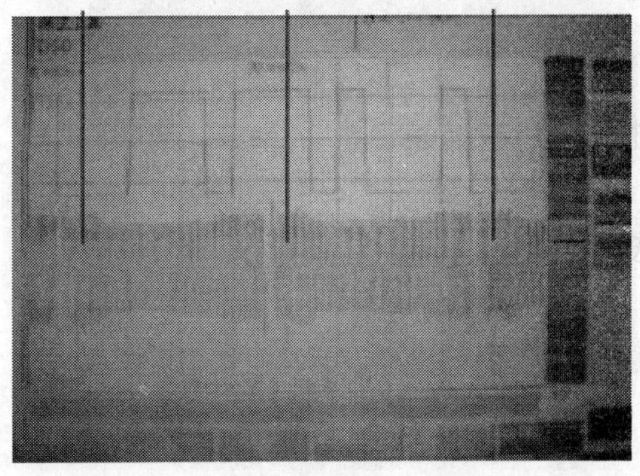

图 1-153　正常车波形(G28 缺齿信号连续的 G40 信号波峰与波谷间隔相对应)

通过检测 G28 和 G40 的传感器波形，说明该车发动机的配气正时确实存在问题。

(2)读取可变凸轮轴正时调整机构的相关数据：故障车辆 01-08-094 组数据如图 1-154 所示，正常车辆 01-08-094 数据如图 1-155 所示。

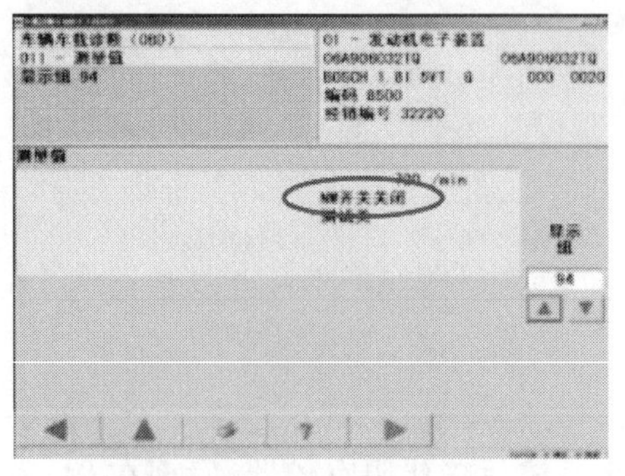

图 1-154　故障车辆 01-08-094 组数据

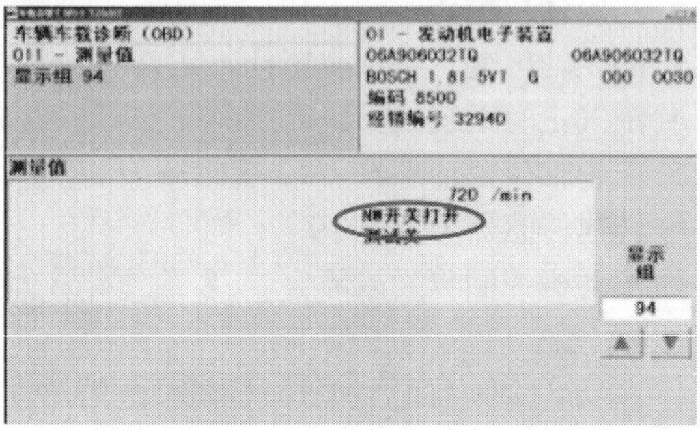

图 1-155　正常车辆 01-08-094 组数据

数据对比：正常车 94 组第二区在怠速时一直处于打开位置，故障车数据处于关闭位置。

(3)对凸轮轴调整电磁阀进行执行元件自诊断，正常，N205 电磁阀电 14Ω，符合标准。

(4)考虑机油压力会影响配气相位机械阀的执行效果，测量机油压力，如图 1-156、1-157 所示：

图 1-156　怠速油压 1.3bar 左右

图 1-157　2000r/min 油压 3.5bar 左右

图 1-158　曲轴皮带轮的花键槽变宽

测量结果符合维修手册标准数值。以上检测结果说明可变凸轮轴正时调整机构可以正常工作。

(5)检查发动机正时，无明显异常，拆解凸轮轴和曲轴皮带轮后发现，曲轴皮带轮的花键槽变宽如图 1-158 所示，导致皮带轮和曲轴之间产生相位差，从而产生故障。

故障原因分析：曲轴皮带轮的花键槽变宽，导致皮带轮和曲轴之间产生相位差，从而使 G28 和 G40 之间的相位关系错乱，发动机电脑接收到错误的信号后，产生故障码。

故障处理方法：更换发动机曲轴、曲轴皮带轮。

四、经验

1. G28 和 G40 的相位关系错乱是导致产生 16400 故障码的根本原因。

2. 曲轴皮带轮花键槽损坏变宽故障点比较隐蔽，必须要把曲轴皮带轮拆卸下后才可以看到，提醒大家在故障点没有最后确定之前，所有可能的故障点都有引发故障的可能性，因此在故障排查的过程中一定要全面考虑。

案例四 进口迈腾 3.2L 轿车起步冲击的故障处理

一、故障现象

车辆在起步时出现较大的冲击现象，坐在车里的乘员明显感到不适，在转向或是坡路起步（负荷增大时）时冲击最明显。

二、可能原因

1. 变速器存在故障。

2. 发动机工作不良。

三、故障诊断过程

1. 使用 VAS5052A 查询故障存储器，发动机与变速器控制单元均无故障记忆。

2. 对于车辆在起步时出现冲击的故障，通常我们会考虑是变速器可能存在故障，于是读取该车变速器部分数据组，从读取的 DSG 变速器数据组分析，测量结果都在规定的标准值范围内，而且跟正常的车辆数据对比，也无异常。对变速器进行基本设定，也无异常。怀疑变速器的控制单元 J743 故障（如换挡电磁阀泄压、内部液压油路不畅），更换正常的滑阀箱后，并对滑阀箱进行了基本设定、路试，但起步冲击的故障没有排除。至此变速器部分可以检查的部件已检查完毕。

3. 考虑到起步冲击的原因除了变速器故障外，发动机工作不良也是重要影响因素。检查该车发动机怠速工作平稳，清洗、匹配过节气门，检查过火花塞、喷油嘴工作正常。读取发动机测量数据组如图 1-159 所示。

根据读取的发动机数据组分析，空气质量计在怠速时数值偏大，判定故障为空气质量计性能不佳，引起氧传感器调节的数值范围也超差（正常车辆的空气质量计怠速数值为 3g/s 左右）。更换一新的空气质量计，读取空气质量计数据组，显示约为 3g/s，氧传感器调节空燃比范围也在 0% 左右变化，数据组显示正常，试车，故障排除。

故障原因分析：此车故障为空气流量计工作不正常，导致氧传感器调节空燃比范围超差，当车辆起步时因负荷突然增加，发动机动力输出滞后，从而产生起步冲击的现象。

故障处理方法：更换空气质量计，故障排除。

四、经验

1. 车辆在起步时出现冲击的主要原因较常见的是变速器工作不良所致，本案例一开始就是根据以往的维修经验判断为变速器的故障而走了不少弯路，今后对于类似的起步冲击的故障我们应该综合分析，按照先简后繁、由外到里的检测原则，逐步排除故障。

2. 对于控制系统没有故障代码的车辆故障，我们需要认真分析车辆控制系统的工作时的数据组，本案例也是通过分析发动机的工作数据组从而发现空气质量计性能不佳所导致；这需要大家在今后的维修工作中不断积累各种控制系统正常工作时的数据。

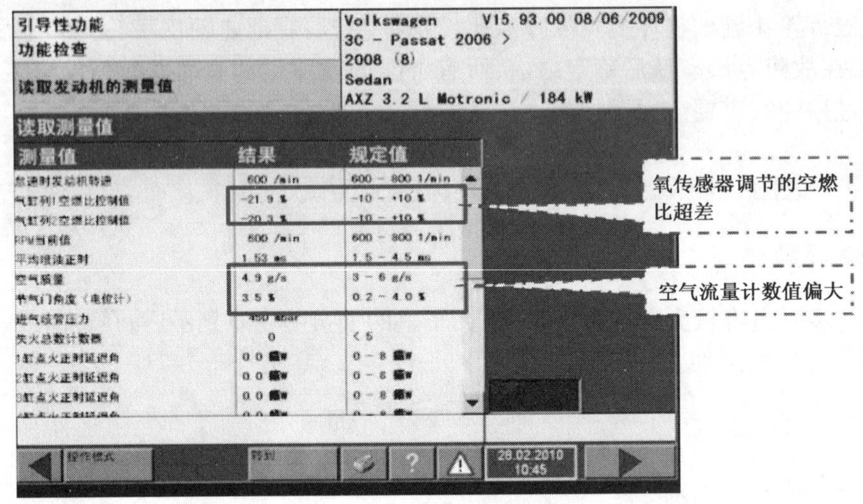

图 1-159　发动机测量数据组

项目二　一汽大众轿车发动机电子控制系统原理

任务1　一汽大众轿车发动机电控系统结构与工作原理

R 任务描述

一汽大众轿车不同车型的发动机所配置的控制系统各不相同，对各控制系统的控制原理、控制的内容，控制系统的结构组成应有清楚的认识。

R 任务要求

知道不同控制系统的结构、原理机控制的方式和内容。

Z 知识目标

描述一汽大众汽车发动机电控系统的结构及工作原理；在相应的车上要找出控制系统的部件。

N 能力目标

会对发动机的零部件进行拆装和检修。

S 素质目标

安全与防护，车间5S管理，合作、交流、沟通能力的培养。

A 相关知识

现代汽车技术主要是以汽车电子控制技术为主体，进而扩及到其他领域中的现代新型技术，已成为机、电、液一体化的高科技产品，有人形象地形容现代汽车是安在四个轮子上的微型计算机。

发动机控制系统应用电子技术，其主要的目的是使发动机获得各种工况下运行所需的最佳可燃混合气。因此，我们也将其称为发动机电控燃油喷射系统。该系统利用各种传感器检测发动机的工作状态，并通过电子控制单元进行判断、计算、修正，从而控制燃油喷射的持续时间，配置出一定数量和浓度的可燃混合气，适应发动机在不同工况条件下对混合气的要求。

电控系统的主要功能包括：燃油喷射控制、点火提前控制、怠速控制、诊断功能、安全保险功能。除此之外，还可以完成对发动机的其他控制。例如：增压压力控制、废气再循环控制、可变气门正时控制、可变进气道控制。

一、一汽大众 1.6L RSH 汽油发动机电子控制系统

目前,对发动机的要求越来越高,一方面用户要求有更大的功率和扭矩,另一方面还要满足燃油消耗低及更为严格的排放标准。为了进一步改进发动机的燃烧、提高发动机的功率和力矩、降低有害气体的排放,因此在发动机系统中采用了大量的先进技术。如废气再循环技术、二次空气技术、涡轮增压技术等。

1.6L RSH 汽油发动机管理系统为 SIMOS 7.6,其结构主要由传感器、电子控制单元、执行机构三部分组成。结构组成示意图如图 2-1 所示。

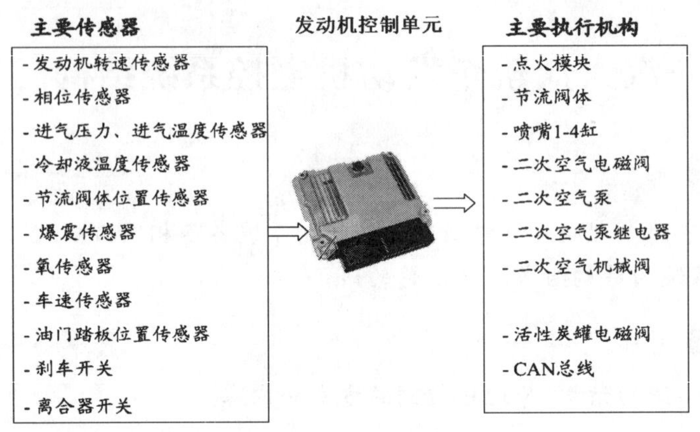

图 2-1　1.6L RSH 汽油发动机管理系统结构组成示意图

(一)传感器

传感器的主要功用是检测汽车发动机的工作状况和汽车运行状况,并转换成电信号输送给电子控制单元,而使控制单元正确管理发动机的运转。

一汽大众 1.6L RSH 汽油发动机电子控制系统主要传感器有:发动机转速传感器,相位传感器,进气压力、进气温度传感器,冷却液温度传感器,节流阀体位置传感器,爆震传感器、氧传感器、车速传感器,加速踏板位置传感器,刹车开关,离合器开关。

1. 冷却液温度传感器 G62 和 G83

(1)功用:冷却液温度传感器是负温度系数热敏电阻(NTC)。安装在缸盖的冷却液的接头上,将冷却液温度传送给发动机控制单元。发动机控制单元利用冷却液温度传感器信号,修正喷油量,同时与散热器出水口温度传感器 G83 进行比较,控制冷却风扇的转速。另外通过 CAN-BUS 为仪表等控制单元提供信号。

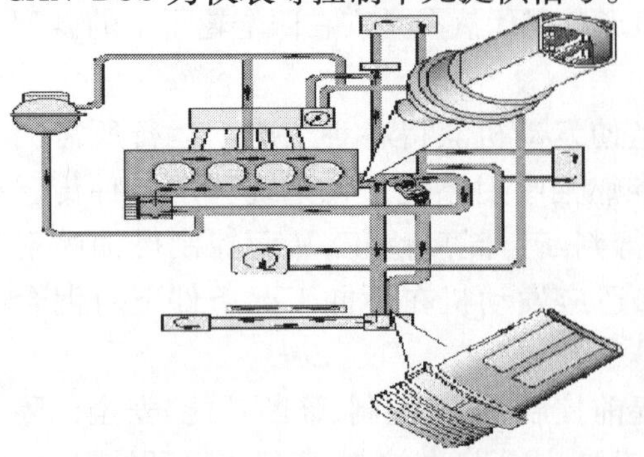

图 2-2　冷却液温度传感器安装位置

(2)工作原理:冷却液温度的特征值存储于发动机控制单元中。实际的冷却液温度值通过循环系统中两个不同的点识别,并且传输给发动机控制单元一个电压信号。

冷却液温度实际值 1:安装于冷却液凸缘的冷却液出口处;冷却液温度实际值 2:安装于散热器前出水口处。如图 2-2 所示。发动机控制单元通过比较温度值 1 和 2,来调节散热器电子扇。

(3)冷却液温度传感器控制电路。其控制电路如图 2-3 所示。

2. 进气歧管压力、温度传感器

进气压力与温度传感器集成在一起，安装在进气歧管上。进气温度传感器采用负温度系数(NTC)热敏电阻。

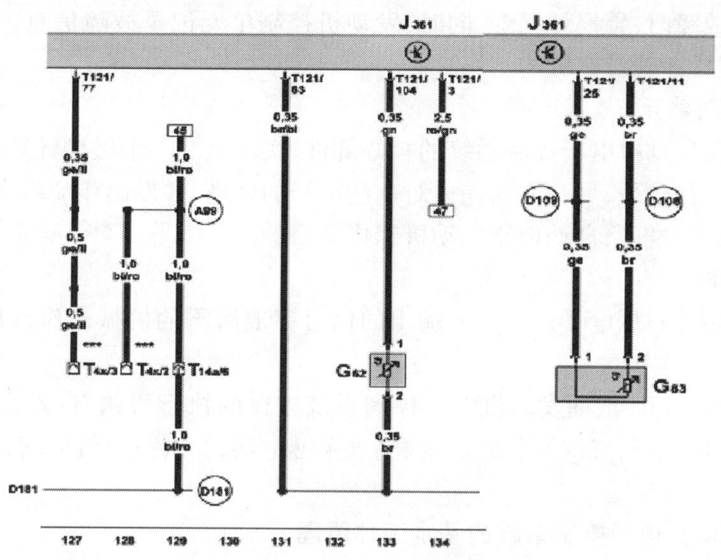

图 2-3　冷却液温度传感器控制电路

由于进气的密度随温度变化而改变。所以发动机控制单元必须根据进气温度信号对喷油量进行修正。以获得最佳的空燃比。

歧管压力传感器进气压力传感器能依据发动机的负荷状况，测出进气歧管中绝对压力的变化，将其转换电压信号与转速信号一起发送给发动机控制单元，作为基本的喷油量依据。

3. 凸轮轴位置(相位)传感器 G40

凸轮轴位置传感器安装在发动机排气端侧壁上，监测安装在凸轮轴齿轮上的靶轮上的位置。发动机控制单元利用凸轮轴位置传感器产生的信号识别缸上止点位置，如图 2-4 所示。

图 2-4　凸轮轴位置传感器安装位置

4. 加速踏板位置传感器

(1)电子加速踏板系统。采用加速踏板位置传感器能提高油门操纵系统的传输效率和减少排气污染，适应更高的排放标准(欧洲 III 号标准)。

当发动机不转且点火开关打开时，发动机控制单元根据加速踏板位置传感器的信息来控制节气门控制器，也就是说，当加速踏板踏下一半时，节气门也打开一半。

当发动机运转时(有负荷)，那么发动机控制单元可不依靠加速踏板位置传感器来打开或关闭节气门。也就是说，尽管加速踏板只踏下一 半，但节气门可能已完全打开了。这样就有一个优点：可避免截流损失。另外还能在一定负荷状态下减少有害物质排放并降低油耗。发动机所需扭矩由控制单元通过节气门开度及进气量、发动机转速等来确定。

电子加速踏板(E-Gas)包括了用于确定、调整及监控节气门位置的所有部件，如节气门控制单元、加速踏板位置传感器、EPC 警报灯、发动机控制单元等。

(2)发动机电子加速踏板系统警报灯(EPC:Electronic Power Control)。

作用:监控电子加速踏板系统与节气门控制单元各传感器及发动机的工作状况。

打开点火开关,警报灯持续亮3s,对系统进行自检,如果没有发现故障,警报灯熄灭。

当系统出现故障时,警报灯闪烁,同时,发动机控制单元记录故障信息。若警报灯出现故障,对发动机的正常运转没有影响。

(二)电子控制单元

电子控制单是发动机电子控制系统的核心部件,实际上是一个微型计算机,一方面从传感器接收发动机的工作信号,另一方面完成对这些信号的处理,并发出相应指令来控制执行器的正确动作,达到快速、准确、自动控制发动机工作的目的。

(三)执行机构

执行器的功用是根据电子控制单元输出的信号完成所需的机械动作,以实现某一系统的调整与控制。

一汽大众1.6L RSH汽油发动机电子控制系统主要的执行机构有:点火模块,节流阀体,喷油器,二次空气电磁阀,二次空气泵,二次空气泵继电器,二次空气机械阀,活性炭罐电磁阀,CAN总线。

(四)汽车发动机电子控制系统的基本工作原理

汽车发动机电子控制系统根据各传感器(如空气流量、节气门位置、进气温度、水温、发动机转速、凸轮轴位置、氧传感器等)送来的信号,电控单元经过处理和计算后,向各有关执行器发出指令,以控制最佳喷油时刻、喷油量和点火时刻,减轻排放污染,使发动机在各种工况下处于最佳的工作状态。电控单元还具有故障自诊断功能。

二、一汽大众1.4L TSI发动机电子控制系统

一汽大众1.4L TSI发动机管理系统为博士Motronic MED17.5.20,其结构主要由传感器、电子控制单元、执行机构三部分组成。结构组成如图2-5所示。

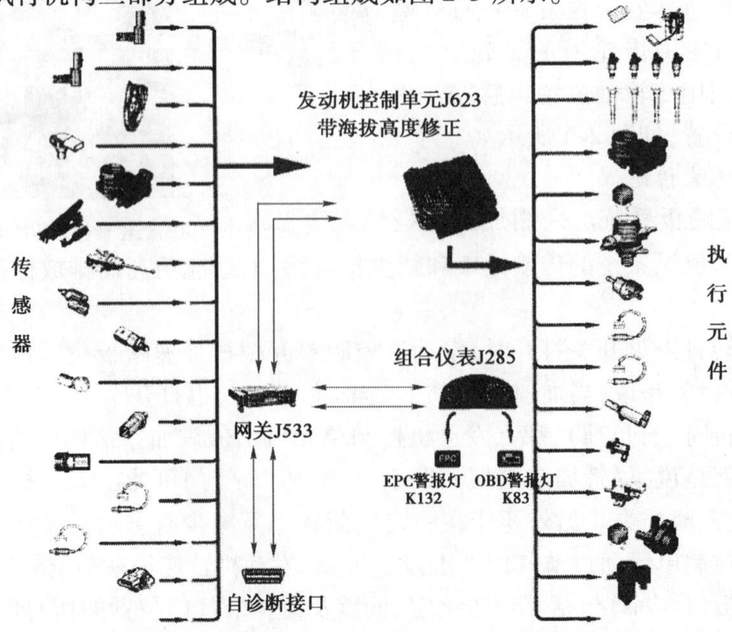

图2-5　1.4L发动机管理系统Motronic MED 17.5.20结构组成图

该系统传感器主要有：进气压力传感器 G71 和进气温度传感器 G42，增压压力传感器 G31 和进气温度传感器 G299，转速传感器 G28，霍尔传感器 G40，节流阀体 J388 和节流阀体电位计 G187、G188，加速踏板位置传感器 G79 和 Gl85，离合器位置传感器 G476，制动踏板传感器 G100，燃油压力传感器 G247，爆震传感器 G61，冷却液温度传感器 G62，散热器出水口温度传感器 G83，前氧传感器 G39，后氧传感器 G130，制动真空泵压力传感器 G294（此传感器只在装备了 DSG 变速器和不带 ESP 功能的 ABS 的车上使用）。

执行元件主要有：燃油泵 G6 和燃油泵控制单元 J538，喷油器（N30-33），点火线圈（N70、N127、N291、N292），节流阀体 J388 和节流阀体电机 G186，主供电继电器，燃油压力调节电磁阀 N276，邮箱通风电磁阀 N80，前氧传感器加热器 Z19，后氧传感器加热器 Z29，凸轮轴调整电磁阀 N205，增压压力再循环阀 N249，增压压力限制电磁阀 N75，冷却液循环泵继电器 J496 和冷却液循环泵 V50，制动真空泵（此传感器只在装备了 DSG 变速器和不带 ESP 功能的 ABS 的车上使用）。

（一）传感器

1. 进气压力传感器 G71 和进气温度传感器 G42。这两个传感器安装在进气歧管冷却器之后的位置，如图 2-6 所示。监控这一区域的进气压力和温度。

发动机控制单元根据这个信号和发动机转速来计算进气量，同时用进气温度信号来修正进气量。

控制冷却液循环泵，如果冷却器前后的空气温差小于 8℃，那么冷却液循环泵就会被激活；监控冷却液循环泵的工作状况，如果两个传感器的温度小于 2℃，说明循环泵失效，OBD 警报灯会亮起。

2. 增压压力传感器 G31 和进气温度传感器 G299。这两个传感器固定在节流阀体之前的进气管，如图 2-7 所示。用来检测这一区域的进气压力和温度。

图 2-6　传感器位置图

1-进气压力传感器和进气温度传感器

图 2-7　传感器位置图

1-增压压力传感器和进气温度传感器

发动机控制单元靠增压压力传感器的信号来调整增压压力，同时温度信号也是必需的。

计算增压压力的修正值，温度对于空气密度的影响已经考虑在内；保护发动机，如果温度超过设定值，增压压力会被降低；控制冷却液循环泵，如果冷却器前后的空气温差小于 8℃，那么冷却液循环泵就会被激活；监控冷却液循环泵的工作状况，如果两个传感器的温度小于 2℃，说明循环泵失效，OBD 警报灯会亮起。

3. 燃油压力传感器 G247（高压）。燃油压力传感器 G247 安装在进气歧管下方靠近飞轮一侧,用螺栓紧固在塑料制成的油轨上,如图 2-8 所示。用来监控燃油系统高压部分的压力,并且把信号传给发动机电子控制单元。

发动机控制单元根据这个信号,调节燃油压力调节阀来控制油轨内的燃油压力。

(二)电子控制单元

电子控制单元的特点:具有更快的处理器,阶越式氧传感器、取消 K 线、-30℃低温下高压分层启动。

(三)执行元件

1. 燃油压力调节电磁阀 N276。燃油压力调节电磁阀 N276 安装在高压泵的侧面,如图 2-9 所示。其作用是按需求控制进入油轨的油量。

图 2-8　传感器位置图

1-燃油压力传感器

图 2-9　执行元件位置图

1-高压泵;2-燃油压力调节电磁阀

2. 冷却液循环泵继电器 J496。冷却液循环泵继电器 J496 安装在发动机舱内左侧的 E-box 内,如图 2-10 所示。起作用时用来控制冷却液循环泵 V50 工作的大电流。

3. 冷却液循环泵 V50。冷却液循环泵 V50 用螺栓固定在缸体上,安装在进气歧管下面,如图 2-11 所示。它是独立的冷却系统的一部分,其作用是把前端独立的散热器内的冷却液泵到冷却器和涡轮增压器。

图 2-10　继电器位置图

1-冷却液循环泵继电器

图 2-11　冷却液循环泵位置图

1-冷却液循环泵

冷却液循环泵 V50 在下面几种情况下会被开启:

(1)每次发动机起动后的短时间内。

(2)输出力矩持续在 100N·m 以上的时候。

(3)进气歧管内增压空气温度持续超过50℃。

(4)两个温度传感器之间的温差小于8℃。

(5)发动机没工作120s,其工作10s,避免涡轮增压器产生热量积聚。

(6)关闭发动机之后,根据迈普图决定0~480s的工作时间,避免涡轮增压器过热而产生气阻。

(7)增压压力限制电磁阀N75。增压压力限制阀有发动机电脑控制,通过接通压力单元内压力来控制涡轮增压,来打开旁通阀,使得只是一部分废气经过涡轮进入排气道,由此来调节涡轮的输出功率和增压压力。

4.发动机管理系统控制电路

1.4L TSI发动机管理系统电路图如图2-12、图2-13所示。

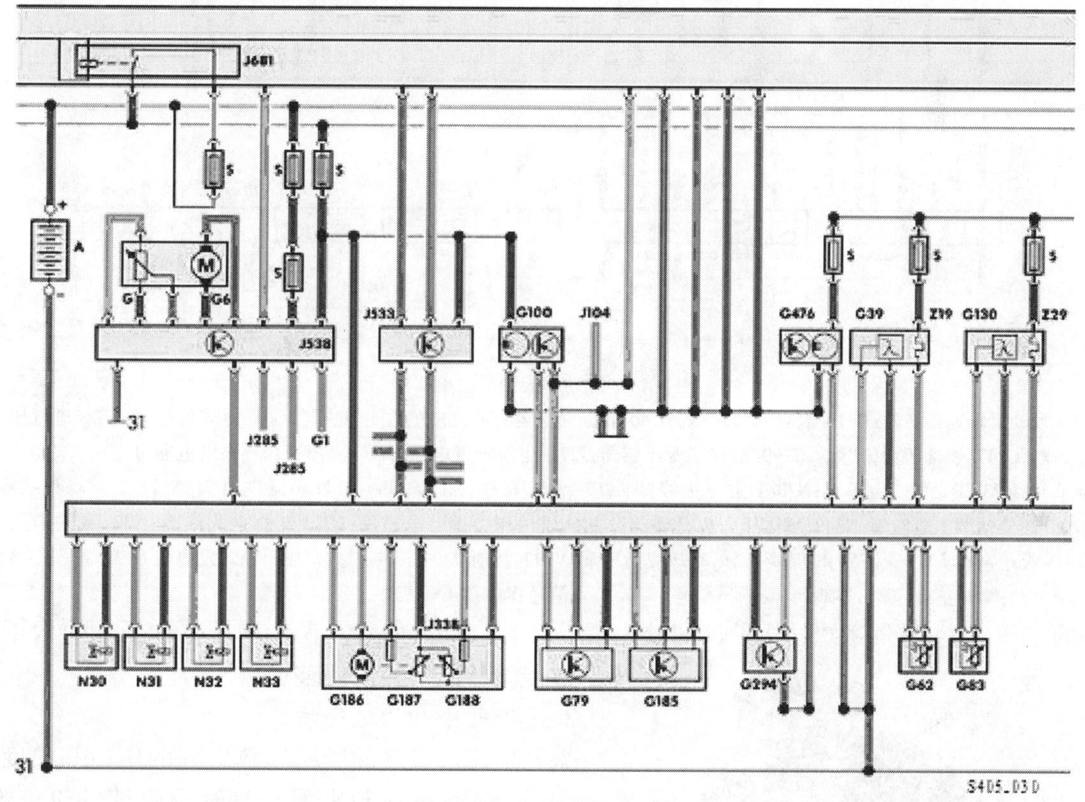

图2-12 发动机控制系统电路图

A-蓄电池;G-油位传感器;G1-油表;G6-油泵;G39-前氧传感器;G62-冷却液温度传感器;G79-加速踏板位置传感器;G83-散热器出水口温度传感器;G100-制动踏板传感器;G130-后氧传感器;G185-加速踏板位置传感器2;G186-节流阀体电机;G187-节流阀体电位计;G188-节流阀体电位计;G294-制动真空助理传感器;G476-离合器位置传感器;J104-ABS控制单元;J285-组合仪表;J533-闸关;J681-15#继电器;N30-N33-喷嘴;S-保险;Z19-前氧传感器加热器;Z29-后氧传感器加热器

(四)1.4L TSI发动机的基本工作过程

1.进气系统工作过程

进气系统从空气滤清器开始,经过废气涡轮增压器,节气门控制单元,进气歧管后到达进气门。

在进气系统中装配了两个具有进气温度传感器的压力传感器。两个传感器分别处于节气门控制单元之前和进气歧管之上的增压空气冷却器之后。为了改善在低速时的废气涡轮增压

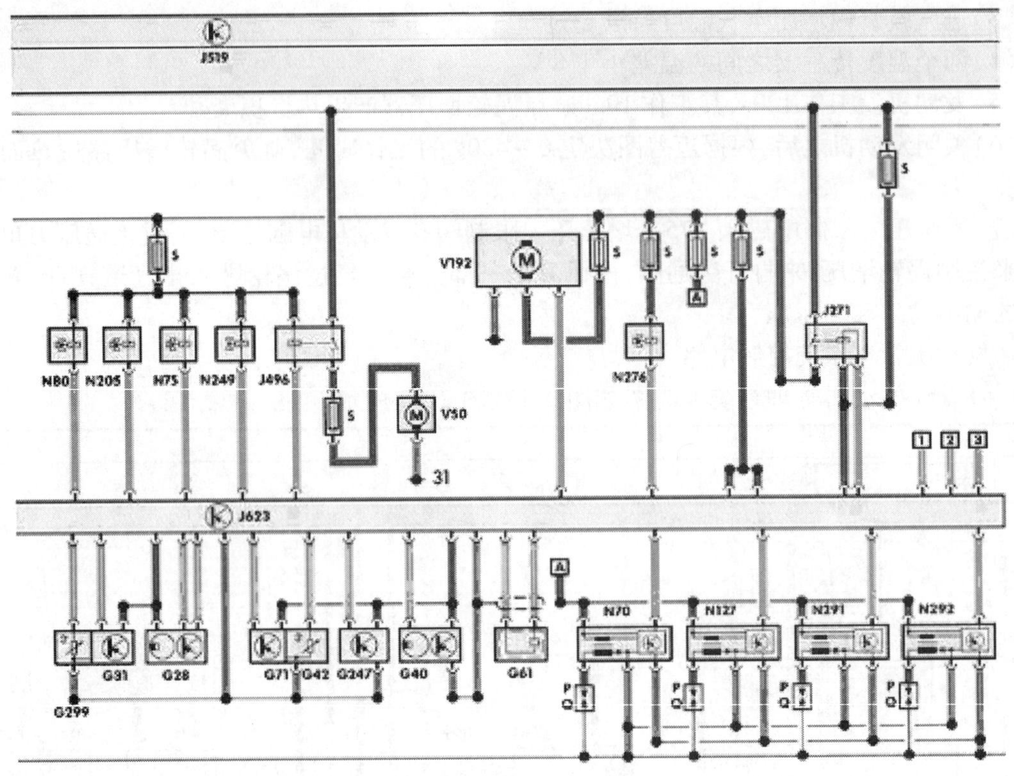

图 2-13　发动机控制系统电路图

G28-发动机转速传感器；G31-增压压力传感器；G40-霍尔传感器；G42-进气温度传感器；G61-爆震传感器；G71-进气压力传感器；G247-燃油压力传感器；G299-进气温度传感器；J271-主供电继电器；J496-冷却液循环泵继电器；J519-中央电气控制单元；J623-发动机控制单元；N70-1 缸点火线圈；N75-增压压力限制阀；N80-活性碳罐电磁阀；N127-2 缸点火线圈；N205-凸轮轴调整电磁阀；N249-增压压力再循环阀；N276-燃油压力调节电磁阀；N291-3 缸点火线圈；N292-4 缸点火线圈；P-火花塞插头；O-火花塞；S-保险；V50-冷却液循环泵；V192-制动真空泵；1-定速巡航开关；2-发电机 DFM 端子；3-冷却风扇 1 档；■-正极；■-接地；■-输出信号；■-输入信号；■-CAN 总线

器的工作性能，进气系统结构设计的较为紧凑，如图 2-14 所示。涡轮增压器增压压力根据增压压力传感器的信号来调整增压压力。

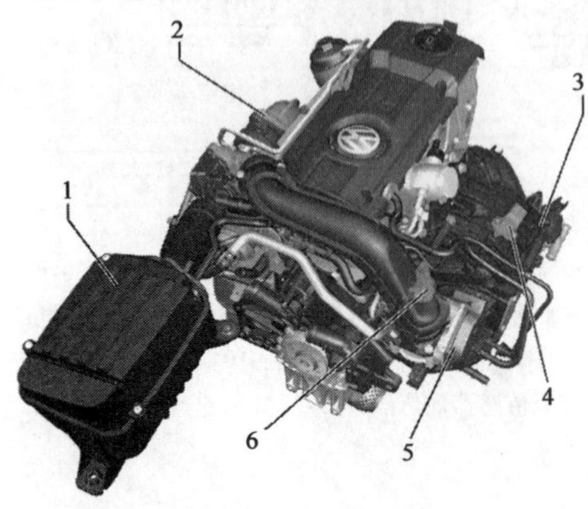

图 2-14　进气系统结构

1-空气滤清器；2-涡轮增压器；3-带中冷器的进气歧管；4-进气压力传感器 G71 和进气温度传感器 G42；5-节流阀体；6-进气压力传感器 G31 和进气温度传感器 G299

2. 带进气冷却的进气歧管

涡轮增压对进气的压缩导致进气的压力和温度升高，增压气体通过冷却来保证汽缸内足够的进气量。1.4L TSI 发动机是通过液体冷却器实现的。冷却器通过发动机水冷系统工作，安装在进气歧管上。

增压气体流过冷却器，将大部分热量传导给气体冷却器和冷却液。冷却液依靠水泵的动力被泵到气体冷却器，然后回流到前端的散热器来冷却，如图 2-15 所示。增压气体冷却系统是一个独立的系统，涡轮增压的冷却也连接在这个系统中。

3. 冷却器

冷却器镶嵌在进气歧管内，用 6 颗螺栓固定，在冷却器的后部有一个密封条。密封条用来保证冷却器和

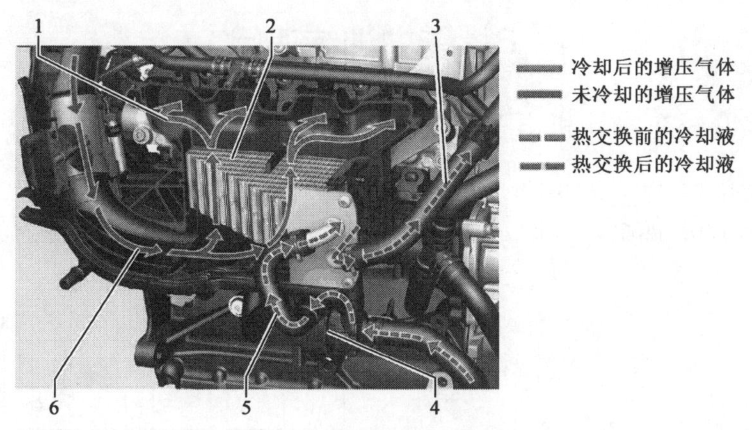

图 2-15　冷却器水冷原理图

1-冷却后的增压气体;2-增压气体冷却器;3-冷却液回水;4-冷却液循环泵;5-冷却液进水;6-未冷却的增压气体

进气歧管之间的密封,同时为冷却器提供支撑,如图 2-16 所示。

注意:在安装增压空气冷却器时,注意密封条要安装在正确位置。如果装配不当,会产生振动,增压空气冷却器损坏以及泄漏。

(五)燃油系统

电动燃油泵和高压燃油泵都能随时按照发动机的需求提供准确的供油量。低压燃油系统由油泵控制单元 G538、油箱、电动油泵 G6、带有压力限制阀的燃油滤清器(开启压力大约6.8bar)、低压燃油压力传感器 G410 组成。低压燃油系统的油压范围可以达到 0.5 ~ 50bar,在冷、热起动时低压燃油系统的油压可以达到 6.5bar。

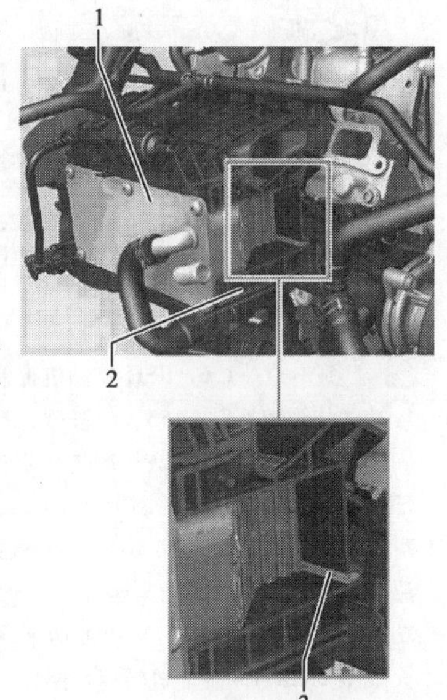

图 2-16　冷却器安装位置

1-冷却器;2-进气歧管;3-密封条

高压燃油系统由高压燃油泵、油压调节阀 N276、油轨、压力限制阀(开启压力大约 120bar)、高压燃油压力传感器 G247、高压喷射阀 N30 ~ N33 组成。高压燃油系统的油压范围可以达到 30 ~ 110bar。

控制单元 J538 安装在电动燃油泵上面,控制单元 J538 通过脉宽调制信号(PWM pulse-width modulated)来控制电动燃油泵,使低压燃油系统的油压达到 0.5 ~ 5bar。在冷热启动时使低压燃油系统的压力达到 6.5bar。

电动燃油泵 G6。燃油泵控制单元 J538 通过 PWM 信号来激活电动燃油泵,使燃油经低压燃油系统流向高压燃油泵。

低压燃油系统内燃油压力由低压燃油压力传感器 G410 来监控并将压力信号发送给发动机控制单元。如果监控的压力偏离规定值,发动机控制单元将发送一个适当的脉宽调制信号(频率 20Hz)给燃油泵控制单元,燃油泵控制单元发送一个脉宽调制控制信号给电动燃油泵,使低压燃油系统内的燃油压力返回到规定值。

当系统需要喷油时,高压泵将燃油泵入油轨内。控制单元计算供油始点,泵油时,控制单元给燃油压力控制阀 N276 发送指令使其吸合切断供油,此时高压油泵将泵腔内的燃油泵入油轨。

B 能力训练项目

一、一汽大众轿车发动机电子控制系统结构认识

(一)在配置 1.6LRSH 发动机的一汽轿车上找出控制系统的部件。如图 2-17 所示。

(二)在装配 1.6L 四缸四气阀发动机的新速腾轿车上找出控制系统的部件。如图 2-18 所示。

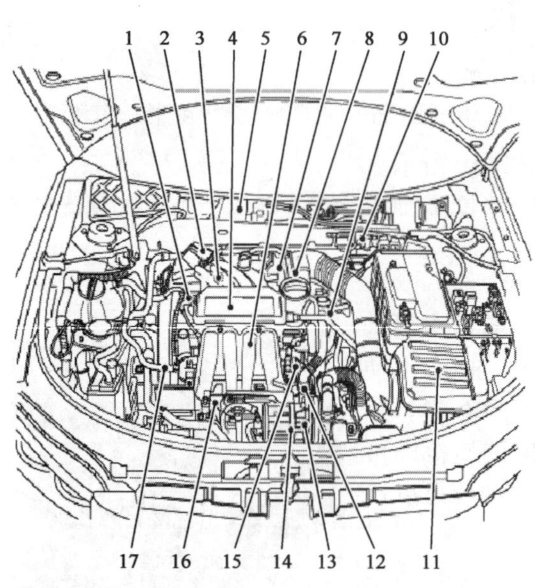

图 2-17 1.6L RSH 发动机控制系统部件

1-进气歧管转换阀 N156;2-进气歧管压力传感器 G71 和进气温度传感器 G42;3-氧传感器 G39;4-进气管上部件;5-Simos 发动机控制单元 J361;6-进气管下部件;7-节气门控制单元 J338;8-霍尔传感器 G40;9-冷却液温度传感器 G62;10-插头连接;11-空气滤清器;12-带功率输出级点火线圈 1N 和带功率输出级 N122 的点火线圈2N28;13-发动机转速传感器 G28;14-二次空气泵电机 V101;15-汽缸 1 喷射阀 N30 至汽缸 4 喷射阀 N33;16-爆震传感器 1G61;17-燃油供油管路

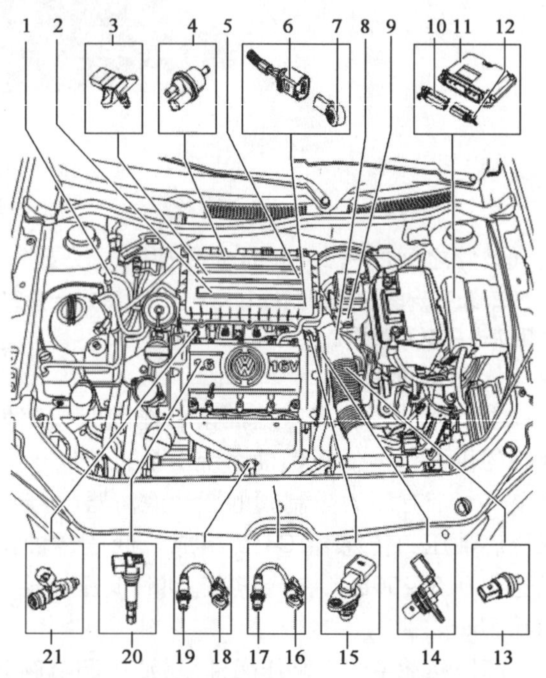

图 2-18 1.6L 四缸四气阀发动机控制系统部件

1-供油管路;2-空气滤清器;3-进气温度传感器 G42 和进气压力传感器 G71;4-活性碳罐电磁阀 N80;5-节气门控制单元 j388;6-连接插头;7-爆震传感器 G61;8-进气管;9-制动信号灯开关 F 及制动踏板开关 F47;10-52 针连接插头;11-发动机控制单元 J623;12-28 针连接插头;13-冷却液温度传感器 G62;14-发动机转速传感器 G28;15-霍尔传感器 G40;16-4 针连接插头;17-尾气催化净化器后的氧传感器;18-4 针连接插头;19-尾气催化净化器前的氧传感器;20-带功率输出级的点火线圈;21-燃油喷嘴 N30-N33

C 知识拓展

一、大众的 1.4L TSI 发动机

作为大众集团在发动机领域一款具有里程碑式意义的产品,自从 2006 年以来连续 5 年获得了国际发动机年度大奖中 1.0 ~ 1.4L 排量级别最佳发动机称号。下面介绍一下这款大众引以为傲的 1.4L TSI 涡轮机械双增压发动机。如图 2-19 所示。

(一)1.4L TSI 发动机

1.4L TSI 发动机就是排气量为 1.4L 的采用了 TSI 技术的发动机。TSI 发动机中的 T 代表了 Turbo-charging(废气涡轮增压),S 代表了 Super-charging(机械增压),I 则代表了 Fuel Stratified Injection(燃油分层直喷),TSI 发动机是将小型化技术与传统的机械增压技术和涡轮增压技术巧妙组合,兼顾了机械增压低速时的扭矩输出和涡轮增压高速时的功率输出,是机械增压与涡轮增压技术的完美结合,被世人誉为“以最低的油耗获得最大的功率”。1.4L TSI 发动机作为大众经典的双增压发动机,其最大功率为 125kW(170 匹),最大扭矩为 240N·m,这样的数值已经可以和 2.5L 的普通发动机媲美,而其每百公里综合油耗仅为 7.2L。

图 2-19 1.4tsi 发动机

1. 涡轮增压以及机械增压

增压技术一直是汽车厂商热衷的发动机技术,其原理就是利用独立的增压系统将空气预先压缩然后再供入汽缸,经过压缩后空气密度得到提高,单位体积内的氧气分子也随之增多,在发动机排量不变的情况下,能够配合燃油喷射系统提供的汽油达到更高的动力输出。

涡轮增压发动机由一个进气涡轮来压缩空气,进气涡轮的另一头连接着的废气涡轮,如图 2-20 所示。工作时,废气涡轮可以利用发动机排放的废气中的能量来驱动涡轮高速旋转,并带动进气涡轮高速旋转,从而达到压缩空气的目的。对于涡轮增压发动机来说,转速越高,进气效率也越高,能够发挥出来的功率就越大。也正是因为如此,当发动机在处于低转速工况时,涡轮其实是没有介入工作的,新鲜空气是直接被吸入汽缸,而废气也是直接排入大气中的。

机械增压发动机则是利用发动机的动力带动一个罗兹压气机,通过发动机本身的动力来压缩空气,并且燃烧压缩空气的一种增压方式,它的工作原理与跟空调压缩机很相似。机械增压(图 2-21)能够给汽车带来很好的低转扭矩,让起步时冲劲十足。但它需要消耗发动机动力,而且增压器中的两个转子相互摩擦会损耗大量的能量。尤其当发动机处于高转速工况时,能量损耗极大,不仅经济性差,高转动力性也要受到影响。

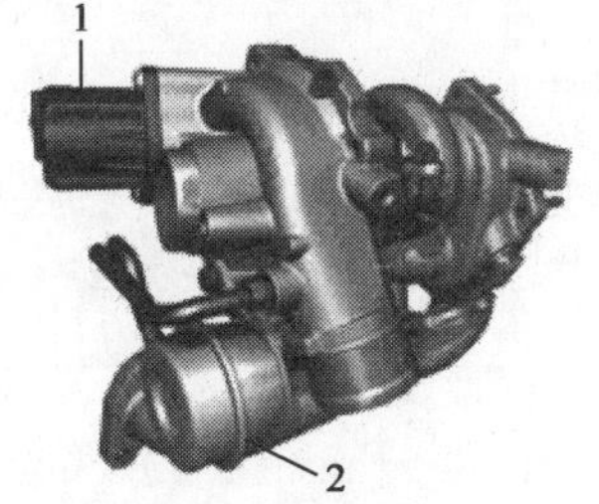

图 2-20 废气涡轮增压器

1-放气阀;2-废气旁通阀

图 2-21 机械增压器

1-传动齿轮;2-皮带轮;3-皮带;4-压缩机转子

2. 1.4L TSI 发动机工作原理

1.4L TSI 发动机独有的双增压系统:一套涡轮增压系统,另一套机械增压系统,并通过电脑对进排气旁通阀以及机械增压器与发动机相连接的电磁离合器的控制来实现增压系统的切换。

当发动机处于怠速工况时(通过节气阀开度传感器可以测得),机械增压器的电磁离合器是分离的，此时发动机与机械增压器之间动力是断开的（这就意味着增压器没有消耗发动机功率），而且机械增压器附近的进气旁通阀打开，空气并没有流经机械增压器，而是从旁通阀直接吸入；到了涡轮增压器的位置，涡轮增压的进气旁通阀也是打开的，这就相当于进气绕过了涡轮，直接被吸入汽缸。也就是说在怠速工况时，涡轮增压器和机械增压器都是不工作的，这相当于一台自然吸气发动机。

当发动机在部分负荷工况下低转速运转时（通过节气阀传感器检测到有少许油门开度，而且通过发动机转速传感器检测到转速处于低速运转），电脑会接通机械增压器的电磁离合器，并且关闭机械增压旁通阀，让机械增压器开始工作，此时的增压值为1.2bar。机械增压器有增强低速扭矩的特点，而且在低转速时对发动机功率的消耗并不大。所以既能够获得良好的加速踏板相应，又能够增大发动机扭矩输出。

当发动机超过1500转时，涡轮开始介入，此时的增压值提高到2.5bar。当发动机转速达到3500转/min以上的高转速时，机械增压器开始停止增压，此时完全依靠涡轮增压来进行增压，增压值从2.5bar降到1.3bar。因为我们知道一旦转速上升，机械增压器会消耗大量发动机能量，而中高转速是涡轮增压的强项，这样不仅避免了涡轮迟滞，让涡轮有足够的加速时间，还在很大程度上增加了低转扭矩，降低高转速时机械增压器产生的噪声。这样彻底解决了两种增压方式的缺陷，达到了一种完美增压的效果。

任务2　一汽大众轿车发动机电子控制系统自诊断

R 任务描述

一汽大众轿车发动机电子控制系统故障诊断，利用汽车诊断检测信息系统VAS5051进行检测，要正确使用汽车诊断检测信息系统VAS5051。

R 任务要求

会利用一汽大众总故障诊断检测信息系统VAS5051进行故障诊断与排除。

Z 知识目标

知道自诊断的原理。

N 能力目标

会利用诊断设备对一汽大众轿车进行故障诊断。

S 素质目标

安全与防护，车间5S管理，合作、交流、沟通能力的培养。

A　相关知识

一、一汽大众汽车故障自诊断

利用故障自诊断可以实现发动机控制单元与汽车诊断检测信息系统VAS5051之间的数据传输。进行故障自诊断时要把汽车诊断检测信息系统VAS5051与汽车发动机控制单元诊断座连接起来,然后进行故障诊断。

(一)故障自诊断系统的检测条件

1. 发动机电控系统的熔断丝工作正常。

2. 蓄电池电压不低于12V。

3. 发动机与变速器的接地连接正常。

(二)故障诊断仪的连接与操作方法

1. 点火开关处于关闭状态。

2. 连接汽车诊断检测信息系统 VAS5051,如图 2-22 所示。将诊断导线 VAS5051/5A 或 VAS5051/5A 的插头插到诊断仪上,连接好后,打开点火开关。

3. 根据 VAS5051 显示屏显示:按下汽车自诊断按钮。

4. 根据 VAS5051 显示屏显示:在"1"选择区进入"00—查询故障记忆-全车系统",如图 2-23 所示。汽车诊断检测信息系统 VAS5051 将运行自动检测程序并查询所有可执行诊断的全车各系统的故障记忆。

5. 根据 VAS5051 显示屏显示:选择需要执行的功能,打开点火开关或启动发动机,在"1"选择区进入汽车系统"1-发动机电控系统"。然后 VAS5051 显示屏显示:1:发动机控制单元识别码,2:防盗制动器控制单元识别码。如图 2-24 所示。

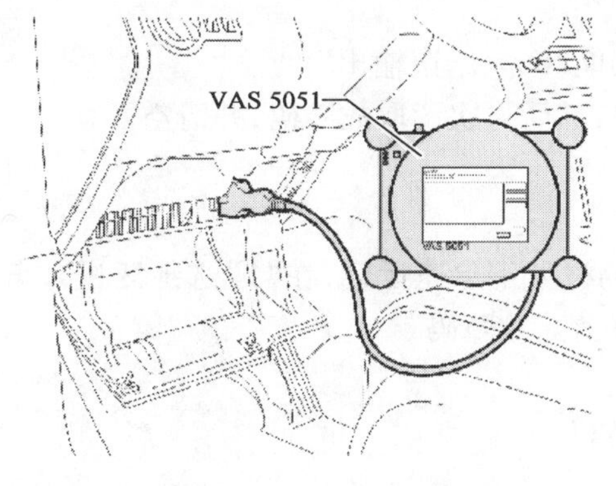

图 2-22 诊断仪的连接

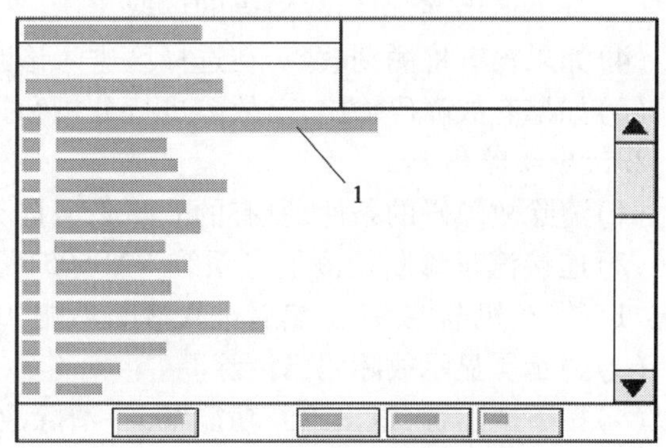

图 2-23 诊断仪屏幕显示

6. 然后选择下行箭头▶VAS5051 显示屏显示:1-选择诊断功能,如图 2-25 所示。

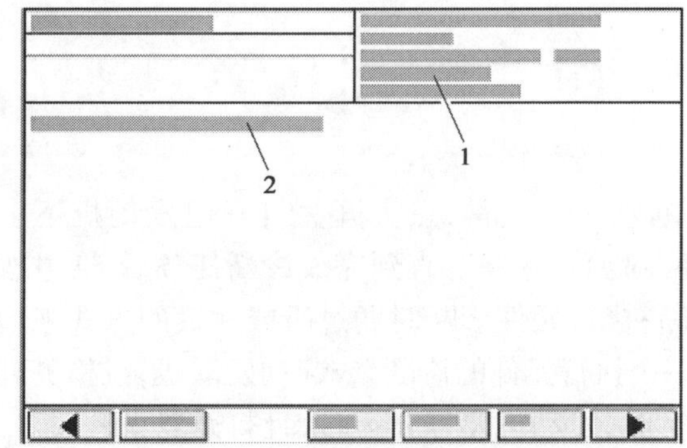

图 2-24 诊断仪屏幕显示

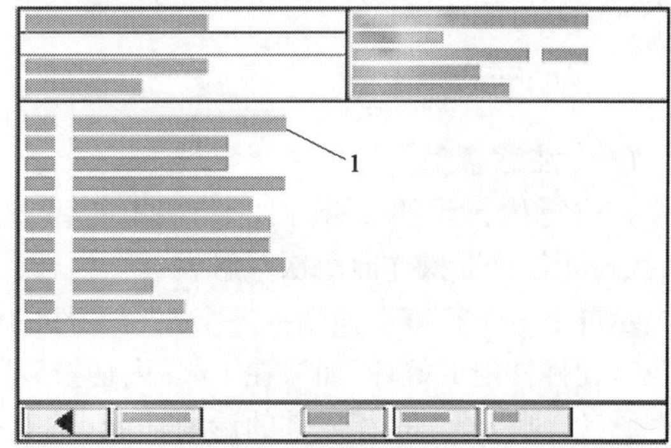

图 2-25 诊断仪屏幕显示

汽车诊断检测信息系统 VAS5051 的功能如表 2-1 所示。

发动机诊断系统功能 表 2-1

诊断功能		发动机静止、点火开关打开	发动机怠速运转	汽车处于行驶状态
02	读取故障码	无	是	是
03	执行元件测试	是	无	无
04	基本设定	无	是	无
05	清除故障码	是	是	是
06	结束输出	是	是	是
07	编制控制单元代码	是	无	无
08	读取测量数据块	是	是	是
09	读取单个测量值	无	无	无
10	自适应	无	无	无
11	登录	是	无	无

(三)读取与清除故障码

1. 读取故障码

(1)连接汽车诊断检测信息系统 VAS5051,发动机处于怠速运转,在“1”选择区进入车辆系统“1—发动机电控系统”然后进入诊断功能“02—读取故障码”。

(2)此时显示屏会显示:存在的故障数目、故障位置、故障代码、故障类型。

(3)按下退出键,退出故障码的读取。

(4)如果没有检测到故障,在选择区进入诊断功能“06—结束输出”。

(5)如果有故障码输出,对故障进行分析和排除,然后再次读取故障码,并清空。

2. 清除故障码

(1)清除故障码的条件:所有的故障必需排除。

(2)连接汽车诊断检测信息系统 VAS5051,发动机处于怠速运转,在“1”选择区进入车辆系统“1—发动机电控系统”然后进入诊断功能“05—清除故障码”。

(3)显示屏显示故障码已清除。

(4)按下退出键,退出诊断功能“05—清除故障码”。

3. 结束输出

(1)在选择区进入诊断功能“06—结束输出”。

(2)出现如图 2-23 所示界面时,关闭点火开关,拔下汽车诊断检测信息系统 VAS5051 的插头。

二、执行元件诊断

(一)注意事项

在进行执行元件诊断时,发动机电控系统熔断丝工作正常,点火开关打开但发动机不工作;执行元件诊断操作时每次只触发一个执行元件(喷油器除外),直到完成诊断任务后,通过按下显示屏上的下行键切换到下一个执行元件的诊断;执行元件诊断时通过听或触摸的方式来检查执行元件性能的好坏;如果在 1min 内切换到下一个执行元件的诊断,或起动发动机,或检测到加速脉冲,则将停止执行元件的诊断功能;重复执行时,发动机要停止运转,且打开点火开关。

(二)检测顺序

执行元件诊断功能可按规定顺序依次触发以下部件:燃油泵继电器 J17、活性碳罐电磁阀 N80、进气歧管转换阀 N156、二次空气泵继电器 J299、制动助力真空泵(适用于配备自动变速器的车型)、散热器风扇触发器。

(三)检测步骤

1. 连接汽车诊断检测信息系统 VAS5051,启动发动机并怠速运转,在选择区进入车辆系统“01—发动机电控系统”。

2. 在选择菜单中选择进入诊断功能“03—执行元件诊断”。

3. 触发燃油泵继电器 J17,显示屏显示:燃油泵继电器 J17,并出现 Next(执行元件诊断功能等待运行),此时按下显示屏上的下行键,执行元件诊断功能开始运行。燃油泵大约运行 1min,直到按下显示屏上的下行键执行下一个执行元件诊断功能。

在执行元件诊断过程中,燃油泵应运转并且能够清楚听到燃油压力调节器的噪声。如果燃油泵不运转,应检查油泵继电器及其控制电路。

4. 触发活性炭灌电磁阀 1—N80,按下显示屏上的下行键,显示屏显示活性炭灌电磁阀 1—N80,并出现 Next(执行元件诊断功能等待运行),此时按下显示屏上的下行键,执行元件诊断功能开始运行。活性炭灌电磁阀将运行(卡塔响)大约 1min,直到按下显示屏上的下行键执行下一个执行元件诊断功能。

如果活性炭灌电磁阀不运行(无卡塔响),应活性炭灌电磁阀 1—N80。

5. 重复上述步骤,逐个进行执行元件诊断功能,完成进气歧管转换阀 N156、二次空气泵继电器 J299、制动助力真空泵(适用于配备自动变速器的车型)、散热器风扇触发器等执行元件诊断功能。

三、读取测量数据块

读取测量数据块时,发动机运转水温达到正常工作温度(80℃);关闭空调;关闭用电设备。

连接汽车诊断检测信息系统 VAS5051,在选择区进入车辆系统“01—发动机电控系统”(发动机怠速运转);然后按键进入“08—读取测量数据块”诊断功能;在显示屏上输入显示组号,最大值为 255;在键盘区输入三位格式的显示组号,并按 Q 键确认;显示屏显示相关显示组的信息;按上行键退出“08—读取测量数据块”诊断功能。

(一)显示组 0 ~ 9 基本功能数据分析

1. 显示组 1—基本功能。如图 2-26 所示。

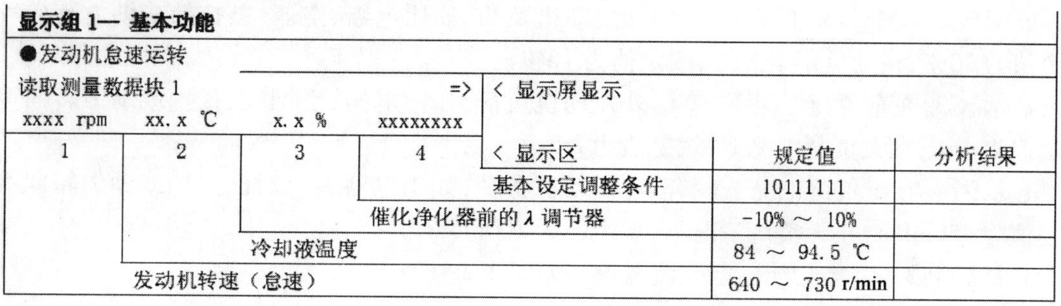

显示组 1— 基本功能

●发动机怠速运转

读取测量数据块 1 => < 显示屏显示

xxxx rpm	xx. x ℃	x. x %	xxxxxxxx
1	2	3	4

< 显示区	规定值	分析结果
4 基本设定调整条件	10111111	
3 催化净化器前的 λ 调节器	-10% ～ 10%	
2 冷却液温度	84 ～ 94.5 ℃	
1 发动机转速（怠速）	640 ～ 730 r/min	

图 2-26 显示组 1—基本功能

数据分析:

显示区 1:在全负荷工况下(有额外发动机负荷,如用电器、空调、已挂挡或助力转向等),规定值 900r/min;在无负荷工况下,转速为 620r/min。

显示区 2:在发动机运转工况下,该值最大不允许超过 115℃,最小不许低于 80℃。

显示区 3:显示值必须在 0 左右变化。如果一直显示为 0,表明 λ 调节从自调节状态切换至控制状态,λ 调节存在故障,应查询故障。

显示区 4 的含义如图 2-27 所示。

显示区 4 中的 8 位数据含义

1	2	3	4	5	6	7	8	含 义
							1	冷却液温度超过 80℃
						1		发动机转速低于 2000r/min
					1			节气门已关闭
				1				λ 调节正常
			1					怠速开关已关闭
		1						空调压缩机已切断
	0							催化净化器温度超过 350℃
1								故障存储器无故障记忆

图 2-27　显示区 4 的含义

图 2-27 中,如果数据位 3 显示为 0,说明空调压缩机已开启。

2. 显示组 2—基本功能—空气流量计。如图 2-28 所示。

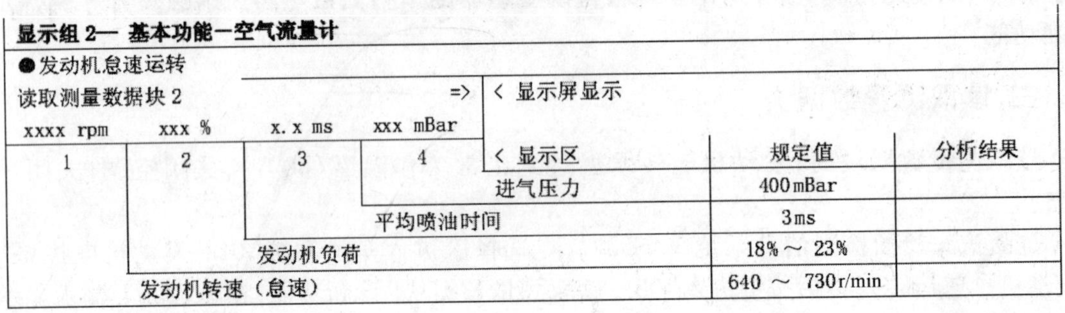

显示组 2— 基本功能—空气流量计

●发动机怠速运转

读取测量数据块 2　=> < 显示屏显示

xxxx rpm	xxx %	x. x ms	xxx mBar			
1	2	3	4	< 显示区	规定值	分析结果
				进气压力	400mBar	
			平均喷油时间		3ms	
		发动机负荷			18% ~ 23%	
	发动机转速(怠速)				640 ~ 730r/min	

图 2-28　显示组 2—基本功能—空气流量计

数据分析:

显示区 1:同图 2-26 一致。

显示区 2:在全负荷工况下(有额外发动机负荷,如用电器、空调、已挂挡或助力转向等),规定值为 30%;在无负荷工况下,规定值为 16%。

显示区 3:在全负荷工况下(有额外发动机负荷,如用电器、空调、已挂挡或助力转向等),规定值为 4ms;在无负荷工况下,规定值为 2ms。

显示区 4:在全负荷工况下(有额外发动机负荷,如用电器、空调、已挂挡或助力转向等),规定值为 450mBar;在无负荷工况下,规定值为 100mBar。

3. 显示组 3—基本功能—空气流量计。如图 2-29 所示。

数据分析:

显示区 3:该显示值最大不允许超过 3%,最小不低于 1%。

显示区 4:该显示值最大不允许超过 12℃,最小不低于 -12℃。

4. 显示组 4—基本功能。如图 2-30 所示。

数据分析:

显示组 3— 基本功能—空气流量计						
●发动机怠速运转						
读取测量数据块 3			=>	< 显示屏显示		
xxxx rpm	xxx mbar	x.x %	xx.x °			
1	2	3	4	< 显示区	规定值	分析结果
				点火角(实测值)	0°	
			节气门角度(电位计)		2%	
		进气压力			400mBar	
	发动机转速(怠速)				640 ～ 730r/min	

图 2-29　显示组 3—基本功能—空气流量计

显示组 4— 基本功能						
●发动机怠速运转						
读取测量数据块 4			=>	< 显示屏显示		
xxxx rpm	xx.xxx V	xxx.x ℃	xxx.x ℃			
1	2	3	4	< 显示区	规定值	分析结果
				进气温度	-38 ～ 80℃	
			冷却液温度		84 ～ 94.5℃	
		发动机控制单元供电电压			13.5 ～ 14.3V	
	发动机转速（怠速）				640 ～ 730r/min	

图 2-30　显示组 4—基本功额能

显示区 2:该显示值最大不允许超过 115V,最小不低于 11.5V。

显示区 4:按规定给定了温度范围,显示值不得低于环境温度。

5. 显示组 5—基本功能。如图 2-31 所示。

显示组 5— 基本功能						
●发动机怠速运转						
读取测量数据块 5			=>	< 显示屏显示		
xxxx rpm	xxx %	xxx km/h	Text			
1	2	3	4	< 显示区	规定值	分析结果
				工况（怠速、部分负荷、全负荷、超速）	Idling	
			车速		0 km/h	
		发动机负荷			18% ～ 23%	
	发动机转速（怠速）				640 ～ 730r/min	

图 2-31　显示组 5—基本功能

6. 显示组 6—基本功能。如图 2-32 所示。

显示组 6— 基本功能						
●发动机怠速运转						
读取测量数据块 6			=>	< 显示屏显示		
xxxx rpm	xxx %	xxx.x ℃	xx.x %			
1	2	3	4	< 显示区	规定值	分析结果
				海拔高度校正系数	0 %	
			进气温度		-38 ～ 80℃	
		发动机负荷			18% ～ 23%	
	发动机转速（怠速）				640 ～ 730r/min	

图 2-32　显示组 6—基本功能

数据分析：

显示区 4：该显示值最大不允许超过 10%，最小不低于 –50%。

(二)显示组 30～49λ 调节数据分析

1. 显示组 30—λ 调节。如图 2-33 所示。

显示组 30—λ 调节						
●发动机怠速运转						
读取测量数据块 30			=>	< 显示屏显示		
XXXXX	XXXX					
1	2	3	4	< 显示区	规定值	分析结果
	催化净化器后的 λ 调节状态				0110	
催化净化器前的 λ 调节状态					00111	

图 2-33　显示组 30—λ 调节

数据分析：

显示区 1 的 5 位数据含义和显示区 2 的 4 位数据含义如图 2-34 所示。

显示区 1 的 5 位数据含义

1	2	3	4	5	含　义
				1	λ 调节触发
			1		λ 调节已准备好
		1			λ 传感器加热
	0				催化净化器工作
0					单气缸 λ 调节触发

显示区 2 的 4 位数据含义

1	2	3	4	含　义
			0	λ 调节触发(L)
		1		λ 调节已准备好
	1			λ 传感器加热
0				λ 调节触发(P)

图 2-34　显示区 1 和 2 的含义

2. 显示组 31—λ 调节—λ 传感器电压。如图 2-35 所示。

显示组 31—λ 调节—λ 传感器电压						
● 发动机怠速运转						
● 用于有二个 λ 传感器的情况						
读取测量数据块 31			=>	< 显示屏显示		
x.xx V	x.xx V					
1	2	3	4	< 显示区	规定值	分析结果
	催化净化器后的 λ 调节状态				0.08 ～ 0.86 V	
催化净化器前的 λ 调节状态					0.08 ～ 0.86 V	

图 2-35　显示组 31

数据分析：

显示区 1 和 2：该显示值最大不允许超过 0.9V，最小不低于 0.05V。

3. 显示组32—λ 调节—λ 自学习值(最大值)。如图2-36所示。

显示组32—λ 调节—λ 自学习值(最大值)		
●发动机怠速运转		
读取测量数据块32 =>	< 显示屏显示	
xx.x % xx.x %		
< 显示区	规定值	分析结果
4		
3		
2 部分负荷时催化净化器前的λ自学习值	-10% ～ 10%	
1 发动机怠速时催化净化器前的λ自学习值	-14% ～ 14%	

图2-36 显示组32

4. 显示组34—催化净化器前的λ传感器监控(老化检验),如图2-37所示。

显示组34— 催化净化器前的λ传感器监控(老化检测)		
● 仅用于有2个 λ 传感器的情况 ● 发动机停放于水平位置,发动机转速为2500 ～ 4000r/min ● 控制单元在04—基础设定工作模式		
读取测量数据块34 =>	< 显示屏显示	
xxxx rpm xxx.x ℃ xx.xx s Text		
< 显示区	规定值	分析结果
4 催化净化器前的λ传感器老化检测结果	B1—S1 i.O	
3 催化净化器前的λ传感器周期	0.1 ～ 2.8 s	
2 催化净化器温度	390 ℃	
1 发动机转速(怠速)	640 ～ 730r/min	

图2-37 显示组34

数据分析:

显示区2:该显示值最大不允许超过470℃,最小不低于200℃。

显示区3和4:循环周期指的是两个电压脉冲(浓—稀—浓)之间的时间。因此,是评估λ传感器老化程度的一种方法,如超过循环周期,显示区4将显示"B1—Pin. i. O",如显示区2的催化净化器的温度未达到390℃,则无法进行催化净化器前的λ传感器老化检验,显示区4将显示"Test aus"。

5. 显示组36—λ 调节—催化净化器后部的λ传感器工作准备状态,如图2-38所示。

显示组36—λ 调节—催化净化器后部的λ传感器工作准备状态		
● 发动机怠速运转 ● 仅用于有二个λ传感器的情况		
读取测量数据块36 =>	< 显示屏显示	
x.xxx V Text		
< 显示区	规定值	分析结果
4		
3		
2 催化净化器后部的λ传感器检查	B1—S2 i.O	
1 催化净化器后部的λ传感器电压	0.08 ～ 0.86 V	

图2-38 显示组36

数据分析:

显示区1:该显示值最大不允许超过0.9V,最小不低于0.05V。

6. 显示组 41—λ 调节—λ 传感器加热，如图 2-39 所示。

显示组 41—λ 调节—λ 传感器加热器

●发动机怠速运转

读取测量数据块 41 => < 显示屏显示

xxx.x Ω	Text	xxx.x Ω	Text
1	2	3	4

< 显示区	规定值	分析结果
4 催化净化器后部的 λ 传感器加热器	Htg.ac.Ein	
3 催化净化器后部的 λ 传感器电阻	0 ～ 3000 Ω	
2 催化净化器前部的 λ 传感器加热器	Htg.bc.Ein	
1 催化净化器前部的 λ 传感器电阻	0 ～ 3000 Ω	

图 2-39　显示组 41

数据分析：

显示区 2 和 4：λ 传感器加热器根据发动机工况打开或关闭。显示区 2 和 4 可能显示 Htg. b(a)C. Ein 或 Htg. b(a)C. Aus。

(三)显示组 60 ~ 79 节气门控制数据分析

1. 显示组 60—转速调节—电子加速踏板自适应。如图 2-40 所示。

显示组 60—转速调节—电子油门（E-gas）自适应

● 点火开关打开，发动机不转

● 发动机控制单元在 04-基本设定状态

读取测量数据块 60 => < 显示屏显示

xx %	xx %	x	Text
1	2	3	4

< 显示区	规定值	分析结果
4 自适应状态	ADP i.O.	
3 自学习计数器	0	
2 节气门角度传感器 2－G188	82% ～ 97%	
1 节气门角度传感器 1－G187	3% ～ 20%	

图 2-40　显示组 60—转速调节—电子加速踏板自适应

2. 显示组 60—转速调节—电子加速踏板系统。如图 2-41 所示。

显示组 61—转速调节—E-Gas 系统

● 车在行驶中

读取测量数据块 61 => < 显示屏显示

xxxx rpm	xx. xxx V	xxx %	xxxxx
1	2	3	4

< 显示区	规定值	分析结果
4 工况	0111	
3 节气门踏板触发器（电位计－G79）	-40% ～ 40%	
2 发动机控制单元电压	13.5 ～ 14.2 V	
1 发动机转速（怠速）	640 ～ 730 r/min	

显示区 4 的 4 位数据含义

1	2	3	4	含义
			1	空调压缩机开启
		0		已挂挡（自变箱）
	1			空调/后风窗加热器开启
0				无意义

图 2-41　显示组 61—转速调节—电子加速踏板系统

3. 显示组 62—电子加速踏板系统—各传感器电压对比。如图 2-42 所示。

显示组 62—E-Gas—各传感器电压对比

● 点火开关打开，发动机不转

读取测量数据块 62 => < 显示屏显示

1	2	3	4
xx %	xx %	xx %	xx %

< 显示区		规定值	分析结果
4	加速踏板位置传感器 2-G185	5% ～15%	
3	加速踏板位置传感器 1-G79	10% ～20%	
2	节气门角度传感器 2-G188	82% ～97%	
1	节气门角度传感器 1-G187	3% ～20%	

图 2-42　显示组—电子加速踏板系统—各传感器电压对比

4. 显示组 63—电子加速踏板系统—自适应。如图 2-43 所示。

显示组 63—E-Gas—Kick-dwon 自适应

● 点火开关打开，发动机不转

● 控制单元在 04—基础设定状态

读取测量数据块 63 => < 显示屏显示

1	2	3	4
xx %	xx %	Text	Text

< 显示区		规定值	分析结果
4	工况	ADP i.0	
3	Kick-down 开关	Kick Down	
2	加速踏板位置传感器 1-G79 对 Kick-dwon 位置的自学习值	87.5%	
1	加速踏板位置传感器 1-G79	3% ～20%	

图 2-43　显示组 63—电子加速踏板系统—自适应

5. 显示组 64—节气门电位计电压调整值。如图 2-44 所示。

显示组 64—节气门电位计电压调整值

● 点火开关打开，发动机不转

读取测量数据块 64 => < 显示屏显示

1	2	3	4
xx.xxx V	xx.xxx V	xx.xxx V	xx.xxx V

< 显示区		规定值	分析结果
4	节气门关闭时，节气门角度传感器 2—G188 调整值	3.653 ～ 4.785 V	
3	节气门关闭时，节气门角度传感器 1—G187 调整值	0.235 ～ 1.367 V	
2	节气门角度传感器 2—G188 调整值	4.195 ～ 4.761 V	
1	节气门角度传感器 1—G187 调整值	0.24 ～ 0.81 V	

图 2-44　显示组—节气门电位计电压调整值

(四) 显示组 101 ~ 109 燃油喷射控制数据分析

1. 显示组 101—喷射控制。如图 2-45 所示。

2. 显示组 102—喷射控制。如图 2-46 所示。

3. 显示组 104—发动机启动调整值。如图 2-47 所示。

4. 显示组 105—发动机缺缸检查。如图 2-48 所示。

显示组 101—喷射控制

● 发动机怠速运转

● 装备进气压力传感器

读取测量数据块 101 => < 显示屏显示

xxxx rpm	xx. x %	x. x ms	xx. x %
1	2	3	4

< 显示区	规定值	分析结果
进气压力	400 mBar	
平均喷油时间	3 ms	
发动机负荷	18%～23%	
发动机转速（怠速）	640 ～730 r/min	

图 2-45　显示组 101—喷射控制

显示组 102—喷射控制

● 发动机怠速运转

读取测量数据块 102 => < 显示屏显示

xxxx rpm	xxx. x ℃	xxx.x ℃	x. x ms
1	2	3	4

< 显示区	规定值	分析结果
平均喷油时间	3 ms	
进气温度	-38 ～ 80 ℃	
冷却液温度	84 ～ 94. 5 ℃	
发动机转速（怠速）	640 ～ 730 r/min	

图 2-46　显示组 102—喷射控制

显示组 104—发动机启动调整值

● 发动机怠速运转

读取测量数据块 104 => < 显示屏显示

xxx. x ℃	xx. x %	xx. x %	xx. x %
1	2	3	4

< 显示区	规定值	分析结果
温度匹配因素 3（冷却液温度）	0 %	
温度匹配因素 2（进气歧管温度）	0 %	
温度匹配因素 1（燃油温度）	0 %	
发动机启动温度	-30 ～ 120 ℃	

图 2-47　显示组 104—发动机调整值

显示组 105—发动机缺缸检测

● 发动机怠速运转

读取测量数据块 105 => < 显示屏显示

xxxx rpm	xx. x %	xxx.x ℃	Text
1	2	3	4

< 显示区	规定值	分析结果
发动机缺缸检测 (开启/关闭)	Ein / Aus	
冷却液温度	84 ～ 94. 5 ℃	
发动机负荷	18% ～ 23%	
发动机转速（怠速）	640 ～ 730 r/min	

图 2-48　显示组 105—发动机缺缸检查

(五)显示组 130 至 139 冷却系统控制数据分析

1. 显示组 131—冷却系统温度调整。如图 2-49 所示。

显示组 131—冷却系统温度调整						
● 发动机怠速运转 ● 空调关闭						
读取测量数据块 131			=>	< 显示屏显示		
xx. x ℃	xx. x ℃	xx. x ℃				
1	2	3	4	< 显示区	规定值	分析结果
			散热器出口的冷却液温度		0 ～ 100 ℃	
		发动机出口的冷却液温度（规定值）			97.5 ℃	
	发动机出口的冷却液温度				84 ～ 94.5 ℃	

图 2-49　显示组 131—冷却系统温度调整

数据分析：

显示区 1：该显示值最大不允许超过 115℃，最小不低于 80℃。

显示区 2：该显示值最大不允许超过 100℃，最小不低于 90℃。

2. 显示组 132—冷却系统温度调整。如图 2-50 所示。

显示组 132—冷却系统温度调整						
● 发动机怠速运转 ● 空调关闭						
读取测量数据块 132			=>	< 显示屏显示		
xx. x ℃	xx. x ℃		Text			
1	2	3	4	< 显示区	规定值	分析结果
			冷却液温度调整工作状态		0010 1100	
		发动机出口的冷却液温度与散热器出口的冷却液温度差值			0 ～ 100 ℃	
	发动机出口的冷却液温度（规定值）				97.5 ℃	

图 2-50　显示组 132—冷却系统温度调整

数据分析：

显示区 4 的 8 位数据含义如图 2-51 所示。

显示区 4 的 8 位数据含义：

1	2	3	4	5	6	7	8	诊断功能
							0	系统故障（无/有）
						0		自动调温装置运行（关闭/开启）
					1			冷却风扇运行（开启/关闭）
				1				冷却液温度控制偏离 0 > 规定值 1 < 规定值
			0					冷却风扇以高速挡运行（关闭/开启）
		1						冷却风扇以低速挡（开启/关闭）
	0							冷却液补偿泵（关闭/开启）
0								驻车加热功能编码（关闭/开启）

图 2-51　显示区 4 的 8 位数据含义

注：各数据位显示 0 表示该功能未开启，显示 1 表示该功能已开启。

3. 显示组 134—冷却系统温度调整。如图 2-52 所示。

显示组 134—冷却系统温度调整

● 发动机怠速运转

● 空调关闭

读取测量数据块 134 => < 显示屏显示

xx. x ℃ xx. x ℃ xx. x ℃ xx. x ℃

显示区		规定值	分析结果
4	发动机出口的冷却液温度	84 ～ 94.5 ℃	
3	进气温度	-38 ～ 80 ℃	
2	外界环境温度	-38 ～ 80 ℃	
1	燃油温度	30 ～ 140 ℃	

图 2-52 显示组/34—冷却系统温度调整

数据分析：

显示区 2 显示的是实际温度。

4. 显示组 135—通风装置调整—冷却风扇调整。如图 2-53 所示。

显示组 135—通风装置调整—冷却风扇调整

● 发动机怠速运转

● 空调关闭

读取测量数据块 135 => < 显示屏显示

xx. x ℃ xx. x %

显示区		规定值	分析结果
4			
3			
2	通风装置 1 触发的脉冲占空比	40％ ～ 47.8％	
1	散热器出口的冷却液温度	0 ～ 100℃	

图 2-53 显示组 135—通风装置调整—冷却风扇调整

B 实训操作内容

利用汽车诊断检测信息系统 VAS5051 读取速腾轿车故障码并进行数据读取与分析。

C 知识拓展

汽车电子控制装置都设有“故障自诊断”系统，它以代码的形式储存与电控单元的存储器中，并根据有关信号不断地监控个系统工作情况。当它检测到某系统有故障时，便以故障指示灯显示。

一、自诊断系统的工作原理

电子控制系统工作时，正常的输入、输出信号都是在规定的范围内变化。当某一电路出现异常值或输入电控单元（ECU）不能识别的信号时，电控单元就可以判定为发生故障。如发动机冷却液温度传感器正常工作时，水温工作范围设定在 -30 ~ 120℃（各种车辆可能有所不同），输出电压值在 0.3 ~ 4.7V 范围内变化，如果超出此范围，即判定为故障，并以代码的形式存储于存储器中。

执行器不能正常工作，其故障由监控回路把信息传输给电控单元，由电控单元进行故障显示。如当电子点火器中的功率三极管不能正常工作时,点火器内的点火监视器就不能得到功率三极管的正常工作信号,因此,点火监视器就不能把正常的信号反馈到电控单元。电控单元得不到点火器的反馈信号,就判定为点火系统发生故障。

电子控制单元故障判定,电子控制单元内设监控回路,用以监视电控单元是否按正常的控制程序工作。在监控回路内设有监视时钟,按时对电控单元进行复位。当电控单元发生故障时,程序不能正常执行,时钟不能使电控单元复位,造成溢出,据此判定为故障,并予以显示。

发动机在正常工作中,如果偶然出现一次不正常的信号,电控单元不会判定为故障,只有不正常信号持续一定的时间或多次出现,才判定为故障。故障信号的出现,不只是与传感器或执行器本身出现的故障有关,而且还与相应的配线电路有关。因此,在查找故障原因时,除了查找传感器之外,还要查找线束、插接件以及传感器与控制单元之间的有关电路。

二、自诊断系统的类型

OBD-ⅰ:第一代及诊断系统。各车型自成体系、种类繁多、不能通用,本能使用统一的专用仪器,给维修带来很大的不便。

OBD-ⅱ:第二代及诊断系统。该系统具有统一的故障诊断插座和统一的故障代码,并统一将诊断插座安装在驾驶室仪表板的下方,只要用一台仪器即可对各汽车制造厂家生产的各种型号的电控汽车进行诊断。第二代诊断插座统一为16针插座,如图2-54所示。

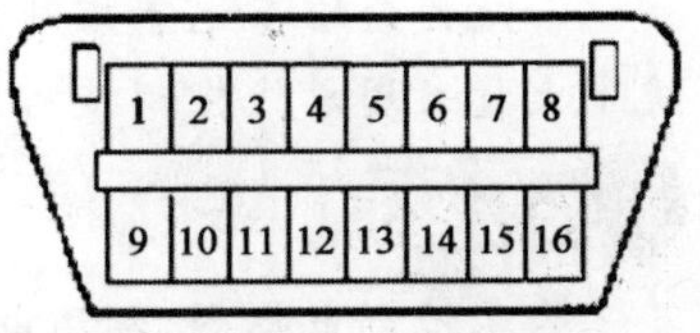

图2-54 OBD-ⅱ诊断插座

OBD-ⅱ诊断插座各端子代号的含义见表2-1所示。

OBD-ⅱ诊断插座各端子代号的含义 表2-1

端子号	含义	端子号	含义
1	供制造厂用	9	供制造厂用
2	美国款车诊断用	10	美国款车诊断用
3	供制造厂用	11	供制造厂用
4	车身搭铁	12	供制造厂用
5	信号回路搭铁	14	供制造厂用
6	供制造厂用	14	供制造厂用
7	欧洲款车诊断用	15	欧洲款车诊断用
8	供制造厂用	16	接蓄电池正极

故障代码组成:故障代码由4部分组成,如:P、0、1、01。

第一部分用引文字母表示:

P——发动机和变速器控制单元;

C——底盘控制单元;

B——车身控制单元;

U——未定义。

第二部分用数字表示:

0——美国汽车工程师学会(SAE)定义的故障码;

1、2、3…8——汽车制造厂自行定义的故障码。

第三部分用数字表示：

1 和 2——燃料和进气系统的故障；

3——点火系统故障或发动机间歇熄火；

4——废弃控制系统故障；

5——怠速控制系统故障；

6——电控单元和执行元件的故障

7 和 8——电控自动变速器系统故障。

第四部分用数字表示：

01、01、03……——汽车制造厂对故障编制的顺序号。

任务 3　一汽大众轿车发动机电子控制系统电路

R 任务描述

一汽大众轿车电子控制系统的电路有其自身的特点，尤其在车身控制系统和安全、舒适系统中大量采用总线控制技术，要正确阅读其控制电路。

R 任务要求

会看控制电路图，利用电路图分析排除故障。

Z 知识目标

知道一汽大众轿车电路图的组成。

N 能力目标

会看一汽大众轿车电路图。

S 素质目标

安全与防护，车间 5S 管理，合作、交流、沟通能力的培养。

A 相关知识

一、速腾轿车继电器位置分配和熔断丝位置分配

（一）熔断丝位置分配（SC）

熔断丝位置分配（SC）如图 2-55 所示，在仪表板左侧熔断丝架内。熔断丝的编号和功能如表 2-2 所示（列举其中的一部分）。熔断丝的颜色：3A——紫色、5A——米色、7.5A——棕色、10A——红色、15A——蓝色、20A——黄色、25A——白色、30A——绿色。

熔断丝（SC）的编号和功能　　表 2-2

编号	电路图中的名称	额定值	功能/部件	端子
1	SC1 熔断丝架上的熔断丝 1	10A	E20-开关和仪表照明调节器	15
2	SC2 熔断丝架上的熔断丝 2	10A	E1-车灯开关	15
3	SC3 熔断丝架上的熔断丝 3	5A	J234-安全气囊控制单元	15

续上表

编号	电路图中的名称	额定值	功能/部件	端子
4	SC4 熔断丝架上的熔断丝 4	5A	E16-暖风/加热功率开关	15
5	SC5 熔断丝架上的熔断丝 5	—	为空	15
6	SC6 熔断丝架上的熔断丝 6	—	为空	15
7	SC7 熔断丝架上的熔断丝 7	—	为空	15
8	SC8 熔断丝架上的熔断丝 8	—	为空	15
9	SC9 熔断丝架上的熔断丝 9	—	为空	15
10	SC10 熔断丝架上的熔断丝 10	—	为空	15
…	…	…	…	…
49	SC49 熔断丝架上的熔断丝 49	—	为空	75

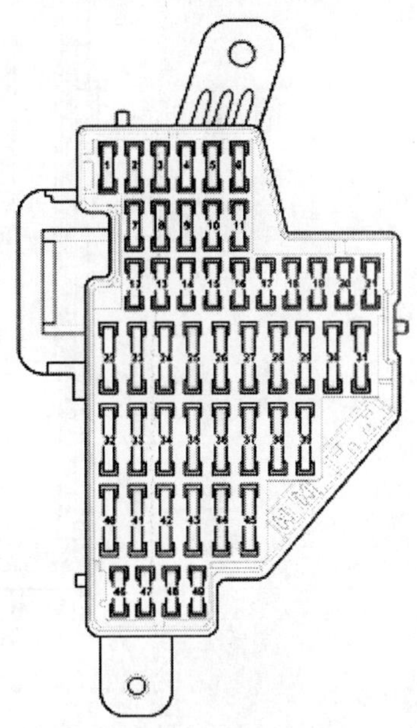

图 2-55　熔断丝位置分配图

(二)带自动熔断丝的继电器位置分配

带自动熔断丝的继电器位置分配如图 2-56 所示,在仪表板左下方。

位置说明:

1-新鲜空气鼓风机继电器 J13(53)仅用于冷却液辅助加热装置;

2-驻车暖风继电器 J485(404);

3-供电及电器 K1.50-J682(433);

4-照灯清洗装置继电器 J39(53);

5-电动燃油泵 2 继电器 J49(449);

5-燃油泵继电器 J17(449);

A-驾驶员座椅调整装置的热敏熔断丝 1-30A。

注:J49 和 J17 是微型继电器并列插接在继电器插接位置上。

(三)继电器支架的继电器位置分配

继电器支架的继电器位置分配如图 2-57 所示。在车载电网控制单元上,仪表板左侧。

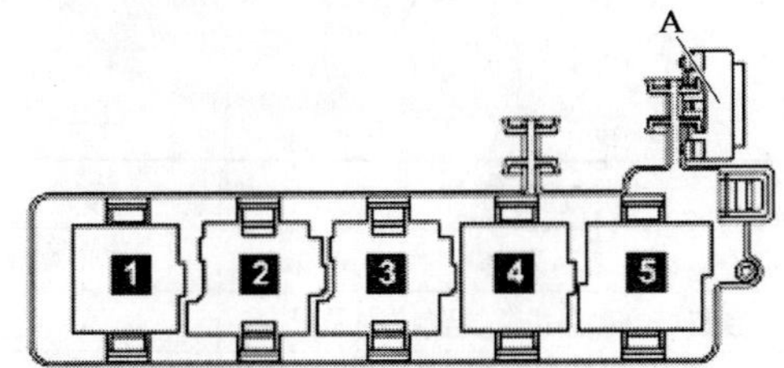

图 2-56　带自动熔断丝的继电器位置分配

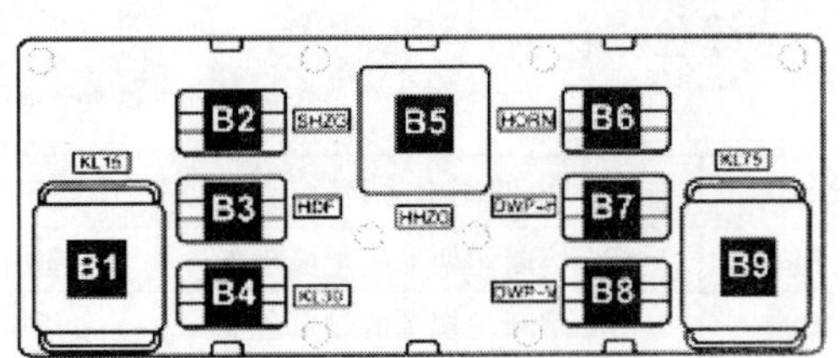

图 2-57　继电器支架的继电器位置分配

位置说明:

B1-端子 K1.15 的供电继电器 J329(460);

B2-未占用;

B3-未占用;

B4-端子 K1.30 的供电继电器 J317(449);

B5-可加热后窗玻璃继电器 J9(53);

B6-双音喇叭继电器 J4(449);

B7-未占用；

B8-双清洗泵继电器 2-J730(404)；

B9-继电器位置分配 X 触点卸载继电器 J59(460)

(四)熔断丝(SB)位置分配

熔断丝(SB)位置分配如图 2-58 所示。在电控箱处,发动机舱左侧。

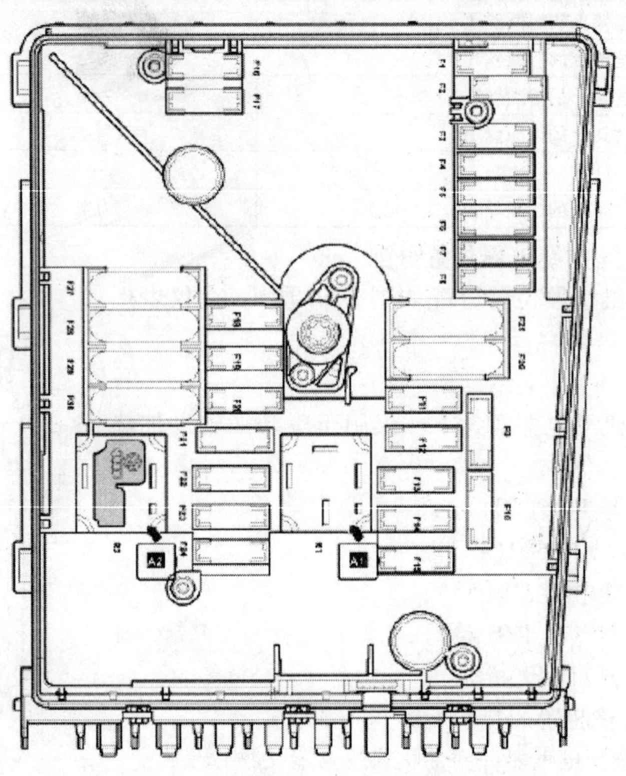

图 2-58　熔断丝(SB)的位置分配图

熔断丝的编号和功能如表 2-3 所示(列举其中的一部分)。熔断丝的颜色:3A——紫色、5A——米色、7. 5A——棕色、10A——红色、15A——蓝色、20A——黄色、25A——白色、30A——绿色。

熔断丝(SB)的编号和功能　　表 2-3

编号	电路图中的名称	额定值	功能/部件	端子
F1	SB1 熔断丝架上的熔断丝 1	30A	为空	30
F2	SB2 熔断丝架上的熔断丝 2	5A	J527-转向柱电子装置控制单元	30
F3	SB3 熔断丝架上的熔断丝 3	5A	J519-车在电网控制单元	30
F4	SB4 熔断丝架上的熔断丝 4	30A	J104-ABS 控制单元	30
F5	SB5 熔断丝架上的熔断丝 5	15A	J743-直接换挡变速器机械电子单元	30
F6	SB6 熔断丝架上的熔断丝 6	5A	J285-仪表板中的控制单元	30
F7	SB7 熔断丝架上的熔断丝 7	—	为空	30
F8	SB8 熔断丝架上的熔断丝 8	15A	R-收音机	30
F9	SB9 熔断丝架上的熔断丝 9	5A	电话的发送接收器 R36	30
…	…	…	…	…
F30	SB309 熔断丝架上的熔断丝 30	50A	X 触点卸荷继电器 J59	30

(五)熔断丝(SA)位置分配

熔断丝(SA)位置分配如图 2-59 所示。在电控箱熔断丝架上,发动机舱左侧。熔断丝的编号和功能如表 2-4 所示(列举其中的一部分)。

熔断丝(SB)的编号和功能　　表 2-4

编号	电路图中的名称	额定值	功能/部件	端子
1	SA1 蓄电池/熔断丝架上的熔断丝 1	150A 200A	C-三相交流发电机(90A/110A) C-三相交流发电机(140A)	30
2	SA2 蓄电池/熔断丝架上的熔断丝 2	80A	V178-电控机械式转向助力器起动机	30
3	SA3 蓄电池/熔断丝架上的熔断丝 3	50A	V7-冷却液风扇	30
4	SA4 蓄电池/熔断丝架上的熔断丝 4	—	为空	—
5	SA5 蓄电池/熔断丝架上的熔断丝 5	80A	仪表板左侧熔断丝架上的熔断丝 SC12、SC17、SC22、SC27、SC43、SC45	30
6	SA 蓄电池/熔断丝架上的熔断丝 6	100A	Z35-空气辅助加热装置加热元件	30
7	SA7 蓄电池/熔断丝架上的熔断丝 7	—	为空	—

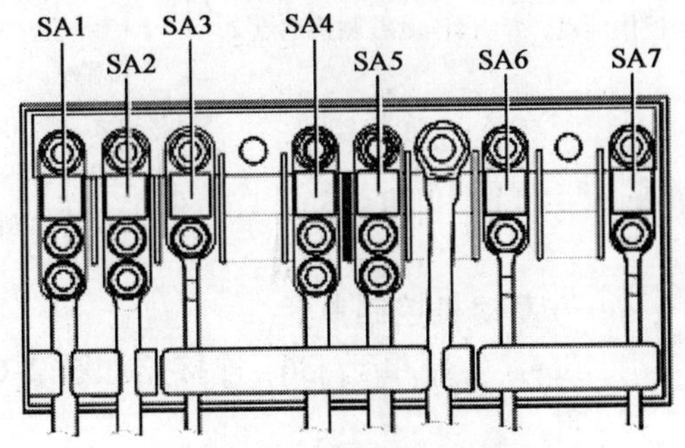

图 2-59　熔断丝(SA)位置分配图

二、速腾轿车电路接地点

(一)发动机舱内接地点

发动机舱内接地点如图 2-60 所示。

(二)速腾车身内部接地点

车身内部接地点如图 2-61 所示。

(三)行李舱内部接地点

行李舱内部接地点如图 2-62 所示。

三、控制单元

电子控制单元分布图如图 2-63 所示。

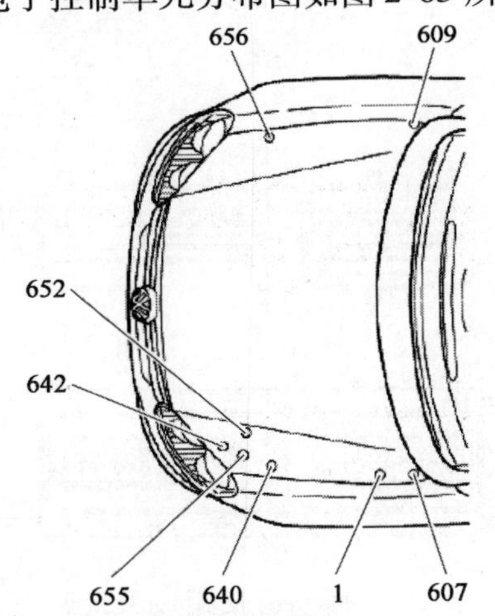

图 2-60　速腾发动机舱内接地点

607-排水槽内左侧接地点;1-蓄电池-车身接地点;640-发动机舱左侧接地点;655-照灯左侧接地点;642-EC-风扇接地点;652-变速器/发动机的接地点;656-地灯右侧接地点;609-排水槽内右侧接地点

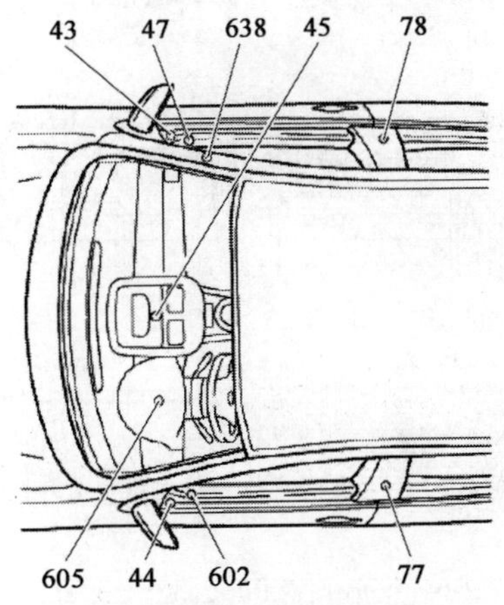

图 2-61　速腾轿车车身内部接地点

77-左侧 B 柱下部接地点;602-左前脚部空间接地点;44-左侧 A 柱下部接地点;605-在上转向柱上接地点;43-左侧 A 柱下部接地点;47-右前脚部空间接地点;638-右侧 A 柱接地点;45-中部仪表板后面接地点;78-右侧 B 柱下部接地点

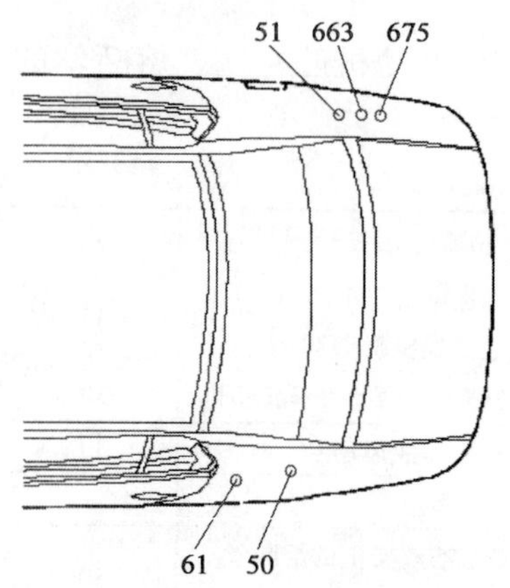

图 2-262　速腾轿车行车舱内部接地点

50-行李舱左侧接地点;61-左侧 C 柱接地点;51-行李舱内右侧接地点;663-右后侧围板接地点;675-行李舱右侧接地点 2

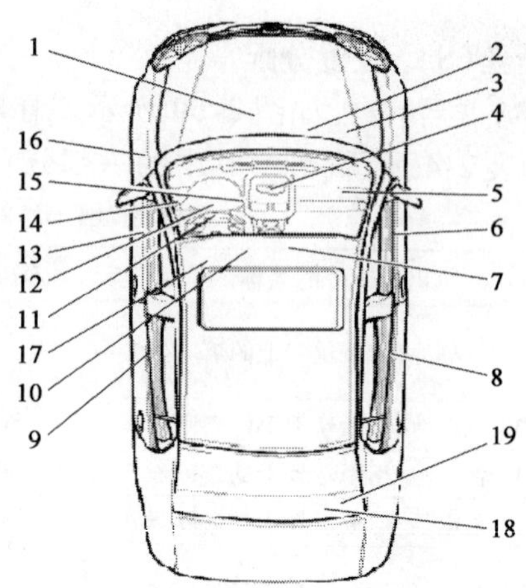

图 2-63　电子控制单元分布图

1-转向辅助控制单元;2-发动机控制单元;3-带 EDS 的 ABS 控制单元;4-安全气囊控制单元;5-车辆水平传感器 G384;6-大灯照明距离调节控制单元;7-舒适/便捷功能系统中央控制单元;8-副驾驶员侧车门控制单元;9-可加热副驾驶员座椅控制单元;10-天线选择的控制单元;11-电子操作装置控制单元,移动电话;12-右后车门控制单元;13-燃油泵控制单元;14-驻车辅助控制单元;15-拖车识别装置控制单元;16-右后车门控制单元;17-可加热驾驶员座椅控制单元;18-转向柱电子装置控制单元;19-组合仪表

(一)发动机控制单元

1. Simos 控制单元 J361 连接器如图 2-64 所示。

说明:

A-Simos 控制单元 J361;

B-81 芯插头连接,在线束(T121)上;

C-40 芯插头连接,在线束(T121)上。

2. Motronic 控制单元 J220 连接器如图 2-65 所示。

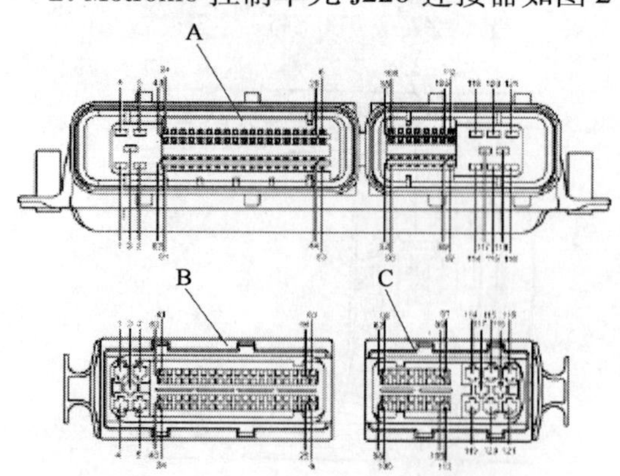

图 2-64　Simos 控制单元 J361 连接器

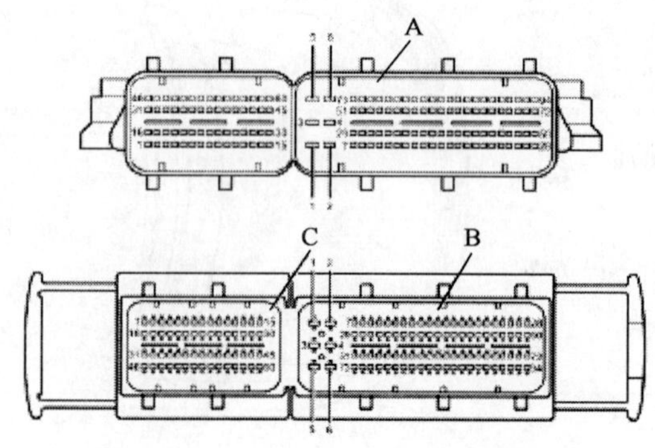

图 2-65　Motronic 控制单元连接器

说明:

A-Motronic 控制单元 J220;

B-94 芯插头连接,在线束(T94)旁;

C-60 芯插头连接,在线束(T60)旁。

(二)变速器控制单元

自动变速器控制单元如图 2-66 所示。

说明:

A-自动变速器控制单元 J217;

B-52 芯插头连接,在线束(T52)上。

(三)车在电网控制单元

车在电网控制单元如图 2-67 所示。

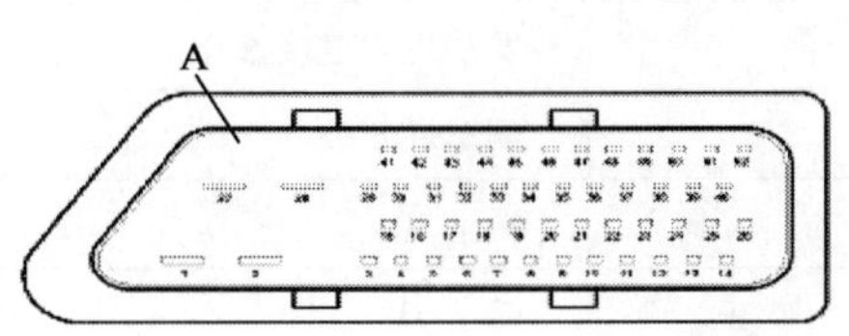

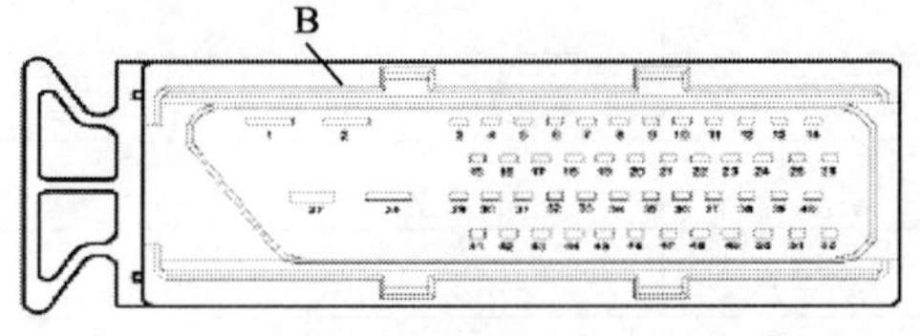

图 2-66 自动变速器控制单元

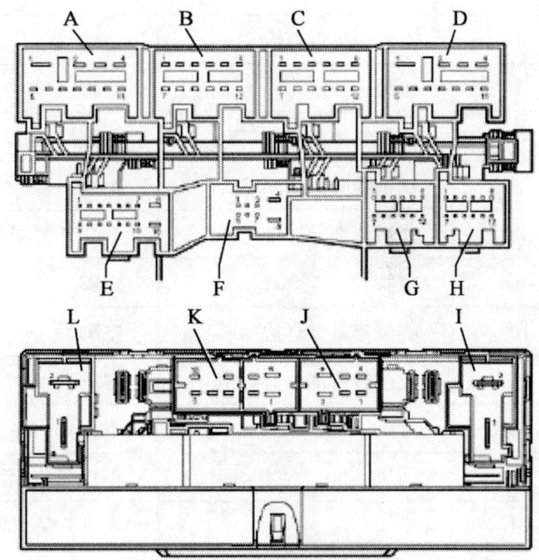

图 2-67 车在电网控制单元

连接器端子号含义如表 2-5 所示。

A 连接器端子号含义 表 2-5

连接器 / 端子	A 连接器 11 芯插头连接	B 连接器 12 芯插头连接	C 连接器 12 芯插头连接
1	端子 30	右倒车灯灯泡	可加热驾驶员座椅控制单元
2	右侧近光灯灯泡	空脚	左尾灯及制动信号灯灯泡
3	左侧近光灯灯泡	空脚	空脚
4	右前雾灯灯泡	右侧后雾灯灯泡	空脚
5	右侧气体放电灯(氙)	右尾灯及制动信号灯灯泡	空脚
6	右前转向信号灯灯泡	空脚	空脚
7	左侧停车灯灯泡	右前登车照明灯、左前登车照明灯	空脚
8	空脚	空脚	牌照灯
9	接地	右侧尾灯灯泡	高位制动信号灯灯泡
10	电动燃油泵 2 继电器	右后转向信号灯灯泡	左侧尾灯灯泡
11	供电继电器 K1.50	前部车内照明灯	左后转向信号灯灯泡
12		端子 58d	空脚

续上表

端子＼连接器	D 连接器 11 芯插头连接	E 连接器 16 芯插头连接	F 连接器 8 芯插头连接
1	端子 30	车灯开关端子 58	供电继电器 K1.50
2	右前雾灯灯泡	制动信号灯开关	供电继电器 K1.15
3	左侧远光灯灯泡	空脚	刮水器电动机、雨水传感器和灯光传感器(LIN-总线)
4	左侧近光灯灯泡	空脚	三相交流发电机
5	接地	空脚	发动机舱盖接触开关
6	左侧气体放电灯(氙)	前雾灯开关	倒车灯开关
7	供电继电器 K1.15	接地	端子 30
8	大灯清洗装置继电器	车灯开关端子 56	端子 31
9	空脚	空脚	
10	右侧停车灯灯泡	空脚	
11	左前转向信号灯灯泡	空脚	
12		空脚	
13		车灯开关(后雾灯)	
14		车灯开关(辅助—行车灯)	
15		空脚	
16		车灯开关(日间行车灯)	

端子＼连接器	G 连接器 12 芯插头连接	H 连接器 12 芯插头连接	I 连接器 2 芯插头连接
1	端子 50 转向柱电子装置控制单元	未占用	熔断丝端子 75
2	闪烁报警装置指示灯	未占用	端子 75X
3	可加热后窗玻璃	未占用	
4	照明调节器、开关、仪表	未占用	
5	空脚	未占用	
6	可加热后窗玻璃按键	未占用	
7	舒适/便捷功能系统分 CAN 总线、低速	未占用	
8	舒适/便捷功能系统分 CAN 总线、高速	未占用	
9	警报灯开关	未占用	
10	照明调节器、开关、仪表	未占用	
11	端子 15 转向柱电子装置控制单元	未占用	
12	照明调节器、开关、仪表	未占用	

续上表

端子 \ 连接器	J 连接器 6 芯插头连接	K 连接器 10 芯插头连接	L 连接器 2 芯插头连接
1	熔断丝、风窗玻璃清洗泵	可加热后窗玻璃	熔断丝端子 15
2	空脚	空脚	端子 15
3	喇叭熔断丝	空脚	
4	风窗玻璃清洗泵电动机	空脚	
5	接地	熔断丝端子 30g	
6	高音喇叭、低音喇叭	可加热后窗玻璃熔断丝	
7		空脚	
8		空脚	
9		空脚	
10		端子 30g	

四、发动机控制电路图

1.6L—74kW Simos 发动机,发动机代码 BWH 速腾轿车电路图,如图 2-68 所示。

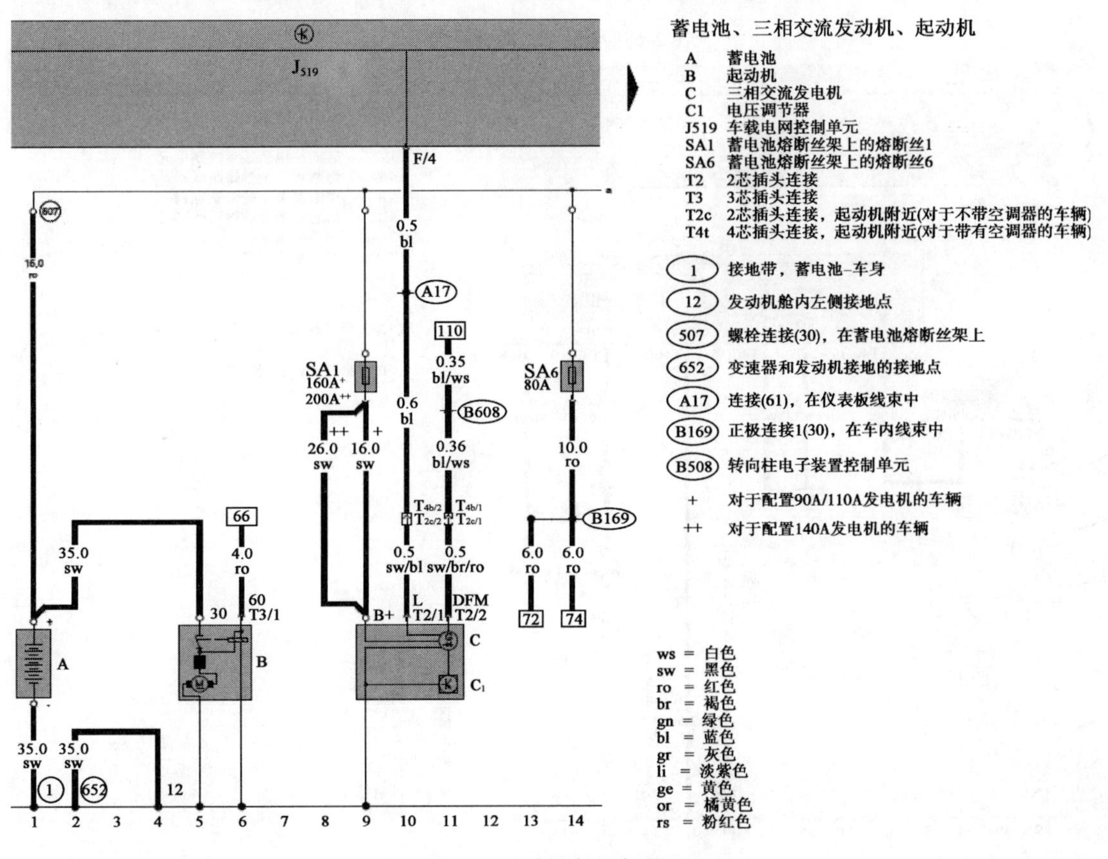

图 2-68　速腾轿车电路图(1)

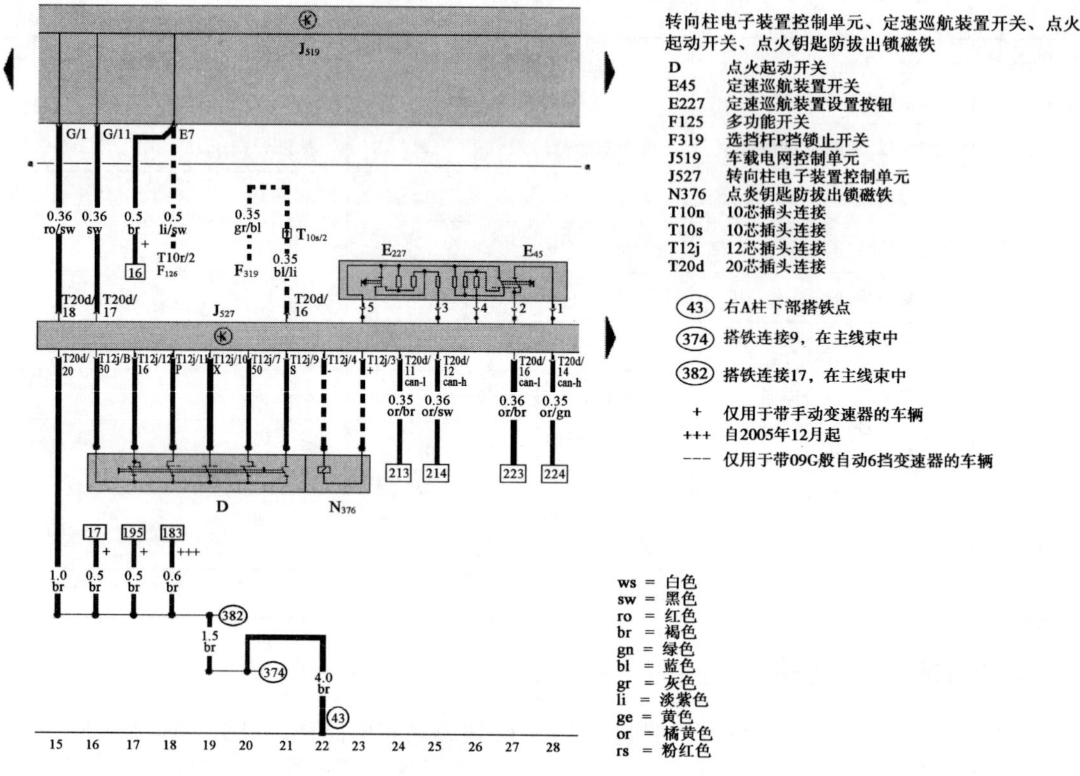

图 2-68 速腾轿车电路图(2)

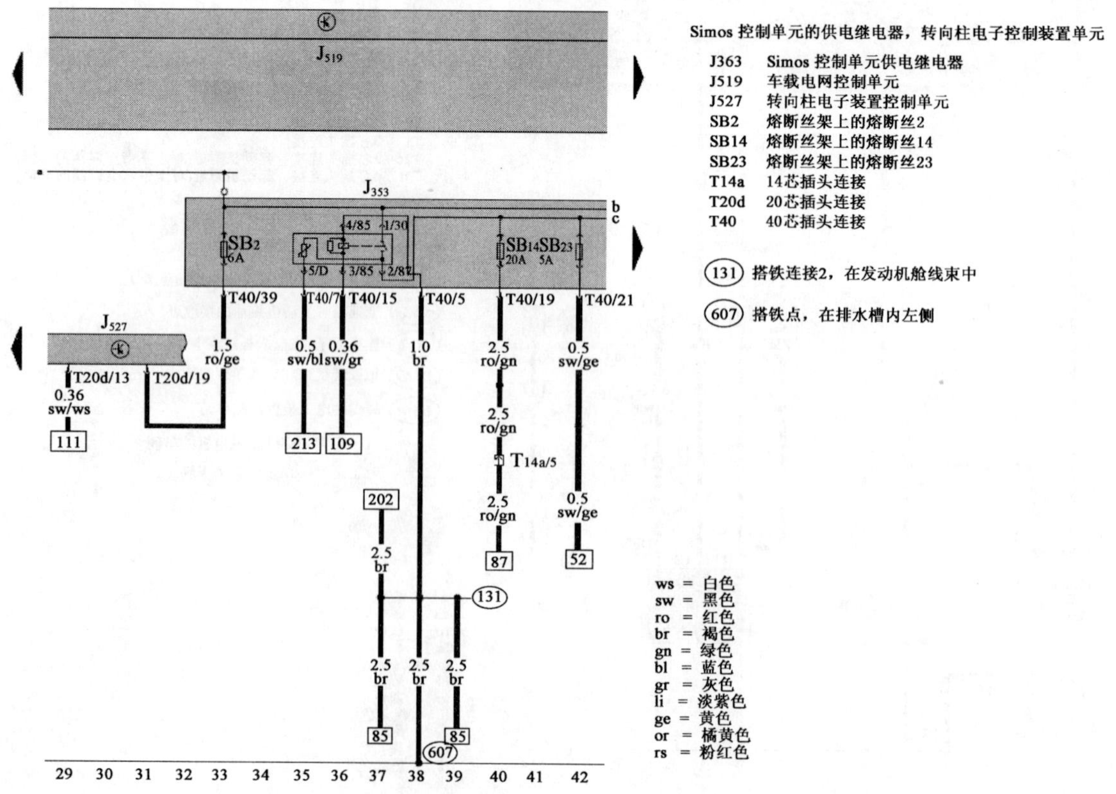

图 2-68 速腾轿车电路图(3)

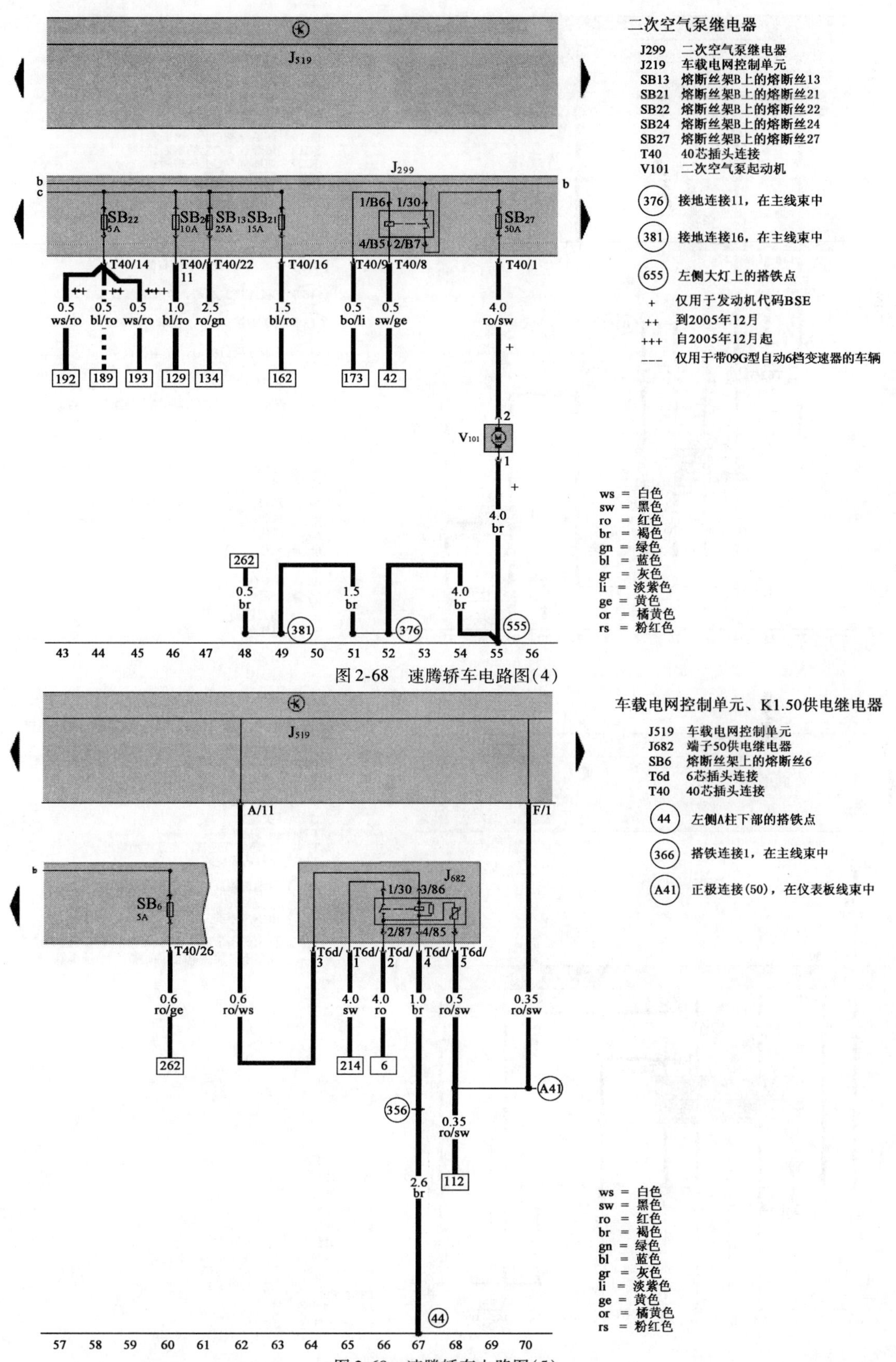

图2-68 速腾轿车电路图(4)

图2-68 速腾轿车电路图(5)

燃油存量传感器、预供给燃油泵、燃油泵继电器、电动燃油泵2继电器、车载电网控制单元

G	燃油存量传感器
G6	预供给燃油泵
J17	燃油泵继电器
J49	电动燃油泵2继电器
J217	自动变速器控制单元
J519	车载电网控制单元
SC13	熔断丝架C上的熔断丝13
SC14	熔断丝架C上的熔断丝14
SC27	熔断丝架C上的熔断丝27
T5b	5芯插头连接
T10q	10芯插头连接
T52	52芯插头连接

(383) 接地连接18，在主线束中

(675) 接地点2，在行李舱右侧

(A167) 正极连接3(30a)，在仪表板线束中

(B156) 正极连接(30a)，在车内线束中

(B350) 正极连接1(87a)，在主线束中

++ 至2005年12月

--- 仅用于带09G型自动6挡变速器的车辆

ws = 白色
sw = 黑色
ro = 红色
br = 褐色
gn = 绿色
bl = 蓝色
gr = 灰色
li = 淡紫色
ge = 黄色
or = 橘黄色
rs = 粉红色

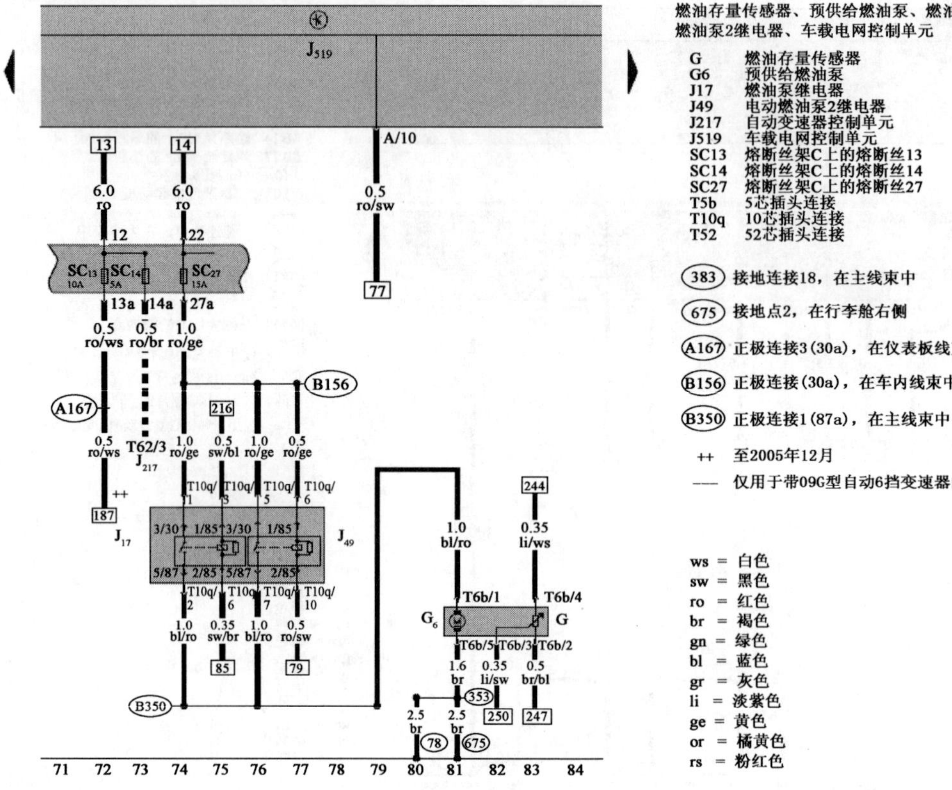

图 2-68 速腾轿车电路图(6)

Simos 控制单元、点火线圈、加热电阻（曲轴箱排气）

J361	Simos 控制单元、在排水槽内中部
J519	车载电网控制单元
N79	加热电阻（曲轴箱排气）
N152	点火线圈
P	火花塞插头
Q	火花塞
T4aa	4芯插头连接
T14a	14芯插头连接，在蓄电池附近
T121	121芯插头连接

(85) 接地连接1，在发动机舱线束中

(642) EC风扇接地点

++ 仅用于不带加热电阻(曲轴箱排气)的车辆

--- 仅用于带加热电阻(曲轴箱排气)的车辆

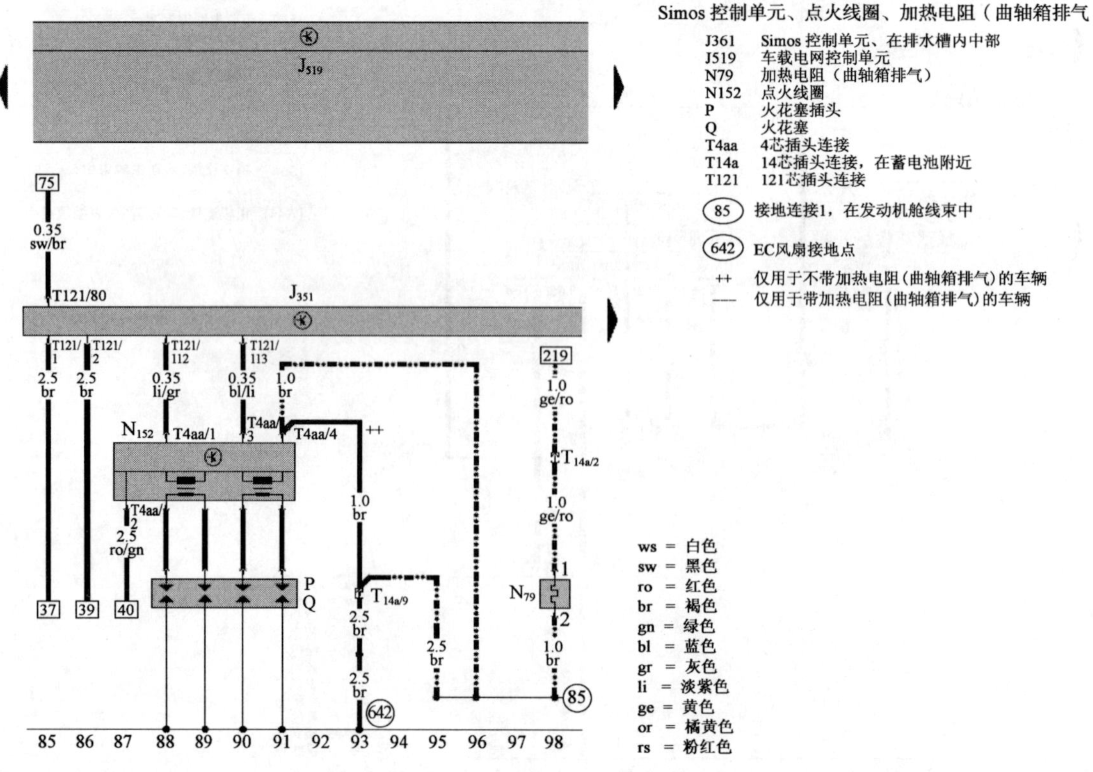

ws = 白色
sw = 黑色
ro = 红色
br = 褐色
gn = 绿色
bl = 蓝色
gr = 灰色
li = 淡紫色
ge = 黄色
or = 橘黄色
rs = 粉红色

图 2-68 速腾轿车电路图(7)

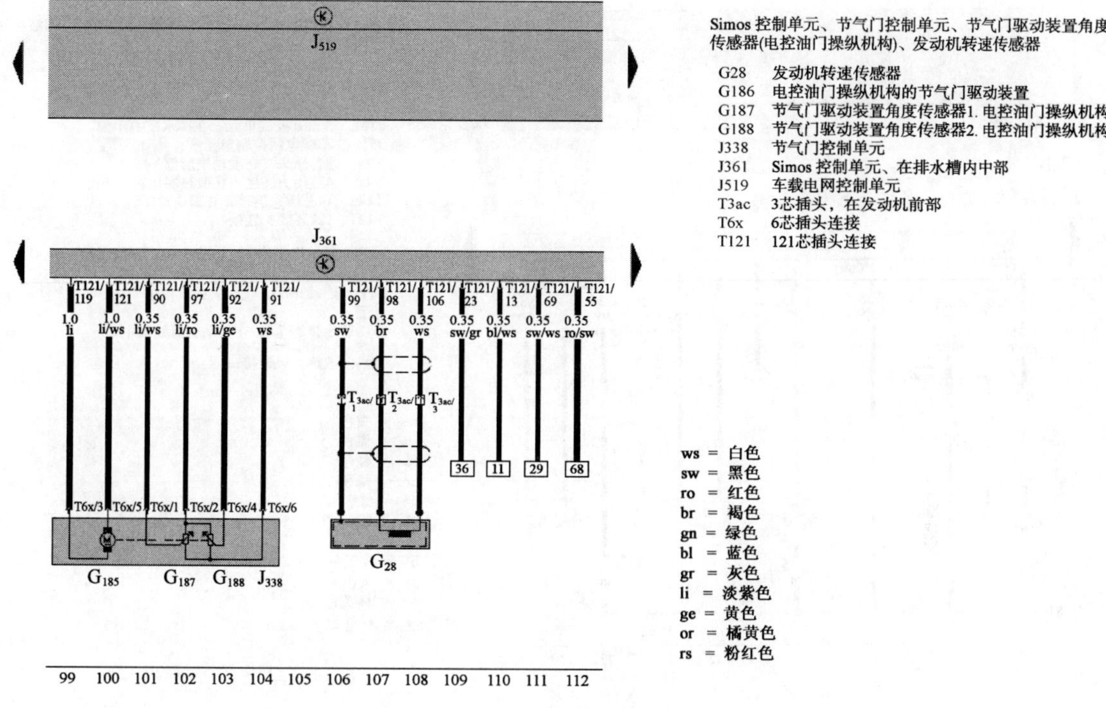

图 2-68　速腾轿车电路图(8)

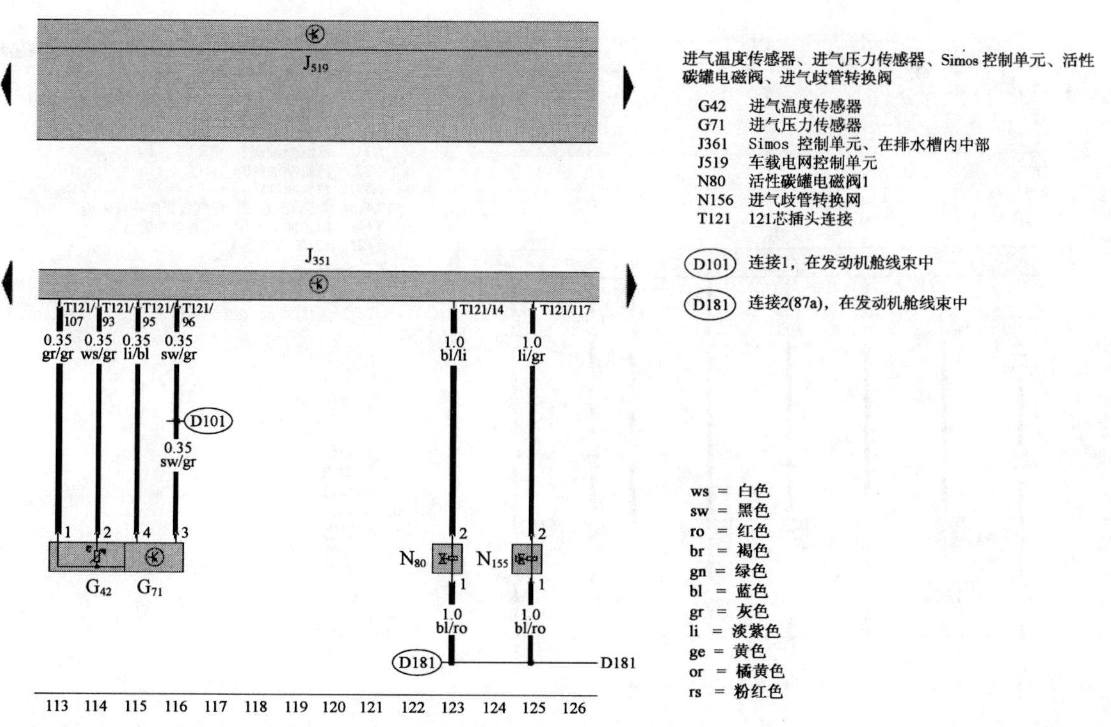

图 2-68　速腾轿车电路图(9)

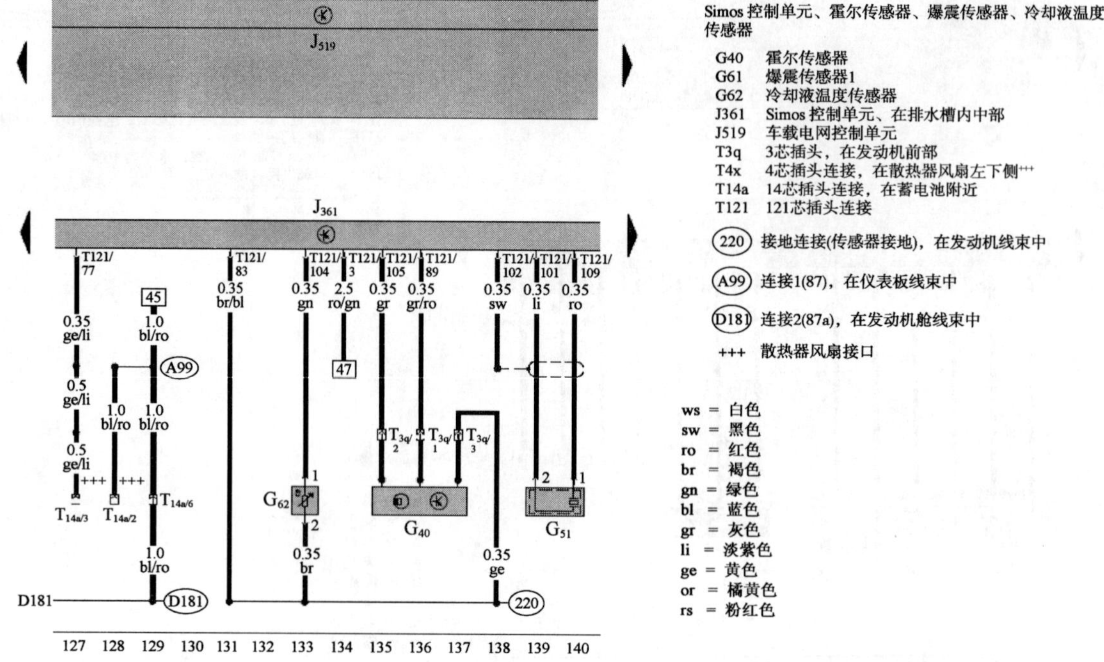

图 2-68 速腾轿车电路图(10)

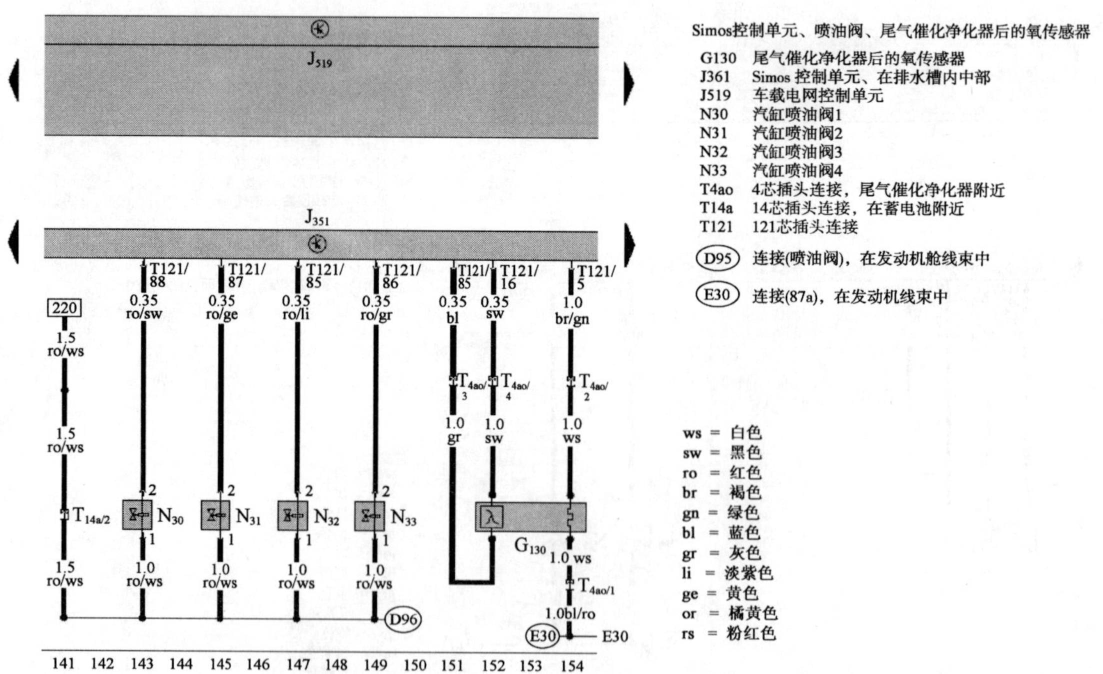

图 2-68 速腾轿车电路图(11)

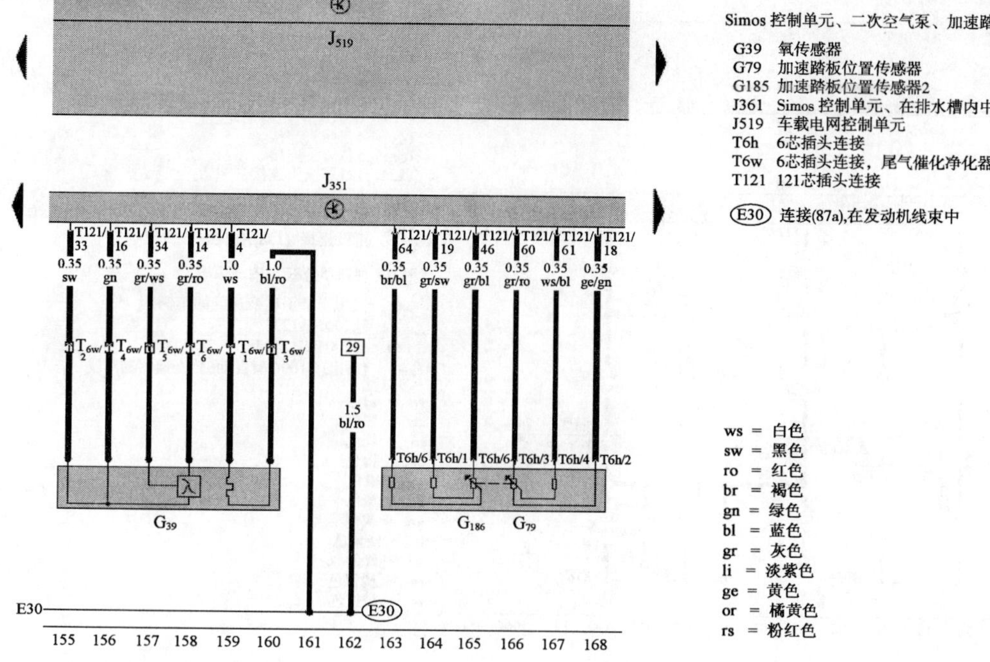

Simos 控制单元、二次空气泵、加速踏板位置传感器

G39 氧传感器
G79 加速踏板位置传感器
G185 加速踏板位置传感器2
J361 Simos 控制单元、在排水槽内中部
J519 车载电网控制单元
T6h 6芯插头连接
T6w 6芯插头连接，尾气催化净化器附近
T121 121芯插头连接

(E30) 连接(87a),在发动机线束中

ws = 白色
sw = 黑色
ro = 红色
br = 褐色
gn = 绿色
bl = 蓝色
gr = 灰色
li = 淡紫色
ge = 黄色
or = 橘黄色
rs = 粉红色

图 2-68 速腾轿车电路图(12)

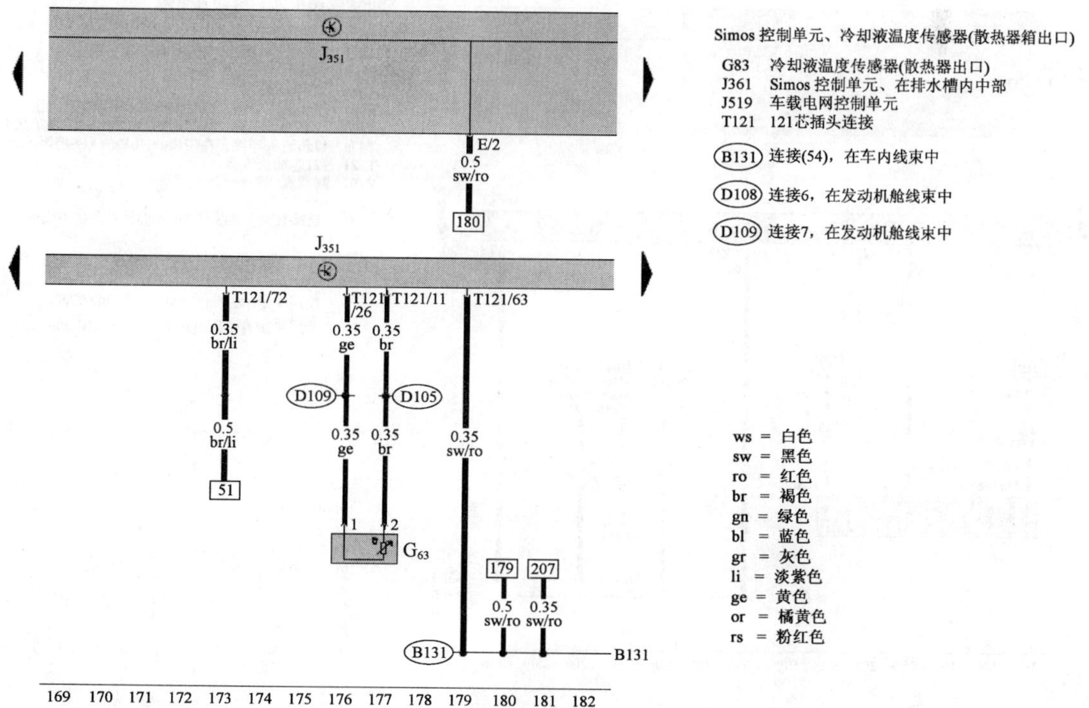

Simos 控制单元、冷却液温度传感器(散热器箱出口)

G83 冷却液温度传感器(散热器出口)
J361 Simos 控制单元、在排水槽内中部
J519 车载电网控制单元
T121 121芯插头连接

(B131) 连接(54)，在车内线束中

(D108) 连接6，在发动机舱线束中

(D109) 连接7，在发动机舱线束中

ws = 白色
sw = 黑色
ro = 红色
br = 褐色
gn = 绿色
bl = 蓝色
gr = 灰色
li = 淡紫色
ge = 黄色
or = 橘黄色
rs = 粉红色

图 2-68 速腾轿车电路图(13)

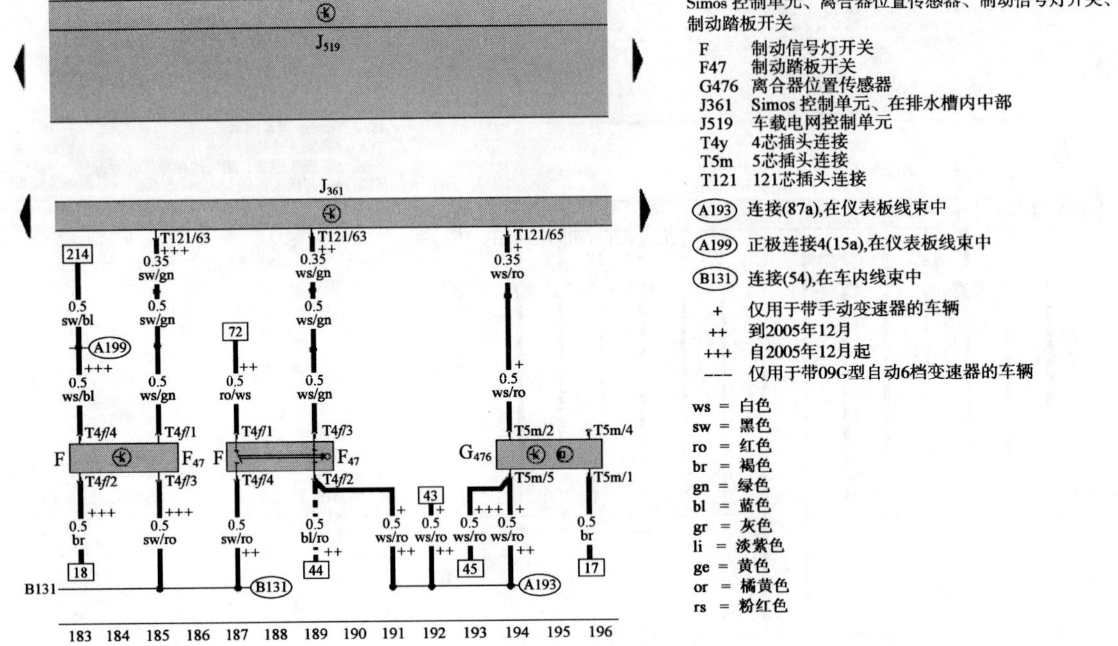

图 2-68 速腾轿车电路图(14)

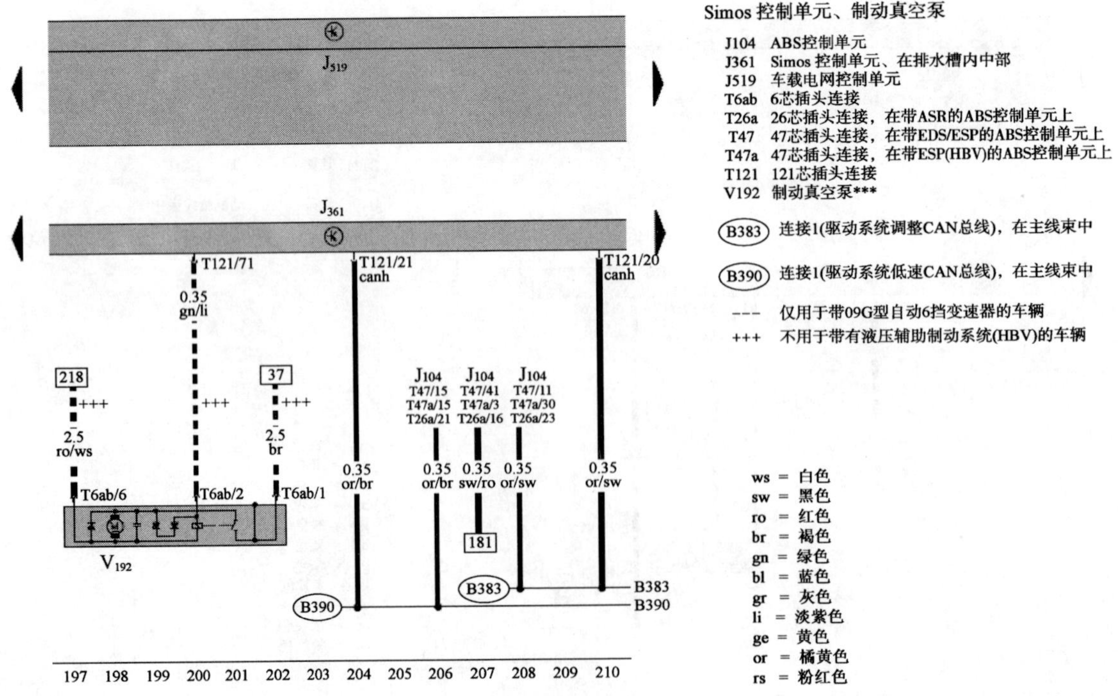

图 2-68 速腾轿车电路图(15)

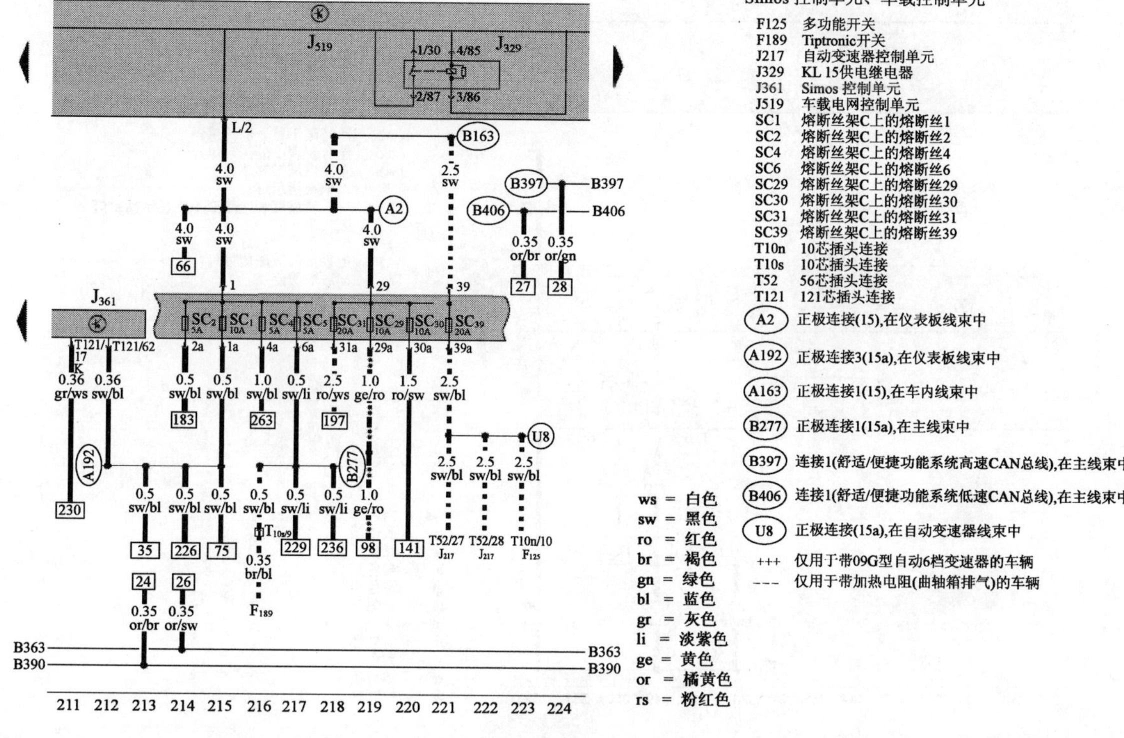

Simos 控制单元、车载控制单元

F125　多功能开关
F189　Tiptronic开关
J217　自动变速器控制单元
J329　KL 15供电继电器
J361　Simos 控制单元
J519　车载电网控制单元
SC1　熔断丝架C上的熔断丝1
SC2　熔断丝架C上的熔断丝2
SC4　熔断丝架C上的熔断丝4
SC6　熔断丝架C上的熔断丝6
SC29　熔断丝架C上的熔断丝29
SC30　熔断丝架C上的熔断丝30
SC31　熔断丝架C上的熔断丝31
SC39　熔断丝架C上的熔断丝39
T10n　10芯插头连接
T10s　10芯插头连接
T52　56芯插头连接
T121　121芯插头连接

A2　正极连接(15),在仪表板线束中
A192　正极连接3(15a),在仪表板线束中
A163　正极连接1(15),在车内线束中
B277　正极连接1(15a),在主线束中
B397　连接1(舒适/便捷功能系统高速CAN总线),在主线束中
B406　连接1(舒适/便捷功能系统低速CAN总线),在主线束中
U8　正极连接(15a),在自动变速器线束中
+++　仅用于带09G型自动6档变速器的车辆
---　仅用于带加热电阻(曲轴箱排气)的车辆

ws = 白色
sw = 黑色
ro = 红色
br = 褐色
gn = 绿色
bl = 蓝色
gr = 灰色
li = 淡紫色
ge = 黄色
or = 橘黄色
rs = 粉红色

图 2-68　速腾轿车电路图(16)

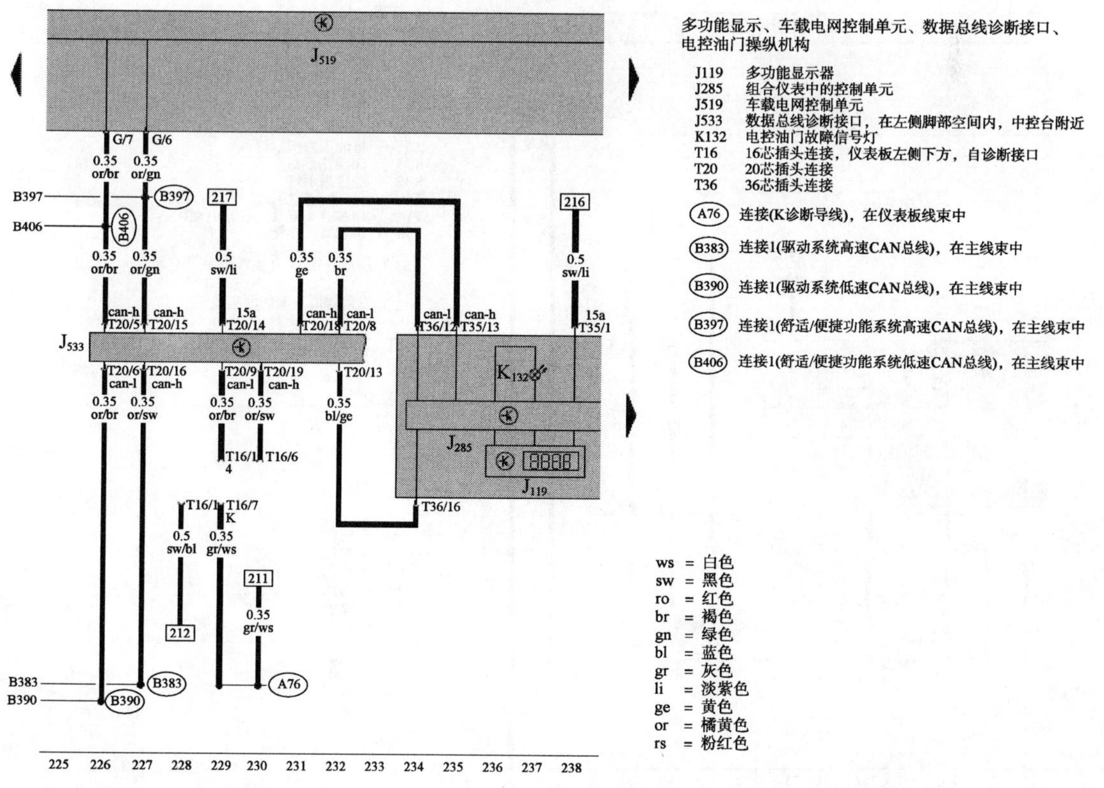

多功能显示、车载电网控制单元、数据总线诊断接口、电控油门操纵机构

J119　多功能显示器
J285　组合仪表中的控制单元
J519　车载电网控制单元
J533　数据总线诊断接口，在左侧脚部空间内，中控台附近
K132　电控油门故障信号灯
T16　16芯插头连接，仪表板左侧下方，自诊断接口
T20　20芯插头连接
T36　36芯插头连接

A76　连接(K诊断导线)，在仪表板线束中
B383　连接1(驱动系统高速CAN总线)，在主线束中
B390　连接1(驱动系统低速CAN总线)，在主线束中
B397　连接1(舒适/便捷功能系统高速CAN总线)，在主线束中
B406　连接1(舒适/便捷功能系统低速CAN总线)，在主线束中

ws = 白色
sw = 黑色
ro = 红色
br = 褐色
gn = 绿色
bl = 蓝色
gr = 灰色
li = 淡紫色
ge = 黄色
or = 橘黄色
rs = 粉红色

图 2-68　速腾轿车电路图(17)

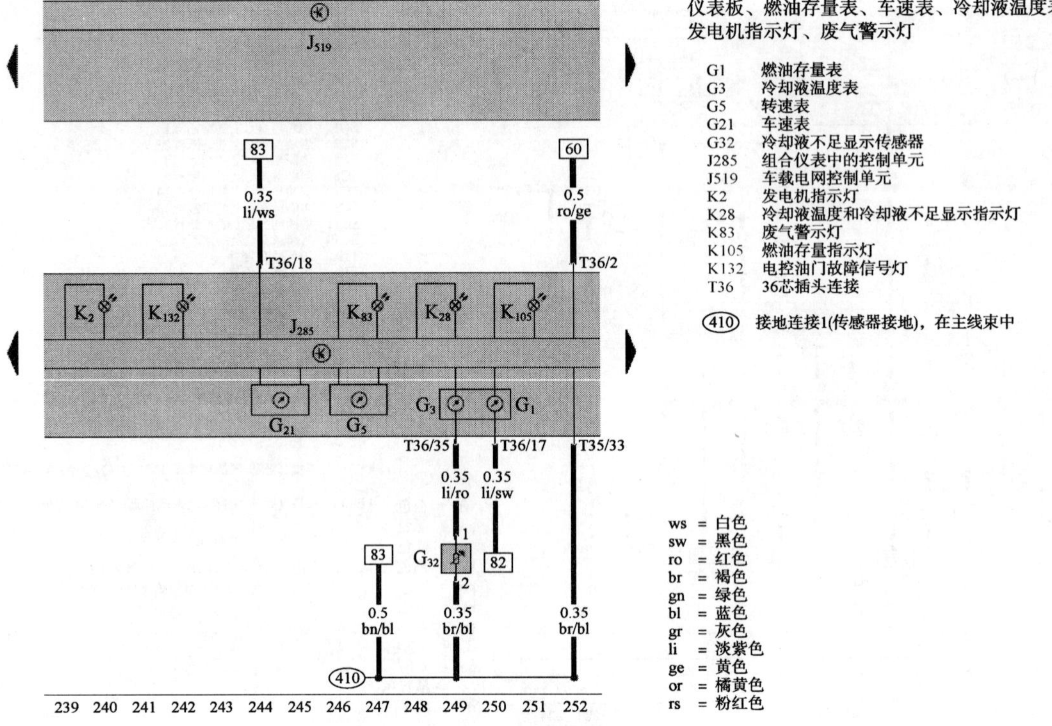

仪表板、燃油存量表、车速表、冷却液温度表、发电机指示灯、废气警示灯

G1	燃油存量表
G3	冷却液温度表
G5	转速表
G21	车速表
G32	冷却液不足显示传感器
J285	组合仪表中的控制单元
J519	车载电网控制单元
K2	发电机指示灯
K28	冷却液温度和冷却液不足显示指示灯
K83	废气警示灯
K105	燃油存量指示灯
K132	电控油门故障信号灯
T36	36芯插头连接
(410)	接地连接1(传感器接地)，在主线束中

ws = 白色
sw = 黑色
ro = 红色
br = 褐色
gn = 绿色
bl = 蓝色
gr = 灰色
li = 淡紫色
ge = 黄色
or = 橘黄色
rs = 粉红色

图 2-68　速腾轿车电路图(18)

组合仪表、机油压力开关、机油油位和机油温度传感器、机油压指示灯、油位指示灯、GRA指示灯、报警蜂鸣器

F1	机油压力开关
G266	机油油位和机油温度传感器
H3	报警蜂鸣器
J285	组合仪表中带显示单元的控制单元
J519	车载电网控制单元
K3	机油压力指示灯
K31	GRA指示灯
K38	油位指示灯
T6z	6芯插头连接，左侧大灯附近
T14a	14芯插头连接，在蓄电池附近
T36	36芯插头连接
(367)	接地连接2，在主线束中
(602)	左前脚部空间内的接地点
(A20)	正极连接(15a)，在仪表板线束中

ws = 白色
sw = 黑色
ro = 红色
br = 褐色
gn = 绿色
bl = 蓝色
gr = 灰色
li = 淡紫色
ge = 黄色
or = 橘黄色
rs = 粉红色

253 254 255 256 257 258 259 260 261 262 263 264 275 286

图 2-68　速腾轿车电路图(19)

B　实训操作内容

一、利用所学知识在速腾轿车上找出 SC、SB、SA 熔断丝、各种继电器及控制单元的安装位置。

二、识读电路图。如图 2-69 所示为制动灯电路图，试分析。

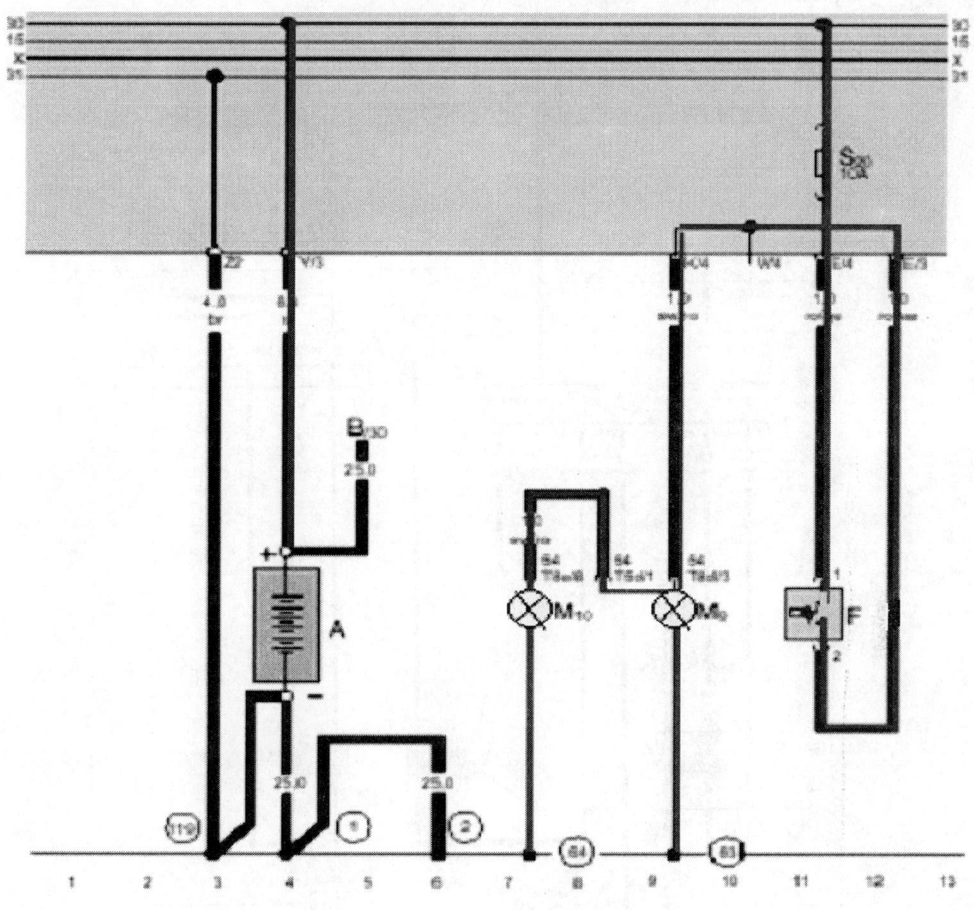

图 2-69　制动灯电路图

C 知识拓展

一、大众汽车电路图识读

如图 2-70 所示为大众汽车电路图表示方法。

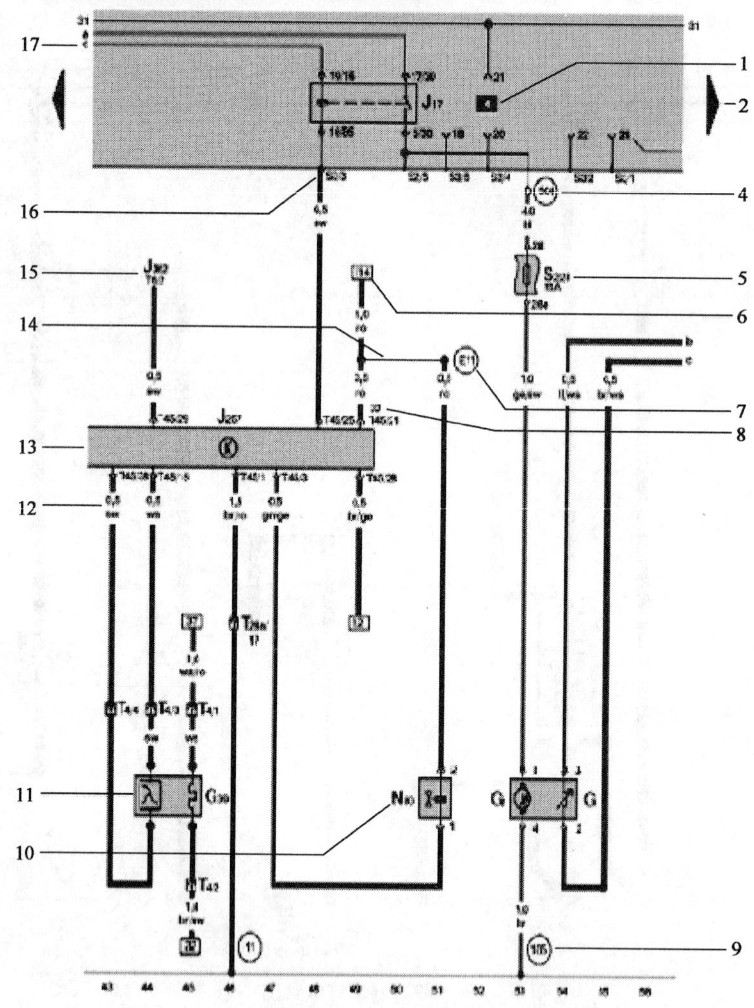

图 2-70　大众汽车电路图表示方法

1. 继电器位置编号。用方框黑底白字的数字表示该继电器在继电器盒中的位置,如图中“4”表示该继电器在继电器盒中的 4 号位置。该继电器的名称和作用,可通过元件代号了解到。

2. 接下一页。该箭头方向表示接下一页电路图。

3. 继电器板上继电器/控制单元连接的名称。

4. 表示可松开的螺栓连接。

5. 熔断丝代号。表示熔断丝的位置和 15A 熔断丝。

6. 线路连接端编号。电路图线路从该处中断,方框中的数字表示该断开点接续的导线。接续的导线可能在本页图中,也可能在另页图中。

7. 线束内部连接点名称。

8. 常电源。30 号常电源线。

9. 搭铁点代号。表示该接地点的位置,可以从图注或说明表中查得接地点在车身上具体位置。

10. 部件名称。可以从图注中查得部件的名称。

11. 部件标识。可以从图注中查得部件的名称。

12. 导线的颜色与截面积。导线的颜色通常用代码标记,各代码的含义为:ws 白色;sw 黑色;ro 红色;br 棕色;gn 绿色;bl 蓝色;gr 灰色;ge 黄色;li 紫色。

颜色标记上方或下方的数字表示导线的截面积,单位为(mm^2)。

13. 带空白标记页的线路标记。

14. 内部连接线。内部连接线,用细线表示。

15. 线路走向。表示导线至一个零件的走向。

16. 插接器端子代号。表示插接器代号为 S 的 3 孔插接器的第 3 孔。

17. 中央电器盒(内部连接线的走向)。

故障案例分析

案例一　速腾 1.6 行驶中熄火

一、故障现象

速腾行驶中过坎熄火,不能起动,停一会又能起动了。

二、可能原因

1. 燃油泵故障。
2. 油泵继电器故障。
3. 点火线圈故障。
4. 发动机电脑故障。
5. 油泵线路接触不良。

三、故障检测与维修

1. 用 VAS5052A 读取发动机故障码,报的是:ABS 控制单元无法通讯,偶发。仪表控制单元无法通讯,偶发。变速器控制单元无法通讯,偶发。安全气囊控制单元无法通讯,偶发。进其他几个控制单元都有此类故障。

2. 怀疑网关有问题,带上 5052A 出去试车,走颠簸路,故障没有出现,客户反映出现 4 次了。

3. 怀疑是有地方接触不良引起的故障,回厂把车辆升起发动,在下面用锤子反复敲打,震动底盘,不一会故障出现了。

4. 用 VAS5052A 检查发现一个特点,跟动力总线有关的控制单元从网关都通讯不了,而且不通过网关只有方向机控制单元无法通讯。怀疑方向机的 CAN 线短路了,瘫痪了动力总线,导致发动机无法启动。用 VAS5051 检测动力总线波形,果然显示动力总线对正极短路。

5. 拔下方向机控制单元插头后,发动机可以起动了,其他系统都可以通过网关通讯了,方向机控制单元损坏。

四、经验点滴

1. 对于偶发故障要尽量满足故障环境要求让故障出现。

2. 对于有 CAN 线的车辆，如 CAN 线短路可以采取断路法逐步排除。

案例二　速腾 BWH 发动机 1 缸失火(缺缸)偶发故障

一、故障现象

发动机怠速不稳加速不良，行驶中发动机故障灯报警。01 发动机控制单元故障记忆："16685 识别一缸失火-偶发"；车辆行驶 13600km 开始出现发动机故障灯偶尔报警故障，怠速不稳，在 20000km 开始故障频繁出现。

二、可能原因

1. 发动机点火系统故障。

2. 执行元件(包括喷油嘴)、传感器、控制单元、线束故障。

3. 系统漏气汽缸压力不足。

三、故障检测与维修

1. 用 VAS5052 检查发动机控制单元有故障记忆"16685 识别一缸失火-偶发"；用 VAG1318 检查燃油压力为 2.5bar 燃油压力正常，检查燃油导轨及喷油嘴常，试着更换火花塞、点火线圈、高压线，故障依旧。

2. 用 VAG1381 检查第 1 缸的汽缸压力发现为 6bar 远远低于维修手册要求的 10～13bar，2、3、4 缸压力为 12bar。

3. 经过反复检测，确定第 1 缸存在漏气现象需要拆检汽缸盖。

4. 拆下汽缸盖，发现 1 缸的排气门已经磨偏，用汽油填满燃烧室，汽油从排气门和气门座缝隙中瞬间漏掉，如图 2-71 所示。检查 2、3、4 缸的气门未见异常。(详情见图片说明)

5. 分析为气门导管、排气门、气门座配合间隙不正确引起的故障现象，更换汽缸盖后故障排除。

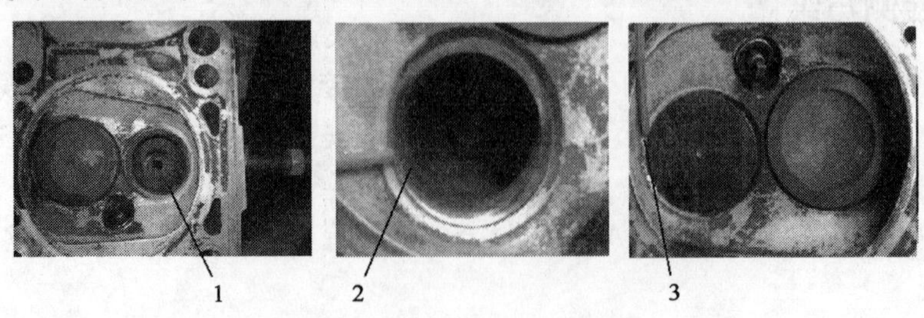

图 2-71　气门座的磨损与漏气部位

1、2-气门座磨损部位；3-气门与气门座漏气部位

四、经验点滴

1. 此类故障应先做基本的检查，如点火检查、油路检查、汽缸压力测试。

2. 班组在维修车辆时方法不正确，试换过传感器、执行元件、控制单元、线速，思路不明确。

案例三　速腾 1.6 怠速不稳

一、故障现象

等红灯时怠速不稳，在 600-1000-2000 转之间变化，有时偶尔还会熄火，天气越热故障频率越高。

二、可能原因

1. 供油系统有故障。
2. 点火系统的故障。
3. 进气系统有漏气的现象。
4. 电控系统传感器有故障。
5. 节气门有故障或太脏。
6. 发动机电脑有故障。

三、故障检测与维修

1. 首先用 VAS5052 查询故障存储器发动机系统没有任何故障，读取相关数据流都在正常范围内，节气门开度也在 1.5% 左右，客户反映上次保养时才清洗的。

2. 检查火花塞没有发现有燃烧不好的现象，每个缸跳火都很好。

3. 用 VAG1318 检测供油压力，油压在 3bra 左右，说明供油系统没有故障。

4. 用测漏剂检查进气系统没有发现有漏气的现象。

5. 和客户试车检查，当怠速忽高忽低时读取发动机数据流 01-08-第三区氧传感器在-30% ~ 20% 快速变化，根据此数据流分析发动机还是有漏气的现象，怀疑是不是碳罐电磁阀引起的，拔下电磁阀试车故障没有出现，更换后故障排除。

四、经验点滴

故障原因是由于炭罐电磁阀有时关闭不严或关闭迟钝造成了怠速不稳。

案例四　速腾发动机排放灯亮

一、故障现象

速腾发动机排放灯亮，如图 2-72 所示。读取故障码显示-汽缸列 1 系统过稀，如图 2-73 所示。

图 2-72　速腾发动机排放灯亮

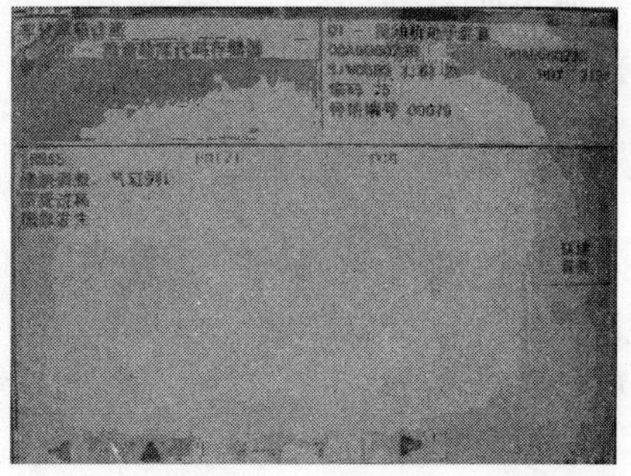

图 2-73　故障码显示

二、可能原因

1. 进气系统漏气，进气量偏小，进气压力传感器。

2. 炭罐电磁阀卡在常开位置。

3. 曲轴箱通风装置常开。

4. 喷油嘴故障，及油泵故障。

三、故障检测与维修

1. 读取数据流、水温值、进气压力、进气温度都正常，氧传感器调节值偏大，其他一切正常，清除故障码后，行驶几千米重新点亮。

2. 用怀疑汽油质量问题引起喷油嘴堵塞，于是清理火花塞、清洗喷油嘴、检查进、排气系统是否漏气，都没发现异常，该班组主修测过燃油压力为正常。排除油泵原因。

3. 把喷油嘴拆下测试喷油量(正常)。

4. 互换了发动机控制单元，还不能解决。

5. 又重新对燃油泵压力进行测量，测量为 2. 8bar，低于标准压力 4bar，更换油泵后故障排除。

四、经验点滴

对很多故障一定要在排除时抓住每一个细节，不放过任何一个漏洞，必须做到确定性排除。

案例五　速腾热车不易起动

一、故障现象

凉车容易起动，车辆放置 30min 后不易起动。

二、可能原因

1. 凸轮轴或转速传感器损坏或线路问题。

2. 油压或喷油头问题。

3. 缸压不足。

4. 水温传感器损坏。

5. 汽缸压力不够。

三、故障检测与维修

1. 检查发动机电脑无故障码，用电脑检查水温发现正常。

2. 检查缸压正常。

3. 检查燃油压力正常，灭车后发现汽油泄压，将回油管堵上还泄压，更换燃油泵，故障依旧。

4. 拆下燃油导轨连同喷油头一起拆下，检查发现喷油嘴漏油，更换喷油嘴故障排除。

四、经验点滴

由于喷油嘴漏油导致起动时混合气过浓起动时不好起动。放置时间长了以后进气管内的燃油蒸汽就会蒸发，所以凉车时容易起动。

案例六　速腾1.6LBWH发动机热车不易启动，车辆起步熄火

一、故障现象

车辆不易启动，怠速时发动机抖动，一起步就熄火。

二、可能原因

1. 节气门故障。
2. 火花塞。
3. 正时不正确。
4. 喷油嘴工作不正常。
5. 进气或排气堵塞。

三、故障检测与维修

1. 检查各缸缸压，喷油嘴，高压线，火花塞均正常。
2. 检查正时未发现问题。
3. 检查排气管将排气管拆掉着车，故障消除，仔细检查发现是三元催化堵塞更换后故障排除。

四、经验点滴

三元催化堵塞造成排气不畅，如果排气管堵塞将手放置在排气管后能感觉到排气堵塞后的排气感觉很温和。

案例七　速腾1.6怠速抖动

一、故障现象

怠速时发动机抖动厉害行驶正常。

二、可能原因

1. 缸线或火花塞损坏。
2. 喷油嘴漏油。
3. 缸压不足。
4. 线路或电脑板损坏。

三、故障检测与维修

1. 检查缸压正常。

2. 检查火花塞，发现三缸火花塞燃烧不同于其他缸，更换火花塞和缸线。故障依旧。

3. 怀疑是三缸一直喷油问题，用万用表检查三缸喷油电路，发现三缸电脑控制线一直处于搭铁状态。拔掉电脑板插头测量该线还是处于接地状态，故判断是线路原因导致三缸一直喷油，出现怠速抖动的故障。更换线束故障依旧。

4. 再次检查发现发现还是三缸一直喷油，检查线路无问题。故判断电脑板损坏更换电脑板故障彻底排除。

四、经验点滴

1. 由于三缸喷油头一直处于开启状态，致使三缸燃油过浓导致工作不好，发动机抖动。

2. 检查到三缸喷油是由于线路原因造成后就没有再检查其他的，但是有些故障是由好几个故障一起导致的，检查时一定要把相关的部件全部检查一遍。

案例八　速腾冠军版 1.8TSI 发动机行驶中熄火

一、故障现象

该车在高速行驶因振动后仪表板各警报灯点亮继而熄火就再也发动不着车（打车时起动机可以正常运转）。

二、故障诊断

用 VAS5052A 进入网关检测发现故障码如图 2-74 所示。

1. 发动机电子装置无法达到。

2. 其他的都记录与发动机 ECU 有关的故障。

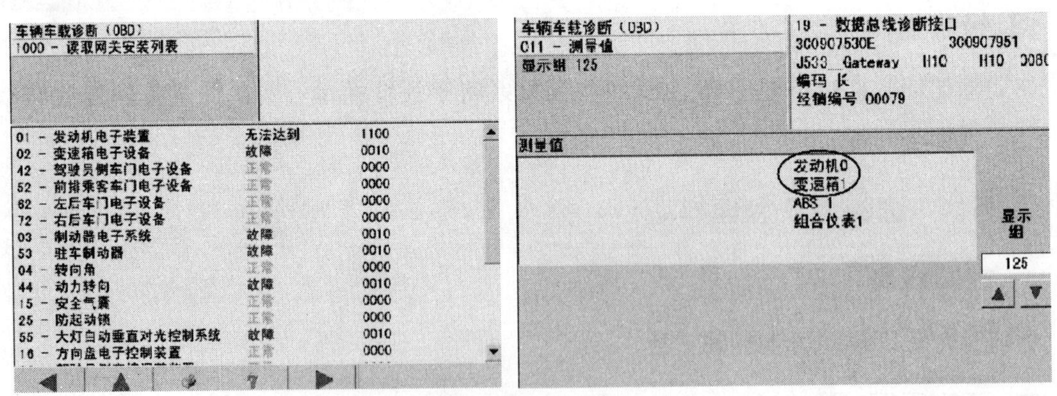

图 2-74　故障码显示

从上面的内容可以看出整个系统除发动机 ECU 不能通讯外，其他都可以进行总线传递的。

进入 19-08-125　　1 区　发动机值为 0，未注册。

因发动机控制单元不能用 VAS5052A 诊断，查看其供电和搭铁如图 2-75 所示。

1. 把钥匙插入 ON 挡，仔细倾听机舱内无“滋滋”的声音，怀疑 J623 未工作，检查 SB13、SB14 保险均正常。

2. 当检查到主继电器 J271 时发现其插片松动，如图 2-76 所示。将其和油泵继电器调换后插上，机舱内马上就有“滋滋”的响声了，连接 5052A 时发现，发动机 ECU 可以进入了，清除故障后启动正常。

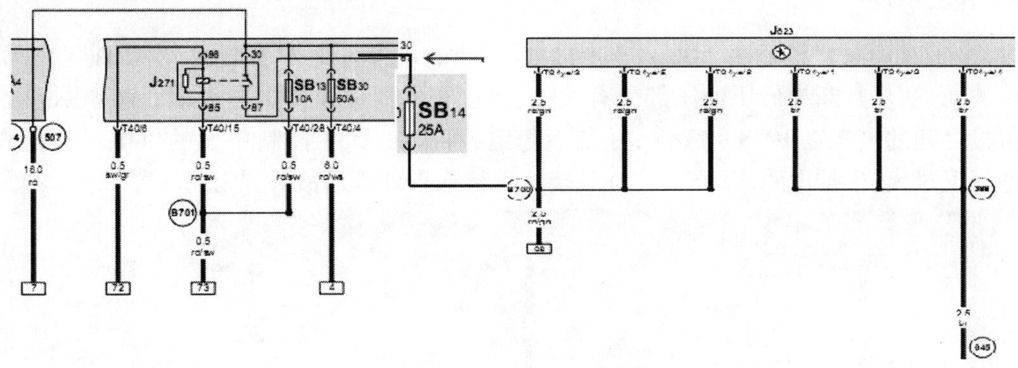

图 2-75　供电和搭铁电路图

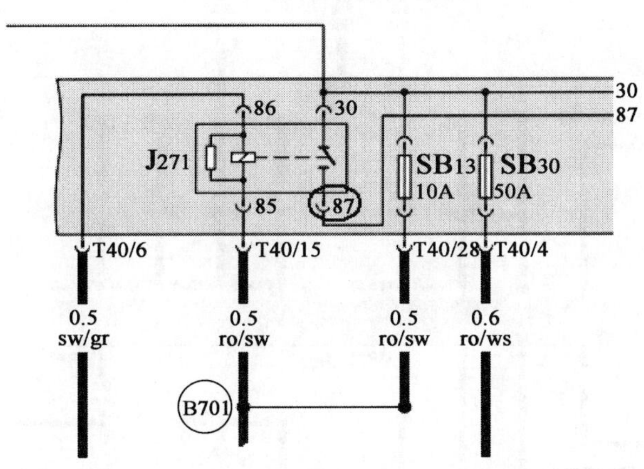

图 2-76　主继电器 87 号角插片松动

三、故障排除

更换主继电器 J271(100)。

案例九　速腾 1.4T 行驶中偶然熄火

一、故障现象

客户反映车辆在行驶中有突然加油无反应并有熄火现象，熄火后有时能立即起动，有时等待 30min 才能起动，故障频率 2～3 天出现一次。

二、故障检查

5052A 读取发动机有“燃油压力调节电磁阀机械故障　偶然”的故障记忆，根据故障码显示分析可能产生此故障码的原因有：

1. 低压燃油压力不足。
2. 高压燃油泵卡滞。
3. 汽油滤清器损坏。

4. 燃油压力调整电磁阀电路正常而电磁阀工作不良。

三、故障排除

01-08-140 读取燃油压力 50bar，其他数据正常，用燃油压力表测得低压油压在 5.0～6.0bar 波动，初步判断为低压油压部分有故障，在检查低压油泵供电电源时，发现供电电源正极与负极之间的电压在 10.8～118V，并且不稳定，再次对 J538 控制单元的供电进行检查，发现接地阻值过大，根据电路图（图 2-77）对接地进行检查处理后故障排除。

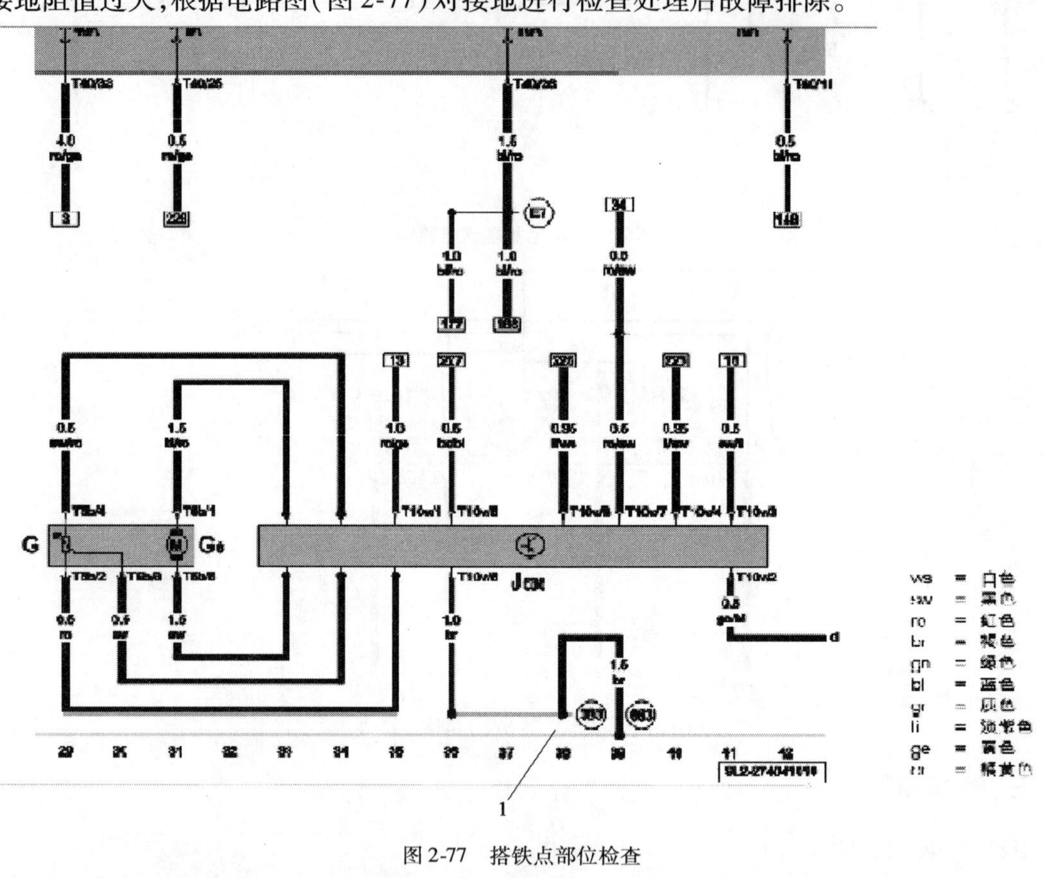

图 2-77　搭铁点部位检查

1-搭铁点

案例十　速腾轿车 1.8TBPL 发动机、怠速不稳加速不良故障诊断与排除

一、故障现象

一辆 2006 年生产速腾轿车，发动机为 1.8T BPL。发动机在热车时出现怠速不稳状态，并且在平路及坡道上行驶出现加速不良，同时发动机电子油门报警灯（EPC 灯）报警。

二、故障原因分析

（一）燃油压力检查

燃油压力过低，不符合要求，可以引起发动机平路突然加速时及高速行驶时、上坡行驶时动力不足的现象，因此要对其进行基本检查，检查内容有怠速油压、加速油压、高速油压、残余油压等。

（二）发动机点火系次级电流高速断火检查

点火系如果高压线路电阻过大，会造成发动机高速时及加速时击穿电压过大，会有高压断火现象。如果高压线路或者漏电，会造成发动机高速时及加速时击穿电压过低，也会发生高压断火现象，因此要用示波器对点火系次级电压波形检查；检查发动机高速运转时各缸次级击穿电压均符合要求否，有无断火现象。

（三）空气流量计信号电压检查

空气流量计信号电压与实际空气流量不相符合，也会造成空燃比失控。

（四）节气门的动作检查

观察节气门的动作是否连接平滑有无卡滞现象。

（五）调取故障码

用 V. S5051 故障诊断仪对电控电路进行诊断检测，调取故障码。

三、故障检测诊断

因为有发动机电子加速踏板报警灯（EPC 灯）故障报警现象，所以根据以上相关内容首先对电控电路进行检测诊断，调取故障码。

（一）调取故障码

用 V. S5051 故障诊断仪进行检测，发现有 2 个故障码。

1. 18042——加速踏板位置传感器 G185 信号太大。

2. 18047——加速踏板位置传感器 G79/G185 信号不可靠。

根据故障码，进行加速踏板位置传感器、线路、节气门三方面检测。

（二）进行加速踏板位置传感器检测

推断发动机控制单元识别到至少在加速踏板位置传感器有一个相关故障。于是检查加速踏板位置传感器 G79 和加速踏板位置传感器 G185。用 V. A. S5051 故障诊断仪进入数据块 062，在怠速状态下，未踩下加速踏板时检查结果如表 2-6 所示。

读取数据块 062 表 2-6

读取数据块 062	<屏幕显示	
	理论值	检测值
1→节气门角度 G187	3% ~97%	
2→节气门角度 G188	97% ~3%	
3→加速踏板位置传感器 G79	12% ~97%	94%
4→加速踏板位置传感器 G185	4% ~49%	94%

在怠速状态下，未踩下加速踏板时，加速踏板位置传感器 G79 的数值、G185 的数值是不正常的。随后检查加速踏板位置传感器 G79 和加速踏板位置传感器 G185 的滑动电阻，能随踏板位置的变化而线性变化，说明加速踏板位置传感器 G79、加速踏板位置传感器 G185 正常。

（三）加速踏板位置传感器与控制单元间线路检测

断开点火开关，取下蓄电池负极线，从控制单元上取下插接器。检查加速踏板位置传感器与控制单元间线路是否正常。检测线路之间的 12 对插接器插脚，各导线均无短路、断路现象。

（四）节气门检测

拆开进气管，用手触摸节气门，急加速时节气门并没有打开动作。该型电子油门内有 1 个直流电机 G186、2 个并联的节气门位置传感器 G187/G188，分别测量它们的阻值均正常。测量节气门位置传感器的电压,慢慢将加速踏板踏到底,传感器 G187 的分压向 5V 靠拢(节气门开得越大,电压越大);传感器 G188 的分压由 5V 向 0V 靠拢(节气门开得越大,电压越小),电压值符合规定。进一步检测电子加速踏板控制电机 G186 的电源供应,发现端电压虽为 12V,但电机却不动作。在该电源线上接入功率为 8W 的试灯试验,试灯不亮。如果将蓄电池电源直接引至电子加速踏板控制电机 G186,电机却能正常工作,由此判定发动机控制单元 J220 有故障。检查与发动机控制单元有关的元件及导线,发现几个搭铁点均出现锈蚀现象,可能是洗车溅水后未进行处理所致,同时溅水有可能导致线路短路,烧坏控制单元相应电路。

四、故障排除

重新打磨发动机舱各处搭铁点,更换发动机控制单元并进行基本设定,重新试车,故障排除。

五、电子油门控制的基本设定

更换发动机控制单元后,必须进行电子加速踏板系统传感器、执行器与发动机控制单元间的基本设定。用 V. A. S5051 故障诊断仪进入基本设定 060 模块。如表 2-7 所示。

基本设定 060 表 2-7

基本设定 060→	<屏幕显示	
	理论值	评价
1→节气门角度 G187	3% ~97%	—
2→节气门角度 G188	97% ~3%	
3→自学习步数	0 ~8	
4→匹配状态	ADP OK	—

带自动变速器的车辆,更换发动机控制单元和加速踏板后,还应进行强制低挡的基本设定。用 V. A. S5051 故障诊断仪进入基本设定 063 模块,踏下加速踏板到底,触动牵制低挡开关,并保持 3s 以上,观察显示区如表 2-8 所示。

基本设定 063 表 2-8

基本设定 063→	<屏幕显示	
	理论值	评价
1→加速踏板位置传感器 G79	12% ~97%	
2→加速踏板位置传感器 G185	4% ~49%	
3→加速踏板位置	KickDown	
4→操作模式	ADP OK	—

项目三　速腾轿车底盘系统拆装工艺

任务1　手动变速器拆装工艺

R 任务描述

一辆OAF5挡手动变速器速腾轿车行驶时，变速器有异响，开到4S店，经技术人员检查后诊断为滚针轴承磨损，需要更换滚针轴承。维修服务顾问安排由你及你的团队完成轴承的更换任务。

Z 知识目标

1. 描述OAF5挡速腾轿车手动变速器标记和技术参数；

2. 简单叙述OAF5挡速腾轿车手动变速器的动力传递路线和手动变速器拆装项目。

N 能力目标

1. 能根据工艺要求和维修手册制订手动变速器的拆装工艺流程；

2. 在规定的时间内，按照安装工艺流程和技术要求，正确、安全使用工具和设备，完成手动变速器总成的拆装。

S 素质目标

安全与防护，车间5S管理，合作、交流、沟通能力的培养。

A　相关知识

一、变速器的标记与技术参数

（一）变速器的标记

作为5挡手动变速器OAF5变速器与4缸速腾轿车匹配。

变速器上标记位置：手动变速器OAF5标识字母和制造日期如图3-1箭头所示，图3-2、图3-3所示是代码标记的局部放大图。举例说明如表3-1所示。

手动变速器 OAF 5 标识字母和制造日期举例说明　　表3-1

FVH	12	11	3
1	1	1	1
1	1	1	1
标识字母	日	月	生产年份（2003）

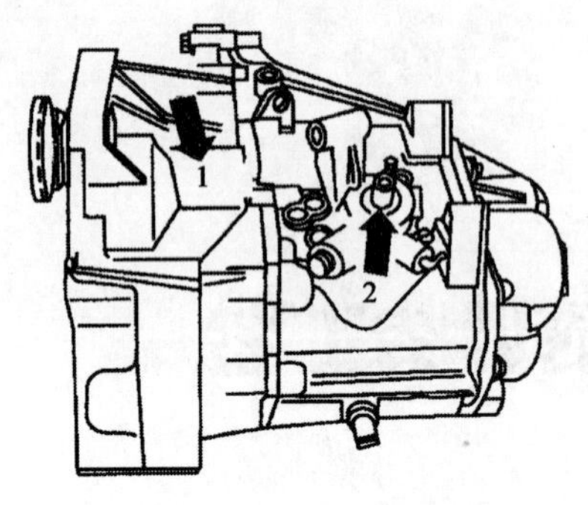

图 3-1　手动变速器代码位置

1-制造日期;2-代码标记

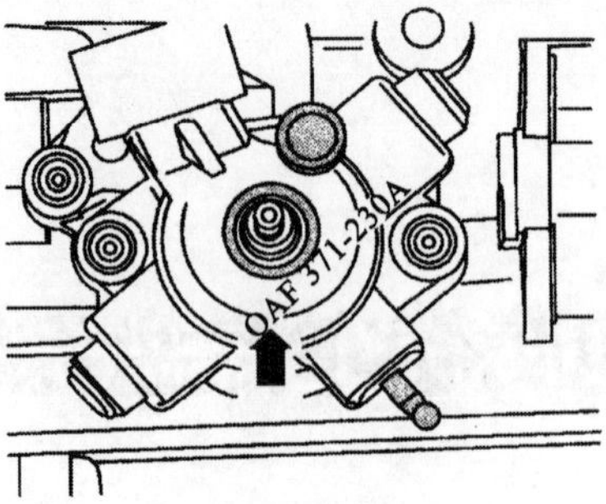

图 3-2　手动变速器局部放大图(一)

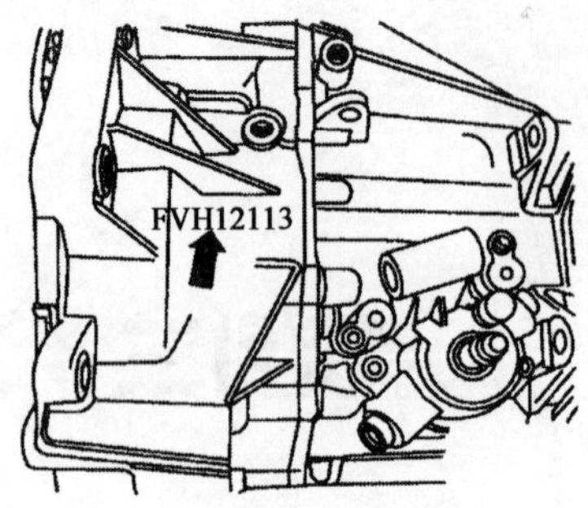

图 3-3　手动变速器局部放大图(二)

(二)技术参数

OAF 5 手动变速器技术参数如表 3-2 所示。

手动变速器 OAF 5 技术参数　　表 3-2

手动变速器		5 挡 OAF
标识字母		FVH
传动比	主减速器	68:15(4.533)
	1 挡	3.455
	2 挡	1.955
	3 挡	1.281
	4 挡	0.975
	5 挡	0.813
	倒挡	36
发动机		1.6L(74kW)
齿轮油规格		TL52178
手动变速器的加注量		2.01
传动轴凸缘		100mm
离合器从动盘		220mm

(三)手动变速器 OAF 5 挡的动力传递路线如图 3-4 所示

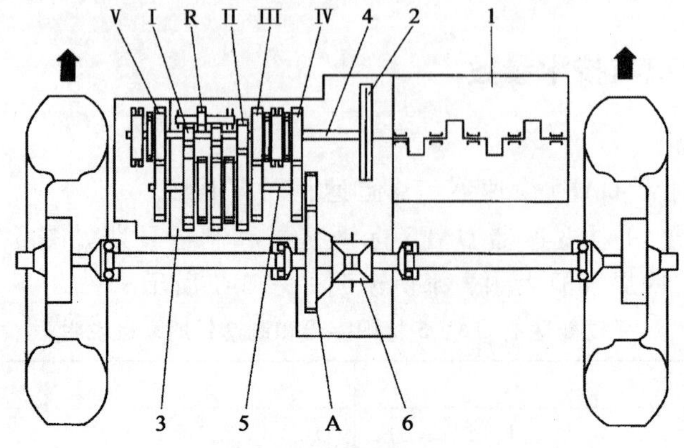

图 3-4　动力传递

1-发动机;2-离合器;3-手动变速器;4-输入轴;5-输出轴/主动齿轮箱;6-差速器

B 实训操作内容

一、实训之前工作

(一)车辆及工具准备

速腾轿车一辆、汽车维修专用工具一套。

(二)实训注意事项

1. 在断开蓄电池之前,对于有防盗码的无线电设备,应询问设码情况。

2. 关闭点火开关后断开蓄电池接地线。

3. 如果蓄电池再次被连接,注意电气装置。

4. 在整个支承面和接触面上涂油脂。

二、拆装及维修步骤

(一)拆卸和安装变速器

1. 拆卸变速器

(1)如图3-5所示,将换挡拉索的防松垫片从变速器换挡连杆上拆下。将选挡拉索的防松垫片从换向杆上拆下。将选挡拉索和换挡拉索从销轴上拔出。将防松垫片从换向杆上拔出,然后拆下换向杆。拆下变速器换挡杆。

(2)将拉索托架从变速器上拆下,然后把换挡拉索和选挡拉索固定在高处。

(3)如图3-6所示,将组合管从变速器上的支架上拔出。拆下从动缸。将从动缸放置在侧面并用金属丝将其固定,同时不得打开管道系统。

提示:不能踩踏离合器踏板。

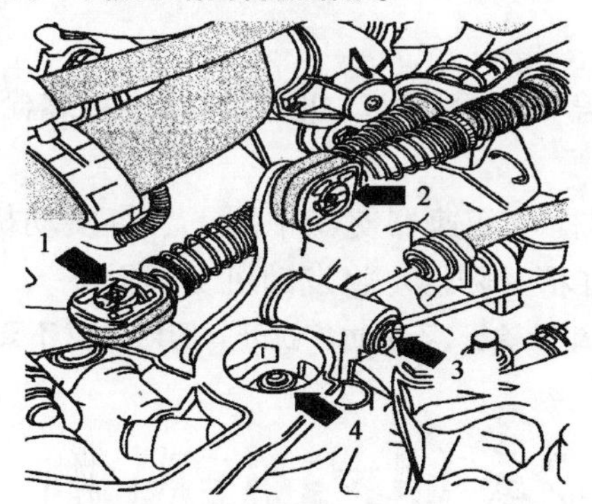

图3-5 拆卸换挡拉索和选挡拉索

1、2-防松垫片;3-销轴;4-螺母

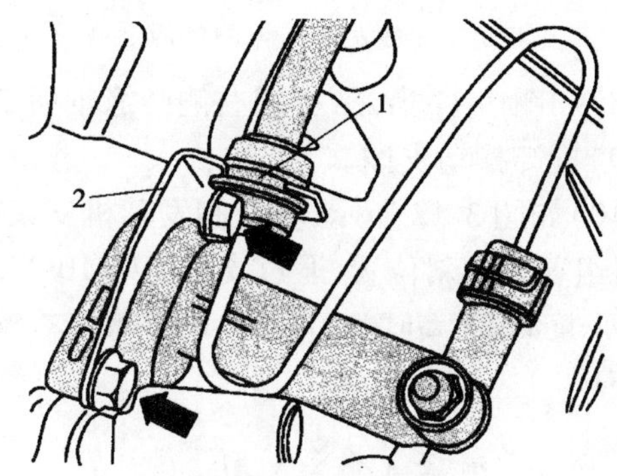

图3-6 拉索托架

1-组合管;2-支架

(4)如图3-7所示,从起动机上部螺栓上拆下搭铁地线。拔下插头和导线。拆卸发动机和变速器的上部连接螺栓,然后拆下起动机上的固定螺栓。如果在支撑工装10-222A的发动机固定环的区域内有螺栓和导线连接,必须将它们拆下。

(5)如图3-8所示,将支撑工装10-222A连同适配接头10-222A/8置于发动机室盖充气支撑杆前。通过丝杠略微旋紧,举升汽车,拆下左前轮罩内板。

(6)如图3-9所示,拔出倒车灯的插头。旋出螺母并拆下电线支架。

(7)将传动轴护罩从发动机上拆下。脱开如图3-10所示的双卡圈上的排气装置并拧下副车架排气管支架。从凸缘轴上拆下传动轴,并尽可能将其固定到高处,不要损坏表面保护层。

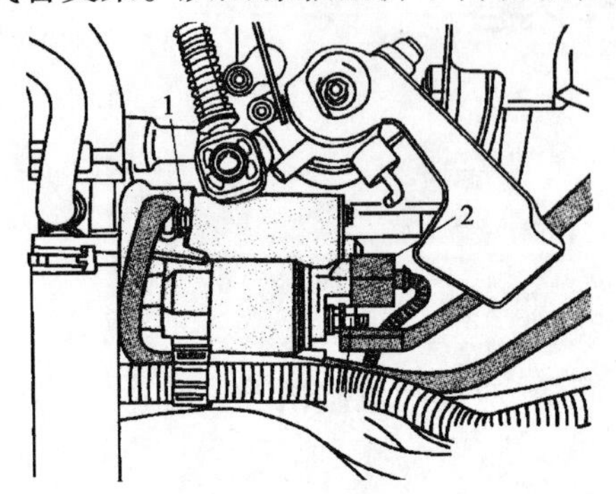

图 3-7 拆卸起动机上部的接地线、导线和插头

1-搭铁线;2-插头;3-导线

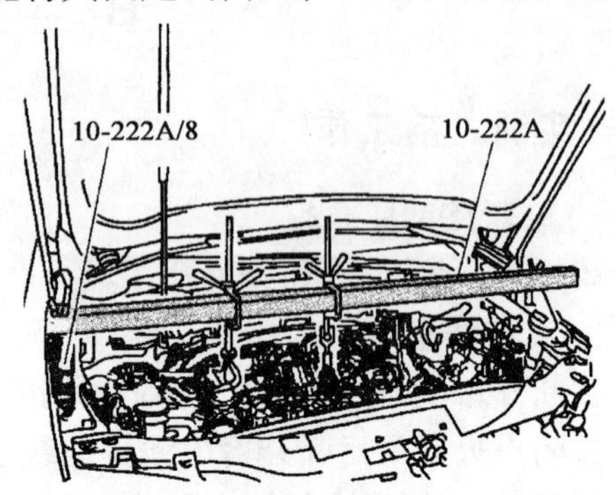

图 3-8 安装工装

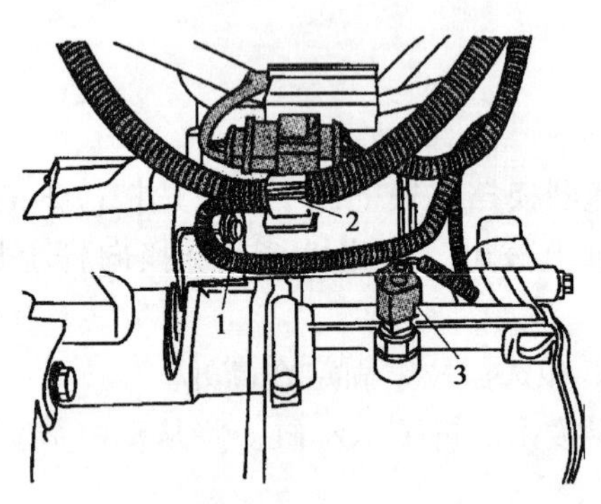

图 3-9 拆卸电线支架

1-螺母;2-电线支架;3-倒车灯插头

图 3-10 拆卸排气管支架

(8)如图 3-11 所示,拆卸右侧凸缘轴后部飞轮的盖板。拆下发动机/变速器连接螺栓。

(9)拆卸摆动支撑。

(10)如图 3-12 所示,将左侧发动机支架的六角螺栓从变速器支座中拆下。将发动机/变速器机组置于倾斜位置,通过支撑工装 10-222A 的丝杠将其降低。将发动机支架拆下。

提示:降低变速器时必须注意发动机和热交换器之间的冷却液软管,不要过度拉开。同时注意不要损坏其他管路。

图 3-11 拆卸盖板和发动机/变速器连接螺栓

1-盖板;2-盖板固定螺栓;3-发动机/变速器连接螺栓

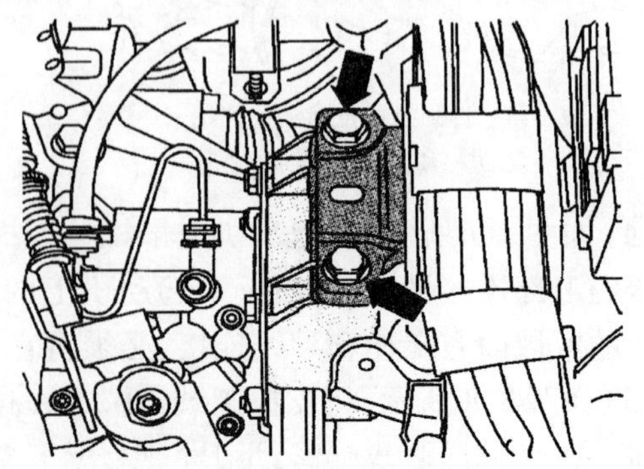
图 3-12 拆卸发动机支撑

(11)如图3-13所示，拆卸发动机/变速器连接螺栓5、6和7，将变速器定位件3282装到发动机和变速器举升装置V. G1383A上。将变速器定位件的托臂对准调整板上对应的孔，旋入定位螺栓，如调整板上所示，将发动机和变速器举升装置放置在车辆下面，箭头图标B在调整板上指向车辆行驶方向。

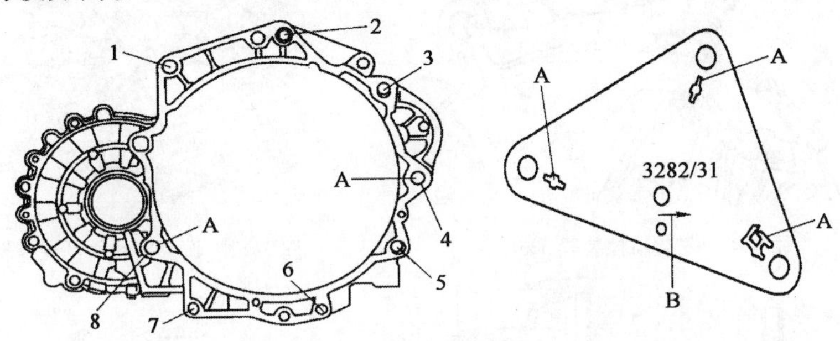

图3-13　发动机/变速器连接螺栓与调整板安装位置
1～8-螺栓位置；A-变速器壳体与调整板安装位置孔；B-行驶方向标记

(12)使调整板与变速器平行。拆下图3-14所示的发动机和变速器的连接螺栓。将变速器从配合套上顶出，注意发动机上的垫板。请另一位技师将发动机小心地向前顶出，小心地将变速器通过右凸缘轴在飞轮/垫板上引过，将变速器通过变速器支架3282的丝杠向上转动到差速器区域。

(13)朝车头方向上前翻转离合器罩上的变速器。此时注意离合器压盘的右凸缘轴是否活动灵活。如图3-15所示，小心地将低变速器，同时注意至副车架的左凸缘轴是否活动灵活。变速器的位置在降低时通过变速器支架3282的丝杠来改变。

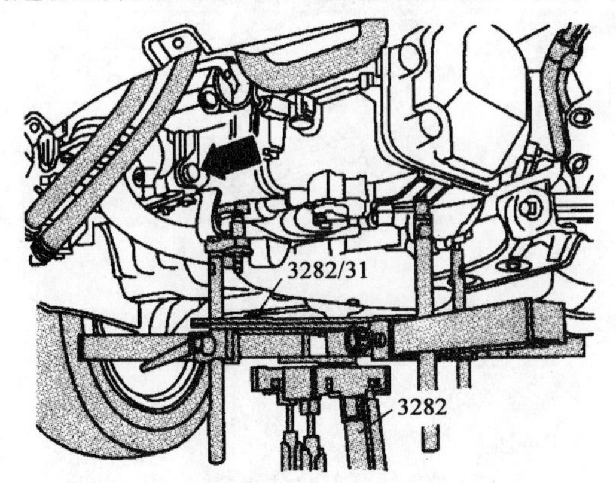

图3-14　拆卸发动机和变速器的连接螺栓

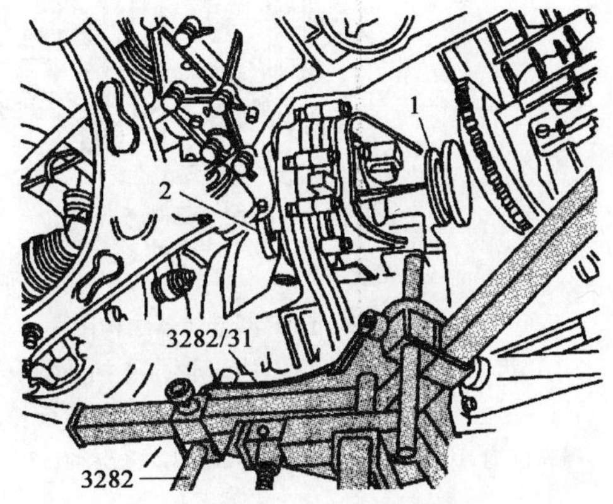

图3-15　降低变速器高度
1-后凸缘；2-左凸缘

2. 变速器的运输(安装变速器)

如图3-16所示，将变速器吊挂装置3336用螺栓拧在离合器壳上。如图3-17所示，用卡槽销调整滑块上的支撑臂。用车间用起重机和变速器吊挂装置3336提起变速器。安装变速器(例如放入运输容器)。

(二)变速器的分解

变速器分解，可参考分解图进行。OAF型变速器结构如图3-18所示。变速器壳体和5挡盖板分解图如图3-19所示。变速器分解图如图3-20所示。

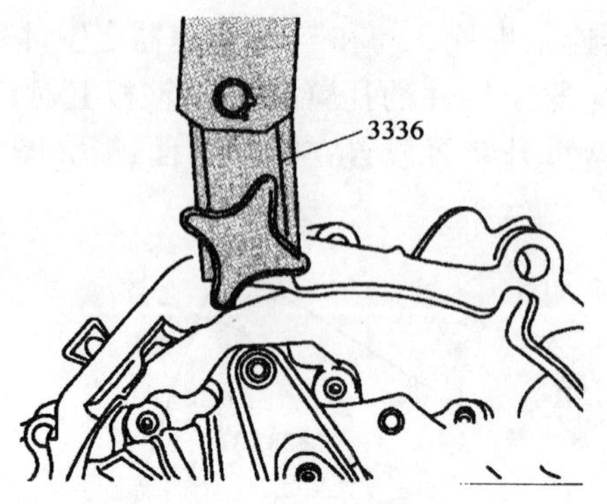

图 3-16　安装吊挂装置 3336

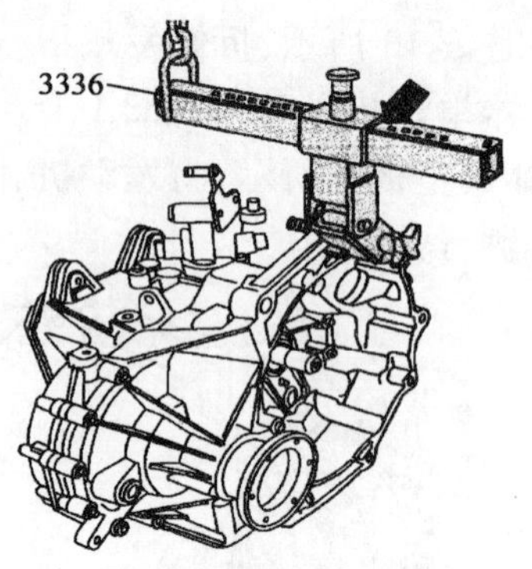

图 3-17　调整滑块上的支撑臂

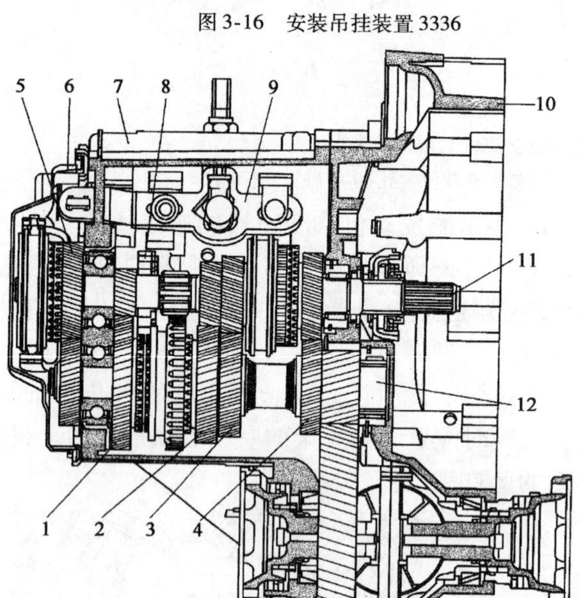

图 3-18　OAF 型变速器结构图

1-1 挡齿轮;2-2 挡齿轮;3-3 挡齿轮;4-4 挡齿轮;5-5 挡齿轮;6-变速器壳体的盖板;7-变速器壳;8-倒挡齿轮;9-换挡操纵机构;10-离合器壳;11-输入轴;12-输出轴;13-差速器

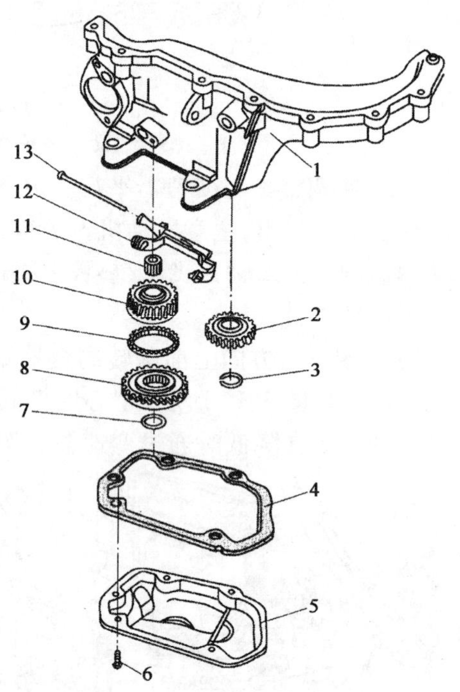

图 3-19　变速器壳体和 5 挡盖板分解图

1-变速器壳;2-5 档齿轮;3、7-卡环;4-密封条;5-变速器壳体的盖板;6-螺栓;8-带滑动套筒和限位环的同步器;9-5 挡同步环;10-5 挡换挡齿轮;11-滚针轴承;12-5 挡换挡拨叉;13-支撑销

(1)将离合器壳中拉出滚柱轴承。如图 3-21 所示,在拉出时用钳子压紧球轴承的卡环。

(2)将滚柱轴承压入离合器壳中。离合器壳用管件 VW415A 直接支撑在轴承托架下。在压入过程中用钳子压紧滚柱轴承的卡环(如图 3-22 所示)。在滚柱轴承进入安装位置之前去除钳子,卡环必须嵌入离合器壳的凹槽。

(3)压入轴承托架与向心球轴承。将第 1 和第 2 挡滑动套筒推止第 2 挡。如图 3-23 所示,压板 T1008A 侧面推至驱动轴限位。将压块 T10081 中的对中销装入驱动轴和输出轴的孔中。

(4)压出内圈/滚柱轴承。压出内圈/滚柱轴承之前用卡圈钳 VW161A 拆下固定环。如图 3-24所示,用 VW412 将滚柱轴承内圈与止推垫片、第 4 挡换挡齿轮及滚针轴承、第 3 和第 4 挡滑动套筒/同步体及第 3 挡换挡齿轮一起压出。

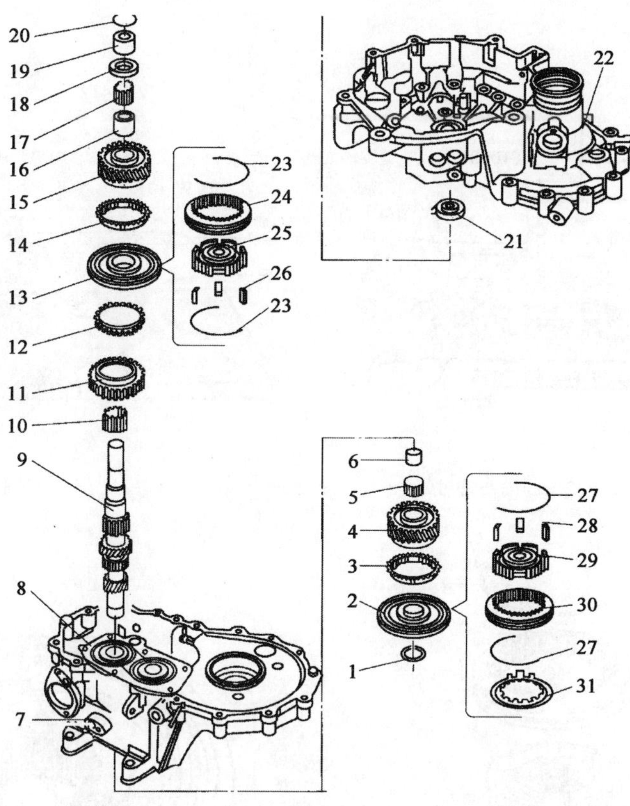

图 3-20　变速器分解图

1、20-卡环;2-滑动套筒与第 5 挡同步体;3-同步环(5 挡);4-第 5 挡滑动齿轮;5-滚针轴承;6-内圈;7-变速器壳;7-轴承托架与向心球轴承;9-输入轴;10-滚针轴承;11-第 3 挡换挡齿轮;12-同步环(3 挡);13-滑动套筒和第 3、4 挡同步体;14-同步环;15-第 4 挡换挡齿轮;16-内圈;17-滚针轴承;18-止推垫片;19、21-滚柱轴承;22-离合器壳;23、27-弹簧;24-第 3 挡和第 4 挡滑动套筒;25-第 3 挡和第 4 挡同步体;26、28-锁块;29-第 5 挡同步体;30-第 5 挡滑动套筒;3-限位环

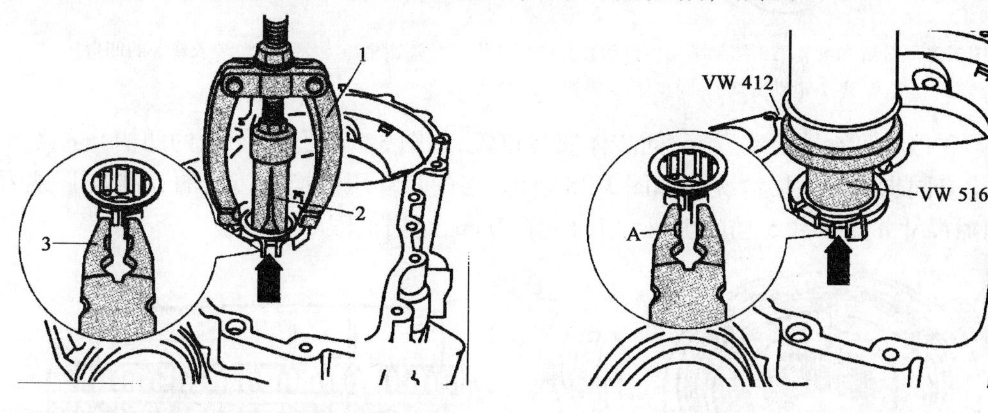

图 3-21　在拉出时用钳子压紧球轴承的卡环

1-固定支座;2-内起拔器;3-钳子

图 3-22　压紧滚柱轴承

(5)如图 4-25 所示,分解和组装第 3 和第 4 挡滑动套筒和同步体。将滑动套推到同步体上。同步体止动块的较深凹口 A 必须与滑动套筒中的凹口 B 相互重叠。

(6)结合内部不是空心的止动块组装第 3 和第 4 挡。滑动套推到同步体上。如图 4-26 所示,将止动块装入较深的凹口,并将弹簧错位 120°安装。弹簧有角度的一端必须嵌入空心锁块。

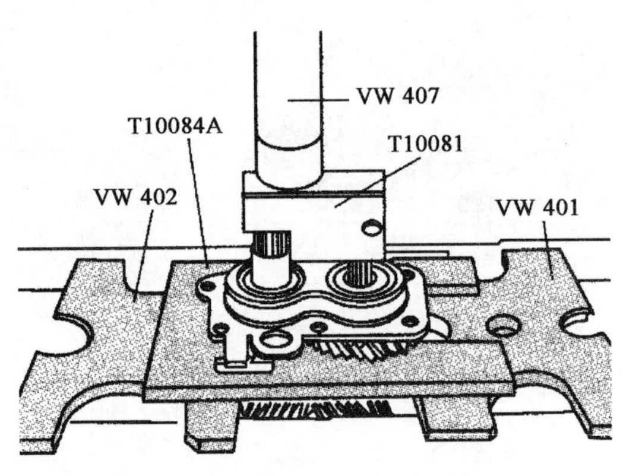

图 3-23　压上轴承托架与向心球轴承

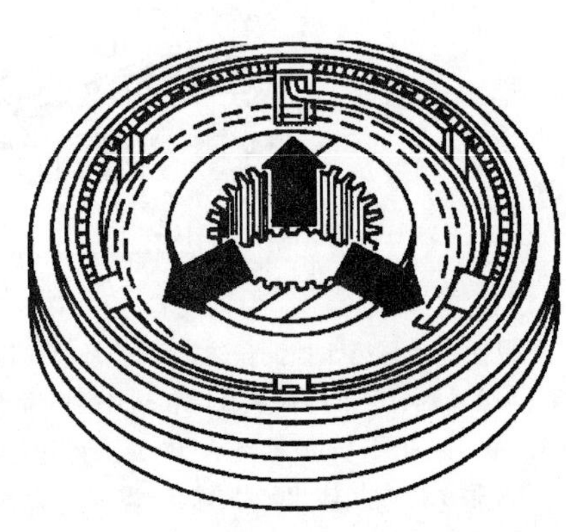

图 3-24　压出内圈/滚柱轴承

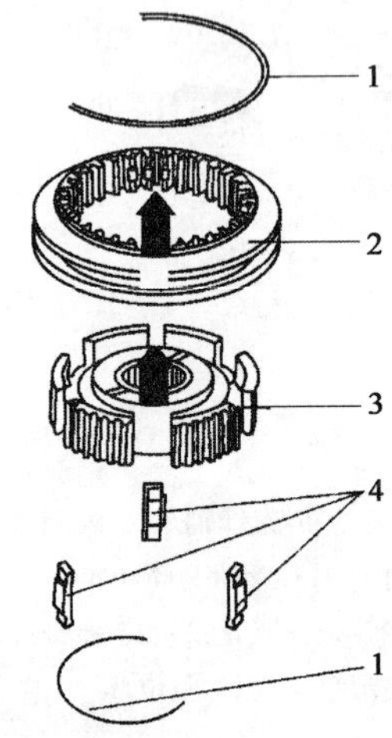

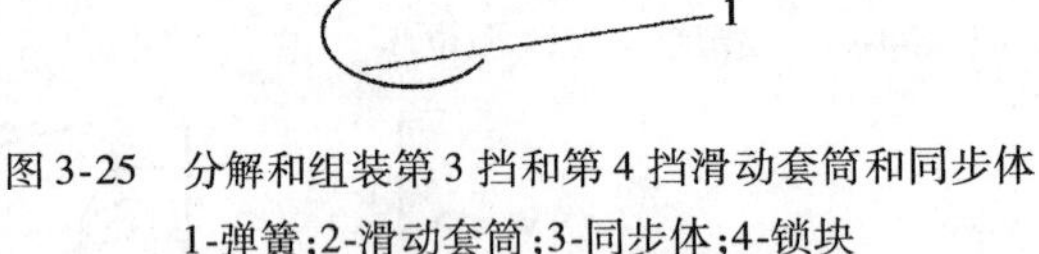

图 3-25　分解和组装第 3 挡和第 4 挡滑动套筒和同步体
1-弹簧;2-滑动套筒;3-同步体;4-锁块

图 3-26　将止动块装入较深的凹口

(7)第 3 挡和第 4 挡滑动套筒/同步体安装位置,如图 3-27 所示(正面的凹槽)。

(8)检查同步环的磨损情况。如图 3-28 所示,将同步环压倒换挡齿轮的圆锥体上,并用塞尺测量间隙尺寸 a,3、4 和 5 挡间隙尺寸 1.1 ~ 1.7mm,磨损极限 0.5mm。

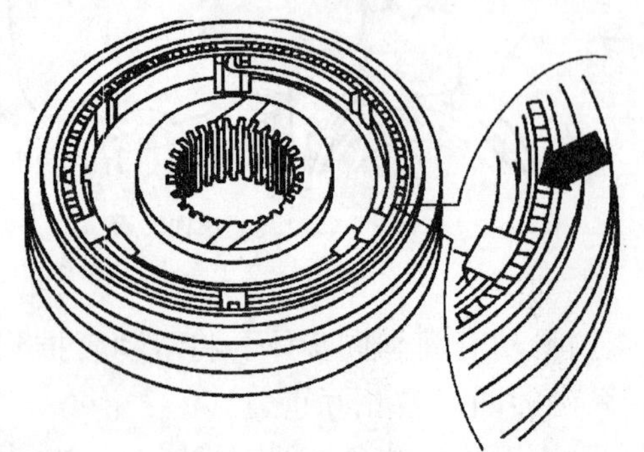

图 3-27　第 3 挡和第 4 挡滑动套筒/同步体安装位置

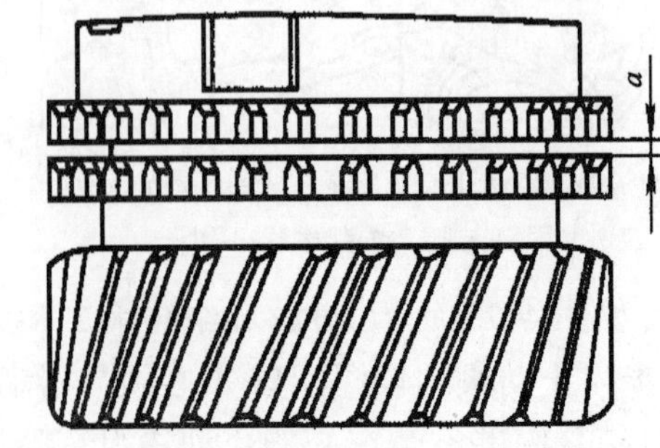

图 3-28　测量间隙

(9)如图 3-29 所示,压在第 3 和第 4 挡踏板体和滚动套筒。如图 3-30 所示,压上第 4 挡滚针轴承的内圈。压入第 4 挡滚针轴承的轴套后，放上同步环及第 4 档换挡齿轮和止推垫片。如图 3-31 所示，压入滚柱轴承的内圈。

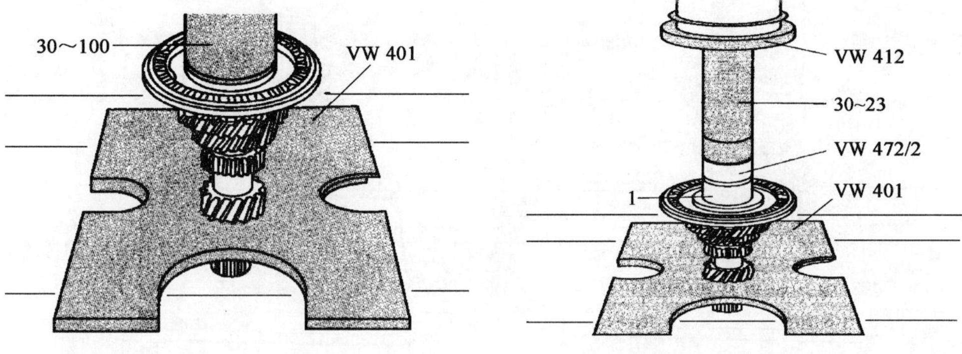

图 3-29　压上第 3 挡和第 4 挡踏板体和滑动套筒

图 3-30　压入第 4 挡滚针轴承内圈
1-轴承内圈

（10）如图 4-32 所示，将一个 2.0mm 厚的卡环装入驱动轴的凹槽中并向上按压。用塞尺测量内圈和安装的卡环之间的尺寸。取下测量时安装的卡环。根据表 3-3 所示的相应标准确定可供使用的卡环。

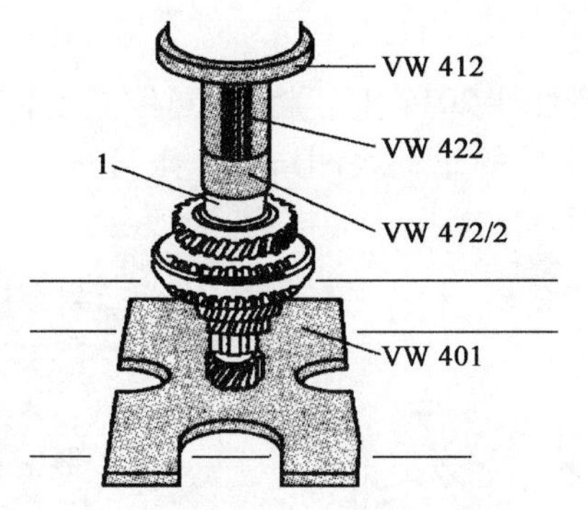

图 3-31　压入滚柱轴承内圈
1-轴承内圈

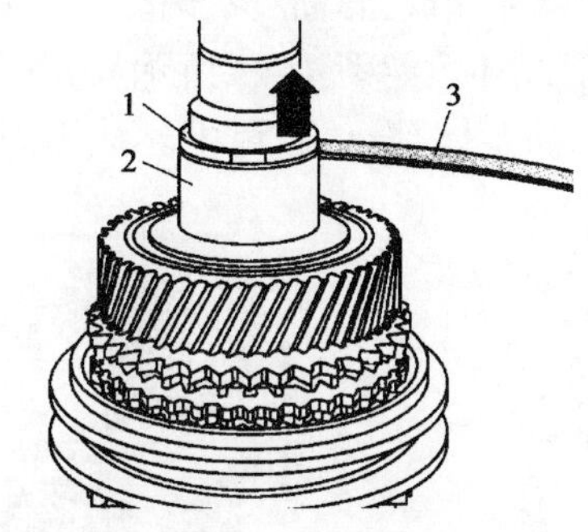

图 3-32　用塞尺测量内圈和安装的卡环之间的尺寸
1-卡环；2-内圈；3-塞尺

可供使用的卡环标准　（单位：mm）　表 3-3

测得的数值	卡环厚度	轴向间隙
0.05～0.10	2.0	0.05～0.15
0.15～0.20	2.1	0.05～0.15
0.25～0.30	2.2	0.05～0.15
0.35～0.40	2.3	0.05～0.15
0.45～0.50	2.4	0.05～0.10

(11)如图 3-33 所示,压入轴承托架与向心球轴承,在压入前托架加热到 100℃。

(12)如图 3-34 所示,压上第 5 挡滚针轴承的内圈。

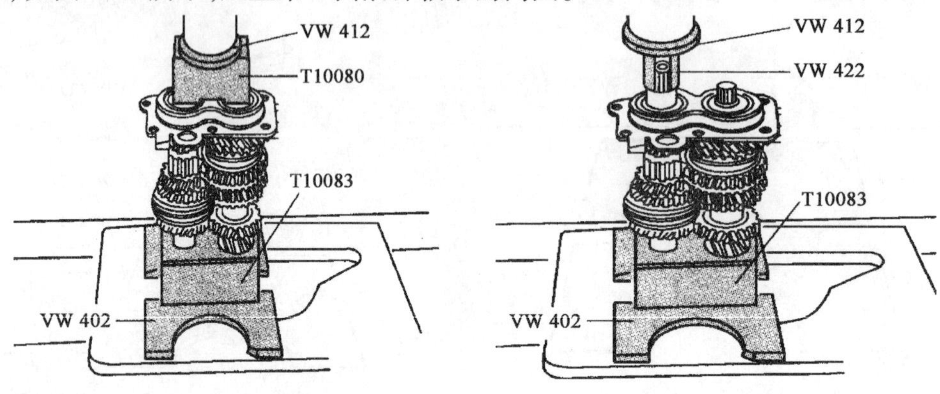

图 3-33　压入轴承托架与向心球轴承　　图 3-34　压上第 5 挡滚针轴承的内圈

(13)拆卸限位环。如图 3-35 所示,将限位环挂钩用螺钉旋具从同步体上松开。

(14)如图 3-36 所示,分解和组装第 5 挡滑动套筒和同步体。同步体安装时,正面的凹槽和宽的凸肩指向第 5 挡。装配时,同步体中止动块的较深凹口必须与滑动套筒内的凹口相互重叠。

(15)组装第 5 挡滑动套筒/同步体。

(16)安装限位环。如图 4-37 所示,将限位环压到管件 2010 上。将限位环与管件 2010 一起安装在第 5 挡同步体/滑动套筒中。挂钩固定在同步体的止动块凹口中。限位环向下压,直至挂钩嵌入为止。

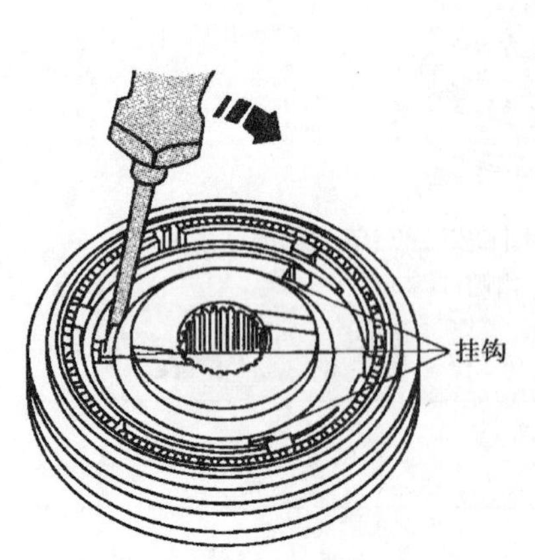

图 3-35　将限位环挂钩用螺钉旋具从同步体上松开

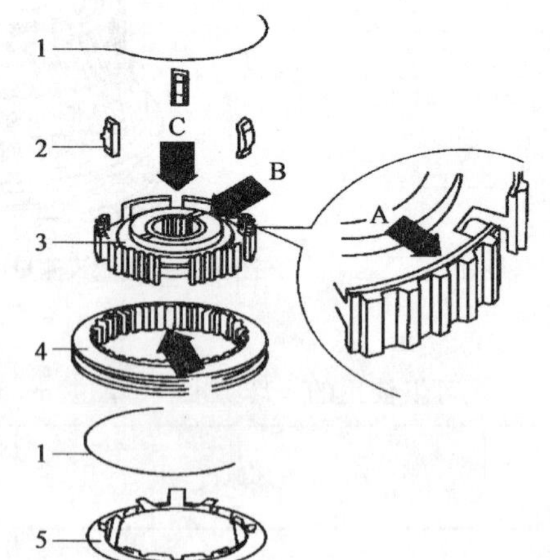

图 3-36　第 5 挡滑动套筒和同步体分解组装图
1-弹簧;2-锁块;3-同步体;4-滑动套筒;5-限位环

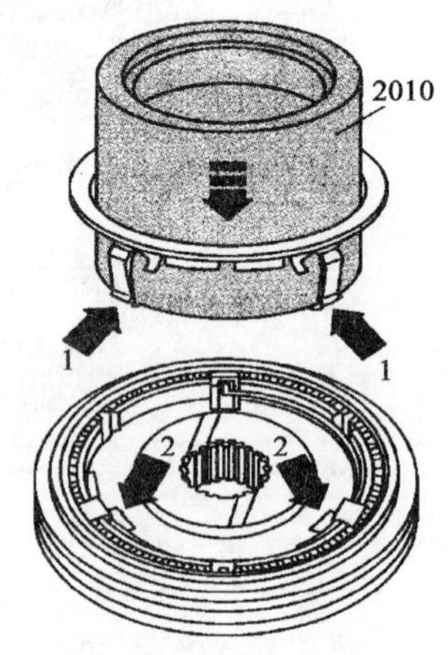

图 3-37　安装限位环
1-挂钩;2-止动块凹口

(三)分解和组装输出轴

分解和组装输出轴,可参照图 3-38 所示进行。

1. 从离合器壳中拉出滚柱轴承。在拉出时用钳子压紧滚柱轴承的卡环。如图 3-39 所示,拉出滚柱轴承。

2. 将滚柱轴承压入离合器壳中,离合器壳用管件 VW415A 直接支撑在弹簧托架下。如图 3-40所示,在压入过程中用钳子压紧滚柱轴承的卡环。在滚柱轴承进入安装位置之前去掉钳子。卡环必须嵌入离合器壳的凹槽。

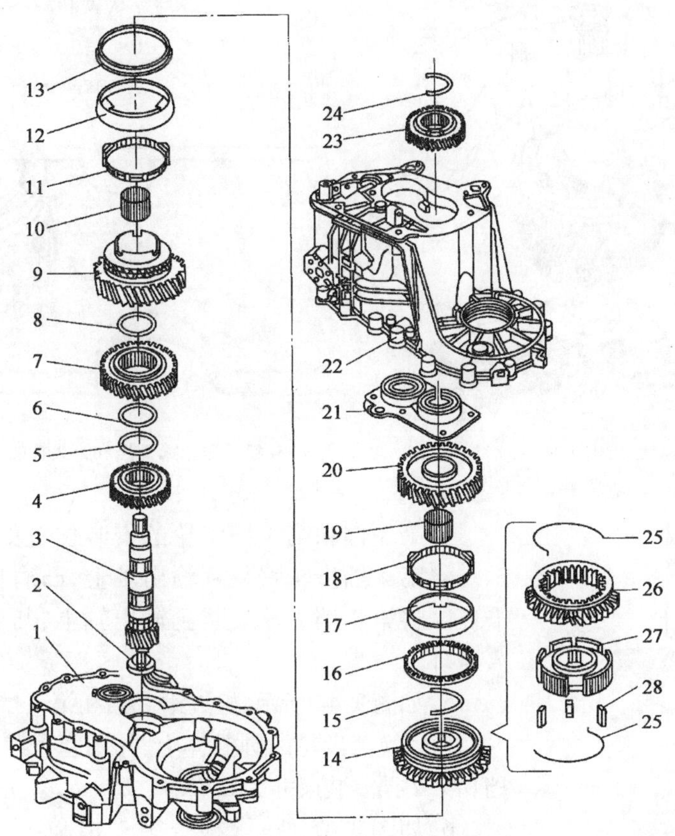

图 3-38 输出轴分解组装图

1-离合器壳;2-滚柱轴承;3-输出轴;4-第 4 挡齿轮;5、6、8、15、24-卡环;7-第 3 挡齿轮;8-第 2 挡换挡齿轮;10、19-滚针轴承;11-第 2 挡的内圈;12-第 2 挡的外圈;13-2 挡同步环;14-滑动套筒及第 1 挡第 2 挡的同步体;16-1 挡同步环;17-第 1 挡外圈;18-第 1 挡内圈;20-第 1 挡换挡齿轮;21-轴承托架与向心球轴承;22-变速器壳;23-第 5 挡齿轮;25-弹簧;26-滑动套筒;27-同步体;28-锁块

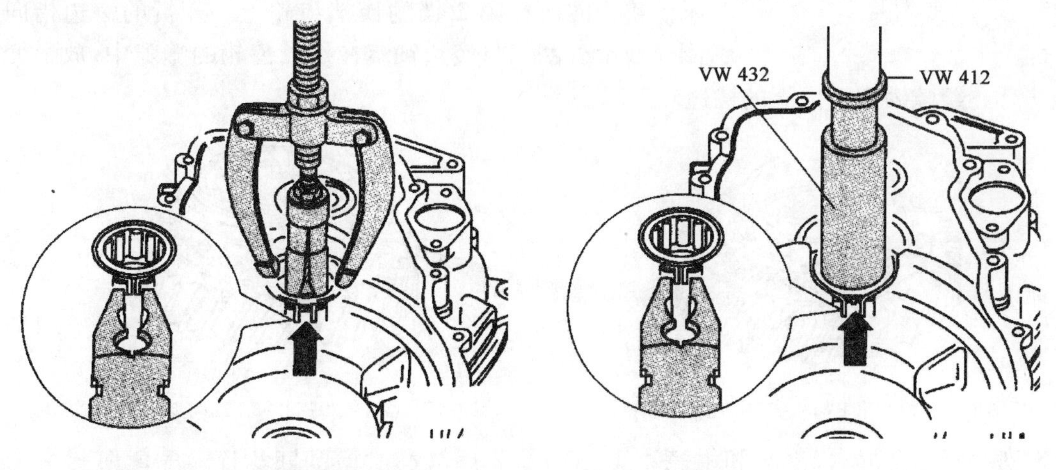

图 3-39 拉出滚柱轴承

图 3-40 压入滚柱轴承

3. 如图 3-41 所示,将卡环从凹槽中压出。如图 3-42 所示,压上第 1 挡和第 2 挡的滑动套筒/踏板体。拆卸卡环后将第 2 挡的换挡齿轮与滑动套筒/同步体一起压出。

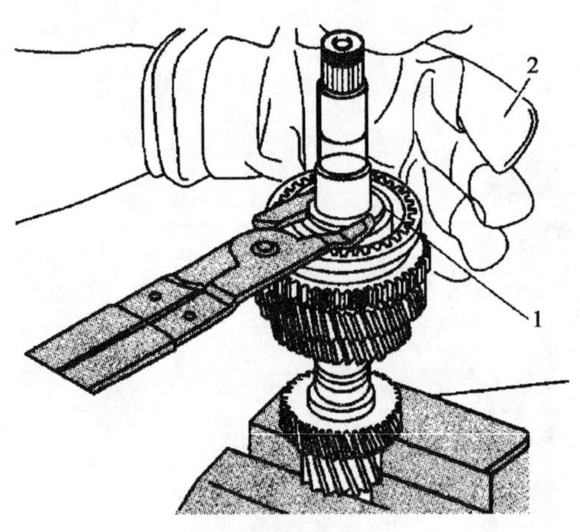

图 3-41　压出卡环

1-卡环;2-防护手套

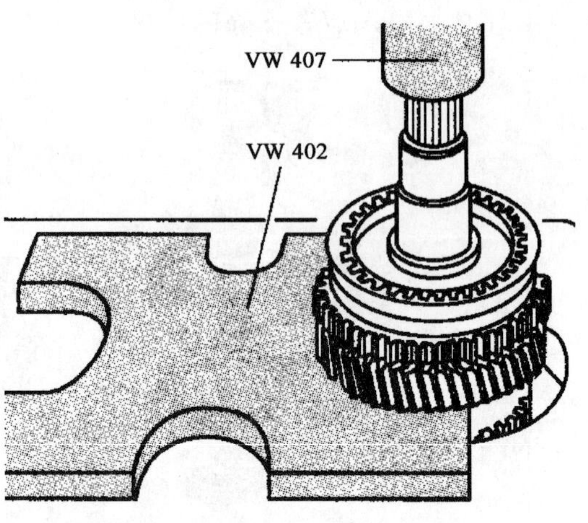

图 3-42　压上第 1 挡和第 2 挡的滑动套筒/踏板体

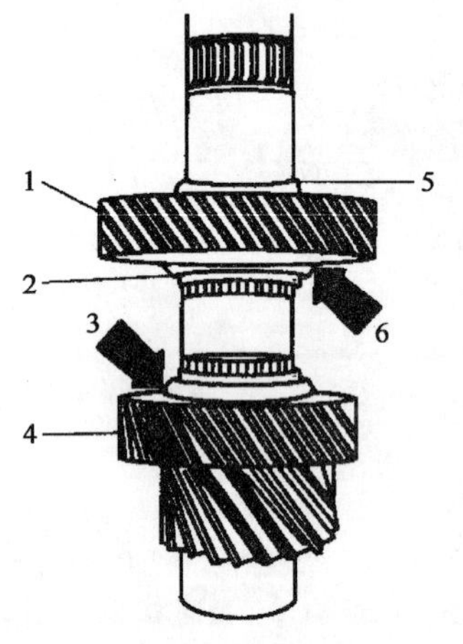

图 3-43　第 3 挡和第 4 挡齿轮的安装位置

1-第 3 挡齿轮;2-卡环;3-凸肩;4-4 挡齿轮;5-凸肩;6-卡环

4. 第 3 挡和第 4 挡齿轮的安装位置如图 3-43 中箭头所示。将第 4 挡齿轮安装到输出轴上,凸肩指向第 3 挡。装入卡环。将第 3 挡齿轮安装到输出轴上,凸肩指向第 4 挡。装入卡环。

5. 如图 3-44 所示,检查第 1 挡和第 2 挡内环磨损情况。将内圈压到换挡齿轮的圆锥体上,并用塞尺测量间隙尺寸 a,第 1 挡和第 2 挡安装尺寸为 0.75 ~ 1.25mm,磨损极限为 0.3mm。

6. 如图 3-45 所示,检查第 1 挡和第 2 挡同步环磨损情况。将同步环、外圈和内圈压到换挡齿轮的圆锥体上,并用塞尺测量间隙尺寸 a,第 1 挡和第 2 挡安装尺寸为 1.2 ~ 1.8mm,磨损极限为 0.5mm。

7. 第 2 挡外圈、内圈和同步环的安装位置如图 3-46 所示。将内圈放在第 2 挡的换挡齿轮上。弯折的棱边指向外圈。放上外圈。将棱边锁定在换挡齿轮的缝隙中,放上变速器同步环。缝隙锁定在内圈的棱边。

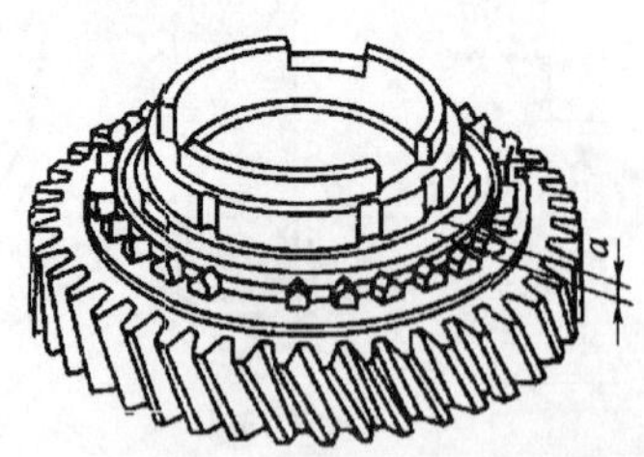

图 3-44　检查第 1 挡和第 3 挡内环磨损情况

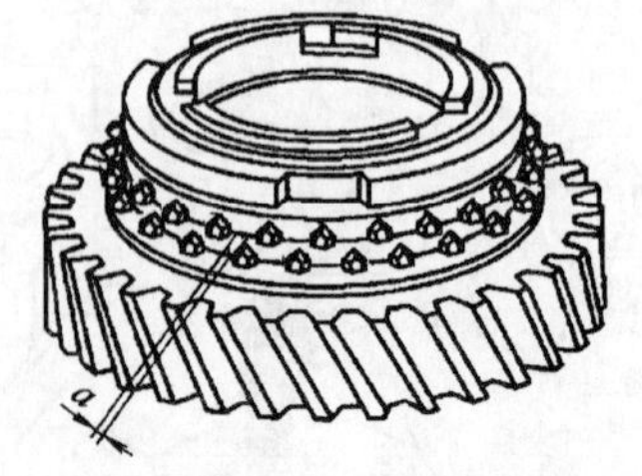

图 3-45　检查第 1 挡和第 2 挡同步环磨损情况

8. 如图 3-47 所示,分解和组装第 1 挡和第 2 挡滑动套筒和同步体。装配时将滑动套推到同步体上。组装后,同步体的正面凹槽(箭头 A)和较高的凸肩(箭头 B)指向滑动套筒外齿(箭头 C)。同步体中止动块的较深凹口(箭头 D)必须和滑动套筒的凹口互相重叠。

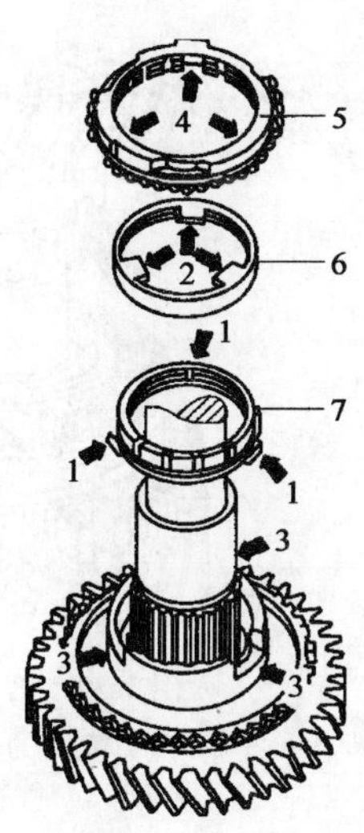

图 3-46　第 2 挡外内圈同步环的安装位置

1、2-棱边；3、4-缝隙；5-同步环；6、7-外内圈

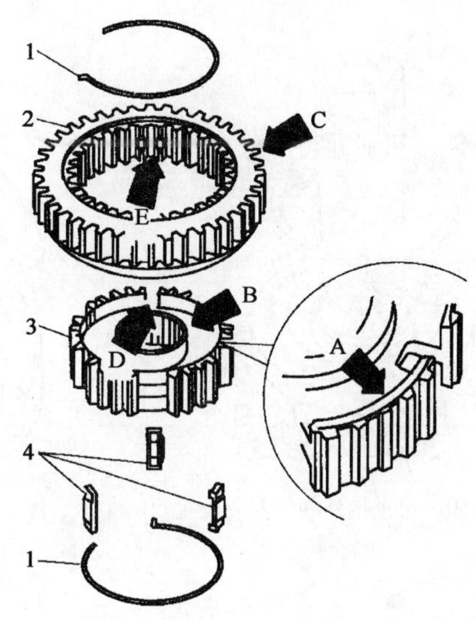

图 3-47　第 1 挡和第 2 挡滑动套筒分解和组装图

1-弹簧；2-滑动套筒；3-同步体；4-锁块

9. 将滑动套筒推到同步体上，将止动块装入较深的凹口，并将弹簧错位 120°安装，弹簧有角度的一端必须嵌入空心锁块。

10. 如图 3-48 所示，压上第 1 挡和第 2 挡的滑动套筒/同步体。滑动套筒中滑动拨叉的凹槽指向第 1 挡，倒车档的啮合指向第 2 挡，旋转同步环，使凹槽与锁块对准。

11. 如图 3-49 所示，安装卡环。将第 1 挡同步环装入滑动套筒/同步体上。

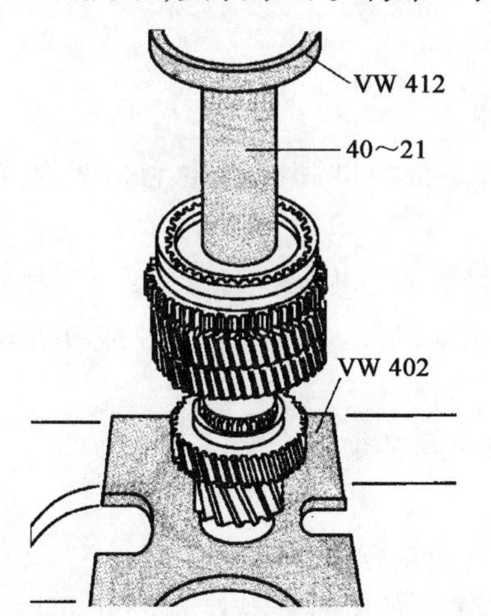

图 3-48　压上第 1 挡和第 2 挡的滑动套筒/同步体

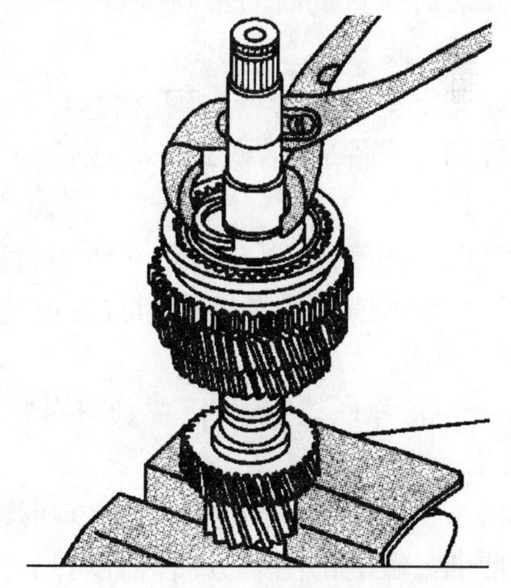

图 3-49　安装卡环

12. 第 1 档的外圈的安装位置如图 3-50 所示。凸缘指向倒车挡的啮合齿。第 1 挡内圈的安装位置如图 3-51 所示。凸缘嵌入同步环的缝隙中。

13. 第 1 档换挡齿轮的安装位置如图 3-52 所示。较高的凸肩指向第 2 挡。凸肩内的凹槽嵌入外环的凸缘中。

三、拆装及检修后的工作

1. 清理场地与工具，拆除防护用品及安全装置。

2. 总结。

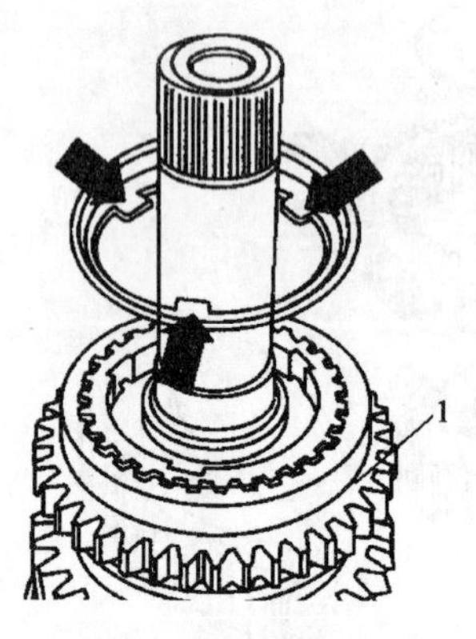

图 3-50　第 1 挡外圈的安装位置
1-啮合齿

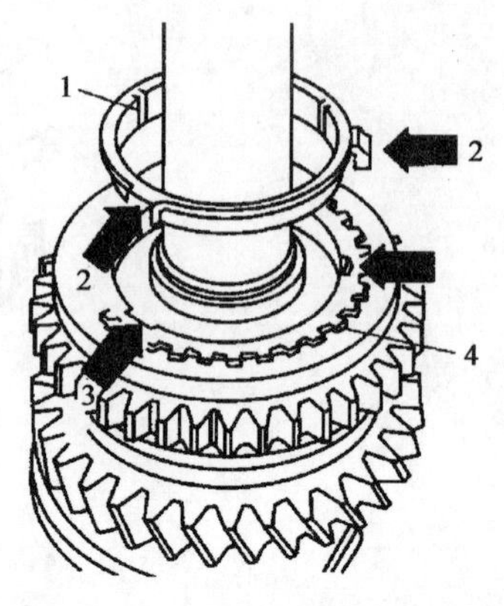

图 3-51　第 1 挡内圈的安装位置
1-第 1 挡内圈;2-凸缘;3-缝隙;4-同步环

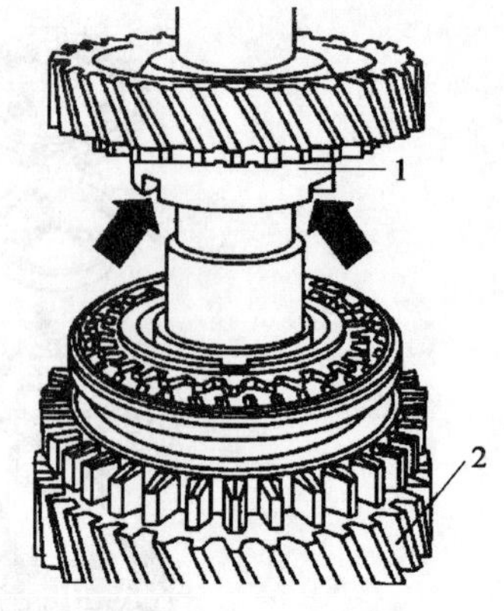

图 3-52　第 1 挡换挡齿轮的安装位置

C 知识拓展

一、维修内容注意事项

1. 变速器

(1)更换自动变速器时,应检查行星齿轮系的自动变速器油和主传动系统内自动变速器油,如需要,补加自动变速器油。

(2)安装时注意配筒的正确位置。

2. 密封垫、油封

(1)原则上更新 O 形密封圈、密封环和密封件。

(2)拆卸密封件后,请检查外壳或轴的接触面是否因拆卸而产生毛刺或损坏,必要时修理或更换。

(3)径向轴用密封,安装前用润滑脂填满油封唇口之间的空间。

(4)安装后检查主传动装置和行星齿轮系内油面高度,如需要,排放或补充油量。

3. 弹性挡圈

勿过分扩张弹性挡圈,如需要,则更换。弹性挡圈必须完全装入槽内。

4. 螺栓、螺母

(1)将用于固定盖罩与壳体的螺栓和螺母沿对角线松开或拧紧。

(2)特别灵敏的部件(如离合器压盘)不许歪斜并将其逐步沿对角松开和拧紧。

(3)规定的拧紧力矩适用于未上油的螺栓和螺母。

(4)每次都要更新螺栓和螺母。

(5)对于所有的螺栓连接必须注意,接触面及螺栓和螺母如有必要在装配后再打蜡。

(6)如果螺栓的螺纹上涂有密封胶后拧入,应用钢丝刷清除密封胶。

5. 轴承

(1)以供货状态安装新的圆锥滚子轴承,无需另加外油。

(2)安装滚针轴承时,有标志的一面(壁厚打的钢板)朝向安装工具。

(3)安装变速器轴承时应用变速器油润滑轴承,测量摩擦力矩时,润滑要特别仔细。

(4)圆锥滚针轴承安装前应将其内圈加热到约 100℃。

(5)相同尺寸的轴承外圈和内圈不可互换,同一轴上的圆锥滚柱轴承应同时更换并使用同一厂家产品。

6. 调整垫片

(1)用螺旋测微计在几个位置上测量调整垫片厚度,不同公差可导致测出的厚度不同。

(2)检查垫片是否有毛刺或损坏,只允许用完无损的调整垫片。

7. 同步环

(1)不要混淆,再次使用时给同步环匹配相同的换挡齿轮。

(2)检查同步环磨损状况,如有必要,则更换。

(3)检查同步环 A 或内圈的平面位置是否有裂纹。

(4)有涂层的变速器同步环不允许损伤涂层。

(5)如果已安装上垫圈 B,则检查该垫圈的外摩擦面和内摩擦面上是否有“刮痕”、“磨损”和“蓝色斑”。

(6)检查换挡齿轮的锥面上是否有“刮痕”和“磨损”。

(7)安装用齿轮油沾湿的同步环。

二、5 挡手动变速器 OA4

(一)变速器的标记

作为5 挡变速器的“手动变速器 OA4”与4 缸发动机和5 缸发动机一起安装在中国市场的2006 款速腾汽车上。

(二)标识字母,机组配备和加注量,如表 3-4 所示。

中国市场的速腾 2006 匹配的变速器 表 3-4

手动变速器		5 挡 OA4	
标识字母		HDR	HJK
生产日期	从 到	03.06	03.06
匹配	型号	速腾 2006	速腾 2006
	发动机	2.0l ~85kW	1.8l ~110kW
传动比	主减速器	72:17 =4.325	74:17 =4.357
	1 挡	3.778	3.455
	2 挡	2.118	1.955
	3 挡	1.36	1.281
	4 挡	1.029	0.975
	5 挡	0.837	0.813
	倒挡		
齿轮油规格		TL726Y	TL52171
手动变速箱的加注量		1.9 升	1.9 升
传动轴从动盘		100mm	100mm
离合器从动盘		228mm	228mm

D 案例分析

一、速腾五挡手动变速器挂不上挡

(一)故障现象

一辆五挡手动变速器OAF,挂不上挡。

(二)故障检修

速腾车行驶中挂不上挡位。不起动发动机踩离合器踏板时可挂上1挡,起动后不抬离合器踏板,汽车以1挡行驶,说明存在离合器分离不开故障。离合器分离不开,主要原因有总、分泵泄油,油路渗漏,分离叉损坏,分离轴承套筒卡滞,压盘分离摩擦片不彻底,离合器摩擦片黏连,盘片间隙过小等。检查油路无渗漏现象,对离合器分泵进行排气试验压力正常,拆下变速器,发现离合器压盘固定螺栓较松,正常拧紧力矩应为20N·m。经了解,该车辆因离合器片烧毁,之前在外地拆装过变速器,分析当时应没有按标准力矩紧固压盘。

(三)故障排除

按标准力矩紧固压盘后,故障排除。

任务2 自动变速器拆装工艺(09G)

R 任务描述

一辆09G速腾轿车,行驶中突然出现加速时发动机空转,发动机不能驱动汽车,停车后再挂挡汽车不能行驶。开到4S店,经技术人员检查后诊断为液力变矩器的密封环损坏,需要更换密封环。维修服务顾问安排由你及你的团队完成密封环的拆装更换任务。

R 任务要求

Z 知识目标

1. 描述09G型6挡速腾轿车自动变速器的类型和技术参数。
2. 正确叙述09G-6挡速腾轿车自动变速器的结构和自动变速器拆装项目。

N 能力目标

1. 能根据工艺要求和维修手册制订自动变速器的拆装工艺流程。
2. 在规定的时间内,按照安装工艺流程和技术要求,正确、安全使用工具和设备,完成自动变速器总成的拆装。

S 素质目标

安全与防护,车间5S管理,合作、交流、沟通能力的培养。

A 相关知识

一、速腾轿车09G型6挡自动变速器技术参数

(一)技术参数

速腾轿车均装配有09G型6挡自动变速器,变速器外形如图3-53所示,标示字母位置如

图 3-54 所示。

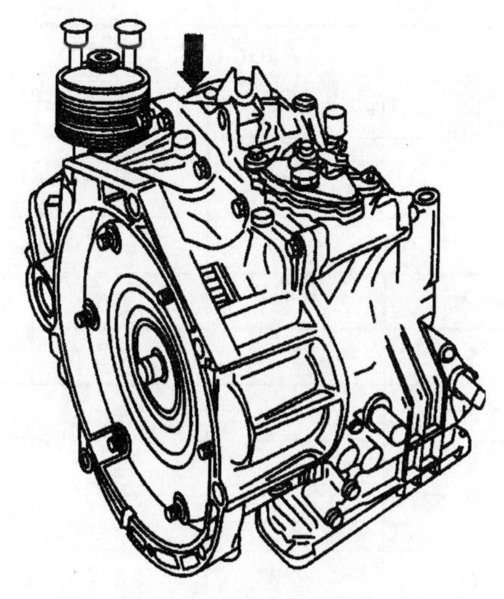

图 3-53　变速器外形图

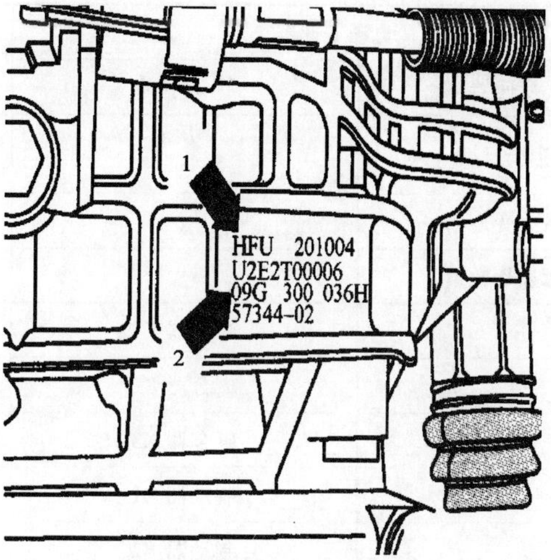

图 3-54　标识字母位置图

(二)自动变速器 09G-6 挡的说明

1. 变速器

自动变速器 09G-6 挡配备 6 个液压控制的前进挡。挂第 2、3、4、5 和 6 挡时,锁止离合器可接合,变为机械耦合传动,从而避免产生滑差。

2. 液力变矩器

液力变矩器装备了一个锁止离合器。锁止离合器根据负荷和车速接合,第 2、3、4、5 和 6 挡可以机械耦合(无滑差)驱动。

3. ATF

自动变速器 ATF 油是一次性加注的。在保养是无需更换 ATF 油。只能加注 ATF 油。行星齿轮箱和主减速器中的 ATF 油位应一同检查并加注。

4. 自动变速器控制单元带 DSP 功能的 J217-变速器

换挡点根据行驶状态和行驶阻力自动求得。优点:以降低油耗量为目标换挡;随时提供最大发动机功率;在所有行驶状态下单独匹配换挡点;可随意改变的换挡点。

5. 车辆中的控制单元

车辆中所有控制单元的安装位置以及其他可用的信息可参阅电路图、故障查询与安装位置。

(三)加注量

行星齿轮箱与主减速器的加注量如表 3-5 所示。

行星齿轮箱与主减速器　　表 3-5

加注量	自动变速器 09G-6 挡	更换	长效加注、不更换
新加注	约 7.0 升	润滑油	ATF 配件号:G052025

(四)标识字母、机组匹配

如果维修时需要备件,则务必考虑自动变速器的变速器标识字母。

09G 型自动变速器技术参数如表 3-6 及表 3-7 所示。

09G 型自动变速器技术参数 表 3-6

自动变速器			09G-6 挡			
变速器	标识字母		HTF		HFU	
生产日期	从 到		11.04		11.04	
液力变矩器			OHAA		OBAA	
摩擦片数量			内侧	外侧	内侧	外侧
	离合器 K1		5	5	6	6
	离合器 K2		3	3	4	4
	离合器 K3		3	3	3	3
	制动器 B1		4	3	4	3
	制动器 B2		6	6	6	6
匹配	型号		速腾 2006		速腾 2006	
	发动机		2.5L-110		2.5L-110	
传动比	1 挡		4.148		4.044	
	2 挡		3.867		2.371	
	3 挡		2.370		1.556	
	4 挡		1.556		1.159	
	5 挡		1.155		0.852	
	6 挡		0.859		0.672	
	倒车挡		0.686		3.193	
中间传动	齿轮	驱动轮	49		48	
		输出轮	52		53	
	传动比		1.061		0.906	
主减速器	齿轮	主动轮	15		15	
		从动轮	58		58	
	传动比		3.867		3.867	

中国市场的速腾 2006 匹配的自动变速器标识字母 表 3-7

自动变速器		09G-6 挡		
变速器	标识字母	HTN	HTR	HTQ
生产日期	从 到	03.06	03.06	03.06
匹配	型号	速腾 2006	速腾 2006	速腾 2006
	发动机	1.6L-74kW	1.8L-110kW	2.0L-85kW
	主传动比	6.05	6.01	6.05
传动比	1 挡	4.148	4.044	4.148

续上表

自动变速器		09G-6 挡		
	2 挡	2.37	2.37	2.37
	3 挡	1.556	1.556	1.556
	4 挡	1.155	1.159	1.155
	5 挡	0.859	0.852	0.859
	6 挡	0.686	0.672	0.686
	倒车挡	3.394	3.193	3.394

二、液力变矩器的标记

速腾轿车装有不同的液力变矩器。可通过标识字母识别。液力变矩器标识字母位置如图 3-55所示。

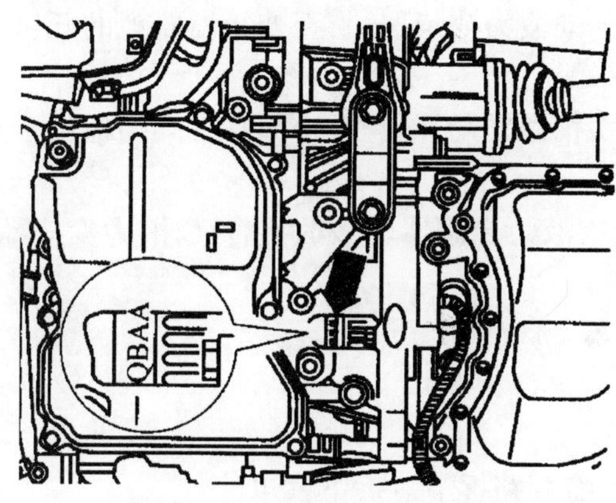

图 3-55　液力变矩器标记

B　实训操作内容

一、实训之前工作

(一)车辆及工具准备

速腾轿车一辆、汽车维修专用工具一套。

(二)实训注意事项

1. 在断开蓄电池之前,对于有防盗码的无线电设备,应询问设码情况。
2. 关闭点火开关后断开蓄电池搭铁线。
3. 如果蓄电池再次被连接,注意电气装置。
4. 在整个支承面和接触面上涂油脂。

二、拆装及维修步骤

(一)拆卸和安装液力变矩器密封环

1. 拆卸

拆卸液力变矩器前,应使用 V. A. G1782 和活动吸油探头 V. A. G1782/1 将 ATF 油从液力变矩器中吸出。如图 3-56 所示,拆下液力变矩器密封环。

2. 安装。如图 3-57 所示,敲入液力变矩器密封环。

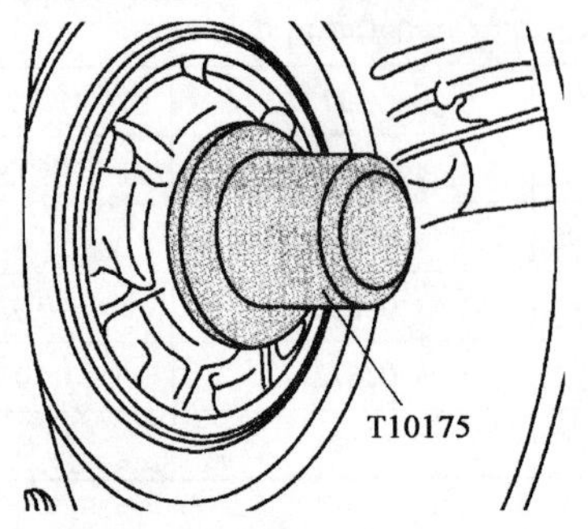

图 3-56 拆卸液力变矩器密封环

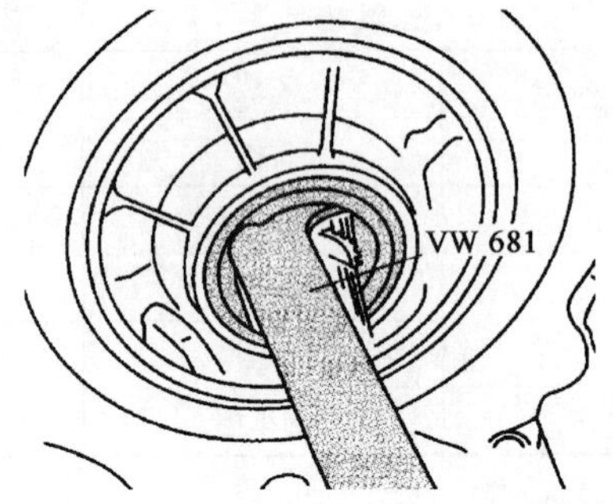

图 3-57 安装液力变矩器密封环

(二)安装液力变矩器

1. 将变矩器轮毂小心地穿过密封环推至第一个限位位置。

2. 稍微用力向变速器转动液力变矩器,直至变矩器轮毂的开口卡在泵轮的从动片中,且感觉液力变矩器向内划入。

3. 液力变矩器可以用手稍微转动,而且整个周长都均匀地位于变速器中的固定位置上,表明液力变矩器安装正确。

4. 拆卸和安装时,应检查液力变矩器轮毂的接合面,液力变矩器为焊接结构。损坏时必须更新。

(三)拆卸和安装变速器

1. 拆卸变速器

(1)将换挡杆置于"P"。

(2)打开电控箱的盖子将管路拆下。拆下蓄电池。

(3)将选挡杆拉索从换挡轴连杆上拆下。将选挡杆拉索从底座上取出。将选挡杆拉索从支架上拉出并挂在机油散热器的后面。

(4)拆卸发动机罩。

(5)如图 3-58 所示,将冷却液软管的进油管路、回油管路用一个直径达 40mm 的软管夹 3093 和一个直径达 25mm 的软管夹 3094 从 ATF 散热器夹紧。

(6)将冷却液软管从 ATF 散热器上拆下来并用合适的塞子将 ATF 散热器密封起来。

(7)如图 3-59 所示,将插头从多功能开关上拔下来并将其从电缆支架上脱开。将电缆支架从起动机螺栓上拆下。

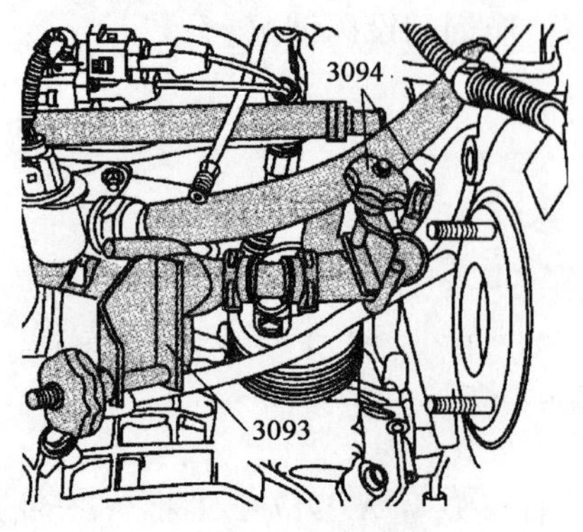

图 3-58 夹紧软管

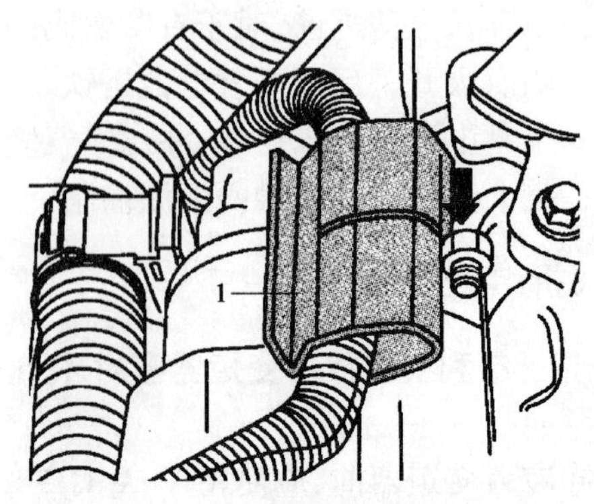

图 3-59 拆下插头

(8)如图3-60所示,将发动机与变速器上的连接螺栓拆下。

(9)将导线从运输凸耳上拆下,拆下图3-61所示的螺栓,然后取下运输凸耳。在发动机吊环插入一个钩环10-222A/12。

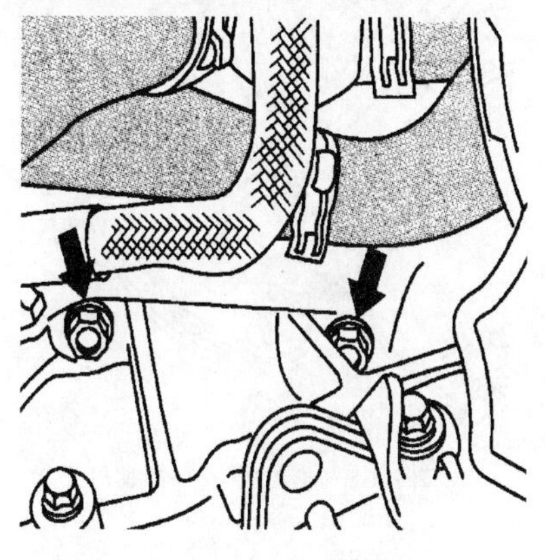

图3-60 拆下连接螺栓

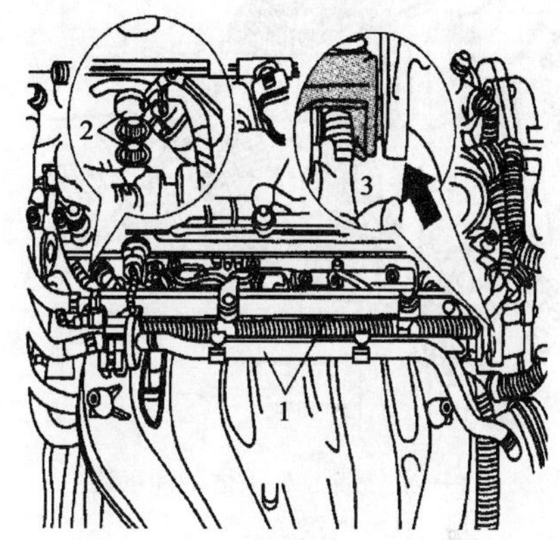

图3-61 拆下运输凸耳

(10)如图3-62所示,将支撑工具10-222A包括适配接头10-222A/8和适配接头10-222A/3安装在气体减压器前。将紧固带T10038放在前排气弯管周围并将其挂在右侧的螺杆上。将左侧的螺杆挂在钩环10-222A/2上。发动机和变速器组通过夹具略微预张紧。升起汽车,拆下两个前轮,拆下隔声垫。

(11)拆下左前轮罩内板。脱开图3-63所示的变速器上的插接器。

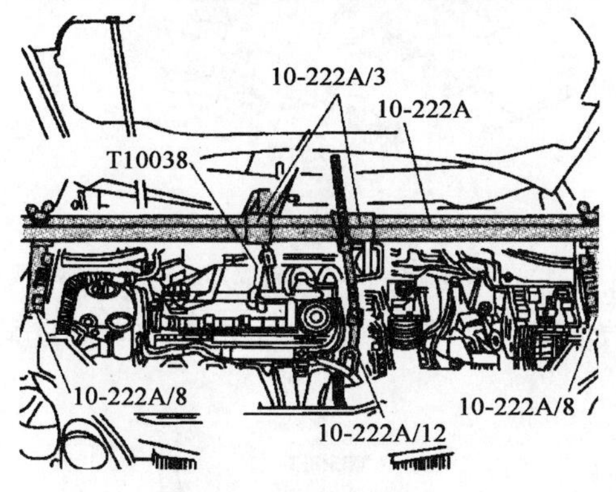

图3-62 安装支撑工具

图3-63 拆下插接器

1、2-连接插头

(12)如图3-64所示,将起动机下面的插接器从支座上拆下并按箭头方向拔出并脱开。拆卸下面的起动机螺栓并取出起动机。

(13)拧下图3-65所示的左控制臂的螺母。将左连接杆从稳定杆上拆下。如果安装有隔热板,则可以通过右侧的传动轴将其从发动机上拆下。

(14)将两个传动轴从变速器上压出。如图3-66所示,将楔子T10161安装在变速器壳体和三销式万向节之间。通过锤子敲击楔子T10161,将万向节从变速器中压出。将外滚道上两个传动轴从变速器中拉出并将两个传动轴紧紧地固定在车身上。轴的表面保护层不得被损坏,因此由塑料制成的导线扎带是非常理想的工具。

(15)如图3-67所示,先拆下外部固定螺栓,然后拆下里面的两个固定螺栓,并将摆动支撑取出。

(16)将发动机/变速器的下连接螺栓拆下。不要拆图3-68所示的螺栓。将盖罩沿箭头方向向左旋转90°拆卸。拆下右前轮罩内板的前部件。

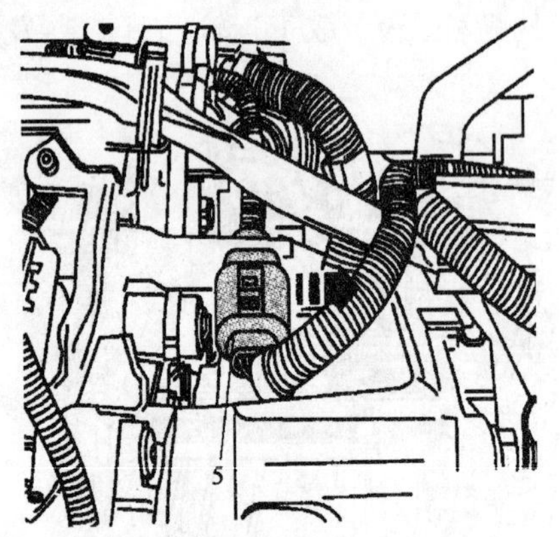

图3-64 拆下起动机下面的插接器

1-连接插头

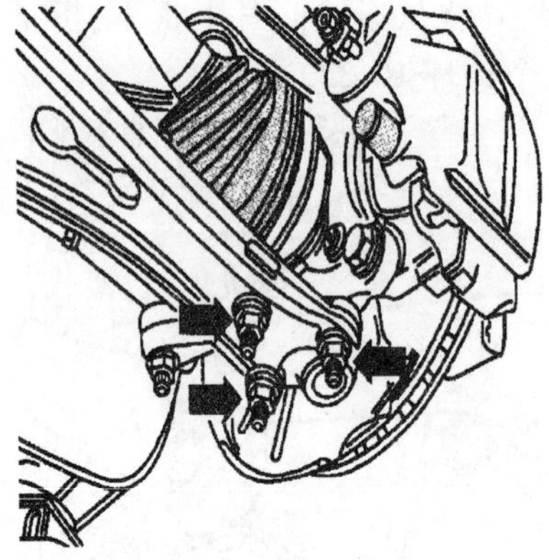

图3-65 拆卸左控制臂螺母

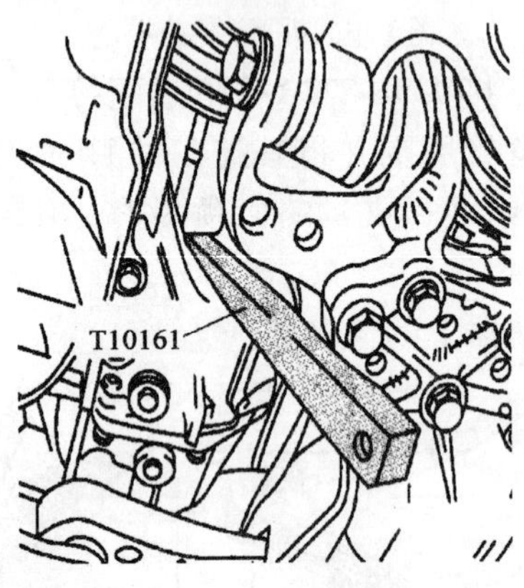

图3-66 将楔子T10161安装在变速器壳体和三销式万向节之间

图3-67 拆卸摆动支撑固定螺栓

1-外部螺栓;2、3-支撑板固定螺栓

(17)用插入工具V/175拆下6个变矩器螺母,如图3-69所示,将曲轴用扳手T03003旋转60°。将接地导线从托架上拆下。

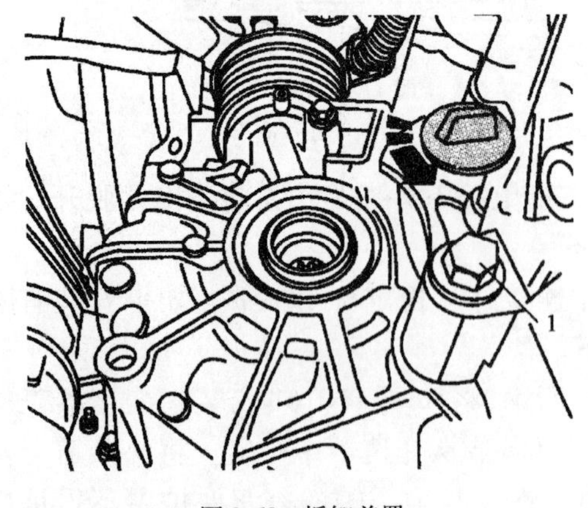

图3-68 拆卸盖罩

1-下连接螺栓

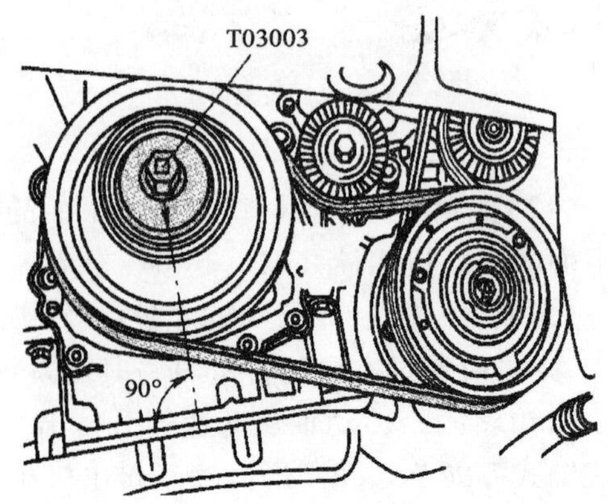

图3-69 旋转曲轴

注意:如果事先不拧下液力变矩器的6个螺母,则在将变速器从发动机上拆下时拉出液力变矩器。

(18)如图3-70所示,拆卸变速器托架。首先拆下固定螺栓。将发动机与变速器小心地安装到倾斜位置上,其中将支撑工具 10-222A 的左(变速器侧)丝杆向下旋转大约 50mm。将螺栓拧出并将托架取下。

(19)在拆卸 09G6 挡变速器时将变速器支架 3282 用调整板 3282/36 安装。如图 3-71 所示,将变速器支架的托臂对准调整板上对应的孔。将定位件安装在调整板 3282/36 上。

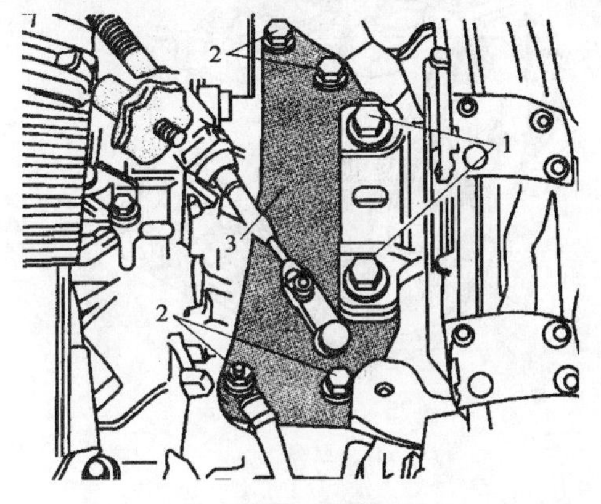

图 3-70　拆卸变速器托架

1、2-托架、支架固定螺栓;3-托架

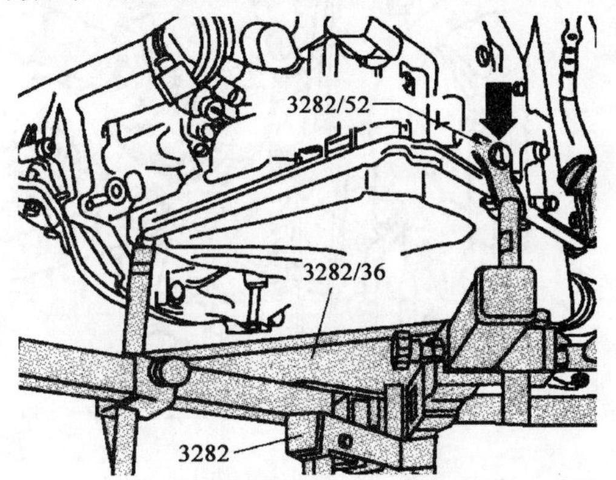

图 3-71　变速器支架的拖臂对准调整板上的孔

将变速器和变速器举升装置 V. A. G1383A 放置在车辆下面,在调整板 3282/36 上的箭头指向行驶方向。将调整板 3282/36 调整平行并对准变速器,将变速器用螺栓固定在变速器支架 3282 上。通过从下部抬起变速器支架的方法支撑起变速器。

(20)如图 3-72 所示,将发动机/变速器下方的后部连接螺栓拆下。

(21)将变速器从发动机顶出。如图 3-73 所示,同时将液力变矩器用一把螺钉旋具从随动盘中沿箭头方向压出。对着 ATF 泵压下液力变矩器。

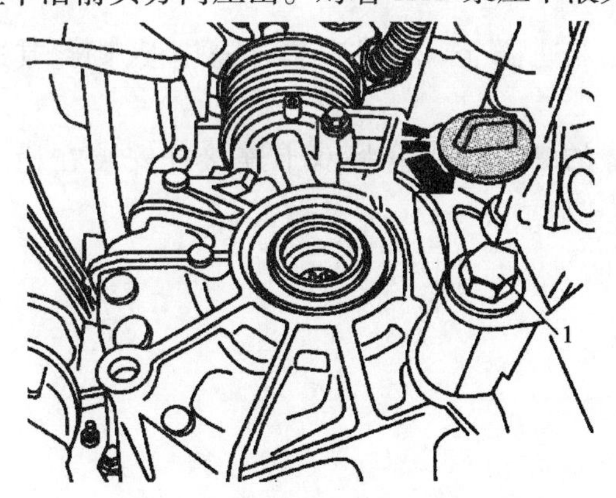

图 3-72　拆卸变速器下方后部连接螺栓

1-连接螺栓

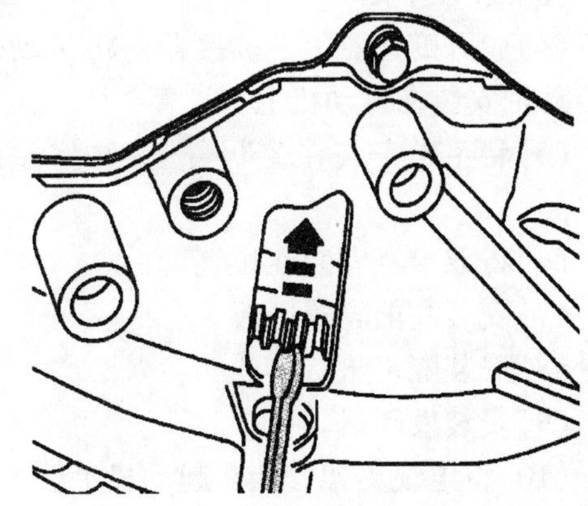
图 3-73　压出液力变矩器

(22)小心地将变速器朝车头方向翻转并降低,直至可以将左传动轴的外滚道通过变速器导向,导向方向如图 3-74 所示,小心地将变速器降低并用一根金属丝将其固定,以防止液力变矩器滑落。

2. 变速器的运输

为了运输自动变速器和安装变速器支架 3282,可使用钩环 10-222A/12。如图 3-75 所示,将钩环固定在变速器壳体上。为防止运输时掉落应固定住液力变矩器。例如使用一根金属丝固定。用吊装设备吊起变速器,放入运输工具中即实现变声器的运输。

图 3-74 传动轴的外滚道通过变速器导向

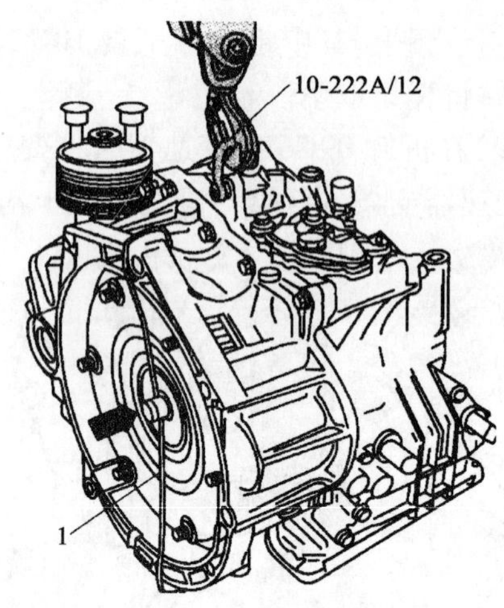

图 3-75 变速器的吊运

1-金属丝

3. 安装变速器

检查:在汽缸体上是否有用于发动机/变速器对中的配合套,必要时予以更换。

(1)将变速器小心地举升,直至左侧传动轴的外滚道紧贴着变速器。将外滚道插入到变速器的花键中。

(2)将变速器穿过动板和配合套并把发动机/变速器后部连接螺栓安装在下面。用插入工具 V175 拆下 6 个变速器螺母。将曲轴旋转 60°。安装盖罩并向下相反方向旋转 90°锁紧。

(3)拆下发动机和变速器举升装置 V. A. G1383A。将所有发动机和变速器举升装置的连接螺栓安装在下面。

(4)脱开变速器上的插接器。将传动轴安装在变速器上。如果安装有隔热板,则将其通过传动轴安装在发动机上。

(5)将主销安装在控制臂上,并将左侧控制臂的螺母拧上。将双卡连接杆安装在稳定杆上。

(6)将双卡箍安装在排气管上。

(7)安装左前轮罩内板。

(8)安装隔声垫。

(9)安装发动机。

(10)将电缆支架安装在起动机上。

(11)将插头插在多功能开关上并按照在电缆支架上。

(12)将冷却液管安装在 ATF 散热器上并将软夹 3093 和 3094 取下。

(13)将选挡杆拉索卡止在变速器的支座上并压到换挡杆上。

(14)将蓄电池支座安装在汽车内并将其与螺栓固定。将管路安装在电控箱上。

(15)连接蓄电池。

(16)安装发动机盖罩。

(17)检查选挡杆拉索。

(18)调整选挡杆拉索。

(19)检查 ATF 液位。

(四)拆卸和安装 ATF 冷却液

ATF 冷却液拆装分解如图 3-76 所示。

1. 拆卸 ATF 冷却器

(1)从发动机上拆下盖板。

(2)断开和连接蓄电池的导线,拆下蓄电池。

(3)打开电控箱的盖子,将管路拧下,旋出蓄电池支架。

(4)将冷却软管的进油管路、回油管路用一个直径 40mm 的软管夹 3093 和一个直径 25mm 软管夹 3094 从 ATF 冷却器处夹紧。

(5)如图 3-77 所示,将 ATF 冷却器从变速器上拆下。

2. 安装 ATF 冷却器

按照拆卸的相反顺序进行。同时注意下列事项:

(1)更新 ATF 冷却器的圆形密封圈。

(2)在安装 ATF 冷却器时,将凸缘装到变速器壳体的开口中。

(3)将螺栓用 36N·m 力矩拧紧。

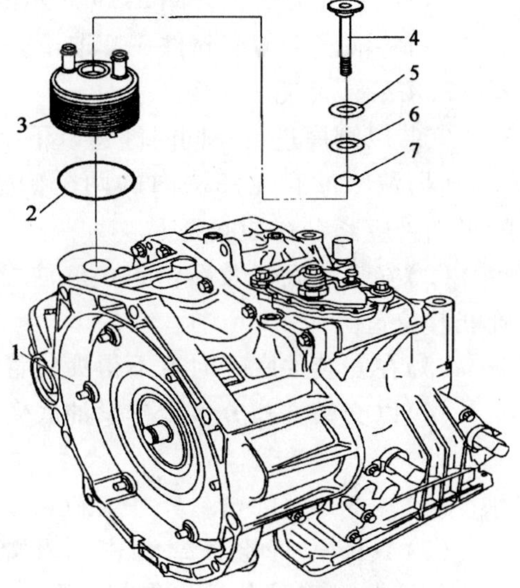

图 3-76 ATF 冷却器拆装分解图

1-变速器壳;2、7-圆形密封圈;3-ATF 冷却器;4-螺栓;5-蝶形弹簧;6-垫圈

(4)检查冷却系统中的冷却液液位。如不足应添加。

(五)更新换挡轴的密封环

1. 拆卸多功能开关 F125。

2. 将换挡轴的密封环用螺钉旋具小心撬出。同时不得损坏换挡轴。

3. 如图 3-78 所示,将新的密封环压入块 T10174 的极限位置,此时密封环不得歪斜。

4. 安装并调整多功能开关 F125。

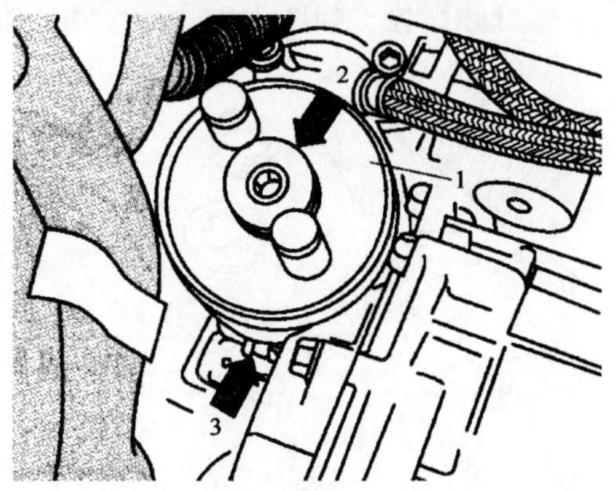

图 3-77 拆卸冷却器

1-冷却器;2-螺栓;3-凸缘拆卸点

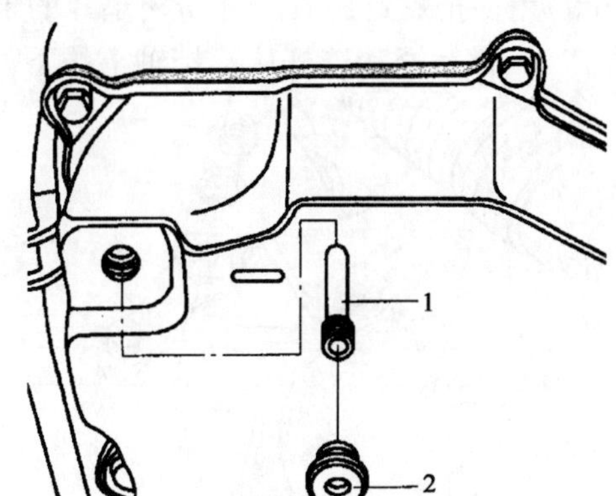

图 3-78 拆卸检查管

1-溢流管;2-检查管

(六)拆卸和安装油底壳

1. 拆卸油底壳

(1)拆卸发动机下的隔声垫。

(2)将收集盘 V. A. G1306 放在下面。

(3)旋出 ATF 检查塞。旋出溢流管,然后排出剩余的 ATF。

(4)以交叉方式松开图 3-79 所示的油底壳螺栓。

(5)将油底壳与密封件一起取下。

2. 安装油底壳

安装以倒序进行。同时注意以下事项:

(1)清洁油底壳凹槽内的两个磁铁。请注意,磁铁的平面处应紧贴在油底壳上。

(2)安装油底壳及新密封垫。注意打开密封件的正确安装位置。

(3)在安装油底壳时有不得夹住管线。

(4)以交叉方式分多步拧紧油底壳的螺栓。

(5)旋入溢流管。

(6)检查螺塞的密封环并更新。

(7)只能先将检查塞和密封环略微拧紧,待加注 ATF 并检查 ATF 液位后再将其拧紧。

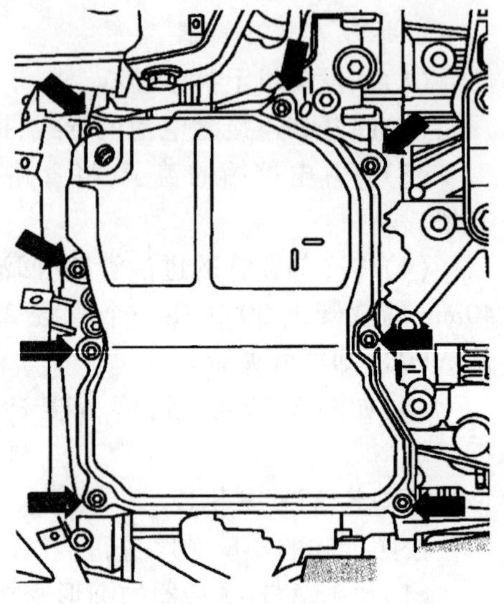

图 3-79　油底壳螺栓

(七)拆卸、安装和调整多功能开关 F125

1. 拆卸多功能开关 F125

(1)将选挡杆换到位置"N"。

(2)关闭点火开关。

(3)将选挡杆拉索从换到轴连杆上用一把开口扳手顶出。

(4)将卡子按在一起将换挡杆拉索从底座上取出。

(5)不要弯折选挡杆拉索。

(6)将插头从多功能开关 F125 上拔下。

(7)如图 3-80 所示,拧下螺母,将弹簧圈和连杆从换挡轴上拔下。

(8)用一把螺钉旋具扳开防松垫片的卡钩。拧下螺母和螺栓。如图 3-81 所示,将多功能开关 F125、弹簧圈和连杆从换挡轴上拔下。

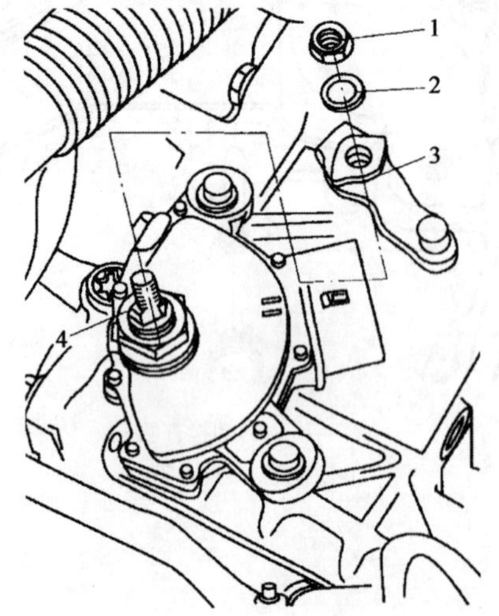

图 3-80　拆卸连杆

1-螺母;2-弹簧圈;3-连杆;4-换挡轴

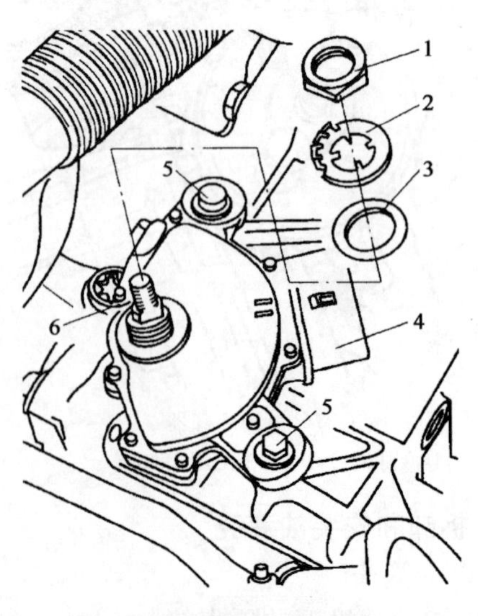

图 3-81　拆卸多功能开关

1-螺母;2-防松垫片;3-连杆;4、6-换挡轴;5-螺栓

2. 安装多功能开关 F125

(1)将多功能开关安装在换挡轴上。

(2)用手拧入紧固螺栓。扳开防松垫片的卡钩。将垫圈装到换挡轴上。卡钩朝向卡钩。将垫圈装到换挡轴上。垫圈的狭长导向部位装入换挡轴的狭长槽中。扳开卡钩将螺母固定在防松垫片上。

(3)调整多功能开关。

(4)将连杆套入换挡轴中。用连杆将变速器切换到挡位“P”,即逆着行车方向按压连杆直至限位位置。

(5)将弹簧圈和螺母装到换挡轴上。将选档杆拉索卡止在变速器的支座上并压到换挡杆上。

3. 调整多功能开关

(1)将选挡杆换到位置“N”。

(2)不要弯折选挡杆拉索。

(3)将调整工具 T10173 装到换挡轴上,然后转动多功能开关 F125,直至调整工具卡止在多功能开关插头的凸缘上。

(4)将调整工具用螺栓固定在换挡轴上,将螺栓拧紧。

(5)将多功能开关调整至合适的位置后,拆下调整工具。

(6)安操纵杆/换挡轴。

三、拆装及检修的工作

1. 清理场地与工具,拆除防护用品及安全装置。

2. 总结。

C 知识拓展

一、维修提示

一次完美的、成功的变速器维修需要最大可能的准确和清洁,好的工具也是个重要的条件。还必须遵循车辆维修的一般性安全基本守则。

1. 工具

拧紧力矩较小的小螺栓易产生不安全性,对于这些螺栓的拧装可以使用力矩扳手 V. A. G1783,如图 3-82 所示。

2. 变速器

(1)如果变速器盖板已拧下或变速器无油,则不要起动发动机,也不要牵引汽车。

(2)首先彻底清洁连接位置及其周围区域,然后松开连接。

(3)安装变速器时请注意发动机与变速器之间定位套的正确位置。

(4)将拆下的零件放在干净的垫板上并盖住,以免脏污。

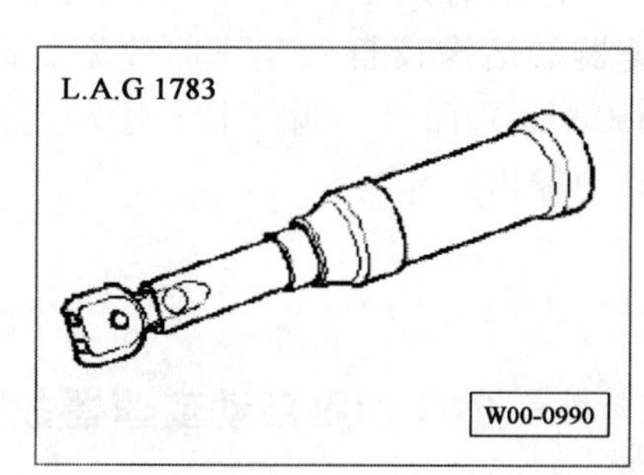

图 3-82　力矩扳手

(5)使用薄膜和纸张。不要使用纤维质的抹布。

(6)只允许安装干净的零件,安装前才从包装中取出配件。

(7)如果无法立即进行维修,那么应仔细地将已打开的部件盖住或密闭。

3. 密封件、密封环和油

(1)原则上更新圆形密封圈、密封环和密封件。

(2)在安装径向轴密封环之前,将密封唇之间的空隙用密封油脂 G052128 涂抹。

(3)密封环开口的一侧应指向机油。

(4)安装后检查 ATF 液位。

4. 螺栓、螺母

(1)将用于固定盖罩与壳体的螺栓或螺母沿对角松开或拧紧。

(2)规定的拧紧力矩适用于未上油的螺栓和螺母。

(3)用钢丝刷清洁螺栓螺纹。随后涂防松剂装入螺栓。

(4)用丝锥清洁所有用于自锁螺栓的螺纹孔,以便清除残余防松剂。否则再次拆卸时可能导致螺栓折断。每次都要更新自锁螺栓和螺母。

5. 电气部件

如果您接触到金属部件,肯定会受到电击。其原因是身体上产生的静电。接触变速器和换挡操纵机构的电气部件时,静电可能会导致功能故障。

进行电气部件方面的工作前,请先接触接地物体,例如升降台或者水管。不要直接接触摸插头触点或"无绝缘保护"的电子零部件。

6. 引导型故障查询、汽车自诊断和测量技术

在对自动变速器维修作业之前,必须借助"引导型故障查询"以尽可能准确查明故障原因。通过引导型故障查询——车辆自诊断、测量与信息系统 VAS5051 来完成。

二、DSG 变速器

DSG 称为直接换挡变速器,是基于手动变速器发展而来的。

DSG 内含两台自动控制的离合器,由电子控制及液压推动,能同时控制两组离合器的运作。当变速器运作时,一组齿轮啮合,而接近换挡之时,下一组挡段的齿轮已被预选,但离合器仍处于分离状态;当换挡时一具离合器将使用中的齿轮分离,同时另一具离合器啮合已被预选的齿轮,在整个换挡期间能确保最少有一组齿轮在输出动力,令动力输出没有出现间断的状况。

DSG 有别于一般的半自动变速器系统,它是基于手动变速器而不是自动变速器,手动变速器的结构较自动变速器效率更高,所能承受的扭矩也更大(目前 TT 上的 DSG 可以承受 350N·m),而 DSG 除了拥有手动变速器的灵活及自动变速器的舒适外,它更能提供无间断的动力输出。

D 案例分析

一、09G 速腾自动变速器故障检修

案例 1

(1)故障现象:速腾 09G 自动挡,多功能显示器挡位指示变成红色。

(2)故障检修:通过 VAS5051 检测仪检测故障码是 F189 多功能开关的偶发性故障,当时故障码可以清除,但行驶一段时间后还会出现。F189 位置传感器位于变速杆总成内,维修人员拆下换挡操纵机构后发现变速杆上的一个塑料件脱落,上面有两块小磁铁,根据挡位感应原理,磁铁与电路板上电器件相对位置的改变产生挡位位置信号(手动、自动、加挡、减挡),控制单元由此识别变速杆的位置,由于磁铁的脱落,控制单元无法识别挡位信号而产生 F189 故障码。

(3)故障排除:更换换挡机构总成后,试车故障排除。事后向车主了解,该车前部曾发生过碰撞,分析由于惯性变速器向前移动带动换挡拉索促使换挡机构局部出现微裂,从而引发接触不良,控制单元记忆故障码。

案例 2

(1)故障现象:速腾装备 09G 自动变速器,在 3 挡升 4 挡或 4 挡升 5 挡,锁止离合器向"打开"状态转化时,发动机发生空转,现象与执行机构的离合器打滑相同。

(2)故障检修:经过拆检,发现为锁止离合器摩擦片部分脱落或活塞偏磨造成,故障发生点是离合器在"控制"状态。当锁止离合器彻底磨光,进一步造成活塞磨损后,由"控制"或"锁止"向"打开"转换时造成液力打滑。液力打滑判断的有效方法是:设法锁止离合器始终处于"打开"状态,在升挡时就不会发生过大的打滑现象。锁止离合器严重磨损后,涉及活塞就会发生磨损,造成活塞的前后两腔容积发生变化,在锁止离合器由"关闭"或"控制"状态转向"打开"状态转换时,前腔的压力得不到迅速补偿(磨损造成了容积增大,所需供油增加)而发生打滑。

(3)故障排除:对该自动变速器修理的方法是:先将其分解清洗,更换损坏部件,装复后故障排除。

任务 3　悬架系统拆装工艺

R 任务描述

一辆 2006 款速腾轿车,行驶中突然出现异响,尤其在不平路面上转弯时,开到 4S 店,经技术人员检查后诊断为减振器有故障,需要拆装检修。维修服务顾问安排由你及你的团队完成减振器的拆装检修任务。

Z 知识目标

1. 描述速腾轿车悬架系统的结构和技术参数;

2. 正确叙述速腾轿车悬架系统拆装项目。

N 能力目标

1. 能根据工艺要求和维修手册制订汽车悬架的拆装工艺流程;

2. 在规定的时间内,按照安装工艺流程和技术要求,正确、安全使用工具和设备,完成汽车悬架总成的拆装。

S 素质目标

安全与防护,车间 5S 管理,合作、交流、沟通能力的培养。

A 相关知识

一、速腾2006款轿车悬架系统技术参数

2006款速腾6挡手自一体轿车的前悬架采用麦弗逊式独立悬架，后悬架采用多连杆独立悬架。

(一)前桥的拧紧力矩

副车架、控制臂、稳定杆、摆动支撑、减振支柱、万向传动轴、车轮轴承壳体的拧紧力矩分别如表3-8、表3-9、表3-10、表3-11、表3-12、表3-13、表3-14所示。

副 车 架　　表3-8

螺栓连接	螺纹	拧紧力矩(N·m)
在车身上	M12×1,5×100	70°+90°
安装到托架上	M12×1,5×75	70°+90°
将托架安装到车身上	M12×1,5×90	70°+90°
隔板安装	M6 自攻	6

控 制 臂　　表3-9

螺栓连接	螺纹	拧紧力矩(N·m)
安装到托架上	M12×1,5×11	70°+180°
安装到主销上	M10	60
将支撑座安装到车身上	M12×1,5×90	70°+90°
将支撑座安装到托架上	M10×76	50°
将左前整车水平传感器-G78-安装在控制臂上	M6	9

稳 定 杆　　表3-10

螺栓连接	螺纹	拧紧力矩(N·m)
在副车架上	M8×80	20°+90°
安装到连接杆上	M12	65
连接杆安装到减振支柱上	M12	65

摆 动 支 撑　　表3-11

螺栓连接	螺纹	拧紧力矩(N·m)
在副车架上	M14×1,5×70	100°+90°
安装到变速器上	M10×35;M10×75	40°+90°

减 震 支 柱　　表3-12

螺栓连接	螺纹	拧紧力矩(N·m)
在车身上	M8×26	15°+90°
安装到车轮轴承壳体上	M12×1,5	70°+90°
减振支柱轴承安装到活塞杆上	M14×1,5	60

万向传动轴 表3-13

螺栓连接	螺纹	拧紧力矩(N·m)
带车轮轴承的轮毂上	M16×1,5×80	15°+90°
安装到变速器凸缘上,首先用10N·m的扭矩预拧紧,然后沿对角以拧紧	M8×48 M10×52 M10×23	40 70 70

车轮轴承壳体 表3-14

螺栓连接	螺纹	拧紧力矩(N·m)
带车轮轴承的轮毂安装	M12×1,5×45	70°+90°
主销安装	M12×1,5	60
盖板安装	M6×10	10
前轮转速传感器安装	M6×16	8
转向横拉杆安装	M12×1,5	20°+90°

(二)后桥的拧紧力矩

副车架、左后整车水平传感器G76、车轮轴承壳体、纵控制臂、稳定杆的拧紧力矩分别如表3-15、表3-16、表3-17、表3-18、表3-19所示。

副 车 架 表3-15

螺栓连接	螺纹	拧紧力矩(N·m)
在横控制臂下	M12×1,5×45	70°+90°
在横控制臂上	M12×1,5	60
盖板安装	M6×10	10
前轮转速传感器安装	M6×16	8
转向横拉杆安装	M12×1,5	20°+90°

左后整车水平传感器G76 表3-16

螺栓连接	螺纹	拧紧力矩(N·m)
在副车架上	M5×20	5
在横控制臂上	M5×20	5

车轮轴承壳体 表3-17

螺栓连接	螺纹	拧紧力矩(N·m)
在横控制臂下	M12×1,5	90°+90°
在横控制臂上	M14×1,5	130°+90°
在转向横拉杆上	M14×1.5	130°+90°
带车轮的轮毂上	M16×1.5×70	180°+180°
在转速传感器上	M16×16	9
盖板安装	M6×16	10

纵控制臂 表3-18

螺栓连接	螺纹	拧紧力矩(N·m)
安装到车轮轴承壳体上	M14×1.5×70	180
安装到减速器支座上	M10×1.0	25
在车身上	M10×35	50+45°

稳定杆 表3-19

螺栓连接	螺纹	拧紧力矩(N·m)
在副车架上	M8×35	20°+90°
安装到连接杆上	M10	40
连接杆安装到车轮轴承壳体	M10	40

B 实训操作内容

一、实训之前工作

(一)车辆及工具准备

速腾轿车一辆、汽车维修专用工具一套。

(二)实训注意事项

1. 在断开蓄电池之前,对于有防盗码的无线电设备,应询问设码情况。
2. 关闭点火开关后断开蓄电池接地线。
3. 如果蓄电池再次被连接,注意电气装置。
4. 在整个支承面和接触面上涂油脂。

二、拆装及维修步骤

拆卸和安装副车架、稳定杆、车轮悬挂臂时可参照分解图3-83所示进行。

安装时注意:不允许焊接和矫正车轮悬架装置的承重和车轮导向部件。每次都要更换自锁螺母,更换锈蚀的螺栓或螺母。

(一)拆卸和安装前副车架

1. 所需要的专用工具和维修设备(如图3-84所示)

2. 拆卸副车架

(1)拆下下部隔音垫。

(2)拆卸车轮,拧下汽车左右两侧的螺母。将车轮悬挂臂从球头节上拉出。从副车架上拆下排气装置保持架。

(3)如图3-85所示,拆卸隔声垫板上的螺栓。

(4)拆卸隔热板上的螺栓,取下副车架保持架。拆下副车架的隔热板。

(5)拧出摆动支撑螺栓,从变速器上拆下摆动支撑。

(6)拧出螺栓14,从变速器上拆下摆动支撑。此时拧出图3-86所示的下列部件的螺栓:转向器3和6,稳定杆11和16,副车架4、5、12、15。

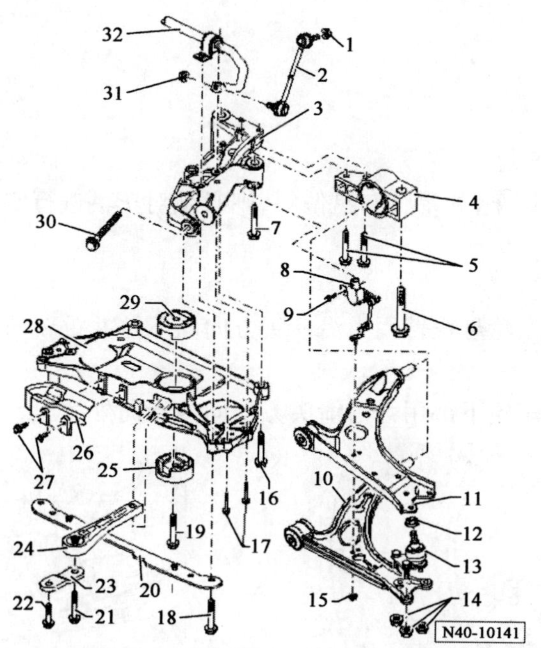

图 3-83　副车架、稳定杆、车轮悬挂臂分解图

1-螺母;2-连接杆;3-托架;4-支撑座;5-六角螺栓;6-六角螺栓;7-六角螺栓;8-左前整车水平传感器-G78-;9-六角螺栓;10-控制臂;11-控制臂;12-螺母;13-主销;14-螺母;15-螺母;16-六角螺栓;17-六角螺栓;18-六角螺栓;19-六角螺栓;20-动力传动系保护底板的卡箍;21-六角螺栓;22-六角螺栓;23-支架固定在摆动支撑上;24-摆动支撑;25-摆动支撑下部橡胶金属支座;26-隔板;27-星形螺栓;28-副车架;29-摆动支撑上部橡胶金属支座;30-六角螺栓;31-六角螺母;32-稳定杆

力矩扳手 V.A 1331

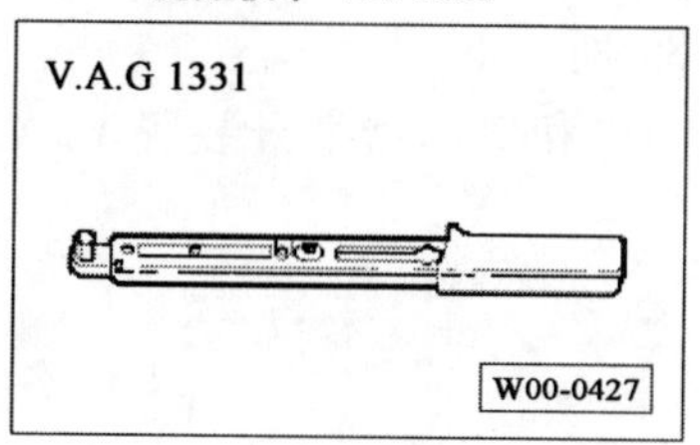

力矩扳手 V.A.G 1332

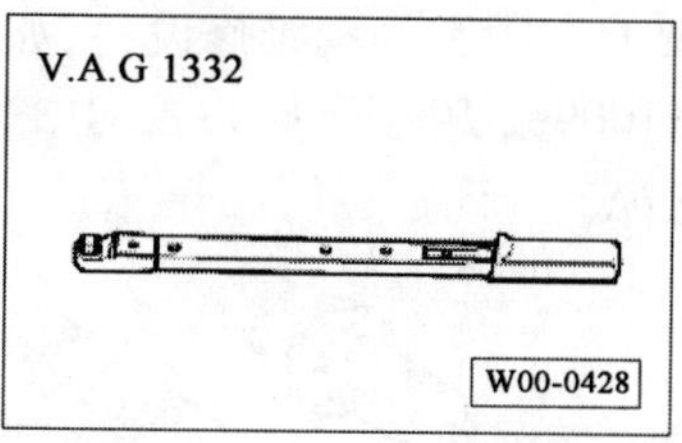

图 3-84　力矩扳手

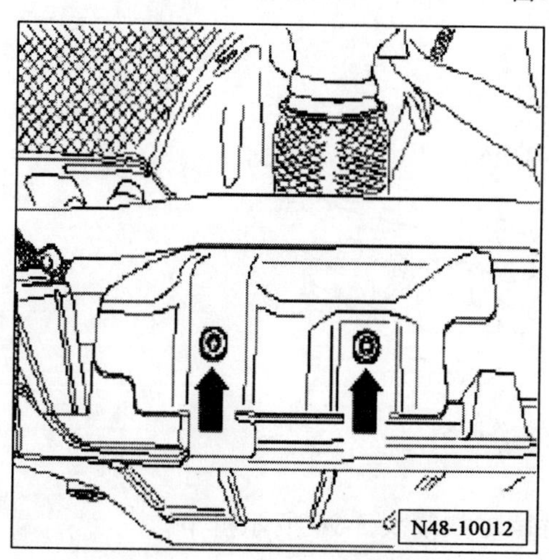

图 3-85　拆卸隔声垫板固定螺栓

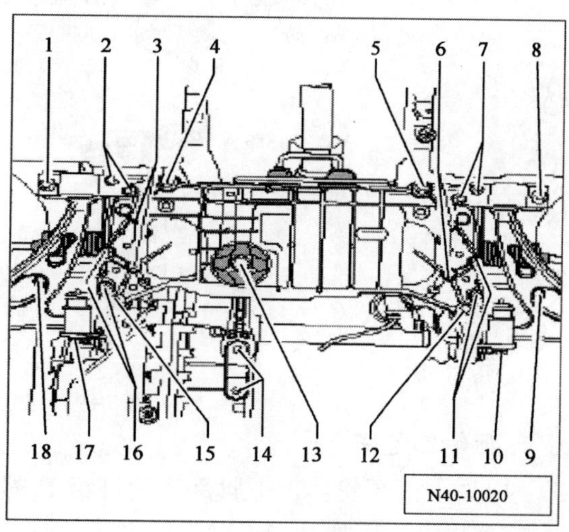

图 3-86　拧出螺栓

3. 安装副车架

(1)拧紧各部螺栓。

(2)装上车轮。

(3)安装隔声垫并拧紧。

在维修结束后进行试车,如果转向盘偏斜,则必须对车辆进行定位检测。

(二)检查球头节

1. 检查轴向间隙

如图3-87所示,将车轮悬挂臂用力沿箭头方向向下拉并重新向上压。

2. 检查径向间隙

如图3-88所示,将车轮下部用力沿箭头方向向内和向外按压。

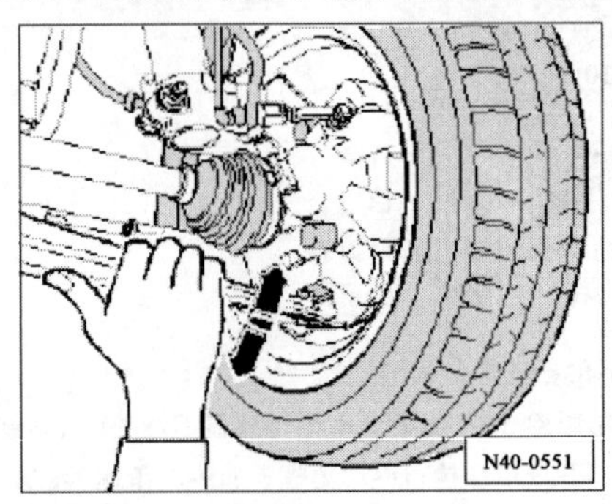

图3-87 检查轴向间隙

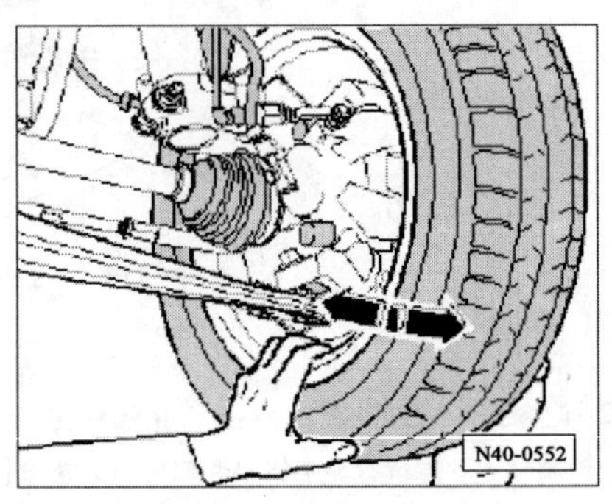

图3-88 检查径向间隙

(三)拆卸和安装稳定杆

拆卸所需要的专用工具和维修设备,如图3-89所示。

固定工装T10096,力矩扳手V. A. G1332,发动机和变速器举升装置V. A. G1383A,球形万向节拔出器3287A。

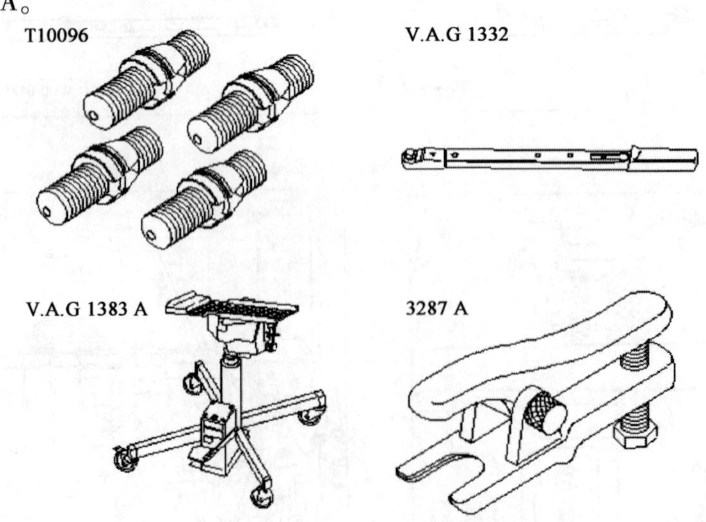

图3-89 专用工具和维修设备

1. 拆卸稳定杆

(1)拆下前车轮。拆下脚部空间饰板1,然后将螺母如箭头3-90所示拆下。

(2)如图3-91所示,拧出螺栓,并将万向节从转向机构上拆下。

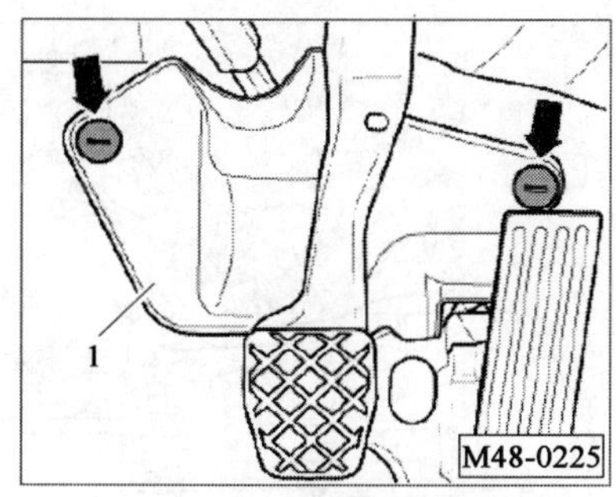

图 3-90　拆卸万向节

1-饰板

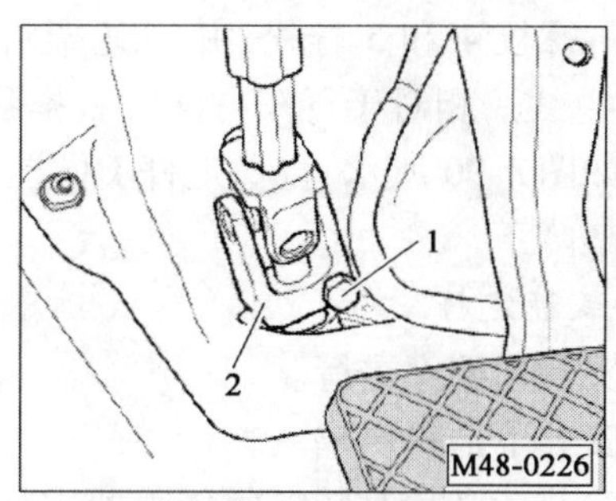

图 3-91　拆卸脚部空间饰板

1-螺栓;2-万向节

(3)拆下下部隔声垫,从稳定杆上拆下连接杆。

(4)拧松图 3-92 箭头所示的螺母。把螺母从转向横拉杆两侧松开,但不要拧下。为了保护螺纹,将轴拧上几圈。

(5)将转向横拉杆头用球形万向节拔出器 3387A 从车轮轴承体上顶出。用托架固定副车架,如图 3-93 所示。

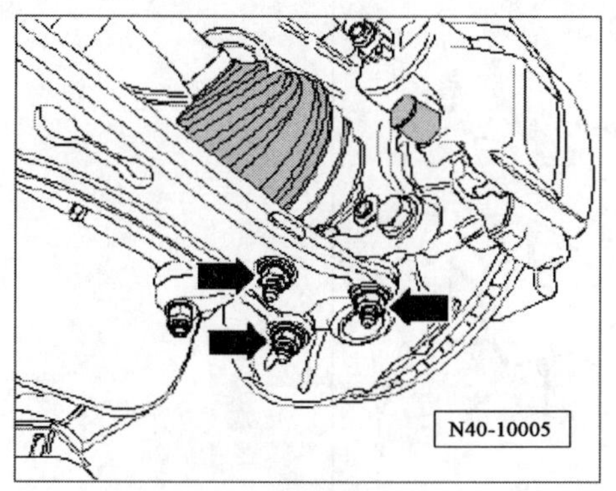

图 3-92　拧松螺母

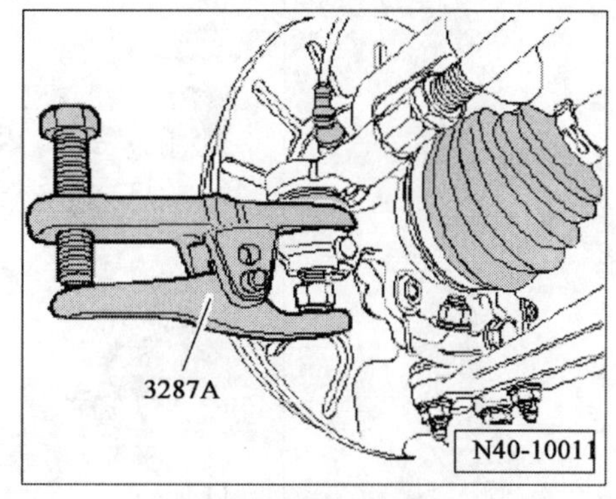

图 3-93　拆卸转向横拉杆头

(6)将稳定杆 11 和 16 从副车架上拧下。拆下变速器的摆动支撑,然后将螺栓 14 拧下,如图 3-94 所示。

(7)将发动机/变速器举升装置 V. A. G1383A 安装在副车架下,如图 3-95 所示。例如,将一块木头 1 放到发动机和变速器举升装置 V. A. G1383A 和副车架之间。

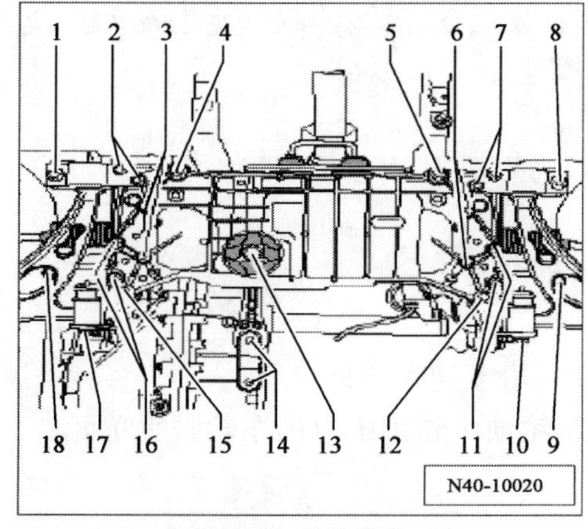

图 3-94　拧松螺母

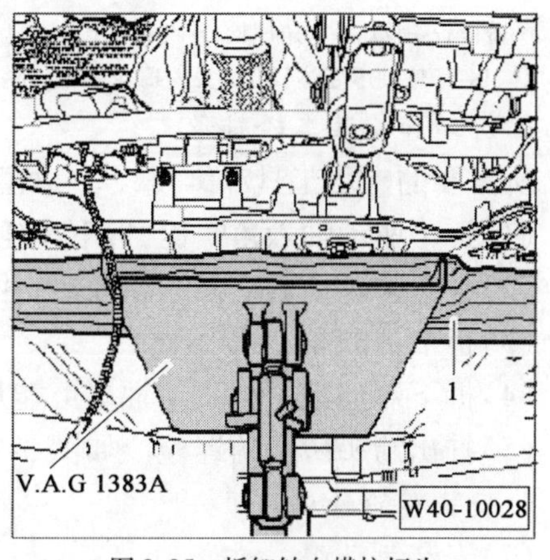

图 3-95　拆卸转向横拉杆头

(8)将螺栓4和5拧松，并用托架将副车架降低些。同时观察电线。相对于行车方向向右推稳定杆。

(9)如图3-96所示，将稳定杆1向前抬升并越过托架2从副车架降下。

2. 安装稳定杆

(1)安装以倒序进行。

(2)安装下部隔声垫。

(3)安装后必须对转向角传感器进行检测。

在维修后进行试车，如果在这个过程中转向盘偏斜，则必须对车辆进行定位检测。

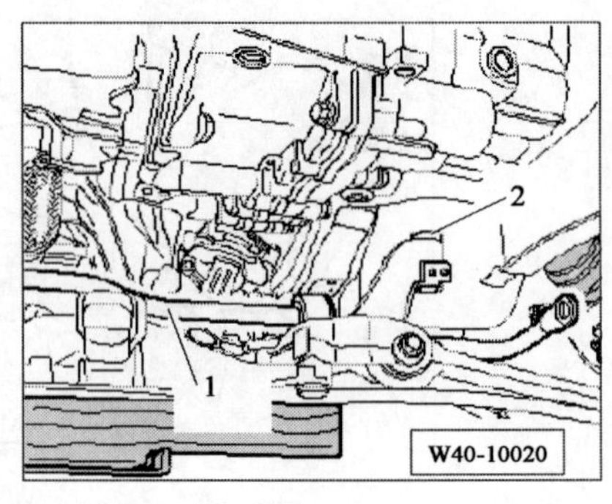

图3-96　拆下稳定杆

1-稳定杆；2-副车架

(四)拆卸和安装车轮轴承

拆卸和安装车轮轴承可参照分解图如图3-97所示进行。

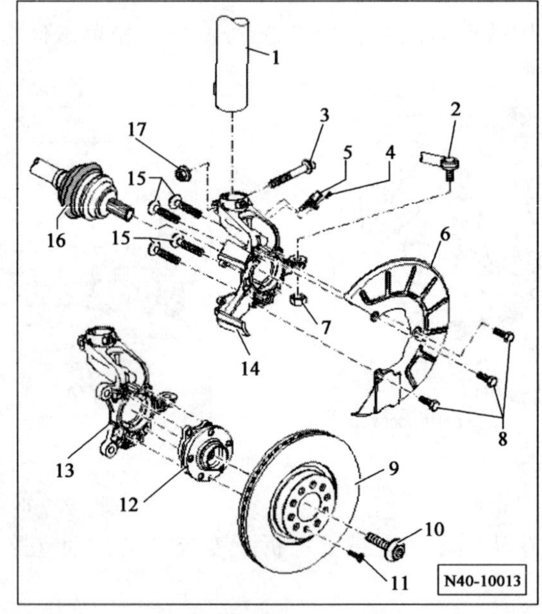

图3-97　车轮轴承分解图

1-减振支柱；2-转向横拉杆头；3-圆头内梅花螺栓；4-内六角螺栓；5-左前转速传感器G47/右前转速传感器G46；6-盖板；7-螺母；8-六角螺栓；9-内通风式制动盘；10-六角螺栓；11-螺栓；12-带车轮轴承的轮毂；13-车轮轴承壳体；14-车轮轴承壳体；15-圆头内梅花螺栓；16-万向传动轴；17-螺母

1. 拆卸和安装车轮轴承

所需要的专用工具和维修设备：如图3-98所示，力矩扳手V. A. G1332。

(1)拆下驱动轴六角螺栓，拆下车轮。

(2)拧下带驱动器支架的制动钳，并用钢丝挂到车身上。

(3)拆下ABS转速传感器。

(4)拆下制动盘。将驱动轴尽可能从轮毂中压出(沿变速器方向)。

(5)拧出箭头所示的螺栓。如图3-99所示，从车轮轴承壳体中取出车轮轴承单元。

2. 安装车轮轴承

(1)安装制动钳。

(2)拧紧驱动轴六角螺栓。

提示:车辆不得着地,否则车轮轴承会受到损坏。

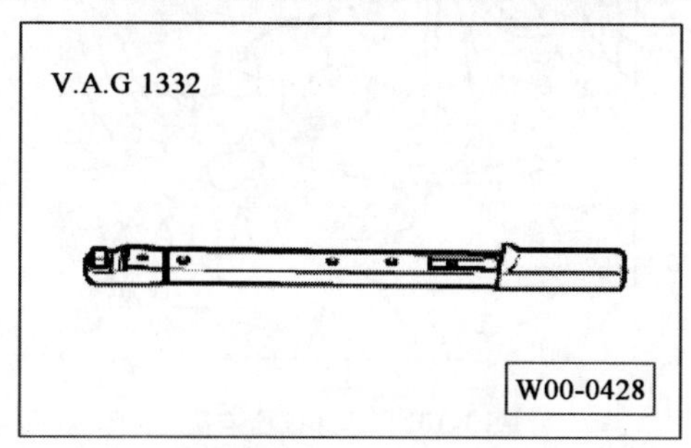

图3-98　力矩扳手

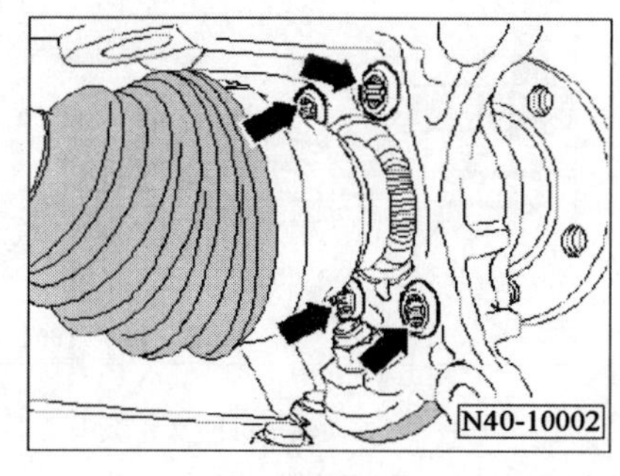

图3-99　拆卸六角螺栓

(3)安装ABS转速传感器。

(五)拆卸和安装车轮轴承壳体

1. 拆卸车轮轴承壳体

所需要的专用工具和维修设备,如图3-100所示。

球形万向节拔出器3287A,力矩扳手V. A. G1332,发动机和变速器举升装置V. A. G1383,旋转角扳手V. A. G1756。

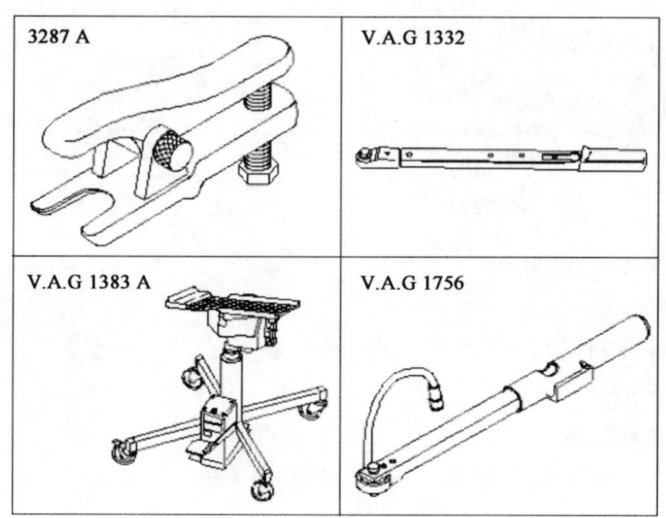

图3-100　专用工具和维修设备

(1)拧下驱动轴六角螺母,拆下车轮。

(2)拆下带制动器支架的制动钳,并用钢丝挂到车身上。

(3)拆下制动盘。

(4)将盖板从车轮轴承壳体上拆下。

(5)松开转向横拉杆头上的螺母,但不要拧出。为了保护螺纹,将螺母在轴颈处拧上几圈。

(6)将转向横拉杆用球形万向节拔出器3287A从车轮轴承壳体上顶出,并将螺母拧下。

(7)将驱动轴尽可能从轮毂中压出(沿变速器方向),如图3-101所示。

(8)拆下车轮轴承壳体和减振器的螺栓连接箭头断开,如图3-102所示。

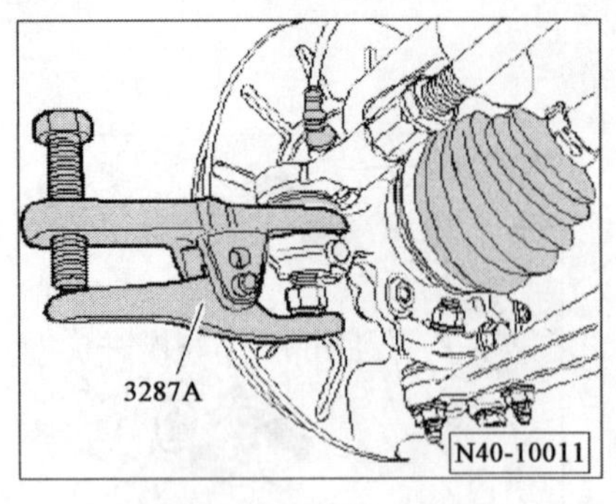

图 3-101　将驱动轴尽可能从轮毂中压出

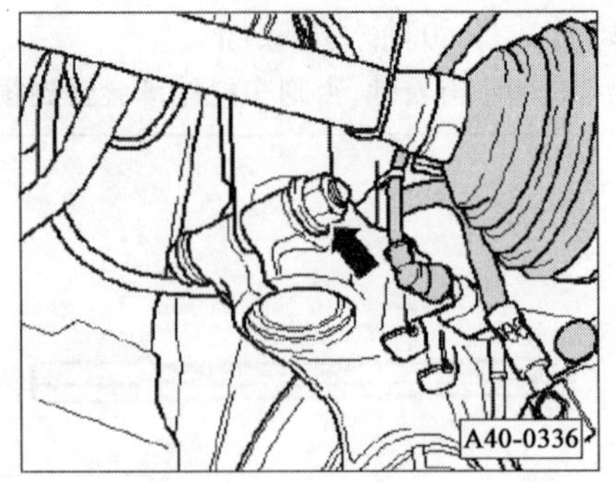

图 3-102　拆卸螺栓连接

(9)如图 3-103 所示,把推出器 3424 装入到车轮轴承壳体的开槽内。将棘轮旋转 90°并将其从撑开器 3424 上拨下。

(10)拧松如图 3-104 箭头所示的螺母。将发动机和变速器举升装置 V. A. G1383A 放置在车轮轴承壳体下。首先将控制臂主销从控制臂上压下,以便然后将车轮轴承壳体从减振支柱上拆下。

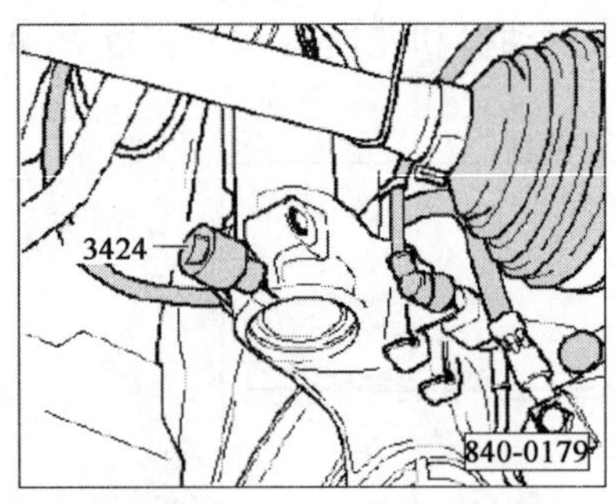

图 3-103　装入撑开器 3424

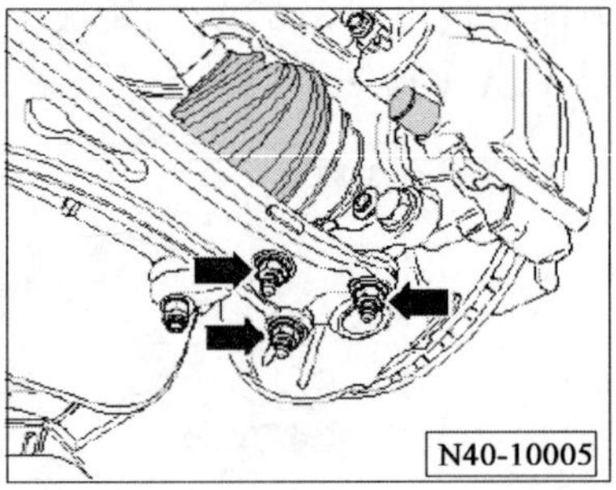

N40-10005

图 3-104　拧松螺母

2. 安装车轮轴承壳体

安装以倒序进行,同时要注意以下几点:如果更换了车轮轴承壳体,则汽车必须进行定位检测。

(六)拆卸和安装减振器

拆卸减振器时,可参照车轮悬架分解图如图 3-105 所示。

1. 拆卸减振器

所需要的专用工具和维修设备,如图 3-106 所示。

(1)松开驱动轴六角螺栓,拆下车轮。如图 3-107 所示,将连接杆的六角螺母从减振器上拧下。从减振器支柱上松开转速传感器导线。

(2)拧出螺母,从车轮悬挂臂拉出带球头节的车轮轴承壳体。将驱动轴的外万向节从轮毂上拉出。用钢丝将驱动轴固定在车身上,如图 3-108 所示。

推出器 3424,力矩扳手 V. A. G-1332,发动机和变速器举升装置 V. A. G1383A,固定架 T10149。

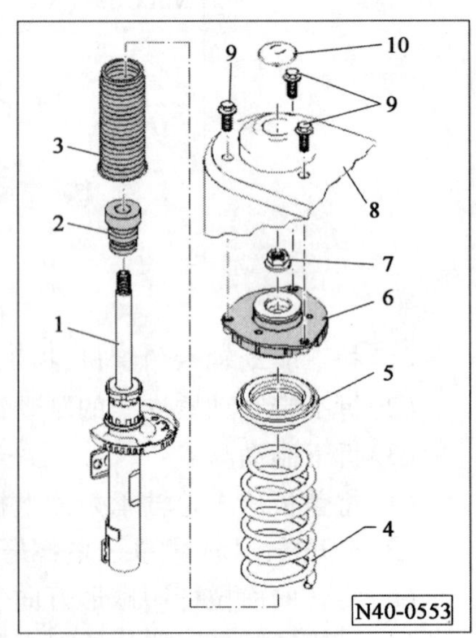

图 3-105　车轮悬架分解图

1-缓冲器;2-止挡缓冲件;3-护罩;4-螺旋弹簧;5-推力球轴承;6-减振支柱支座;7-六角螺母;8-减振支柱罩;9-六角螺栓;10-护罩

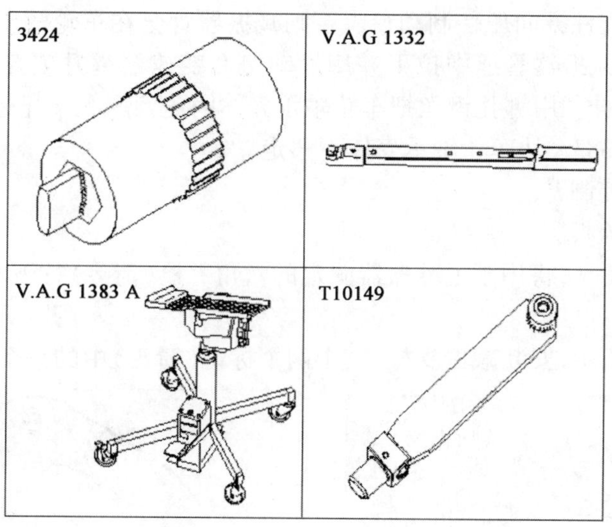

图 3-106　专用工具和维修设备

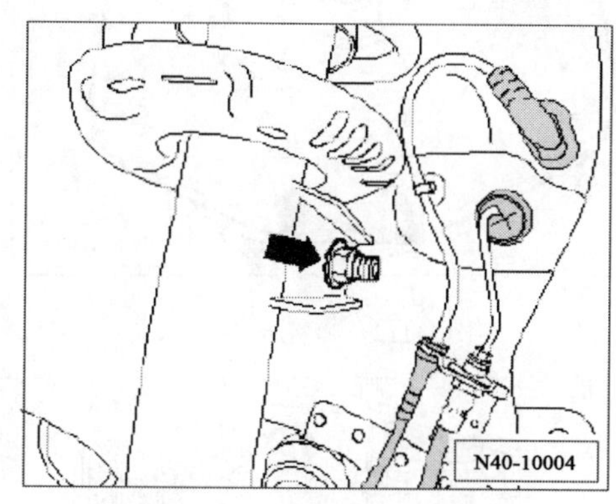

图 3-107　拆卸连接杆六角螺栓

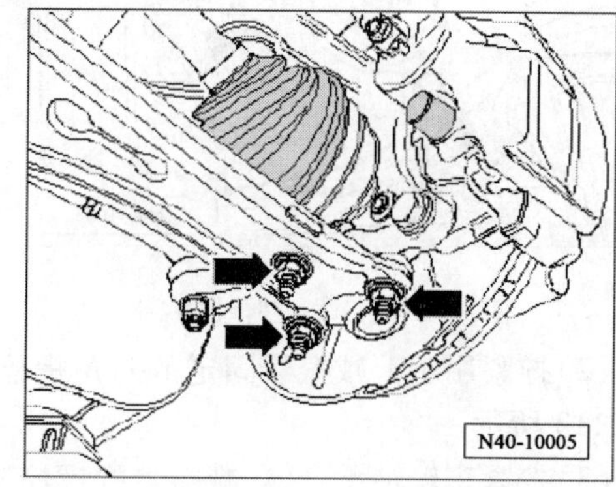

图 3-108　拧出螺母

提示：驱动轴不等吊着，否则内万向节会由于过度弯曲而损坏。将主销和控制臂重新拧在一起，用一个车轮螺栓将发动机和变速器举升装置 V. A. G1383A 及定位件 T10149 固定在轮毂上。

(3)将车轮轴承壳体和减振支柱的螺栓连接箭头(图 4-109)分开。

(4)如图 4-110 所示，把推出器 3424 装入到车轮轴承壳体的开槽内。将棘轮旋转 90°并将其从撑开器 3424 上拔下。

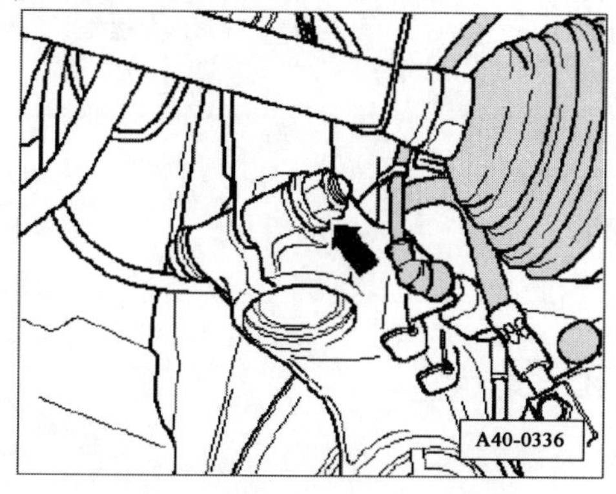

图 3-109　拆卸车轮轴承壳体减振器螺栓连接

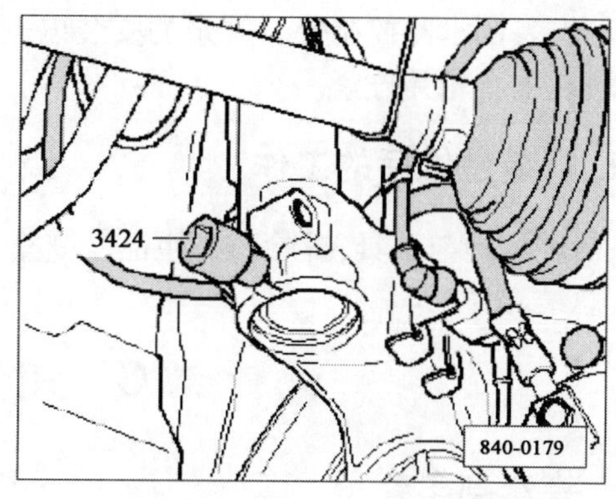

图 3-110　把撑开器装入车轮轴承壳体开槽内

(5)用手向减振支柱方向压住制动盘。否则减振器管会在车轮轴承壳体的孔中歪斜。将车轮轴承壳体向下从减振器管道中拉下并用发动机和变速器举升装置 V. A. G1383A 降低直至减振器管道自由悬挂。用绑扎钢丝把车轮轴承壳体固定到副车架托架上。将发动机和变速器举升装置 V. A. G-1383A 从车轮轴承壳体下移走。

(6)拆下刮水器控制臂。

(7)拆卸排水槽盖板。

(8)如图 3-111 所示,将用于上减振器固定的六角螺栓(箭头)拧下并将减振支柱取出。

2. 安装减振器

(1)如图 3-112 所示,安装减振支柱,其中两个标记(箭头)中的一个必须朝向行驶方向。

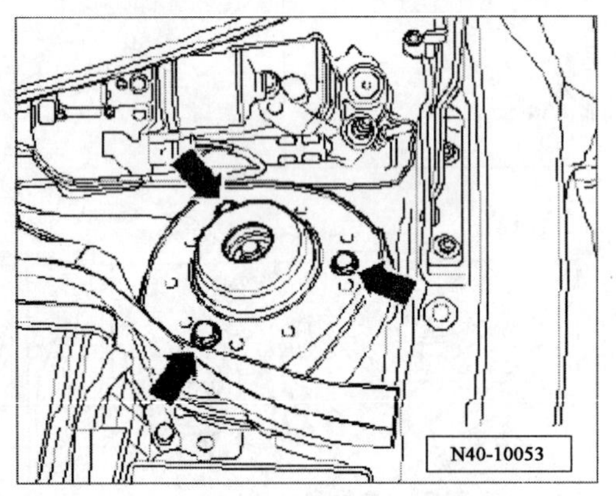

图 3-111　拆卸减振器固定螺栓

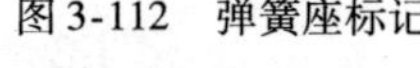
图 3-112　弹簧座标记

(2)拧紧用于上减振器固定的六角螺栓(箭头),如图 3-113 所示。

(3)拧紧车轮轴承壳体/减振器的螺栓连接。

(4)拧出螺母。把驱动轴装入轮毂内。

(5)将带球头节的车轮轴承壳体安装在车轮悬挂臂中。

(6)将球头节与车轮悬挂臂拧在一起。

提示:注意不要损坏和扭转橡胶密封罩。

安装排水槽盖板。

(7)安装刮水器控制臂。其余的安装以倒序进行。

(8)装上车轮并拧紧。

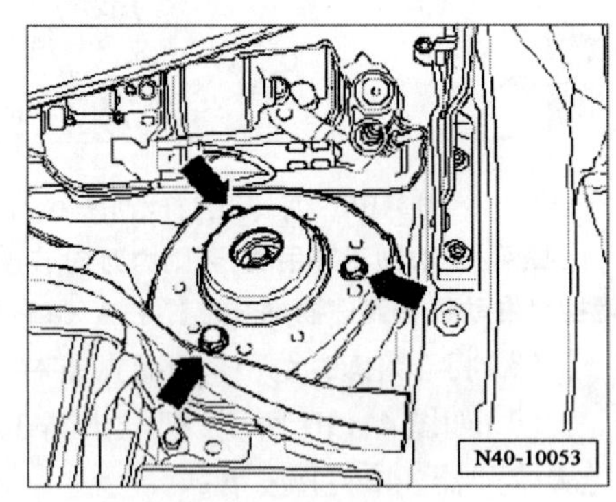

图 3-113　拧紧六角螺栓

三、拆装检修后的工作

1. 清理场地与工具,拆除防护用品及安全装置。

2. 总结。

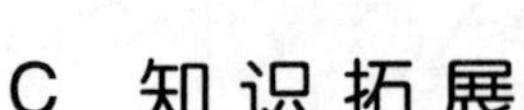

C　知识拓展

一、维修副车架

1. 所需要的专用工具和维修设备,如图 3-114 所示。

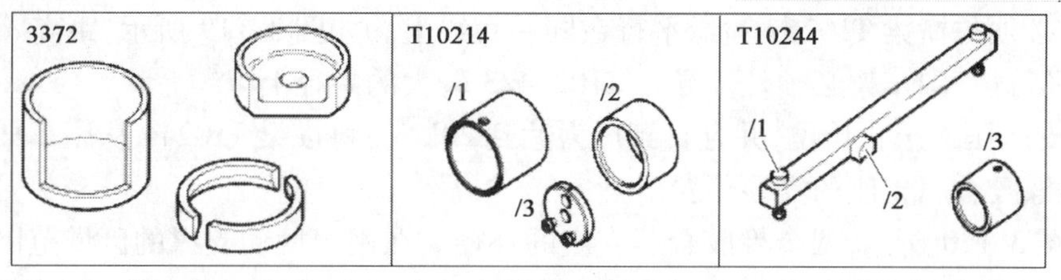

压出工具 3372　　装配工具 T10214　　装配工具 T10214

图 3-114　专用工具和维修设备

2. 压出橡胶金属支座。

(1)拆下副车架。

(2)将横梁 T10244 安装在副车架上,用保险销锁紧保险螺栓。同时按图 3-115 所示压出两个橡胶金属支座。

二、维修提示

压块 3372/1 平整侧在使用时必须朝向横梁 T10244 的部件 A,否则会损坏部件 A。导管 T10244/3 有一个较大的和一个较小的内径。副车架必须位于导管 T10244/3 较大的内径上。

(1)如图 3-116 所示,用原装螺栓拧紧两个橡胶金属支座,其中箭头所示的横截面必须准确相接。

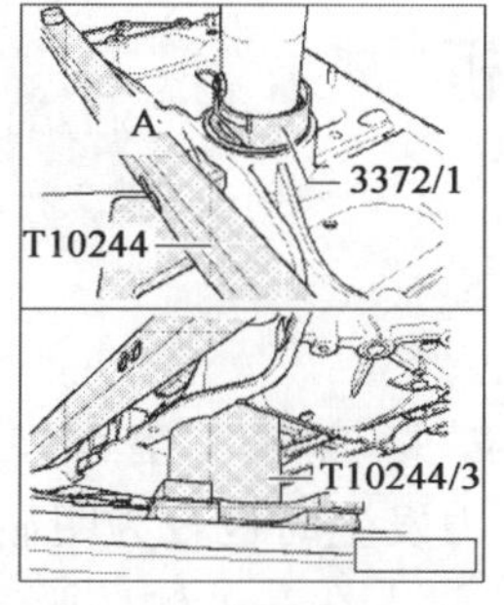

图 3-115　将横梁 T10244 安装在副车架上

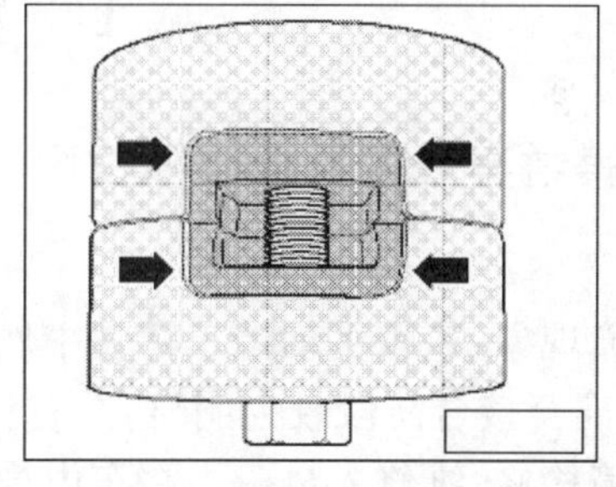

图 3-116　拧紧两个橡胶金属支座

(2)如图 3-117 所示,将橡胶金属支座放入大内径的管 T10214/2 中。

(3)如图 3-118 所示,压入橡胶金属支座,直至达到尺寸 a(2 ~ 3mm)。

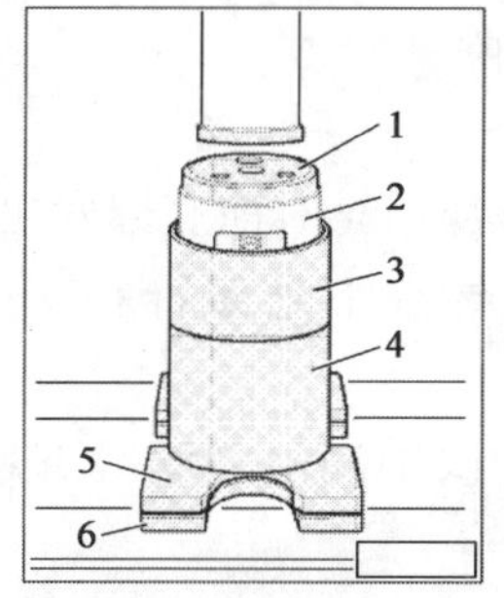

图 3-117　将橡胶金属支座放入大内径的管

1-压块 T10214/3;2-橡胶金属支座;3-导管 T10214/2;4-导管 T10214/1;5-压块 VW401;6-压块 VW402

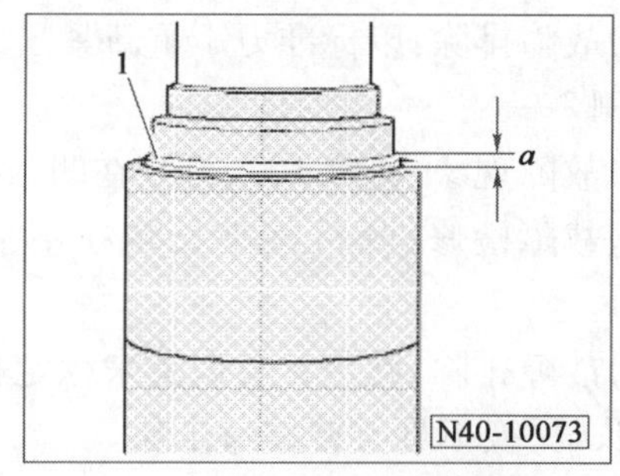

图 3-118　压入橡胶金属支座

(4)调整已压入橡胶金属支座的管 T10214/2 在副车架上的位置。同时橡胶金属支座内中心的边缘必须与横梁 T10267 边缘平行在同一直线上。如图 3-119 所示,距离 a 必须左右一致,以确保平行性,副车架必须位于导管 T10244/3 较大的内径上。

(5)将支座压入至止挡位,并且直到压力达到 20kN。将横梁 T10244 从副车架上拆下并检查被压入的橡胶金属支座的安装位置。

(6)如图 3-120 所示,两个橡胶金属支座的外径 1 在用于摆动支撑的区域范围内不得超出边缘 2mm。橡胶金属支座的横截面必须位于副车架的开口中央。在橡胶金属支座之间允许存在箭头所示的间隙。

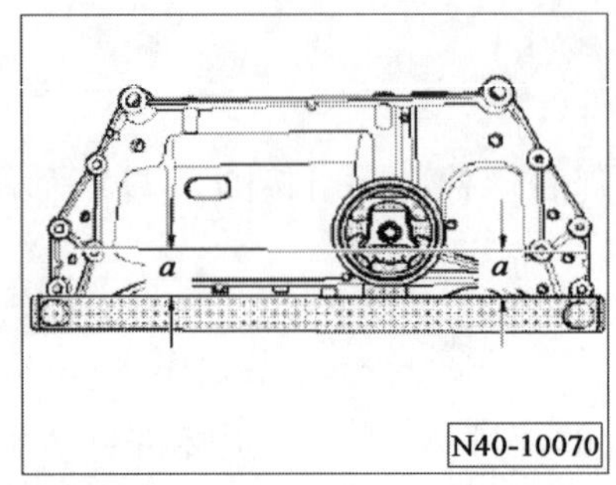

图 3-119　距离 a 必须左右一致

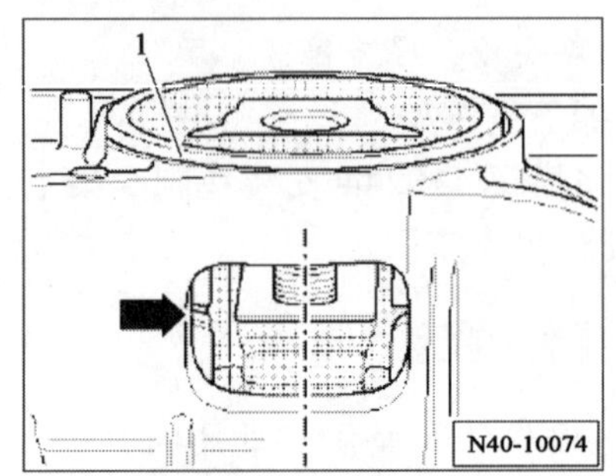

图 3-120　两个橡胶金属支座的外径不得超出摆动支撑的开口区域内边缘 2mm
1-边缘

D　案例分析

一、速腾轿车悬架系统故障检修

案例 1

(1)故障现象:速腾手动挡车行驶中底盘传出“咯吱”摩擦噪声,音源在车辆偏右侧,起步时离合器分离至接合阶段较为明显,左右打转向有侧向力发生时也较为明显。

(2)故障检修:维修人员一人在车内模拟故障发生,一人在车外侧监听音源位置感觉不明显,由此可大体说明音源为底盘部位非外悬架组件,而且和副车架关系密切。对副车架相关连接部件进行紧固检查,如图 3-121 所示,发现右侧控制臂的车身连接螺栓(M12 × 1.5 × 90)根本达不到标准力矩(标准值为 70N·m + 90°),

(3)故障排除:以标准力矩重新紧固,试车故障排除。

案例 2

(1)故障现象:速腾 1.6,行驶在凹凸不平路面,车身摇晃时前底部发出“吱嘎”异响。

(2)故障检修:分析该车长期在不平路面行驶,导致下悬架臂胶套内部严重磨损造成异响。

(3)故障排除:此声音类似宝来稳定杆胶套异响,试用润滑剂润滑下悬架胶套,进行试车异响消失,更换下悬架臂故障排除。

案例 3

(1)故障现象:速腾车过较大台阶时,有响亮的“咯吱”噪声,类似与坚硬物体摩擦的声音,试车确定音源在右侧。

(2)故障检修:检查右侧悬架紧固力矩皆在正常范围内,实测在过台阶发生异响状态下,用手感觉右前减振器螺旋弹簧并未有振动感,同时感觉到前减振器上固定螺栓也无窜动感,暂时排除右前悬架组件上部故障。但右前悬架下组件转向主销(万向节),发生上下跳动摩擦的原因无非有异物干涉,经检查各相对位置正常也无异物夹杂。分析故障还是在前减振器组件上部,尽管前减振器弹簧下固定点端部贴住挡块(说明位置正常),无振动感。于是拆下前减振器组件再细查,终于发现了问题的根源,弹簧的上端面与压力轴承座产生了冲突,几处摩擦迹象非常明显。如图3-122所示,分析由于弹簧加工端面存在突出,引起了非正常的磨损,因安装到位,所以没以跳动的方式表现出来。

(3)故障排除:更换弹簧和压力轴承后故障排除。

图3-121　对副车架相关连接件进行紧固检查

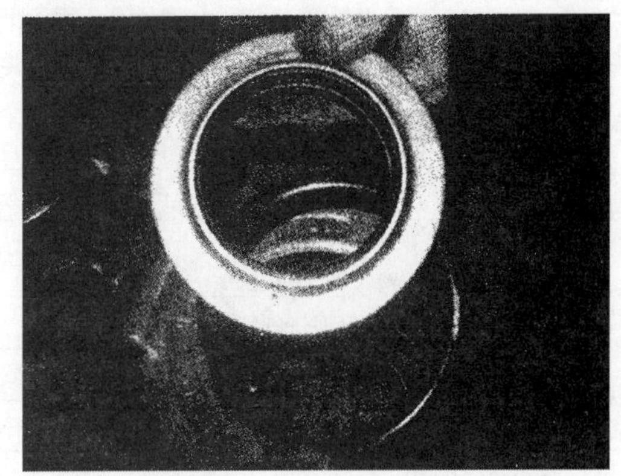

图3-122　几处摩擦迹象非常明显

任务4　转向系拆装工艺

R 任务描述

一辆速腾轿车行驶时,在汽车转向转动转向盘时,感到比平时沉重费力。开到4S店,经技术人员检查后诊断转向柱有故障,需要检修转向柱。维修服务顾问安排由你及你的团队完成转向柱的拆装检修任务。

Z 知识目标

1. 描述速腾轿车转向系结构和技术参数;

2. 正确叙述速腾轿车转向系拆装项目。

N 能力目标

1. 能根据工艺要求和维修手册制定转向系的拆装工艺流程;

2. 在规定的时间内,按照安装工艺流程和技术要求,正确、安全使用工具和设备,完成转向系总成的拆装。

S 素质目标

安全与防护,车间5S管理,合作、交流、沟通能力的培养。

A 相关知识

一、速腾2006款轿车转向系技术参数

2006款速腾6挡手自一体轿车的转向系采用的是电动助力转向器。

二、转向系的拧紧力矩

(一)转向柱

转向柱拧紧力矩如表3-20所示。

转向柱拧紧力矩　　表3-20

螺栓连接	螺纹	拧紧力矩
安装到支撑座上	M8×30	20
支撑座安装到车身上	M8×30	20
减频支撑安装到支撑座上	M8×94	20
减频支撑 安装到车身上	M8×48	25
十字万向节连接到转向器	M8×32	20°+90°
手柄安装到	M6×10	3
转向盘安装到	M18×1,5×18	50

(二)转向器

转向器拧紧力矩如表3-21所示。

转向器拧紧力矩　　表3-21

螺栓连接	螺纹	拧紧力矩
在副车架上	M10×76	50°+90°
安装到隔板上	M6自攻型	6
转向横拉杆头连接到车轮轴承壳体	M12×1,5	20°+90°
转向横拉杆头安装到转向横拉杆上	M16×1,5	55
将转向横拉杆安装到齿条	M16×1,5	100
转向小齿轮的盖板	M6×20	15
将转向小齿轮安装到轴承上	M10	25
螺旋塞	M35×1,5	65
将带有控制单元的伺服电机安装到	M8×30	35

B 实训操作内容

一、实训之前工作

(一)车辆及工具准备

速腾轿车一辆、汽车维修专用工具一套。

(二)实训注意事项

1. 在断开蓄电池之前,对于有防盗码的无线电设备,应询问设码情况。

2. 关闭点火开关后断开蓄电池接地线。

3. 如果蓄电池再次被连接,注意电气装置。

4. 在整个支承面和接触面上涂油脂。

二、拆装步骤

转向柱装配一览如图 3-123 所示。

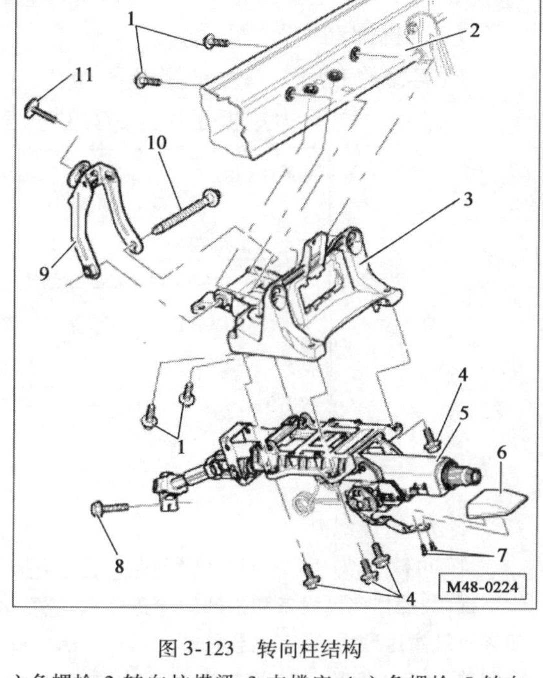

图 3-123 转向柱结构

1-六角螺栓;2-转向柱横梁;3-支撑座;4-六角螺栓;5-转向柱;6-承板;7-螺栓;8-六角螺栓;9-减频支撑;10-六角螺栓;11-六角螺栓

提示:不允许对车轮悬架装置的承重和车轮导向部件进行焊接和矫正操作;每次都要更换自锁螺母;每次都要更换锈蚀的螺栓或螺母。

(一)拆卸和安装转向盘

1. 拆卸转向盘

所需要的专用工具盒维修设备:如图 3-124 所示力矩扳手 V. A. G1332。

(1)拆卸和安装驾驶员侧的安全气囊。如图 3-125 所示,脱开螺旋弹簧的插接器 1 和 2 分开。

(2)将转向盘转到中间位置(在直线行驶的车轮位置),做上定位标记,将螺栓 3 拧出来并将转向盘从转向柱上拉紧。

2. 安装转向盘

(1)将转向盘插入转向柱中。

(2)转向盘和转向柱的中间定位标记箭头必须重合。如图 3-125 所示(同上)。

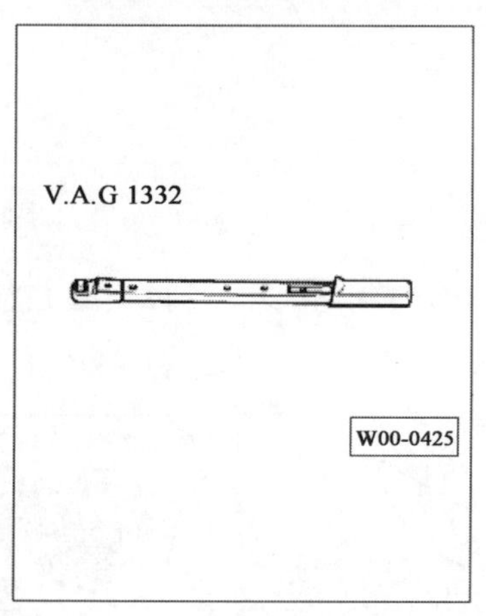

图 3-124 专用工具盒维修设备

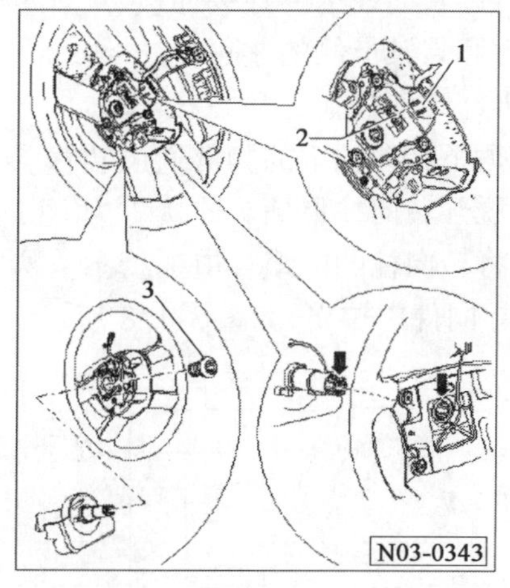

图 3-125 脱开螺旋弹簧的插接器

1、2-插接器;3-转向盘螺栓

(3)转向角传感器 G85 的插头触点导入到转向盘底板规定的开口内。

(4)将带头插头 1 与转向角传感器 G85 的插头触点 2 连接。

(5)在拧紧力矩作用下用螺栓 3 固定转向盘。

(6)用一个定心标记来标记螺栓。螺栓只可以使用5次。

(二)拆卸和安装转向柱

所需要的专用工具盒维修设备,如图3-126所示。

力矩扳手 V. A. G1331

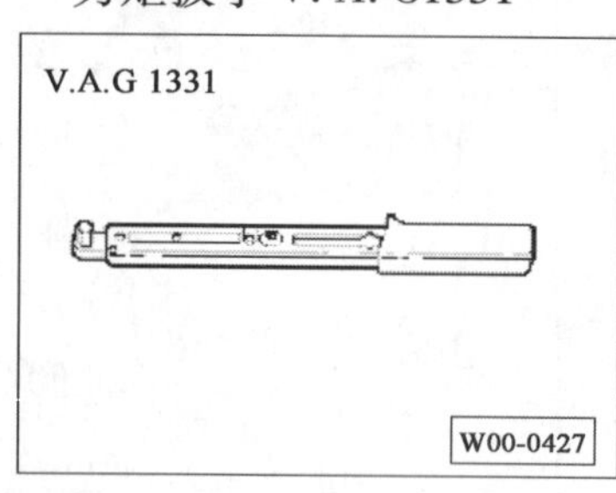

力矩扳手 V. A. G1332

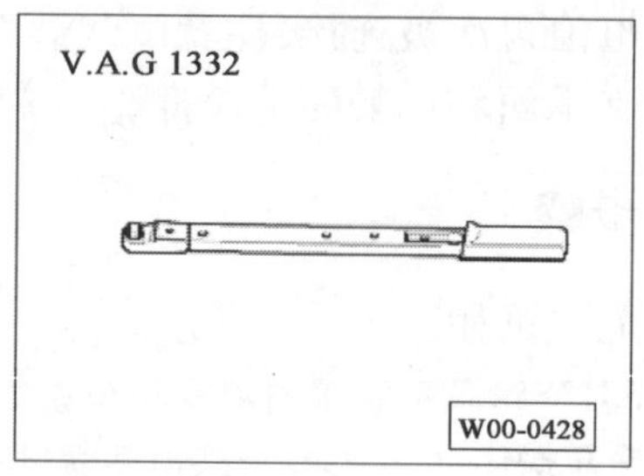

图3-126 工具盒维修设备

1. 拆卸转向柱

转向柱作为配件只能整套供应,无法进行维修。

提示:操作电器设备和拆卸转向盘之前,必须将搭铁线从蓄电池上拧下。车轮必须位于直线行驶位置。如果不注意这些提示,可能会导致以后行驶时安全气囊系统的失灵。如果要更换转向柱,必须预先进行ELV控制单元J764调整。有关其他步骤的所有信息可以通过车辆诊断系统、测量和信息系统VAS5051B获得。

(1)使车轮处于正前直行的位置。

(2)向下拉转向柱下的拔杆。

(3)将转向柱尽可能向下转动并拉出。

(4)将转向柱下面的拨杆重新向上推。

(5)拆下转向盘中的安全气囊。

(6)拆下转向盘。

(7)拆卸转向柱上的开关饰板。

(8)拆卸驾驶员侧的左隔板。

(9)拆卸转向柱上的开关。

(10)拆下转向柱下的脚部通风装置。

(11)脱开转向柱上插头连接1,如图3-127所示。

(12)将转向柱的电缆管道1拆下。为此将两侧上的凸缘(箭头)轻轻抬起并将电缆管道从转向柱导向件中拉出,如图3-128所示。

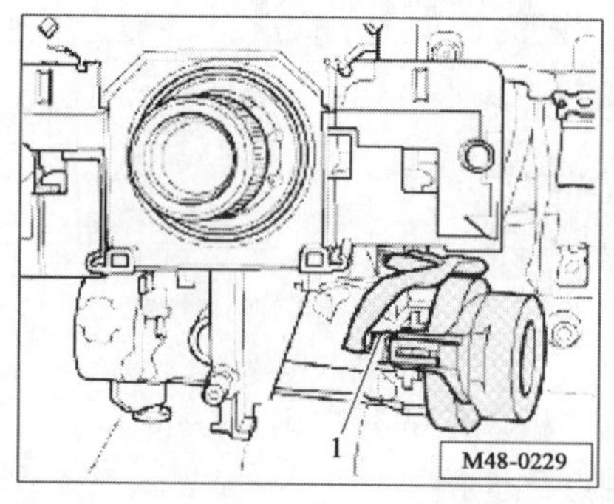

图3-127 开转向柱上插头连接

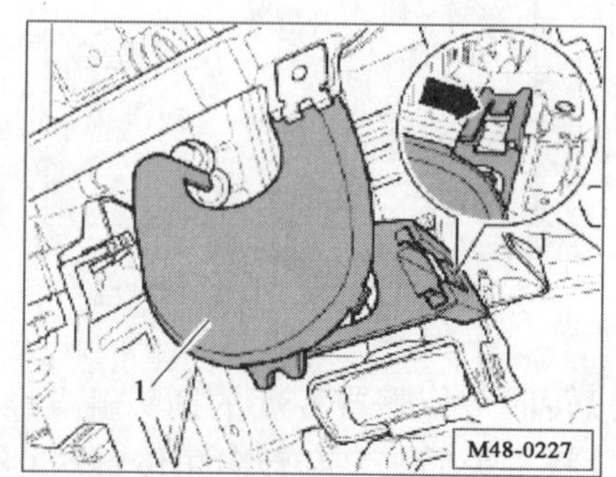

图3-128 将转向柱的电缆管道

(13)将固定螺母箭头拧下并将脚部空间饰板1拆卸下来,如图3-129所示。

(14)拧出螺栓1,并将万向节2从转向器上拆下,如图3-130所示。

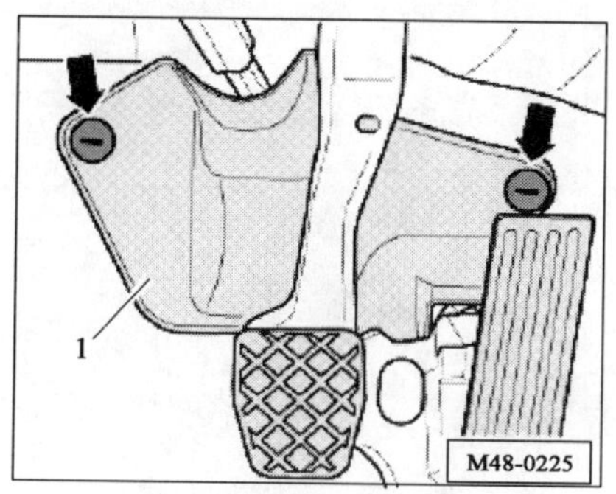

图3-129　拆下脚部空间饰板
1-脚部空间饰板

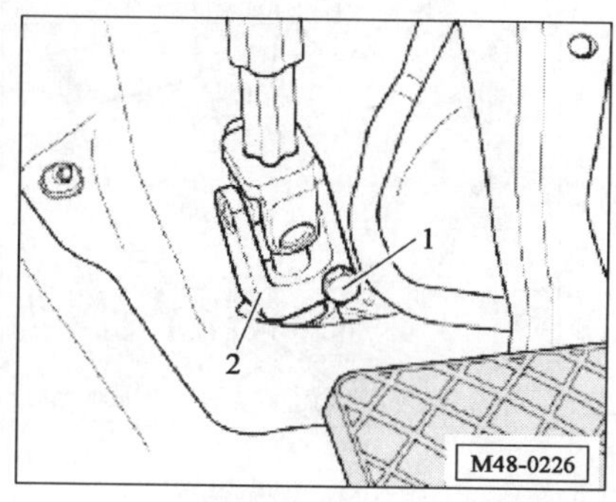

图3-130　拆卸万向节
1-螺栓;2-万向节

(15)拆下螺栓2,并将搭铁线箭头和电缆1从转向柱上拆下。将转向柱稍微放下并小心向上拉出,如图3-131所示。

2. 安装转向柱

(1)将转向柱在装配帮助下挂在支撑座上。

(2)把转向柱对准支撑座,然后装上。如图3-132所示,轴承座销(箭头A)和转向柱的孔(箭头B)相互定位并放置其中。只有这样才能保证转向柱对于轴承座正确的安装位置。

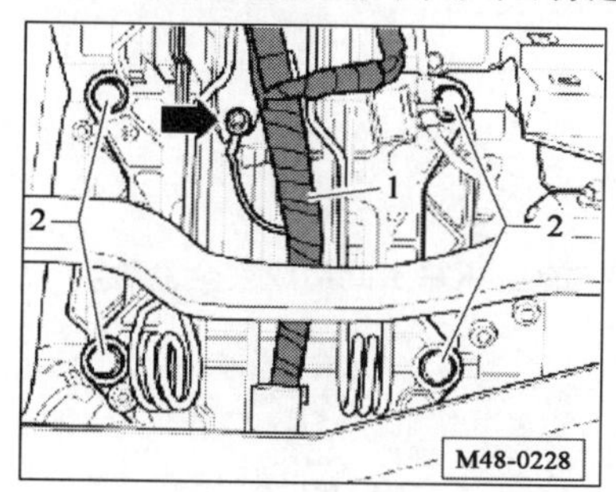

图3-131　拆卸转向柱螺栓

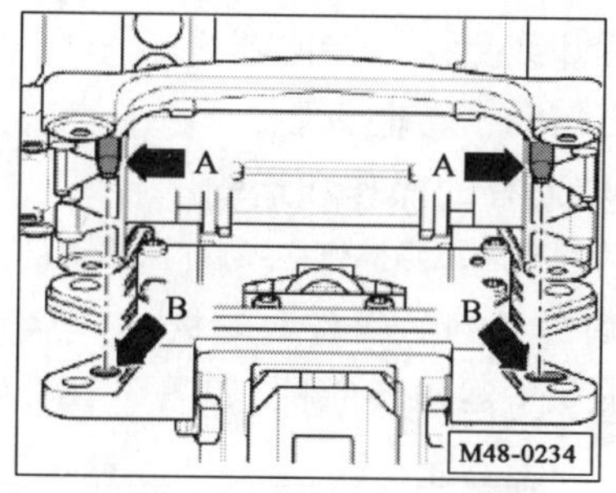

图3-132　支座销和转向柱的孔彼此定位

(3)安装并拧紧转向柱的螺栓2。将搭铁线(箭头)和电缆1安装在转向柱上,如图3-133所示。

(4)将十字万向节2安装在转向器的小齿轮上并将螺栓1拧紧,如图3-134所示。

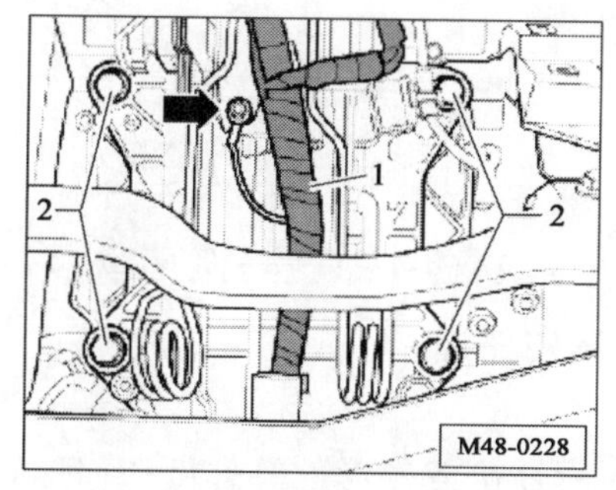

图3-133　拧紧转向柱的螺栓

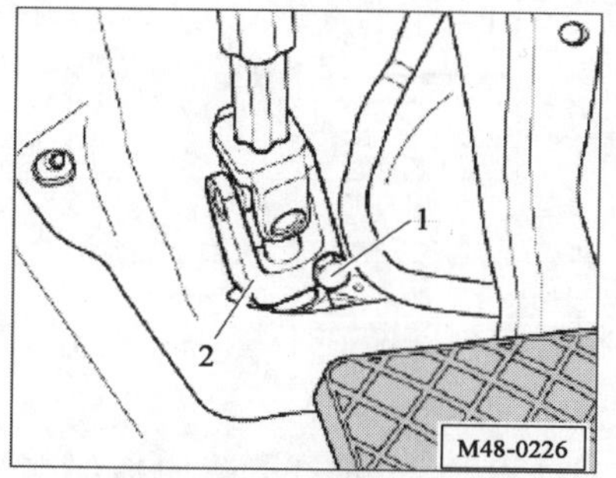

图3-134　安装万向节和拧紧螺栓

(5)安装脚部空间饰板1并用螺母(箭头)固定,如图3-135所示。

(6)安装转向柱的电缆管道1。凸缘箭头必须卡在两侧的导口中,如图3-136所示。

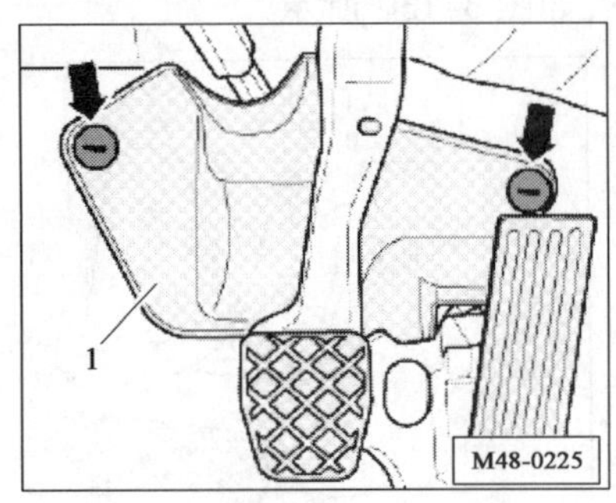

图3-135　安装脚部空间

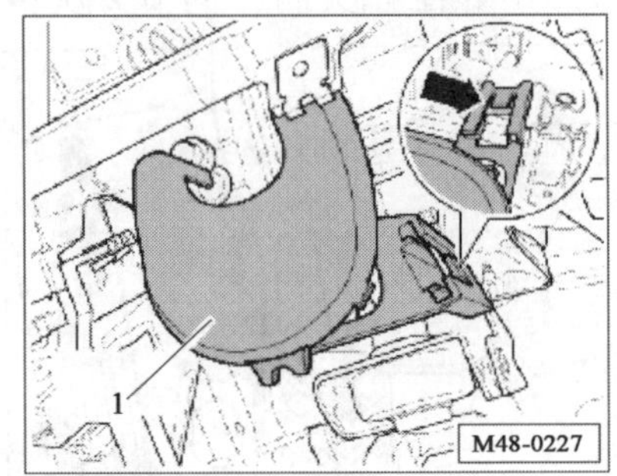

图3-136　安装转向柱的电缆管道

(7)如图3-137所示。将插头1插上。安装转向杆、转向杆饰板,驾驶员侧的左挡板、转向盘。

(8)将安全气囊安装在转向盘中。

(9)使用汽车诊断、测量和信息系统(VAS5051B)对转向角传感器(G85)进行基本设置。

3. 完成以下装配工作后必须检查转向角传感器G85的基本设置

(1)如果转向角传感器G85被拆卸或更换。

(2)在拆卸或更换了转向柱之后。

(3)在拆卸或更换了带有转向杆的转向柱之后。

(4)拆卸或更换了转向器之后。

(5)当移动了转向盘后。

(三)转向柱的操作和运输

提示:转向柱的正确操作必须遵守,错误的操作会导致转向柱的损坏并由此造成安全危险。

1. 转向柱正确的操作和运输

(1)用双手运输转向柱,如图3-138所示。

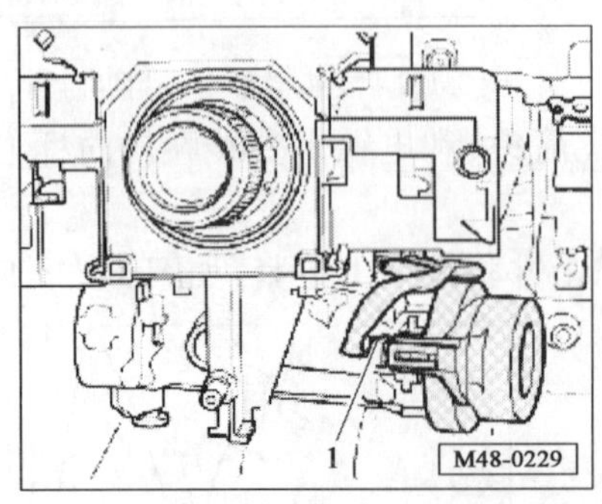

图3-137　插上插头1

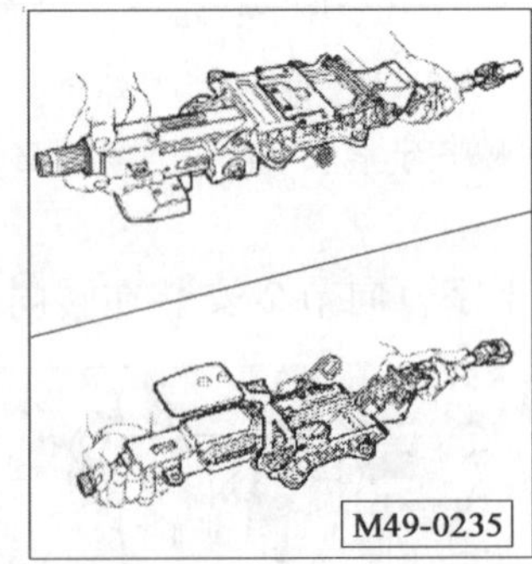

图3-138　转向柱的搬运

(2)将转向柱安装在上套管并在上十字万向节范围内抓握。

2. 转向柱的错误操作

如图3-139所示,如在搬运时抓住夹紧杆、重量平衡弹簧或变形件等部件会损坏转向柱。

3. 带有安全隐患的转向柱的错误操作

如图3-140所示的操作会导致转向柱下支座的十字万向节套管损坏。

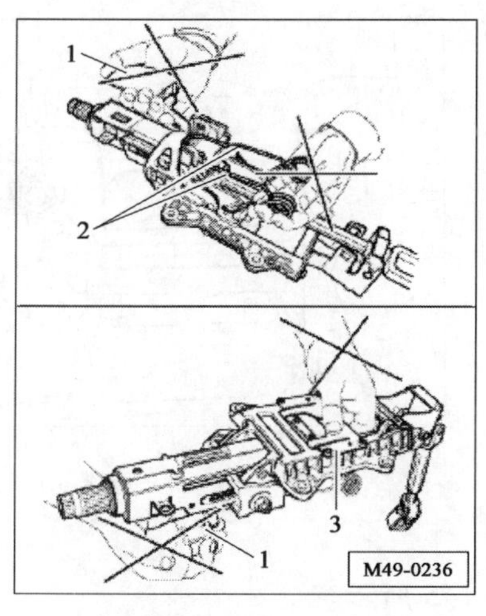

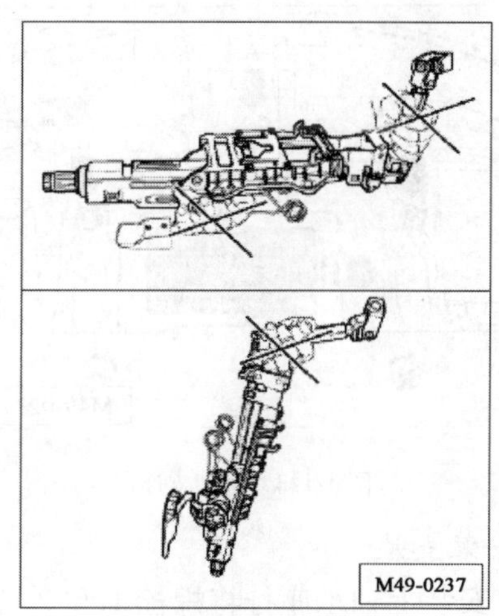

图 3-139　错误的搬运方法

1-夹紧杆;2-重量平衡弹簧;3-变形件

图 3-140　错误操作方法

(1)单手将转向柱搬到驱动轴上。

(2)万向节弯曲度超过 90°并撞击到转向柱锁上。

(3)将驱动轴放在转向柱锁上。

(4)将转向柱放在转向柱锁上。

(四)检查转向柱是否有损伤

目检:检查转向柱部件是否出现损伤;功能检查:检查转向柱是否钩住或转动困难。检查转向柱是否可进行纵向条件和高度调节。

(五)拆卸和安装轴承座

所需要的专用工具和维修设备,如图 3-141 所示。

1. 拆卸

(1)拆卸转向柱。

(2)拆下组合仪表。

(3)如图 3-142 所示,拆下托架下螺栓箭头。

力矩扳手V.A.G 1331

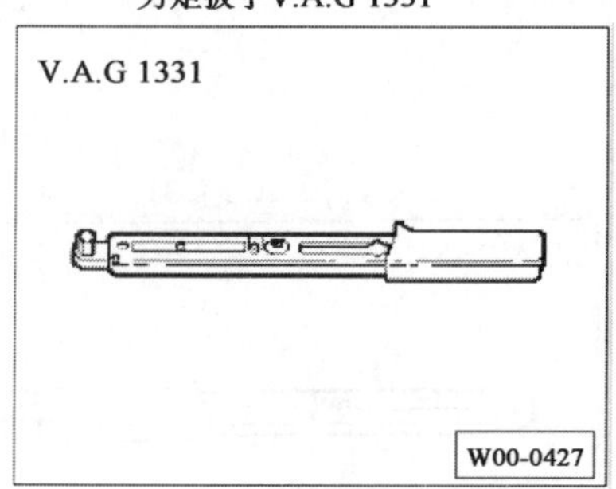

图 3-141　力矩扳手

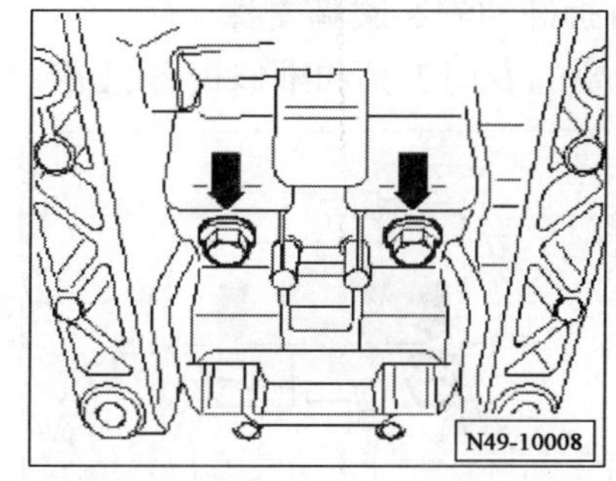

图 3-142　拆下托架下螺栓

(4)将插头 1 按箭头方向推入并将其从支撑座内的定位件上拆下。

拧出螺栓(箭头 A),将螺栓(箭头 B)从车身上的托架上拆下来,如图 3-143 所示。

(5)将螺栓 1 和 2 拧出并从车身的支撑座上拧下,如图 3-144 所示。

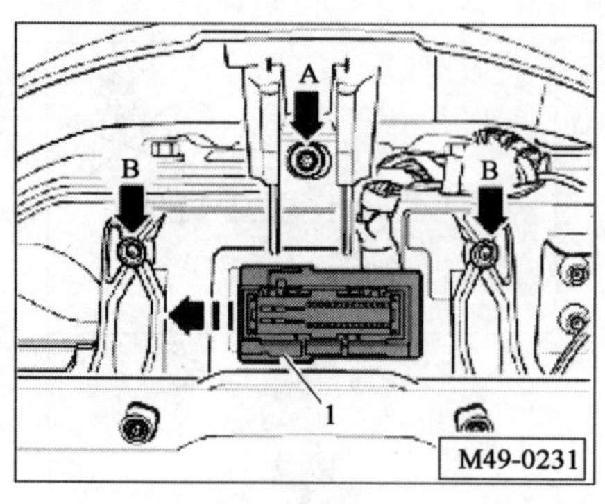

图 3-143　拆卸支座

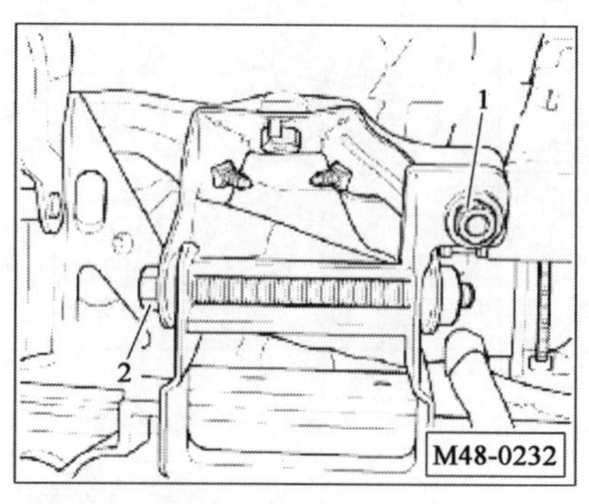

图 3-144　拆下螺栓

2. 安装支座

(1)安装上轴承座拧将螺栓 1 和 2 拧入,如图 3-145 所示。

(2)将螺栓(箭头 B)拧入,如图 3-146 所示。

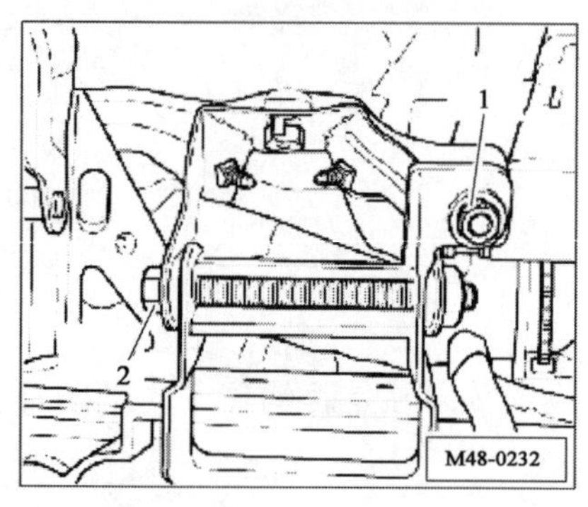

图 3-145　拧入托架下螺栓

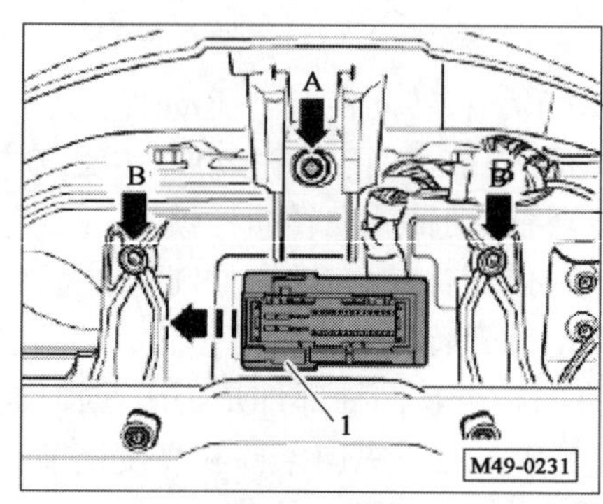

图 3-146　拧入螺栓

提示:将螺栓(箭头 B)拧入车架横梁;将螺栓(箭头 B)拧入车架横梁。

拧紧螺栓(箭头 A);将插头 1 安装在轴承定位件上并向箭头方向的相反方向推到止档位。

(3)如图 3-147 所示,安装托架下螺栓(箭头)。安装转向柱、安装组合仪表。

(4)使用汽车诊断、测量和信息系统 VAS5051B 对转向角传感器 G85 进行的基本设置。

(六)拆卸和安装减频支撑

所需要的专用工具和维修设备,如图 3-148 所示。

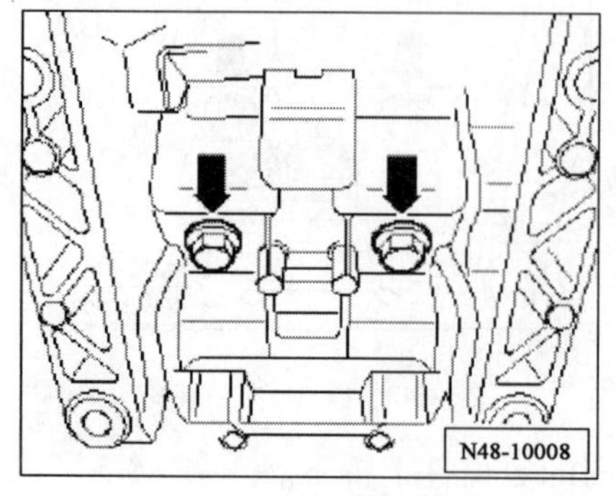

图 3-147　安装螺栓

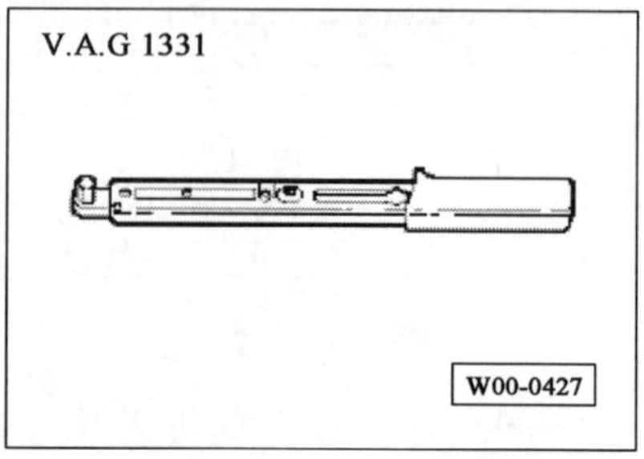

力矩扳手V.A.G 1331

V.A.G 1331

W00-0427

图 3-148　力矩扳手

1. 拆卸减频支撑

(1)拆下前围排水槽。

(2)如图3-149所示,将螺栓(箭头处)从排水槽中拆下。

(3)拆卸转向柱。

(4)如图3-150所示,拆下螺旋弹簧1。将螺栓2拆下并将减频支撑3取出。

图3-149 拆卸排水槽中的螺栓

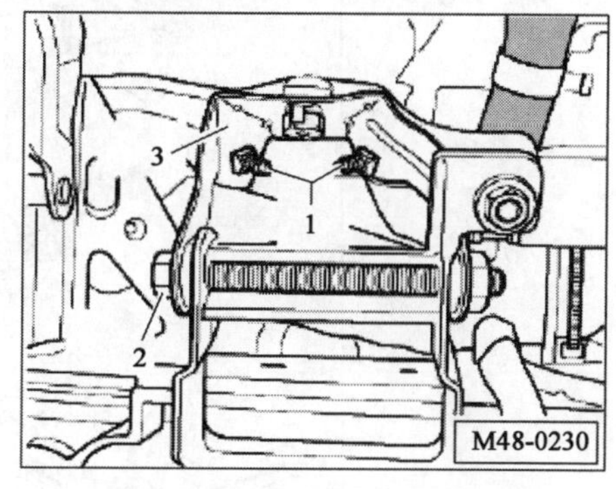

图3-150 拆卸减频支撑固定螺栓
1、2-螺栓;3-减振支撑

2. 安装减频支撑

(1)将减频支撑固定在车身上,将螺栓(箭头)拧紧,如图3-151所示。

(2)安装转向柱。如图3-152所示,安装并拧紧螺栓2。将螺栓1在减频率支撑3上拧紧。安装转向柱、安装前围排水槽。

(3)使用汽车诊断、测量和信息系统VAS5051B对转向角传感器G85进行的基本设置。

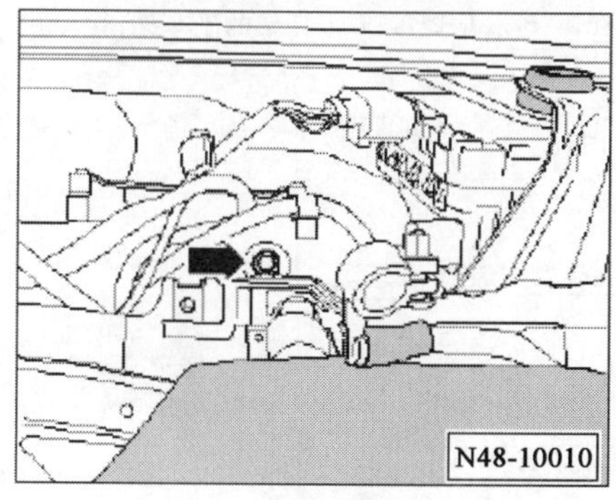

图3-151 拧紧螺栓

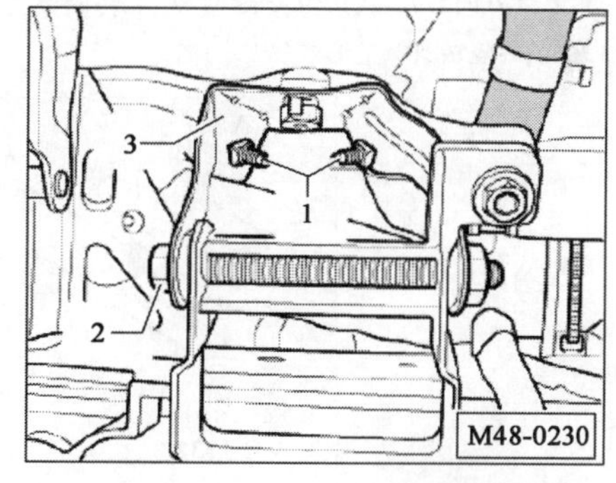

图3-152 安装并拧紧螺栓

(七)电动机械式转向器转配一览

如图3-153所示,电动机械式转向器装配一览。

所需要的专用工具和维修设备,如图3-154所示。

力矩扳手V. A. G1331,力矩扳手V. A. G1332,发动机和变速器举升装置V. A. G1383A,球形万向节拔出器3287A。

1. 拆下转向器

(1)断开蓄电池接线,拆下脚部空间饰板1然后将螺母如图3-155所示拆下。

(2)拧下螺栓1,并用万向节2从转向器上拆下,如图3-156所示。

(3)拆下前车轮。

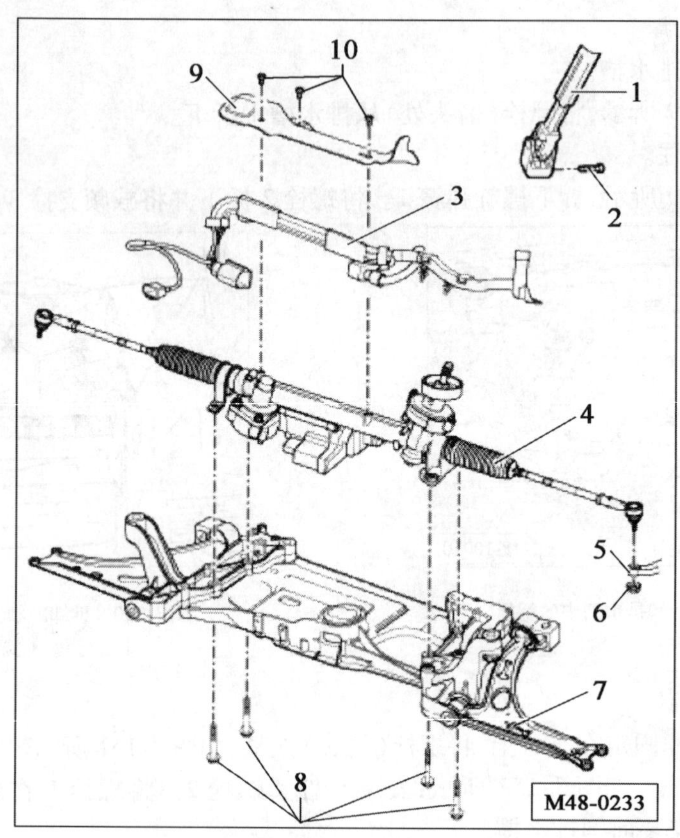

图 3-153　电动机械式转向器分解图

1-十字万向节;2-六角螺栓;3-电线;4-转向助力器;5-车轮轴承壳体;6-六角螺母;7-带托架的副车架;8-六角螺栓;9-隔板;10-星形螺栓

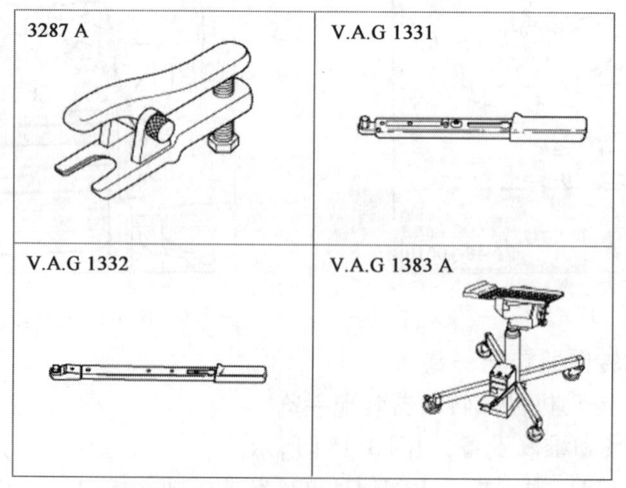

图 3-154　专用工具和维修设备

(4)将螺母从转向横拉杆头上松开,但不要拧下。

提示:为了保护螺纹,将螺母留在轴颈上几圈。

(5)将转向横拉杆头用球形万向节拔出器 3287A 从车轮轴承壳体上顶出,并将螺母拧下,如图 3-157 所示。

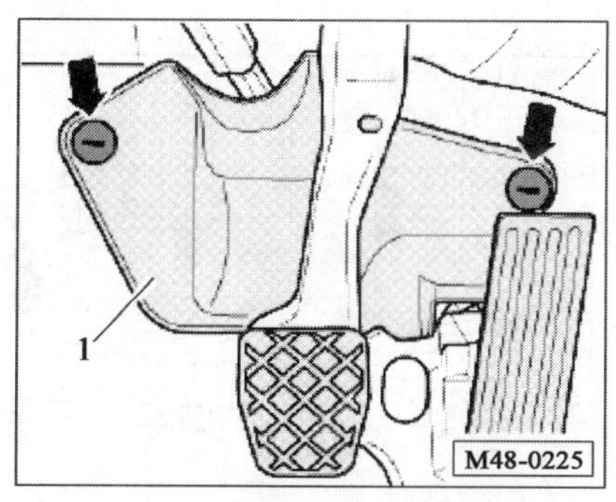

图 3-155 拆下脚步空间及螺母

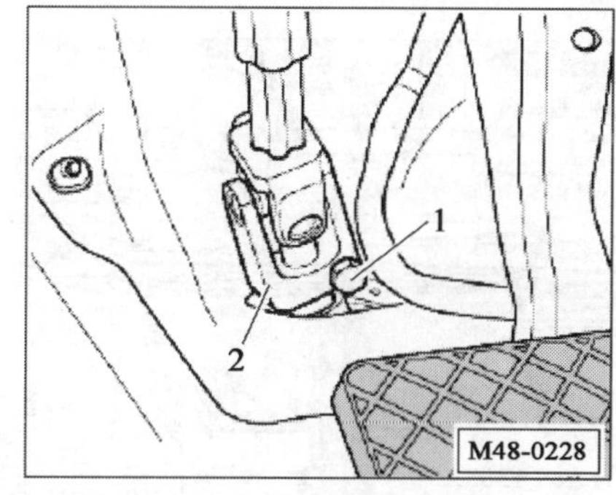

图 3-156 拆卸螺栓及万向节

(6)拆下下部隔声垫,从稳定杆上拆下连接杆。

(7)拧松(图 3-158)螺母。

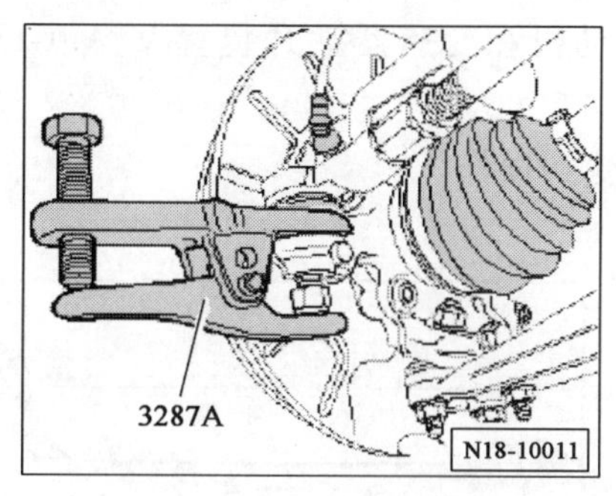

图 3-157 转向横拉杆顶出

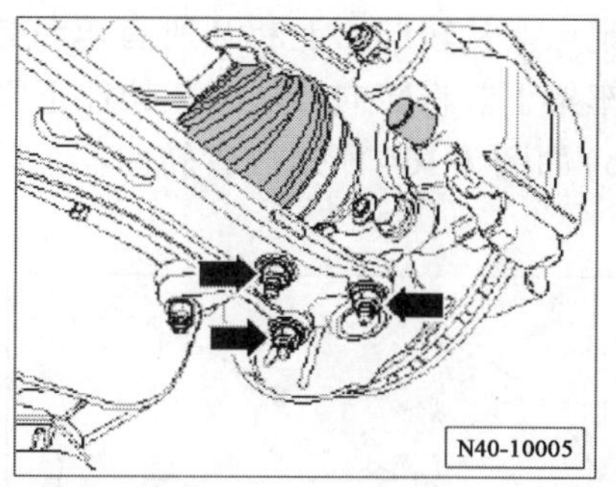

图 3-158 拧松螺母

(8)拧出螺栓 14,从变速器上拆下摆动支撑,如图 3-159 所示。从副车架上拆下排气装置支架。

(9)拆卸隔热板上箭头所示的螺栓,如图 3-160 所示。

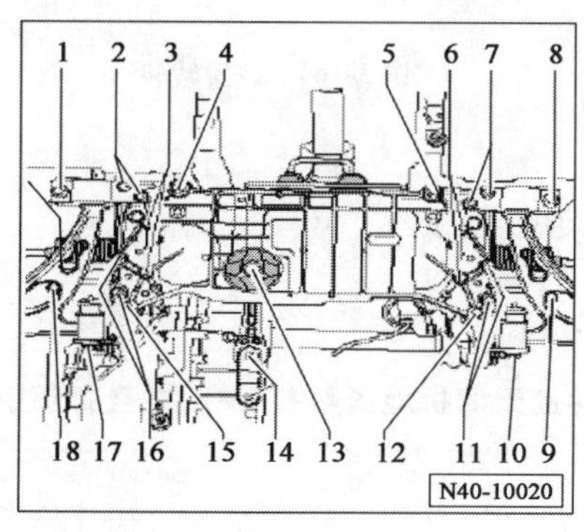

图 3-159 拧松螺母

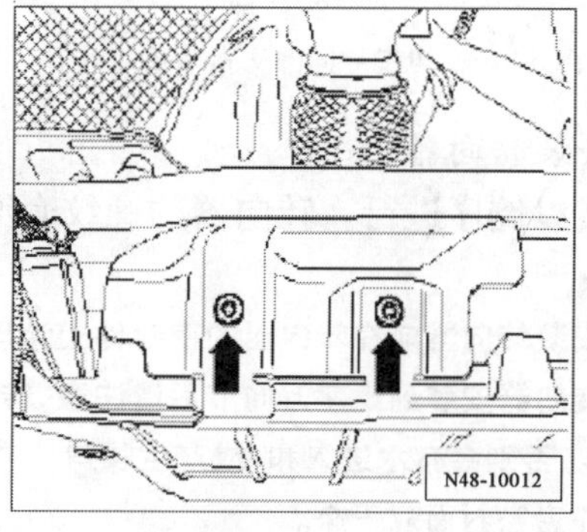

图 3-160 拆卸螺栓

(10)将隔热板从副车架上拆下。

(11)现在将转向器和稳定杆的螺栓 3、6、11 和 16 拧出。固定副车架和托架。

(12)将发动机/变速器举升装置 V. A. G1383A 安装在副车架下,如图 3-161 所示。例如,将一块木头(1)放到发动机和变速器举升装置 V. A. G1383A 和副车架支架之间。

(13)将螺栓 4 和 5 拧下,并用托架将副车架降低些。同时观察电线。

(14)将隔热板 1 穿过转向器拆下,拧出螺栓 1,如图 3-162 所示。

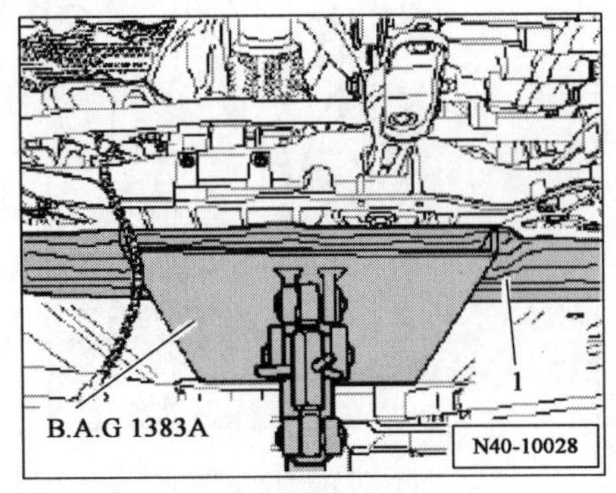

图 3-161 安装副车架

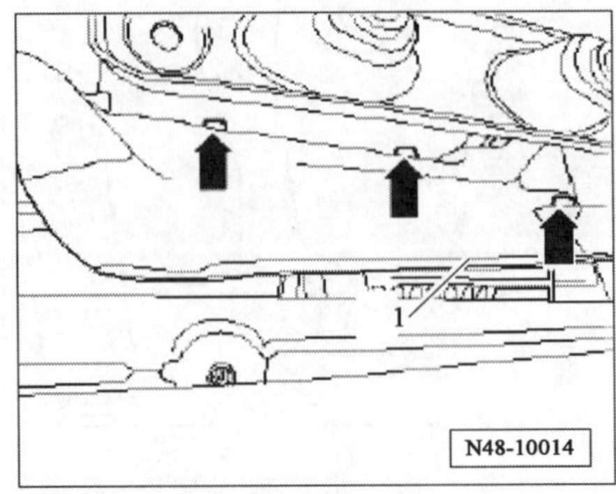

图 3-162 拧出螺栓

(15)将电缆导向件从副车架上拆下箭头，如图 3-163 所示。脱开所有在转向器上的其他电缆固定点。从转向器上断开所有电气连接。将发动机和变速器举升装置 V. A. G1383A 安装在副车架下。将转向器从副车架往下降。

(16)如图 3-164 所示放置转向器。防止控制器受到损伤。

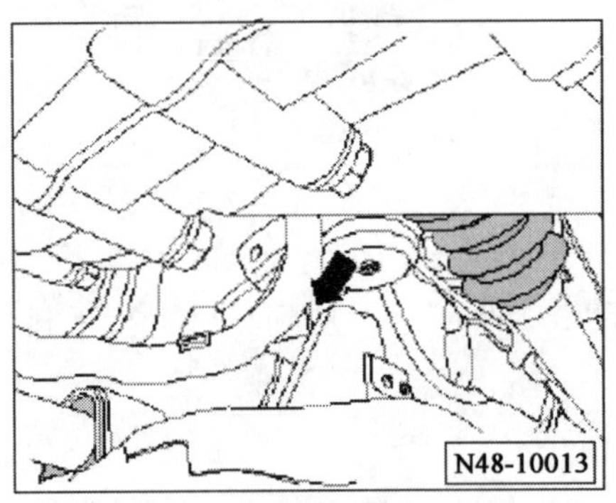

图 3-163 电缆导向件从副车架上拆下

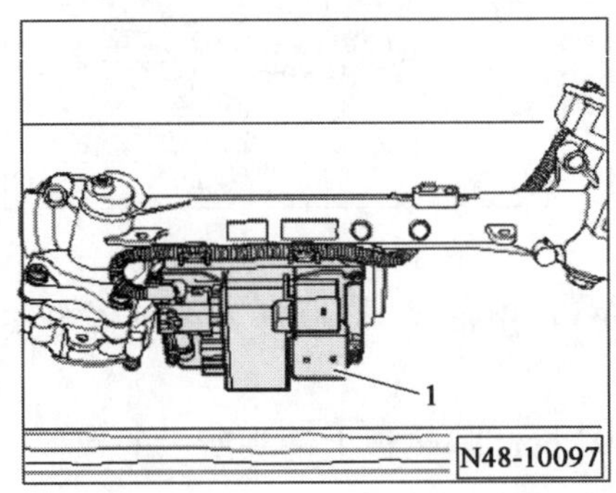

图 3-164 放置转向器

2. 安装转向器

安装以倒序进行。转向器的螺纹套必须位于托架的孔内。

提示：

(1)安装转向器前在转向器的密封件上涂润滑剂，例如润滑皂。

(2)转向器安装到十字万向节后请注意，转向器的密封件应无弯折地紧贴装配板，并且脚部空间的开口正确密封。否则会有水进入和/或产生噪声。

(3)注意密封面应干净。

(4)在安装用于副车架、转向器的螺栓于车架上之前定位并安装用于转向器的稳定杆的螺栓。

(5)将十字万向节安装在转向器上。

(6)连接蓄电池接线。

(7)用车辆自诊断、测量与信息系统 VAS5051B 对转向角传感器 G85 进行基本设置。

(8)安装后，在试车时必须检查转向盘的位置。

(9)如果转向盘倾斜，或更换了新的转向器，则必须对车辆进行四轮定位。

(10)对汽车进行定位检测。

三、拆装及检修后的工作

1. 清理场地与工具，拆除防护用品及安全装置。

2. 总结。

C 知识拓展

一、对于转向系的外观和功能检验

1. 对于变形和裂纹的外观检验。

2. 转向横拉杆和转向器的间隙检查。

3. 对于不良防尘套和防油罩的外观检验。

4. 检查电气线路和液压管以及软管是否擦伤、有切口和纽结。

5. 检查液压管路、螺栓接头和转向器的密封性。

6. 检查转向器和管路是否牢固固定。

7. 将转向盘从一个止挡位打到另外一个止挡位，检查在整个转向角范围内功能是否正常。其中，转向盘必须能以均等的操纵力进行旋转而不会有卡滞现象。

二、一般维修提示

一次完美的、成功的转向器维修需要最大可能的准确和清洁，好的工具也是个重要的条件。还必须遵循汽车维修的一般性安全基本守则。

1. 转向器

(1) 彻底清洁连接位置及其周围区域，然后松开连接。

(2) 在安装转向器时注意定位套在托架和转向器之间的正确固定位置。

(3) 将拆下的零件放在干净的垫板上并盖住，以免脏污。使用薄膜和纸张。不要使用纤维质的抹布。

(4) 只允许安装干净的零件，安装前才从包装中取出配件。

(5) 只使用标有部件号的润滑剂和密封剂。

(6) 如果无法立即进行维修，那么应仔细将已打开的部件盖住或密闭。

2. 密封件、密封环

(1) 完全更换密封环和密封件。

(2) 拆卸密封件后，请检查外壳或轴的接触面是否因拆卸而产生毛刺或损坏，必要时修理或更换。

(3) 将从流体密封液的密封剩余物从密封面上完全清除干净，其中这些残留物不得进入转向器壳体内。

3. 螺栓、螺母

(1) 将用于固定盖罩与壳体的螺栓或螺母沿对角松开或拧紧。

(2) 特别灵敏的部件不允许歪斜，请将它逐步沿对角松开或拧紧。

(3) 规定的拧紧力矩适用于未上油的螺栓和螺母。

(4) 每次都要更新自锁螺栓和螺母。

4. 电气部件

如果您接触到金属部件，肯定会收到电击。其原因是身体上产生的静电。接触转向器的电气部件会导致功能故障。进行电气部件方面的工作前，请先接触到接地物体，例如升将台或者水管。请不要用手直接接触插头触点。

5. 引导型故障查询、汽车自诊断和测量技术

在修理电机转向器之前必须通过汽车诊断系统、测量和信息系统 VAS5051B 在运行方式下“引导型故障查询”、“汽车自诊断”以及“测量技术”尽可能准确地获得损坏原因。

D 案例分析

1. 速腾轿车转向系故障检修

案例 1

(1)故障现象：2008 款速腾 1.6L 手动挡轿车，行驶里程 3000km，据驾驶员反映，仪表上的电子动力转向故障指示灯和 ESP 故障指示灯常亮。

(2)故障检修：转向角传感器及其线路故障；CAN 通信系统故障；转向控制单元故障。2 个警告灯同时点亮的原因可能是由同一个故障原因引起的，也可能是由于不同的故障原因引起的。首先使用故障诊断仪 V. A. S5051 进行系统检测，发现很多系统内存在故障码，询问驾驶员后得知，该车曾经因为检修警告灯点亮的故障而拆检过转向盘，这应该是导致多系统存储故障码的原因。

(3)故障排除：清除故障码故障排除。

案例 2

(1)故障现象：速腾车电动转向器，中高速行驶时，汽车向右或向左不定轻微跑偏。

(2)故障检修：检查转向拉杆等转向系统部件无松旷变形等异常，做四轮定位，前束偏离标准值，将其调至标准值，试车轻微跑偏解决。但用手轻微施加转向力矩时，有台阶感，观察副车架发现有较明显的托底痕迹。

(3)故障排除：分析为转向器内部齿条和齿轮相对位置发生变化，更换电动转向器后故障排除。

案例 3

(1)故障现象：2009 款速腾 1.6 自动挡，转向盘发沉，仪表盘助力转向标志变红。

(2)故障检修：地址 44 不能进入，机械部分损坏的几率较低，一般应为控制电路故障。检查 E-BOX 盒 SA2 供电正常，发现 SA2 供电线螺栓松动。

(3)故障排除：紧固后故障解决。

任务 5 制动系拆装工艺

R 任务描述

一辆速腾轿车，行驶中突然出现踩下制动踏板，车辆不减速，即使连续几脚制动也无明显减速作用。开到 4S 店，经技术人员检查后诊断防抱死制动系统有故障，需要检修制动系。维修服务顾问安排由你及你的团队完成防抱死制动系统的拆装检修任务。

Z 知识目标

1. 描述速腾轿车制动系统结构和技术参数。

2. 正确叙述速腾轿车制动系统拆装项目及防抱死系统检修的内容。

N 能力目标

1. 能根据工艺要求和维修手册制订制动系的拆装工艺流程。

2. 在规定的时间内，按照安装工艺流程和技术要求，正确、安全使用工具和设备，完成制动系的拆卸和安装。

S 素质目标

安全与防护，车间5S管理，合作、交流、沟通能力的培养。

A 相关知识

一、速腾2006款轿车制动系技术参数

2006款速腾6挡手自一体轿车制动系前制动器是通风盘式，后制动器是盘式。

(一)制动器PR编号的编码方式

它对于制动钳/制动盘和制动摩擦片的配合很重要。前轮制动器和后轮制动器与发动机匹配如表3-22、表3-23所示。

前轮制动器　表3-22

发动机配置	PR 编号	前轮制动器
1.6l－75kW	1ZM	FS 1119(15”)
2.0l－103kW	1ZE	FN3(15”)
2.0l－147kW	1LL	FN3(16”)
1.9l－74kW TDI－PD（北美）	1ZP	FN3(15”)
2.0l－147kWT－FSI(北美)	1ZD	FN3(16”)
2.0l－110kW FSI(日本)	1ZP	FN3(15”)
2.0l－147kW T－FSI(日本)	1ZD	FN3(16”)

后轮制动器　表3-23

发动机配置	PR 编号	后轮制动器
2.5l－110kW(墨西哥)	1KD	C38(15”)
2.0l－147kW T－FSI(北美)	1KY	C 1138(15”)
1.6l－75kW	1KF	C 1141(15”)
2.0l－147kW T－FSI	1KJ	C 1141(16”)
1.9l－74kW TDI－PD(北美)	1KE	C 1141(15”)
2.0l－147kW T－FSI(北美)	1KJ	C 1141(16”)
2.0l－147kW T－FSI(墨西哥)	1KY	C 1141(16”)
2.0l－110kW FSI(日本)	1KE	C 1141(15”)

(二)制动器技术数据

制动主缸和制动助力器参数、前后轮制动器技术参数分别如表3-24、表3-25、表3-26所示。

制动主缸和制动助力器参数表　　表3-24

制动主缸	以毫米为单位	22
制动助力器(左座驾驶型)	以英寸为单位	11
制动助力器(右座驾驶型)	以英寸为单位	7/8

前轮制动器 FS111　　表3-25

编号	PR 编 号		1ZM
1	制动钳		FS111(15")
2	制动摩擦片,厚度	毫米	14
3	制动盘,厚度	毫米	280
4	制动钳,活塞	毫米	22

后轮制动器 C38　　表3-26

编号	PR 编 号		1KD
1	制动钳		C38(15")
2	制动摩擦片,厚度	毫米	255
3	制动盘,厚度	毫米	10
4	制动钳,活塞	毫米	38

(三)前轮制动器和后轮制动器(盘式制动器)

结构如图3-165所示。

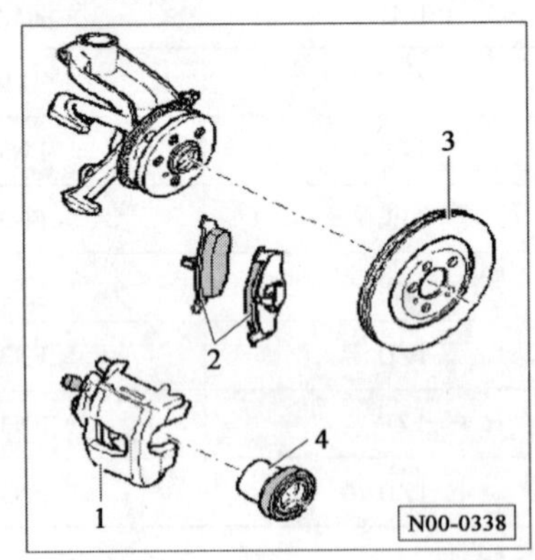

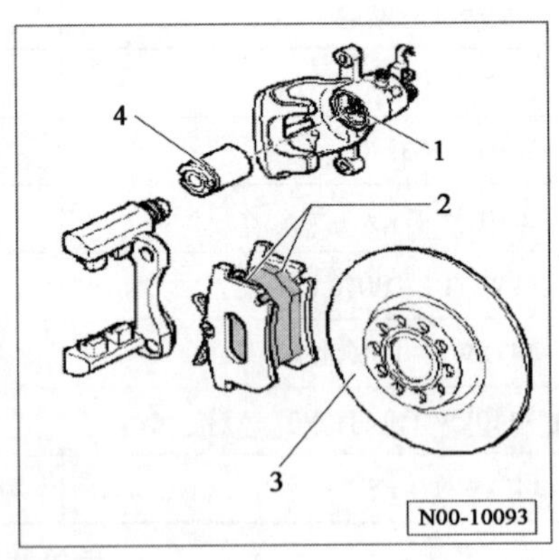

图3-165　前轮制动器FS111和轮制动器C38

1-制动钳;2-制动摩擦片;3-制动盘;4-制动钳

B　实训操作内容

一、实训之前工作

(一)车辆及工具准备

速腾轿车一辆、汽车维修专用工具一套。

(二)VAS5051连接并选择功能

所需要的专用工具和维修设备:车辆诊断、测量和信息系统(VAS5051)。

注意:进行试车时必须把检查和测量安装在后座椅上。试车期间只允许一个人操纵这些仪器。按如图 3-166所示方式连接车辆诊断、测量和信息系统(VAS5051)1;将诊断导线 2 的插头插到诊断接口上。

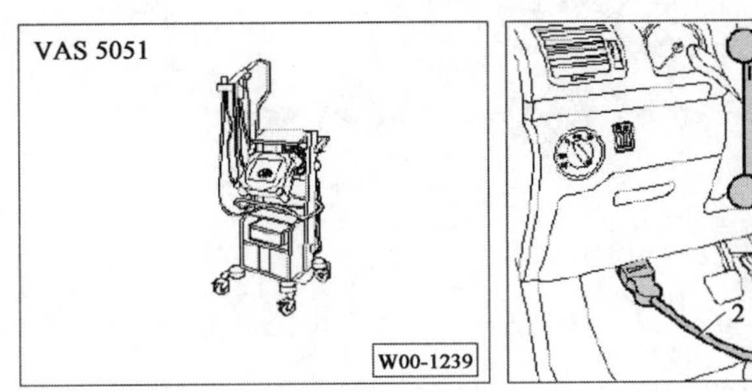

图 3-166　连接车辆诊断

1. 打开车辆诊断、测量和信息系统 VAS5051B(箭头)。

车辆诊断、测量和信息系统(VAS5051)在显示运行形式的按键栏被显示时处于运行准备状态,如图 4-167所示。

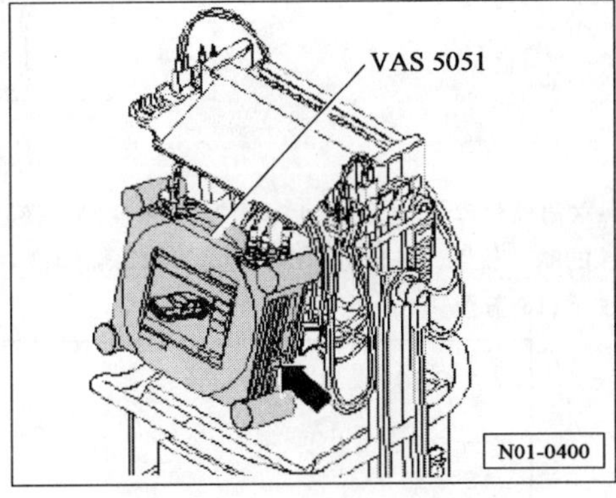

图 3-167　打开车辆诊断仪

2. 打开点火开关。

3. 触摸屏幕(引导型故障查询)

4. 依次选择:品牌、型号、年款、系列。

5. 发动机标示字母:确认输入的数据,等待直至车辆诊断、测量和信息系统(VAS5051)查询了汽车中的所有控制单元。

二、拆装及维修步骤

(一)拆装及修理前轮制动器

1. 修理前轮制动器,制动钳 FS111

提示:更换制动摩擦片后在停车状态下把制动踏板反复用力踩到底,以使制动摩擦片占据与其运行状态相应的位置。

使用制动液加注及排气装置(VAS5234)或者抽吸装置(VAG1869/4)来吸出制动液储蓄液罐中的制动液。拆下制动钳或者分开制动软管之前,要安装制动踏板加载装置(VAG1869/2)(这样可以卸载压力)。按照如图 4-168 所示修理。

2. 拆卸和安装制动摩擦片,制动钳 FS111

所需要的专用工具和维修设备,如图 3-169 所示。

(1)拆卸前轮制动摩擦片

拆卸前请在要继续使用的制动摩擦片上做好标记。在相同的部位重新安装,否则制动效果不均匀。

①拆下车轮。

②如图 3-170 所示,脱开制动摩擦片磨损显示的插接连接 1。

③如图 3-171 所示,拆下盖罩(箭头)。

力矩扳手(V. A. G-1331),活塞复位装置(T10145)。

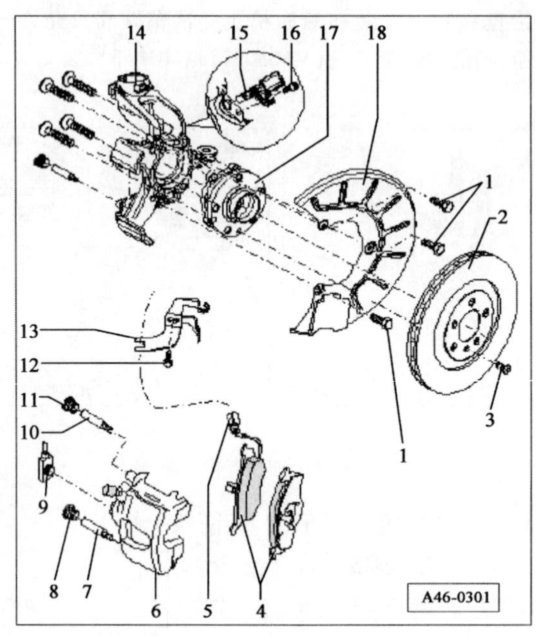

图 3-168　前轮制动器的装配示意图

1-六角螺栓;2-制动盘;3-十字槽螺钉;4-制动摩擦片;5-插头连接;6-制动钳;7-导向螺栓;8-盖罩;9-带球形接头和带孔螺栓的制动软管;10-导向连接;11-盖罩;12-螺栓;13-支架;14-车轮轴承壳体;15-ABS 转速传感器;16-内六角螺栓;17-车轮轴承;18-盖板

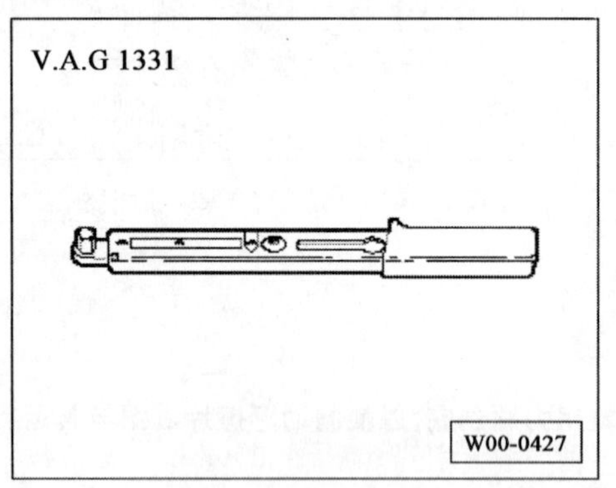

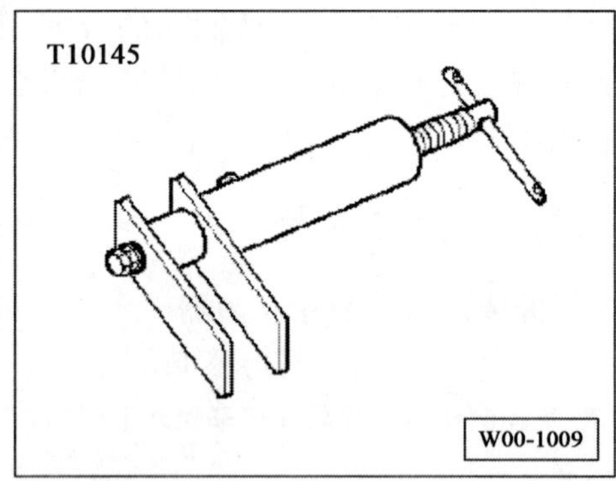

图 3-169　专用工具和维修设备

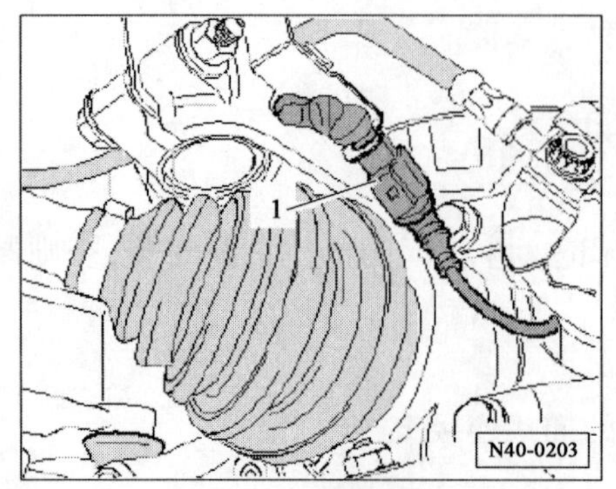

图 3-170　脱开插接连接

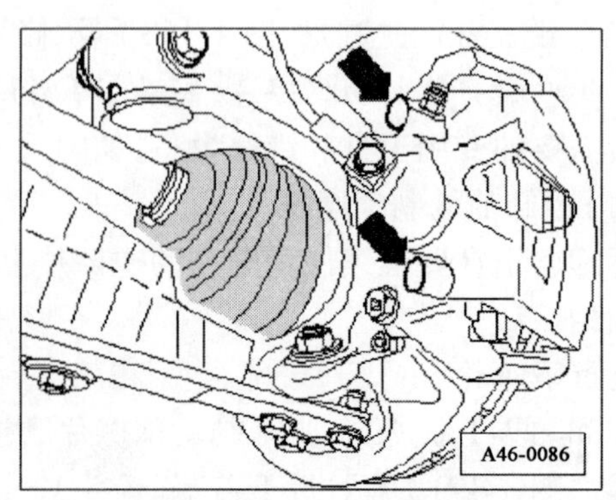

图 3-171　拆下盖罩

④如图 3-172 所示,松开两个导向销(箭头)并将其从制动钳上取出。取下制动钳并用钢丝固定,以便制动钳的重量不使制动软管承重过度或损坏。从制动钳中取出制动摩擦片。清洁制动钳,只能用酒精清洁。

(2)安装前轮制动摩擦片

①在用活塞复位装置将活塞压入缸前,必须从制动液储液罐内吸出制动液。否则,如果在此期间添加制动液,制动液会溢出并造成损坏。活塞复位,如图 3-173 所示。

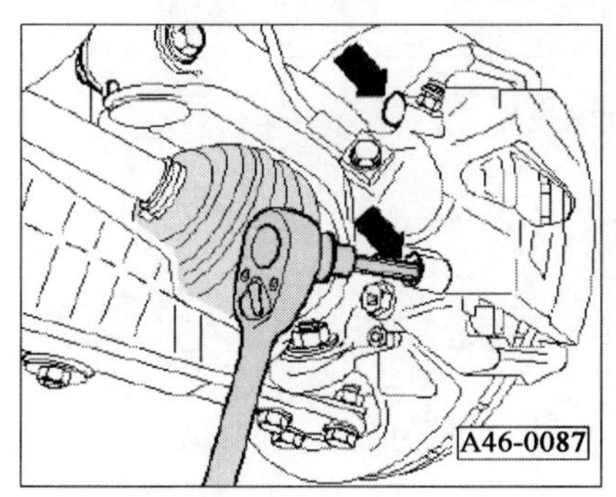

图 3-172　拧松并取出制动钳的两个导向销

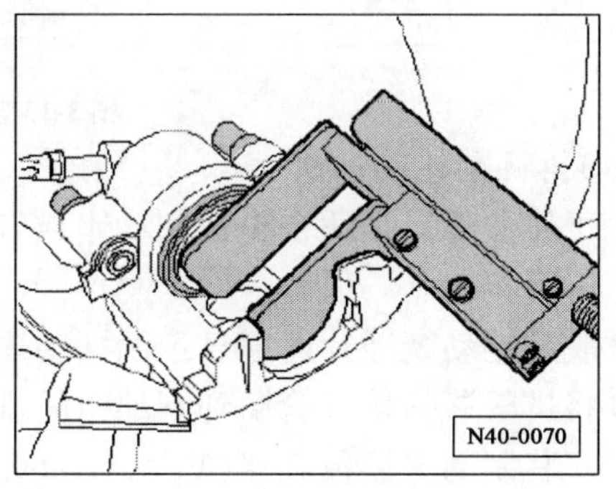

图 3-173　将活塞复位

②用止动弹簧将内部制动摩擦片(活塞侧)1 和外部制动摩擦片 2 安装在制动钳内,如图 3-174所示。

内部制动摩擦片(活塞侧)带有较大的三脚夹 1。

外部制动摩擦片带有较小的三脚夹 2(黑色)。

③首先从下部(箭头)将制动钳和制动摩擦片安装在制动器支架上,如图 3-175 所示。

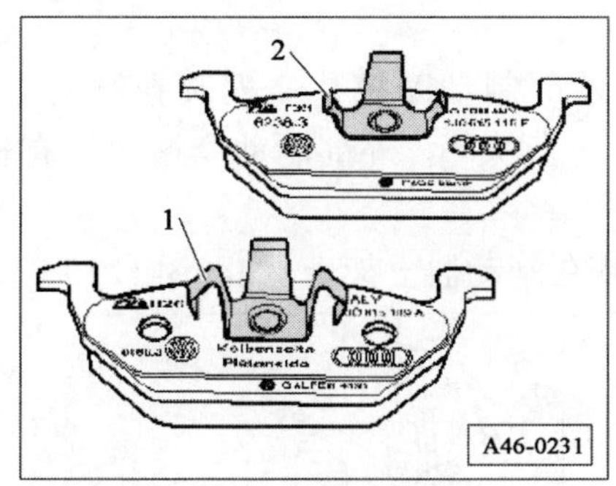

图 3-174　将内部和外部摩擦片安装在制动钳内

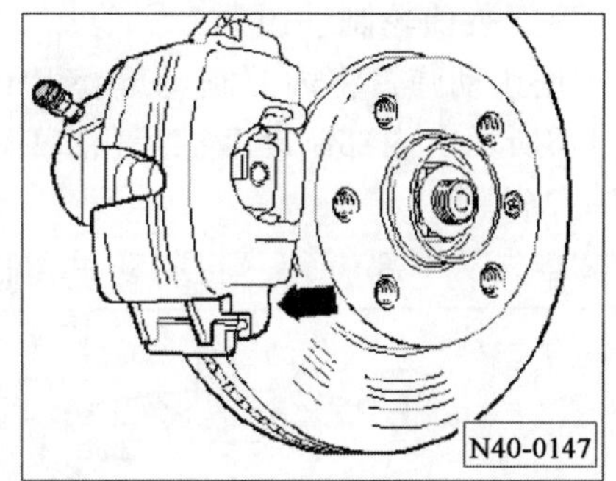

图 3-175　安装制动钳和摩擦片

④用两个导向销将制动钳拧到制动器支架上,如图 3-176 所示。

⑤用制动钳的销轴必须位于制动器支架的导向件后。

⑥装上两个盖罩。

⑦连接制动摩擦片磨损显示的插头。

⑧安装车轮。

3. 拆卸和安装制动钳、制动钳 FS111

所需要的专用工具和维修设备,如图 3-177 所示。

力矩扳手(V. A. G1331),制动踏板负载器(V. A. G1869/2)。

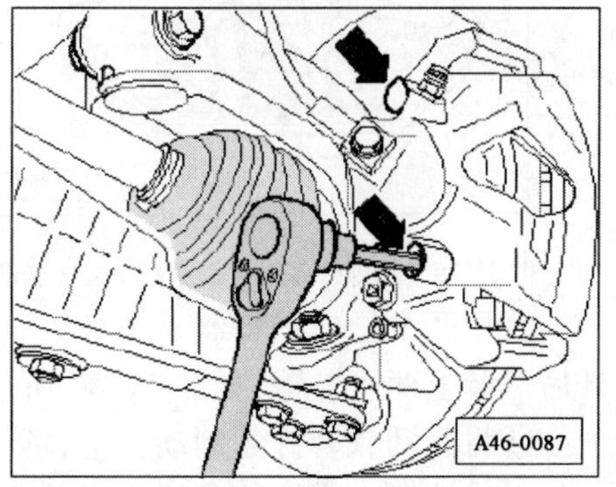

图 3-176　制动钳拧到制动器支架上

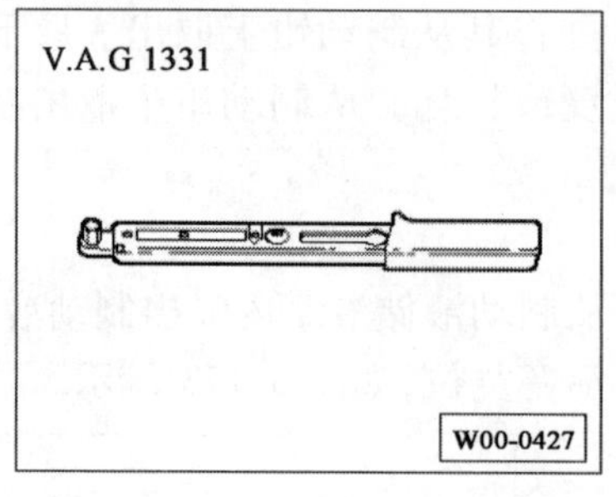

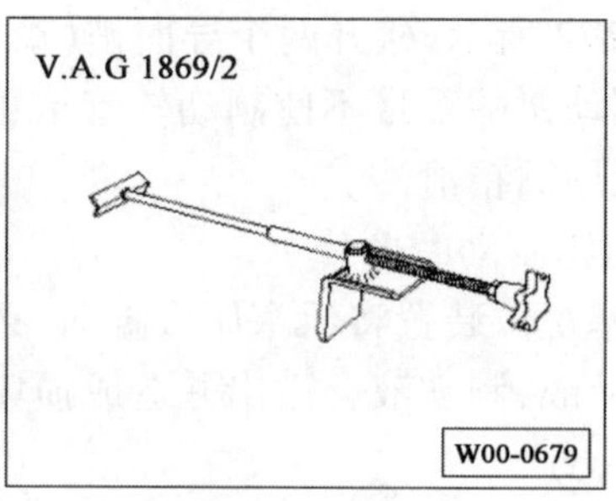

图 3-177 专用工具和维修设备

(1)拆卸前轮制动钳

该工作步骤只是适合更换制动钳或者下面的检修工作。

①拆下车轮。

②脱开制动摩擦片磨损显示的插头连接。

③将排气瓶的排气管插到制动钳的排气阀上,然后打开排气阀。

④安装制动踏板负载器(V. A. G1869/2)。

⑤关闭排气阀并取下排气瓶。

⑥拧下制动软管。

⑦从制动钳轴套上拔下两个盖罩。

⑧松开两个导向销并从制动钳中取出。

⑨从制动器支架上拆下制动钳。

⑩从制动钳中取出制动摩擦片。

(2)安装前轮制动钳

①用止动弹簧将内部制动摩擦片(活塞侧)1 和外部制动摩擦片 2 安装在制动钳内,如图 3-178所示。内部制动摩擦片(活塞侧)带有较大的三脚夹 1。外部制动摩擦片带有较小的三脚夹 2(黑色)。

②首先从下部(箭头)将制动钳和制动摩擦片安装在制动器支架上,如图 3-179 所示。

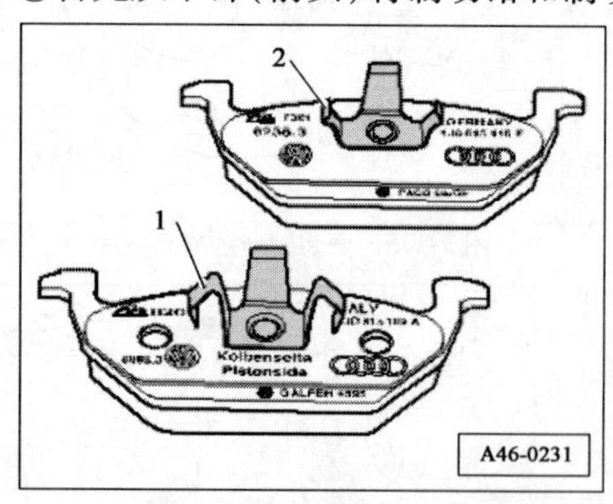

图 3-178 将内外部制动摩擦片安装在制动钳内

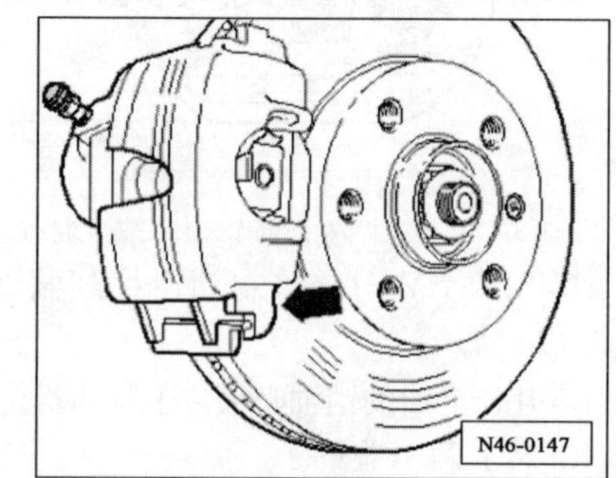

图 3-179 将制动钳和摩擦片安装在支架上

③用两个导向销将制动钳拧到制动器支架上。制动钳的销轴必须位于制动器支架的导向杆后。装上两个盖罩,如图 3-180 所示。

④将制动软管拧到制动钳上,拆下制动踏板负载器(V. A. G1869/2)。

⑤连接制动摩擦片磨损显示的插头。

⑥制动装置排气,安装车轮。

4. 修理前轮制动器、制动钳 FN3（同上）。

5. 拆卸和安装制动摩擦片、制动钳 FS3（同上）。

6. 拆卸和安装制动钳、制动钳 FS3（同上）。

（二）拆装及修理后轮制动器

1. 修理后轮制动器（同上）。

2. 拆卸和安装制动摩擦片 C38（同上）。

3. 拆卸和安装制动钳 C38（同上）。

4. 修理后车轮制动器 C1138/C1141（同上）。

5. 拆卸和安装制动钳 C1138/C1141 的制动摩擦片（同上）。

6. 拆卸和安装制动钳 C1138/C1141 的制动摩擦片（同上）。

（三）手制动拉杆装配一览

如图 3-181 所示，手制动拉杆装配一览。

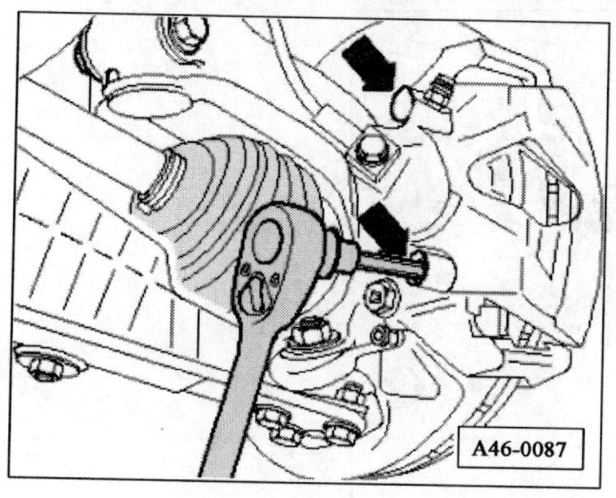

图 3-180　装上两个盖罩

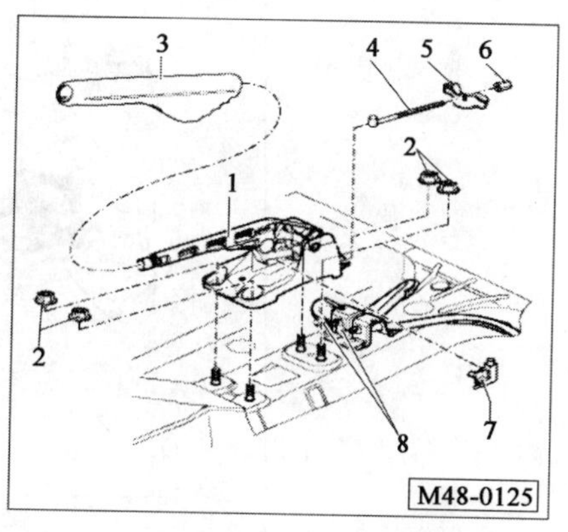

图 3-181　手制动拉杆装配一览

1-手制动拉杆；2-六角螺母；3-手制动拉杆饰板；4-拉杆；5-平衡架；6-调整螺母；7-手制动控制开关；8-手制动器拉线

1. 拆卸和安装手制动器拉线

（1）拆卸

①拧松手制动装置、拆下中控台。

②松开调整螺母 1，直至相应手制动器拉线 2 可以从平衡架 3 中取出，如图 3-182 所示。将汽车的弹簧夹与手制动器拉线连在一起。

③将弹簧夹 1 下降。将制动钳上的手柄 2 向箭头方向压并将制动器拉线 3 挂出。如图 3-183所示，将汽车的凸耳与手制动器拉线套在一起。

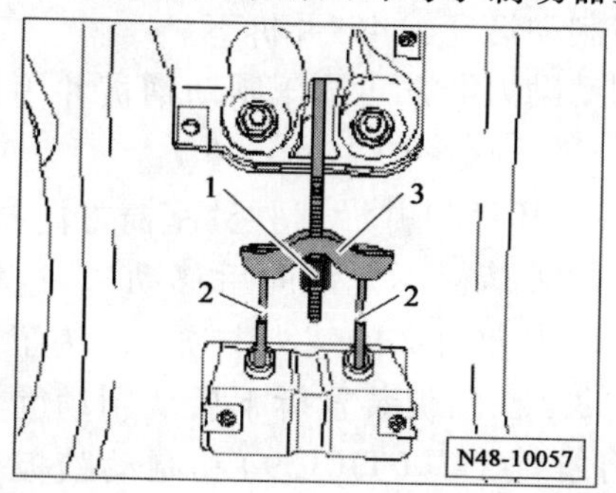

图 3-182　松开调整螺母

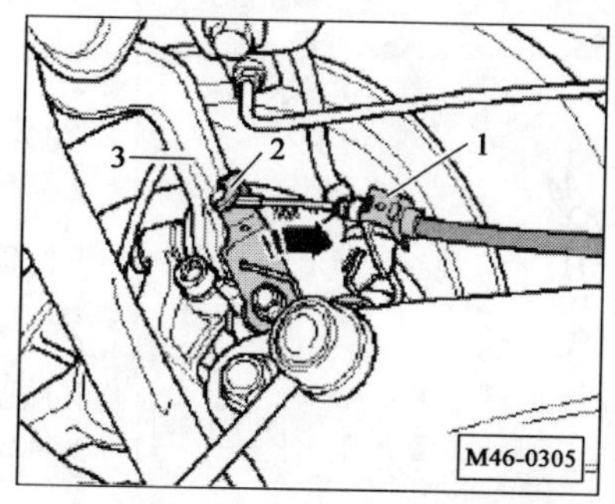

图 3-183　将弹簧夹下降

④将凸耳(箭头)向内压。将制动钳上的手柄 1 向箭头方向压并将制动器拉线 2 挂出,如图 3-184 所示。

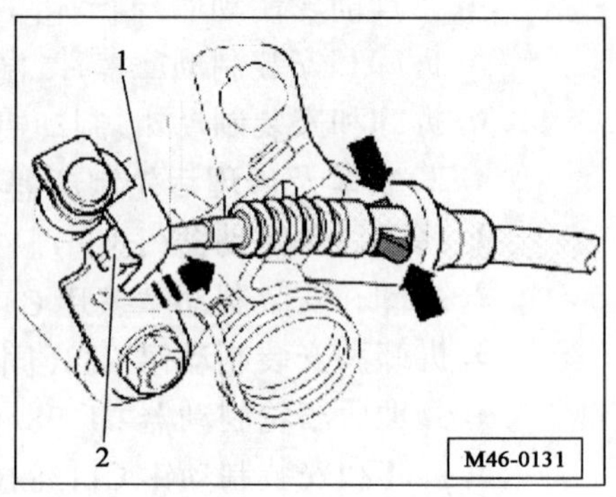

图 3-184　将凸耳向内压

(2)安装

安装以倒序进行。

(四)制动踏板装配一览

提示:不允许由于放置附加的地毯而缩短制动踏板的路径。

安装前为所有的支承部位涂抹润滑脂(G000602),如图 3-185 所示。

1. 从制动助力器上拆下制动踏板

所需要的专用工具和维修设备,如图 3-186 所示。解锁工具 T10159。

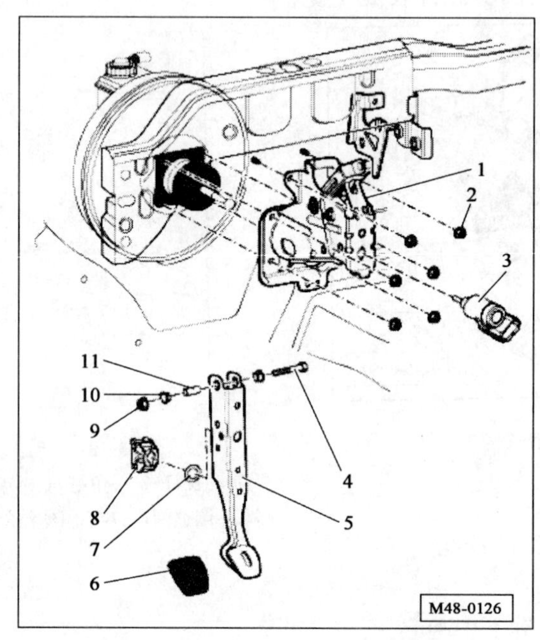

图 3-185　制动踏板示意图

1-支撑座;2-自锁六角螺栓;3-制动灯开关 F 和制动踏板开关 F47;4-六角螺栓;5-制动踏板;6-盖罩;7-轴瓦;8-定位件;9-自锁六角螺母;10-轴套;11-支承销

(1)拆下驾驶员侧脚部空间盖板,拔出制动信号灯开关 F 插头。

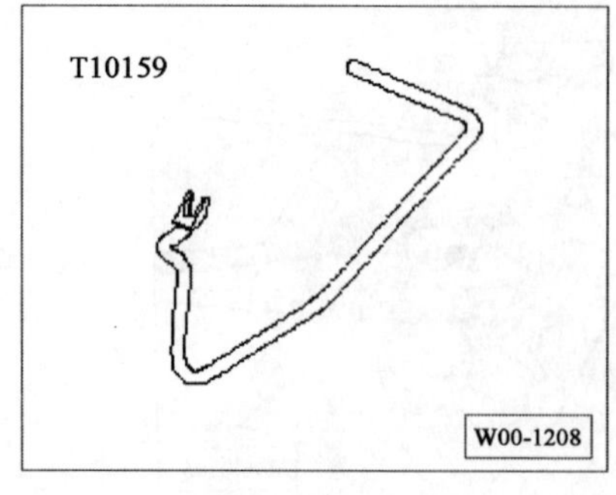

图 3-186　解锁工具

(2)向左旋转制动灯开关 45°并拆下。

(3)首先朝制动助力器方向按压制动踏板并固定住推杆 2。

安装解锁工具(T10159)并沿驾驶员座椅方向拉拔,同时顶住制动踏板(此时踏板不允许向后移动)。这样便将定位件的固定凸耳 3 从推杆 2 的球头中顶出。为了更清楚的说明,插图显示的是在踏板装置拆下后从制动助力器上拆下制动踏板。将解锁工具(T10159)和制动踏板一起沿驾驶员座椅方向拉拔,如图 3-187 所示。

2. 将制动踏板和制动助力器夹紧

(1)将推杆的球头放到定位件前,朝制动助力器方向按压制动踏板,直至听到球头嵌入的声音。其余的安装以倒序进行。

(2)安装并调整制动信号灯开关F,如图3-188所示。

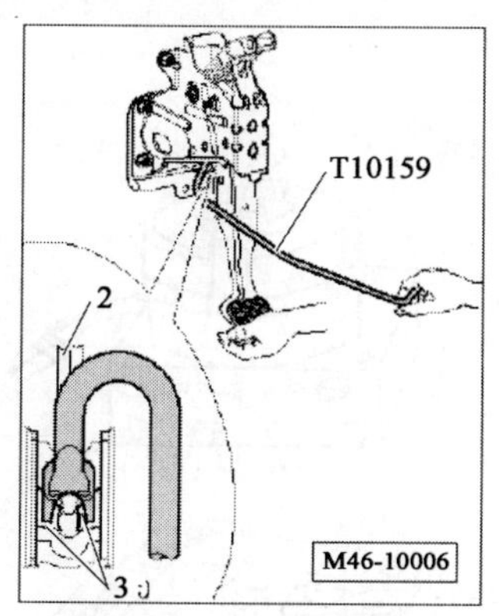

-187　解锁工具与制动踏板一起沿驾驶员座椅方向拉拔

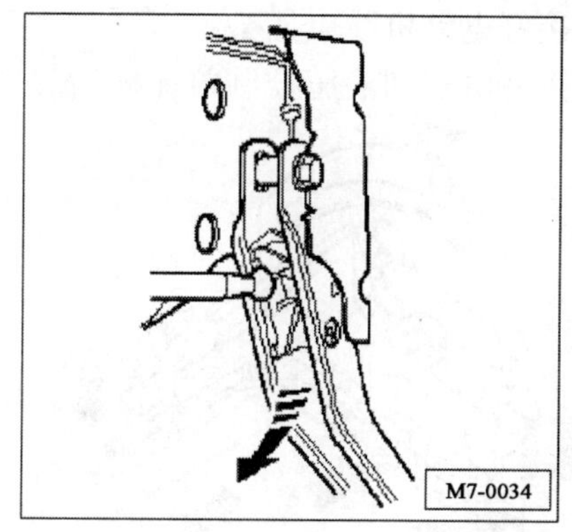

图3-188　安装并调整制动信号灯开关

(五)速腾轿车防抱死制动系统组件的检修

1. 电子和液压控制单元总成的拆卸

(1)关掉点火开关,拔下蓄电池负极接线柱。

(2)从电子和液压控制单元总成上拔下线束插头,如图3-189所示。

(3)踩下踏板(大于60mm)并用踏板架固定住,如图3-190所示。

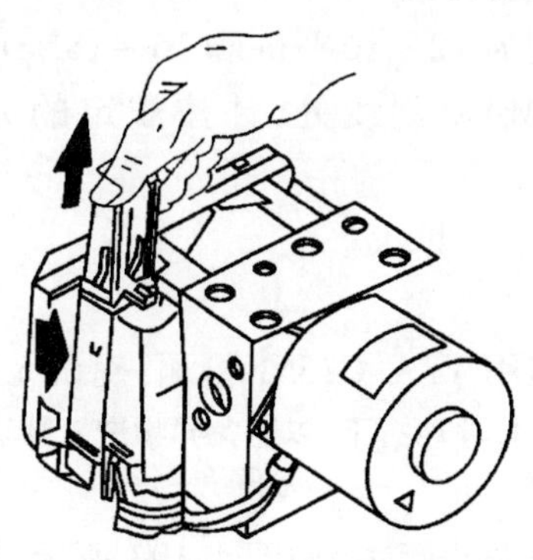

图3-189　拆下线束接头

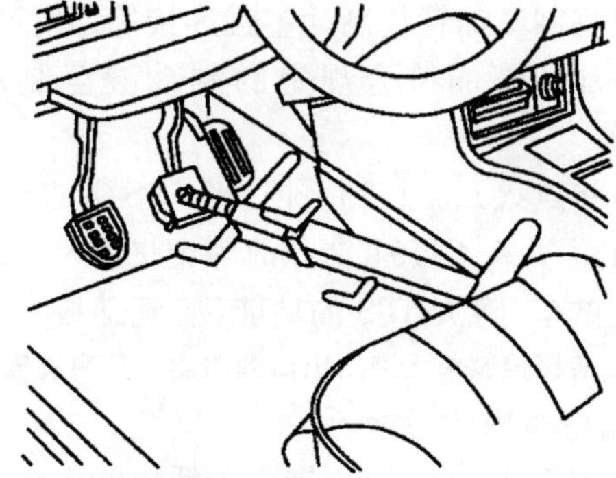

图3-190　用踏板架固定踏板

(4)在液压控制单元下部垫上吸油布,用来吸干从开口处流出的制动液。

(5)先拆下液压控制单元接制动主缸的两根制动管,并立刻用塞子将出口堵住。将制动管做标记,以便重新安装。

(6)拆下通往各车轮的制动管并做标记,立刻用塞子将出口堵住。

(7)拆下固定液压控制单元的螺母。

(8)将电子和液压控制单元总成拆下。

2. 电子和液压控制单元的拆卸

(1)关闭点火开关,拔下蓄电池负极接线柱。

(2)从电子和液压控制单元总成上拔下线束插头。

(3)拆下4个固定螺钉,如图3-191所示。

(4)将液压控制单元从电子控制单元上拆下,如图3-192所示。

(5)将新的电子或液压控制单元重新安装上。

(6)用4个新的固定螺钉将电子控制单元拧紧,其拧紧力矩为3~4N·m。

(7)插接好电动机线束插头。

(8)插接好电子和液压控制单元插头。

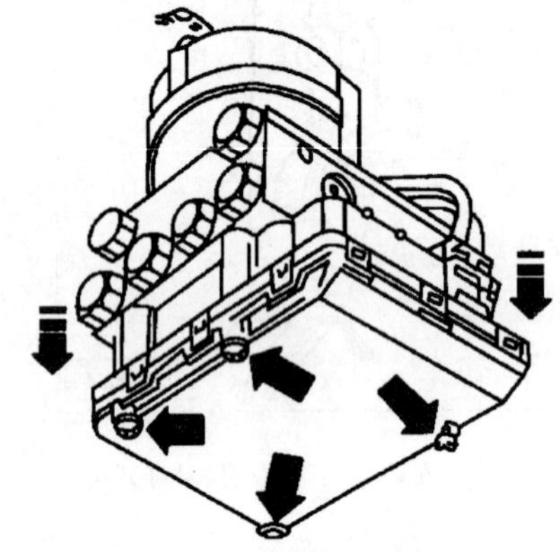

图3-191　拆下4个固定螺钉

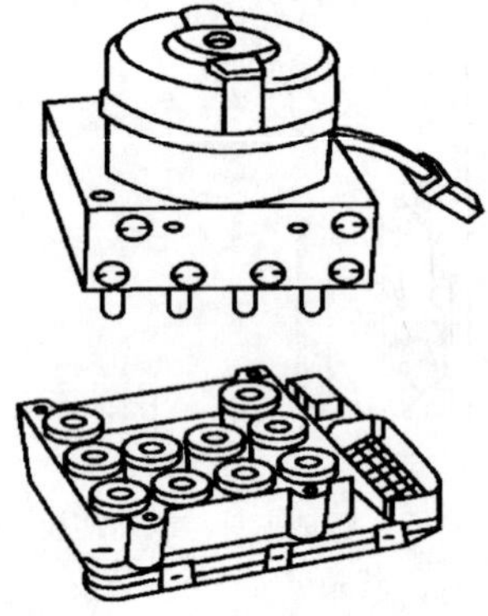

图3-192　拆下电子和液压控制单元

3. 电子和液压控制单元总成的安装

(1)将电子和液压控制单元的总成装到支架上,拧紧固定螺母,拧紧力矩为20~24N·m。

(2)拆下液压控制单元出油口上的防尘塞,按照制动油管上的标记,将制动油管接到液压控制单元上,并确认制动油管连接正确。

(3)将制动油管与制动主缸连接好,其拧紧力矩分别为12~16N·m和15~18N·m。

(4)加注新的符合规定的制动液至制动储液罐MAX刻线处,并按规定的方法进行排气。

(5)将点火开关打到1挡,当ABS警告灯必须亮2s后再熄灭。

(6)用V. A. G1551清除故障记忆。

(7)试车,确认ABS的功能(感到踏板有反弹),重新用V. A. G1551检测,确认无故障。

注意:液压控制单元液压出口的防尘塞只有在安装制动油管时,才能拆下,以避免异物进入制动系统。

4. 前轮齿圈的拆卸

(1)用200mm的拉力器2个活塞臂先钩住前轮轴承壳的两边,如图4-193所示,拆下带齿圈的前轮毂。

(2)在前轮毂要压出的中心放一块专用压块。

(3)转动拉力器螺母,使拉力器头顶住专用压块,将前轮毂连同齿圈一起顶出。

(4)拆下齿圈的十字槽固定螺栓。

5. 前轮转速传感器的拆卸和安装

(1)拆卸

①拔下传感器导线插头,如图3-194箭头所示。

②拧下固定传感器的内六角紧固螺栓。

③拆下前轮转速传感器。

(2)安装

①清洁传感器的安装孔内表面。

②清洁传感器端头。

③涂上润滑脂 G000650,然后装入安装孔内。

④拧紧内六角紧固螺栓,其拧紧力矩为 10N·m。

⑤插上导线插头。

注意:前轮转速传感器左、右不能互换。

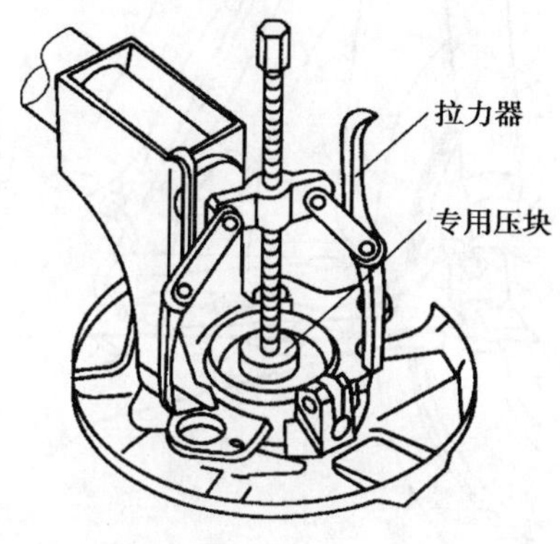

图 3-193 拆卸前轮齿圈

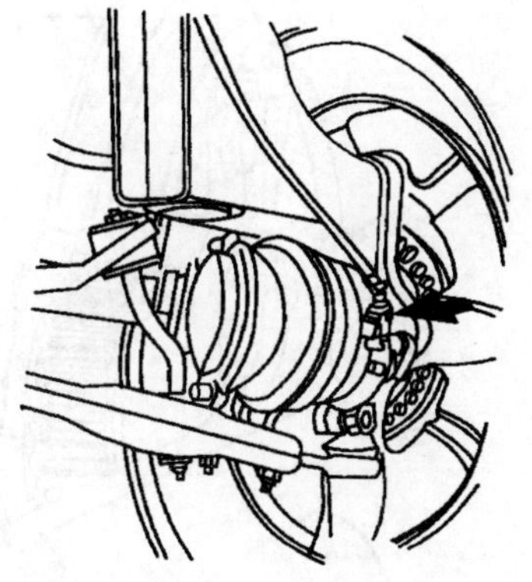

图 3-194 拔下传感器导线接头

6. 前轮齿圈的检查

(1)将前轮举升离地,用双手转动前轮感觉前轮摆动是否异常。

(2)若轴向间隙过大,则要检测齿圈的轴向摆差,如图 3-195 所示。标准值:轴向摆差小于 0.3mm。

(3)若前轮轴承损坏或轴向间隙过大,则更换轴承。

(4)若出现齿圈轴向摆差过大,而引起传感器与齿圈擦碰,造成齿圈变形或齿数残缺不全,则应更换前轮齿圈。

(5)若前轮齿圈完好无损,但被泥土或脏物堵塞,应清除齿圈空隙中的脏物。

7. 后轮转速传感器的拆卸和安装

(1)拆卸

①拆下汽车后座垫,拔下后轮转速传感器的连接插头,如图 3-196 所示。

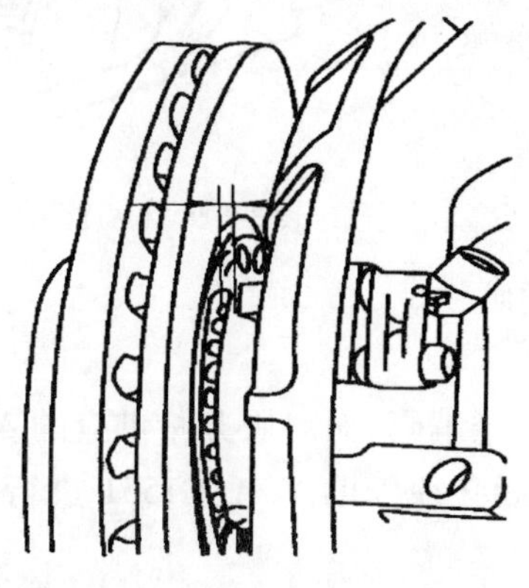

图 3-195 检查齿圈的轴向摆差

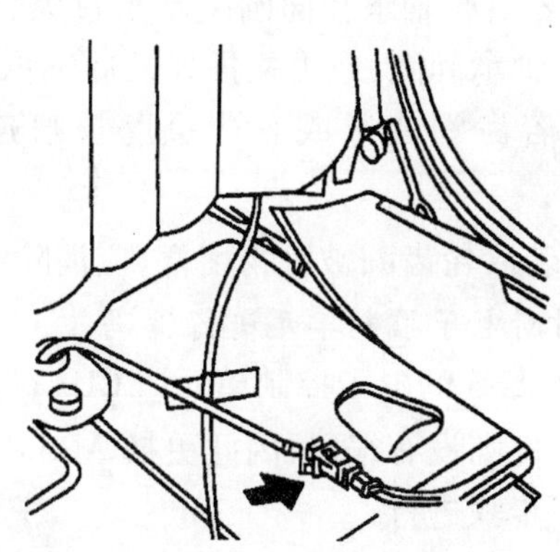

图 3-196 拔下传感器连接接头

②拧下传感器的内六角紧固螺栓，如图3-197所示，拆下后轮转速传感器。

③按图3-198所示箭头方向所示，取下后纵臂上的转速传感器导线保护罩，拉出导线和导线插头。

(2)安装

制动防抱死装置的后轮转速传感器的安装与拆卸顺序相反，装配时，应注意以下几点：

①安装后轮速传感器之前，先清洁传感器安装孔内表面。

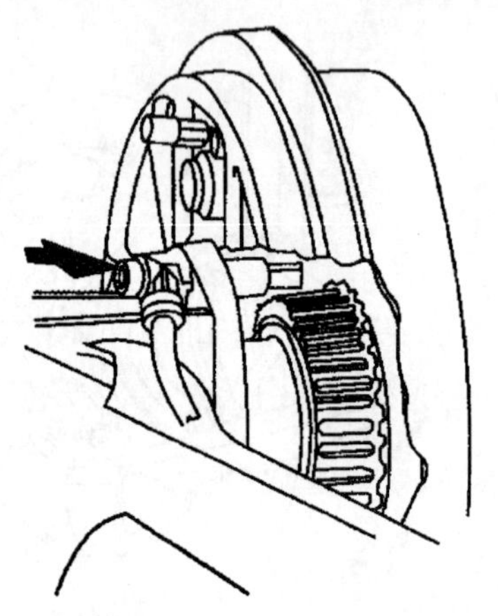

图3-197　拔下后轮转速传感器

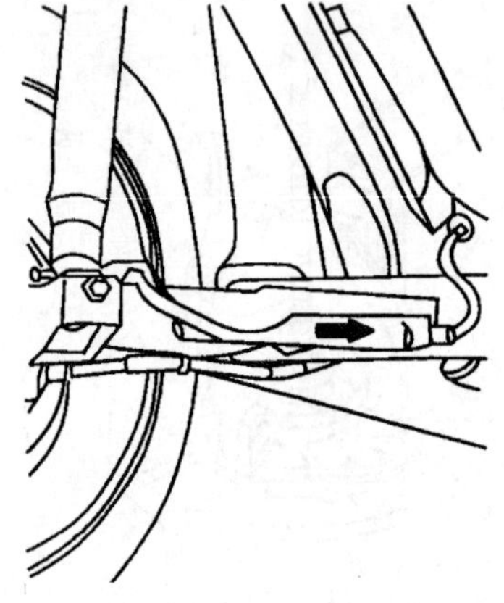

图3-198　取下传感器导线保护罩

②清洁传感器端头。

③涂抹润滑脂G000650后装入。

④内六角紧固螺栓拧紧力矩为10N·m。

注意：后轮转速传感器左右件能互换。

8. 后轮齿圈的检查

当后轮轴承损坏或轴承径向跳动量过大时，会影响后轮转速传感器的间隙，因此必须定期检查。

(1)将后轮举升起离地，用双手转动后轮，检查后轮摆动是否正常。若后轮摆动过大，则要检查后轮轴承的径向圆跳动，如图3-199所示。

标准值：径向圆跳动量小于等于0.05mm。

(2)若后轮轴承径向圆跳动量过大，则需通过调整螺母调节后轴承间隙，或更换损坏的后轴承。

(3)若齿圈变形或有严重磨损痕迹则应更换后轮齿圈。

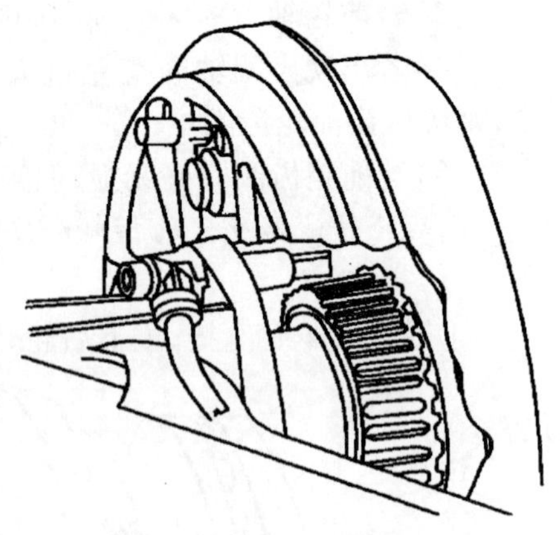

图3-199　检查后轮轴承

(4)若后轮齿圈被脏物堵塞，应消除齿圈空隙中的脏物。

9. 对新电子控制单元进行编码

通常ABS的电子控制单元(ECU)在车辆出厂时已经编码，而对服务站供应的ABS电子控制单元备件则没有编码，因此更换ABS电子控制单元后必须借助V. A. G1551进行编码，编码需按以下步骤进行：

(1)连接V. A. G1551，选择地址码03“防抱死制动系统”，按“Q”键确认。

(2)输入07“控制单元编码”功能，按“Q”键确认。

(3)输入编码 03604,按“Q”键确认。

(4)按“→”键后,输入 06“结束输出”,按“Q”键确认。

10. 车轮转速传感器输出电压的检查

(1)检查车轮转速传感器与齿圈之间的间隙是否合乎标准值。

前轮:1.10 ~ 1.97mm;后轮:0.42 ~ 0.80mm。

(2)将车升起使车轮胎离地,松开驻车制动器。

(3)拆下 ABS 车轮转速传感器线束插头并测量。

(4)以 0.5r/min 的速度转动车轮,用万用表测量输出电压:前轮 70 ~ 310mV,后轮大于 260mV。

三、拆装检修后的工作

1. 清理场地与工具,拆除防护用品及安全装置。
2. 总结。

C 知识拓展

一、防抱死制动系统的维修事项

1. 维修防抱死系统前,用“引导型故障查询”确定故障原因。“引导型故障查询”可通过车辆诊断、测量和信息系统(VAS5051)进行。
2. 闭点火开关后断开蓄电池搭铁线。
3. 使用电焊机进行焊接工作之前,应注意安全事项。
4. 使用制动液时需注意有效的安全措施和说明。
5. 开制动系统后,用制动液加注和排气装置(VAS5234)或(VAG1869)为制动排气。
6. 最后试车时确保至少进行一次质的调节(制动踏板的脉动必须明显)。
7. 防抱死制动系统上进行维修工作时对清洁度的要求很高,绝不允许使用含矿物油的辅助剂,如机油、油脂等。
8. 松开前彻底清洁连接处及其周围区域,但不要使用腐蚀性的清洁剂,例如制动器清洁剂、汽油、稀释剂或类似物。
9. 拆下的零件放在干净的垫子上并盖住。
10. 开控制单元与液压单元后将运输用的保护件安装在阀顶上。
11. 如果无法立即进行维修,那么应仔细地将已打开的部件盖住或密闭。
12. 勿使用纤维质抹布。
13. 装前才能从包装中取出配件。
14. 需使用原装零件。
15. 已打开时,不要用压缩空气进行操作并且不要移动汽车。
16. 电子控制单元短时承受的最高温度为 95°,长时间(约 2h)承受的最高温度为 85°。注意不要让制动液流入插头。

二、制动检测

1. 在试验台上进行检测。

2. 检测时,必须将带手动变速器的车辆置于怠速运行状态,或将带自动变速器的车辆挂入行驶挡位“N”。

3. 检测时必须注意试验台制造商的规定。

前轮驱动车辆的检测。

制动检测在单桥式转鼓试验台上进行。检测速度不能超过6km/h。

D 案例分析

一、速腾轿车转向系统故障检修

案例1

(1)故障现象:速腾1.6,制动时制动盘有“吱吱”摩擦噪声。

(2)故障检修:检查前制动盘出现有“日食奇观”,即制动盘外缘被磨亮,如图3-200所示,原因是制动盘外缘锈蚀严重,其氧化物被制动片摩擦所致。对于制动盘受潮生锈状态,在不严重的情况下可通过制动磨合消除。制动“吱吱”噪声的故障原因是:摩擦片配方中的金属丝太硬;制动盘的材料不当或制动盘变形;由于硬点存在,摩擦片与制动片之间存在点接触现象。

(3)故障排除:更换制动盘后故障清除。

案例2

(1)故障现象:2009款速腾轿车制动时制动踏板偶尔弹脚,同时ABS警告灯点亮。实测发现在低速时踩制动,制动踏板有弹脚现象。

(2)故障检修:维修人员连接VAS5052A检测仪进行故障码查询,在03制动器电子系统中,检查到一个故障码存储:00285,右前ABS转速传感器G45机械故障。此故障码在打开点火开关后能清除,说明电路正常,然而行驶到一定车速时此故障码又重现,而且警告灯点亮。跟踪测试,进入03-08-001监控四轮车速传感器的数据流,数据流显示右前轮转速与其他车轮有一定偏差,且30km/h以上明显,差值最大达到11km/h以上,说明右前轮速信号传递不良。

图3-200 右前轮轴承

(3)故障排除:更换右前轮轴承,如图3-200所示,进行路试,用VAS5052A进入03-08-001读取数据流,四轮转速数据同步,故障排除。ESP的控制单元通过对传感器信号在内部精密电阻上产生的电压降进行分析,识别到为右前轮信号传递周期性不良,认为和电路开/短路现象不符,由此ECU认为机械故障从而报出故障码。同时由于ABS控制单元接收到来自右前轮的轮速信号较其他三轮有差异,触发了ABS泵工作,所以踩制动踏板时会有弹脚的感觉。另外,很多类似的故障可能为加工铁屑被信号源磁铁吸附,从而影响了信号的稳定程度,同样会报出ABS机械故障。由于铁屑刚好卡在ABS传感器同一表面时,车速信号便会丢失。只要转过铁屑的位置,信号就会正常。

案例3

(1)故障现象:速腾车,ESP警告灯偶尔发点亮,ABS控制单元内存储1个故障码:00493,ESP传感器G419偶然故障。

(2)故障检修:检查ESP传感器插头接触不良。

(3)故障排除:重新固定后故障排除。

案例4

(1)故障现象:速腾车在制动时发出“嗒嗒”响声,中速紧急制动时尤其明显。

(2)故障检修:试车确定,在制动时右前轮出发出有节奏的“嗒嗒”声。为了确定具体部位,维修人员拆下右前轮胎,用两个轮胎螺栓将制动盘固定在凸缘盘上,举升车辆,一人在车内模拟行驶制动,一人观察制动片,发现反复制动时,制动片在制动钳支架处产生径向圆跳动,此时相互干涉形成了有节奏的“嗒嗒”声。检查测量支架的支持面正常,但制动片固定端部显示有被磨亮的现象,移动导向销手感发涩,拆下导向销发现其表面因润滑不良产生了非均匀磨损。由此在制动时,制动钳支架(导向装置)与制动片固定端部配合偏移产生了间隙。

(3)故障排除:更换导向销或对两者配合工作面润滑。

项目四　一汽大众轿车灯光系统

X项目描述

汽车上的灯光有夜行灯、信号灯、雾灯、夜行照明灯等，各部灯光都各具不同的用途，使用很有讲究，既不可乱用也不可不用。驾驶员平时进行例行保养时要经常检查，有的驾驶员对其不够重视，这是非常错误的。信号灯，包括转向灯（双闪）和制动灯。正确使用信号灯对安全行车很重要。转向灯，此灯是在车辆转向时开启，断续闪亮，以提示前后左右的车辆和行人注意。刹车灯，此灯亮度较强，用来告知后车，前车要减速或停车，此灯如使用不当极易造成追尾事故。雾灯，它可以帮助驾驶员在雾天驾驶时提高能见度，并能保证使对面来车及时发现，以采取措施，安全交会。夜行照明灯，俗称“大灯”。大灯对于全车灯来说是“心脏”部位。

由于车辆的各种因素灯光系统出现故障，在夜间、下雨天、雾天、隧道中行驶时很危险。为保证车辆安全行驶，应及时对汽车灯光系统进行维护。在本项目中介绍一汽大众轿车灯光系统的控制原理，各个灯的拆装工艺，故障案例分析。

Z知识目标

1. 知道速腾轿车灯光系统的结构组成。
2. 知道速腾轿车灯光系统的控制原理。
3. 知道速腾轿车灯光系统元件的拆装方法。

N能力目标

1. 能正确的拆装速腾轿车灯光系统各元件。
2. 能正确的对速腾轿车灯光系统故障进行分析。
3. 能正确使用拆装与检修的工具、设备。

S素质目标

安全与防护，车间5S管理，合作、交流、沟通能力的培养。

A　相关知识

一、速腾轿车灯光系统控制原理

（一）速腾轿车灯光系统组成

速腾轿车灯光系统由点火开关、灯光开关、中央电器控制单元（J519）、网关（J533）、转向柱控制单元（J527）及灯泡仪表等几部分组成。

(二)速腾轿车中央电器控制灯光系统原理图(如图 4-1、图 4-2 所示)

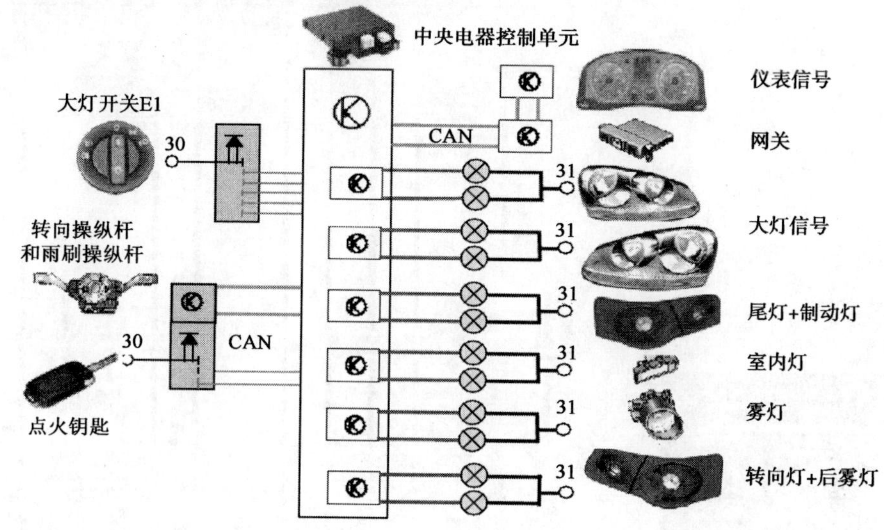

图 4-1 中央电器控制灯光系统原

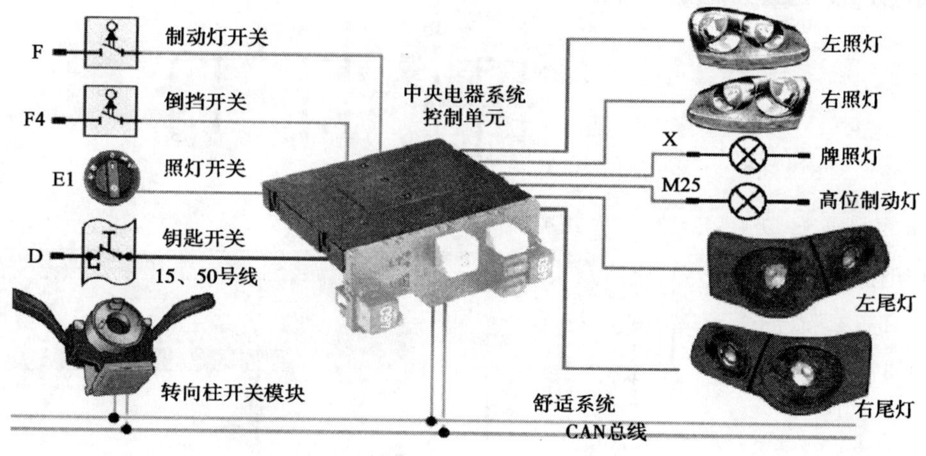

图 4-2 中央电器控制灯光系统原理图

(三)车灯开关原理图(如图 4-3 所示)

(四)内部照明原理图(如图 4-4 所示)

(五)转向开关及变光开关原理图(如图 4-5 所示)

(六)车灯故障监控功能

冷监控:在 15 线接通的 3s 内,车灯没有打开的情况下,每隔 500ms 监测 1 次,共 6 次检测。

热监控:车灯开关打开后,将一直对使用中的灯泡进行监控。检测是否有过载、短路或断路现象发生。

(七)灯的故障检测

在以上两种情况下,一旦检测到故障,控制单元会存储故障记忆,同时点亮组合仪表上的故障警报灯,并且会有相应的故障提示信息,如图 4-6 所示。

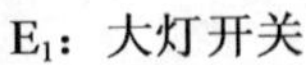

E_1：大灯开关

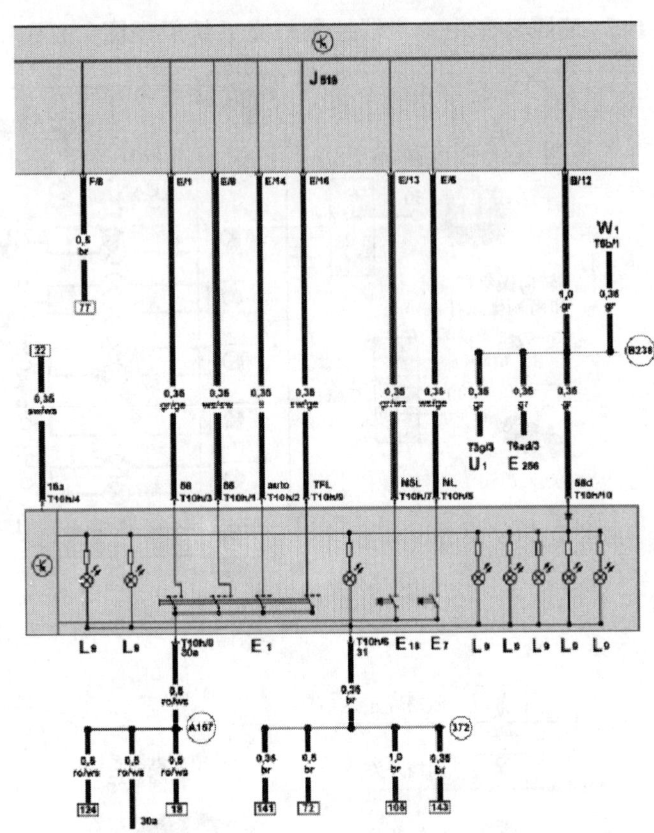

图 4-3　车灯开关原理图

内部照明控制
电路图：

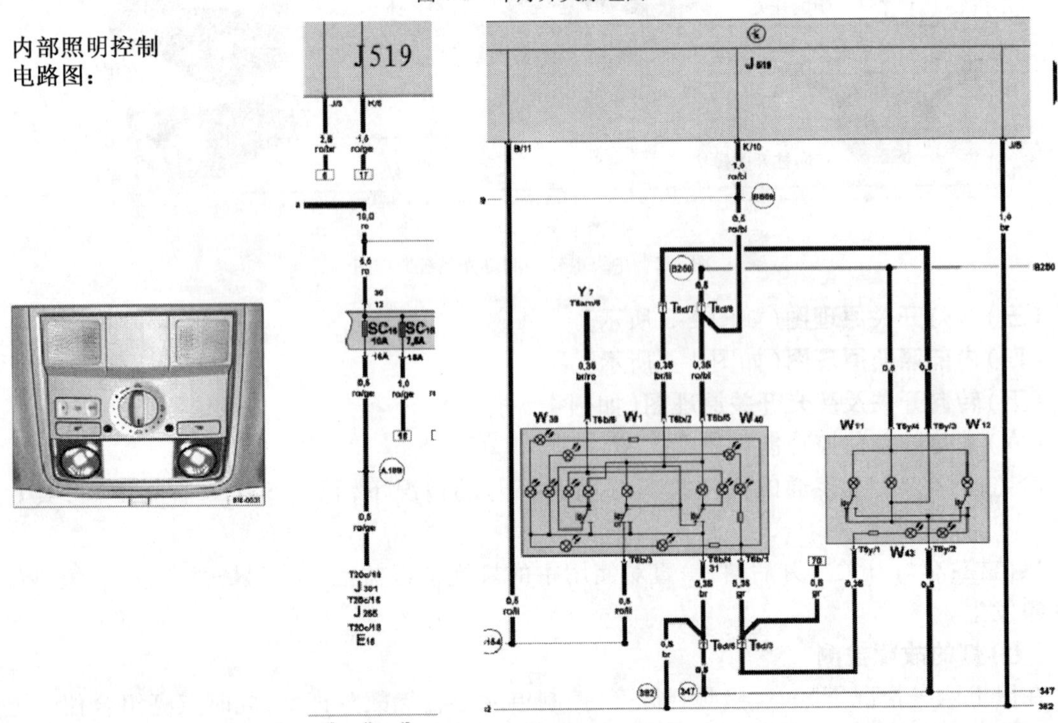

图 4-4　内部照明原理图

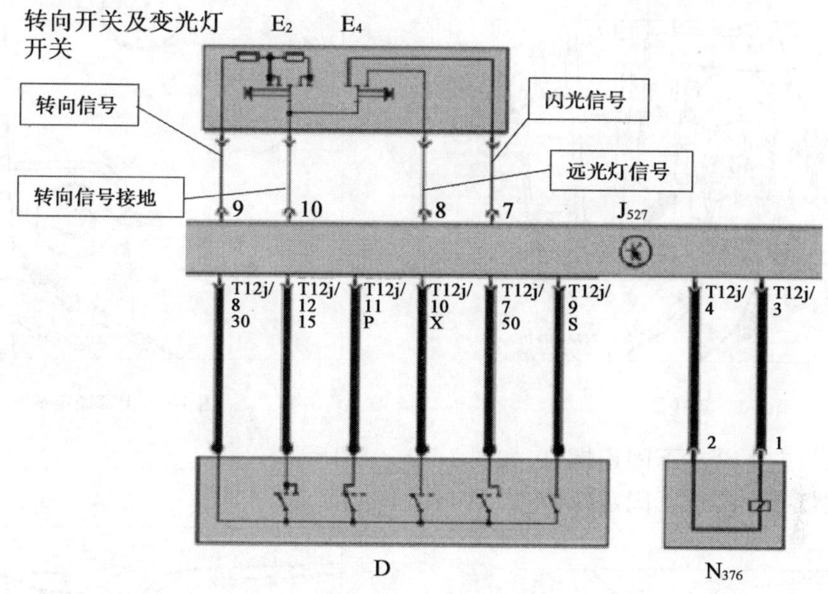

图 4-5　转向开关及变光开关原理

B　实训操作内容

一、速腾轿车外部灯光系统的拆装

(一)前组合大灯结构(如图 4-7 所示)

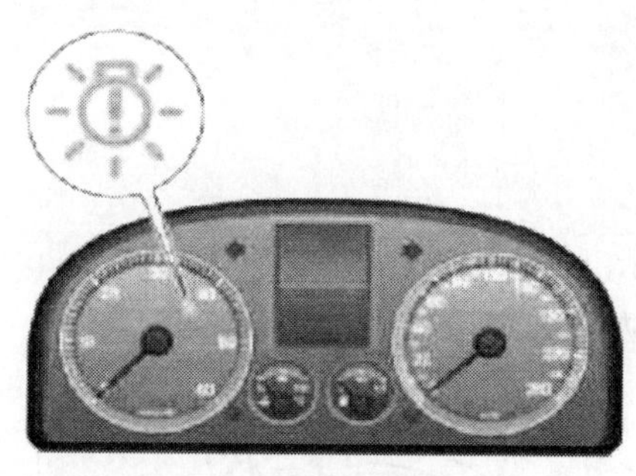

图 4-6　灯光故障警报灯

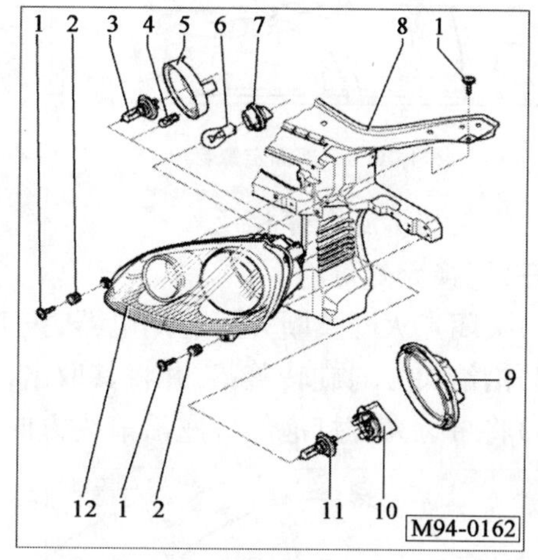

图 4-7　前组合大灯结构

1-固定螺钉;2-调节衬套;3-远光灯灯泡;4-停车灯灯泡;5、9-盖罩;6-转向灯灯泡;7、10-带拉手的灯座;11-近光灯灯泡;12-大灯

(二)前组合大灯的拆装

(1)关闭点火开关断开所有用电器,拔下点火钥匙。

(2)拔下多芯连接器,如图 4-8 所示箭头。

(3)拆卸前保险杠。

(4)从照灯上部拆下固定螺钉,如图 4-9 所示箭头。

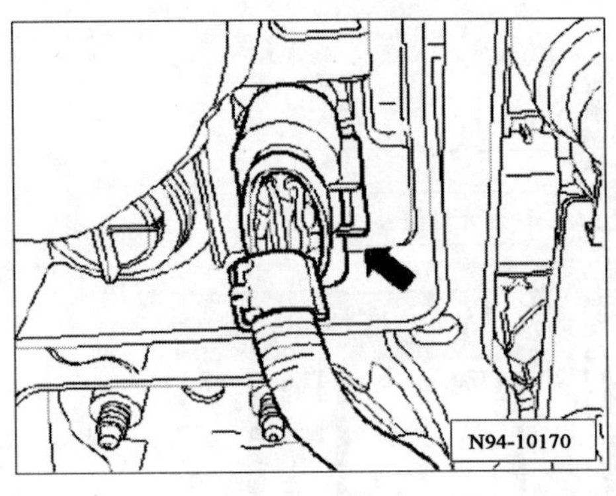

图 4-8　连接器

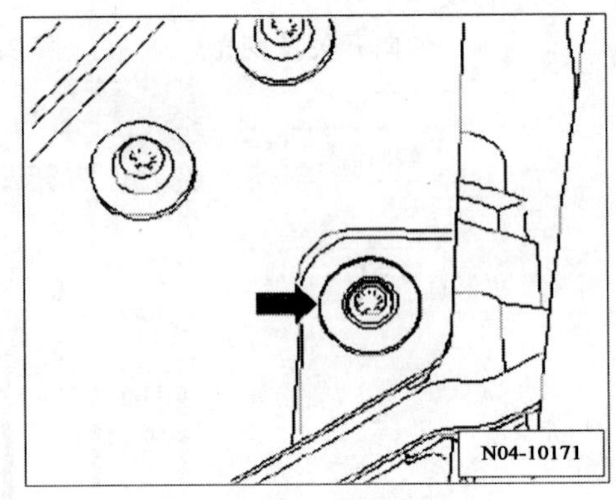

图 4-9　上部固定螺钉

(5)从大灯左下部拆下固定螺钉,如图 4-10 箭头所示。

(6)从大灯右下部拆下固定螺钉,如图 4-11 箭头所示。

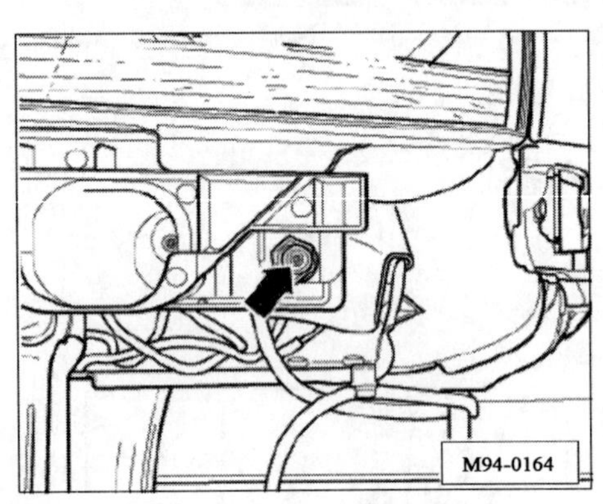

图 4-10　下部固定螺钉

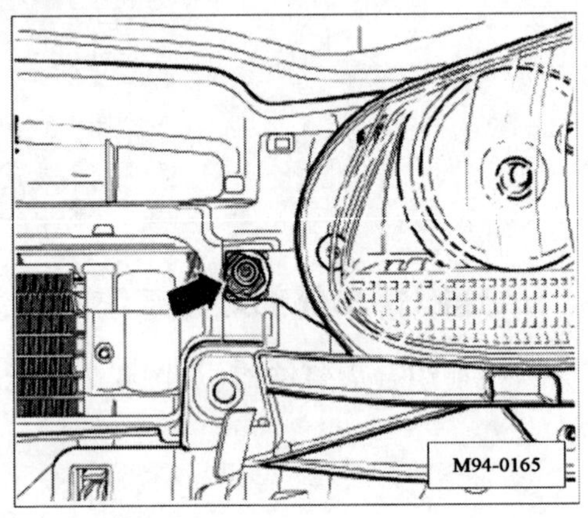

图 4-11　固定螺钉

(7)安装与拆卸顺序相反。

(三)更换大灯灯泡

(1)关闭点火开关断开所有用电器,拔下点火钥匙。

(2)沿箭头方向旋转盖罩,并将其取出,如图 4-12 所示。

(3)将带近光灯灯泡的灯座沿箭头方向旋转,并将其从照灯中取出,如图 4-13 所示。

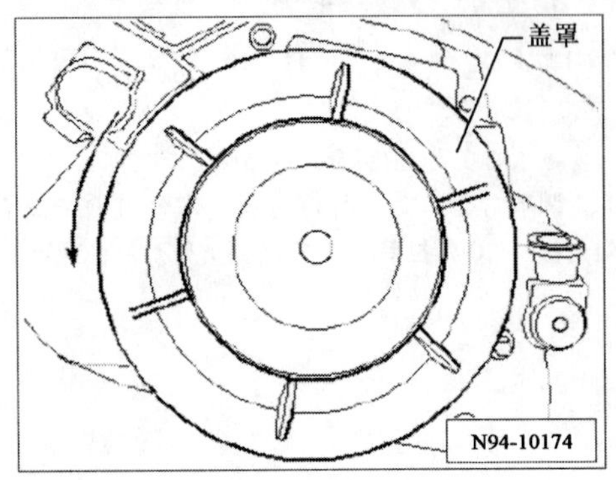

图 4-12　拆卸盖

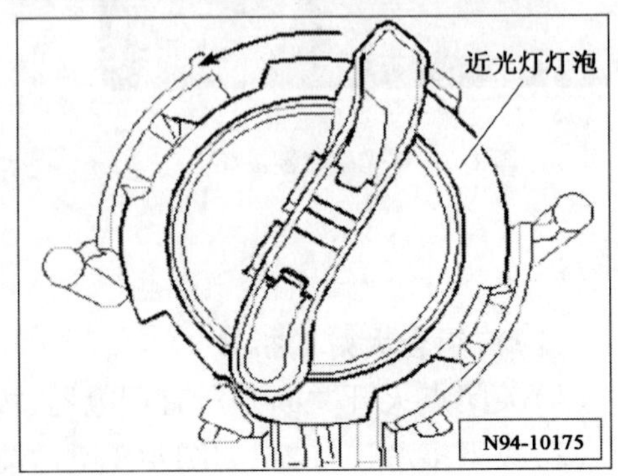

图 4-13　拆卸近光灯

(4)将近光灯灯泡2沿箭头方向从灯座1中拔出,如图4-14所示。

(5)安装。将近光灯灯泡插入灯座,使沿近光灯灯泡轴颈位于灯座的凹口处(箭头所指处),如图4-15所示。

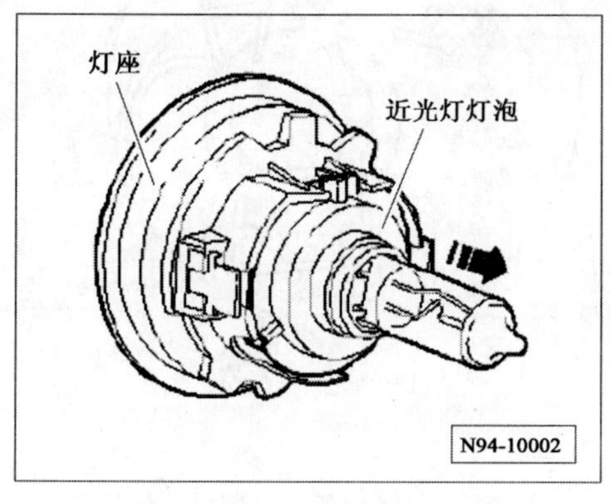

图4-14 拆卸近光灯灯泡

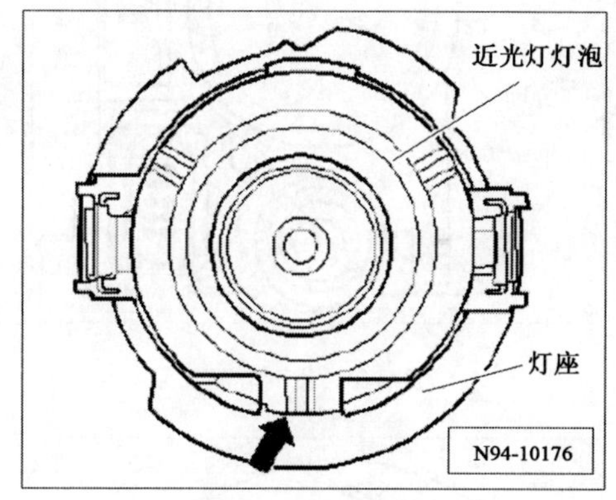

图4-15 安装近光灯

(6)将带有近光灯灯泡的灯座装入照灯中,沿箭头方向旋转带有近光灯灯泡的灯座,如图4-16所示。

(7)将盖罩装入照灯上的凹口中,沿箭头方向拧紧盖罩,如图4-17所示。

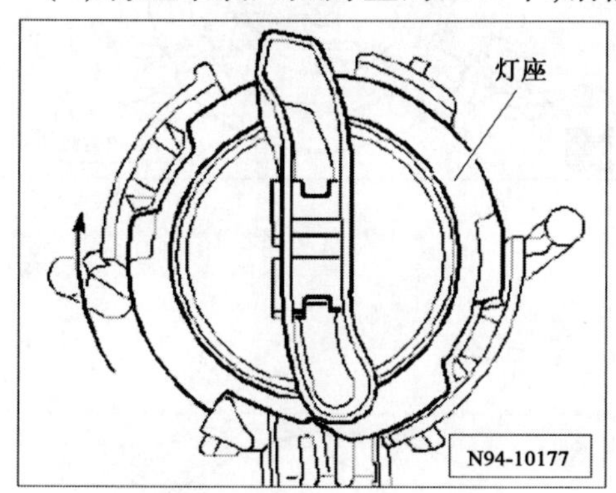

图4-16 安装近光灯

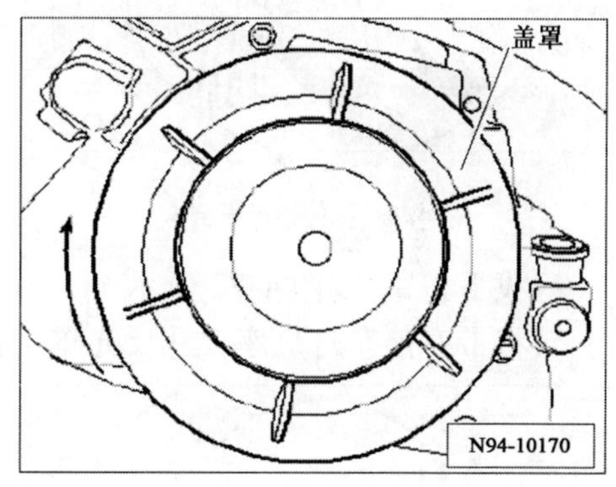

图4-17 安装盖罩

(8)检查照灯功能。

(9)检查照灯调节功能,必要时调整。

(四)更换远光灯灯泡

(1)关闭点火开关断开所有用电器,拔下点火钥匙。

(2)拔下盖罩,如图4-18所示。

(3)拔下多芯插头连接器,如图4-19所示。

(4)沿箭头方向将钢丝弹簧卡压到锁止凸耳下面,并向上翻,如图4-20所示。

(5)从照灯中取出远光灯灯泡。

(6)将新的远光灯灯泡装入照灯上的凹口内,如图4-21中箭头所示。

(7)检查照灯功能,

(8)检查照灯调节功能,必要时调整。

(五)更换停车灯灯泡

(1)关闭点火开关断开所有用电器,拔下点火钥匙。

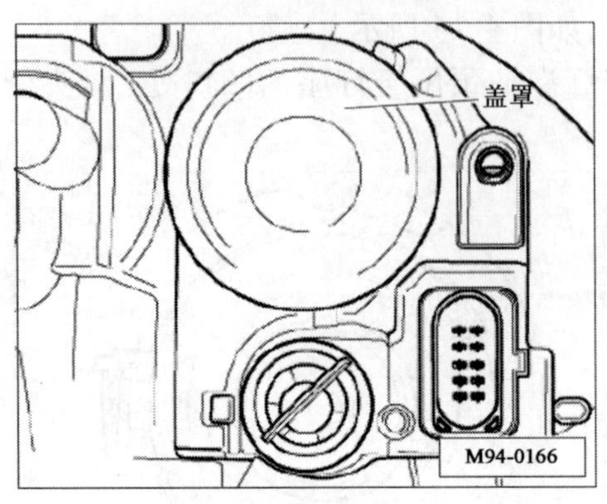

图 4-18　拔下盖罩

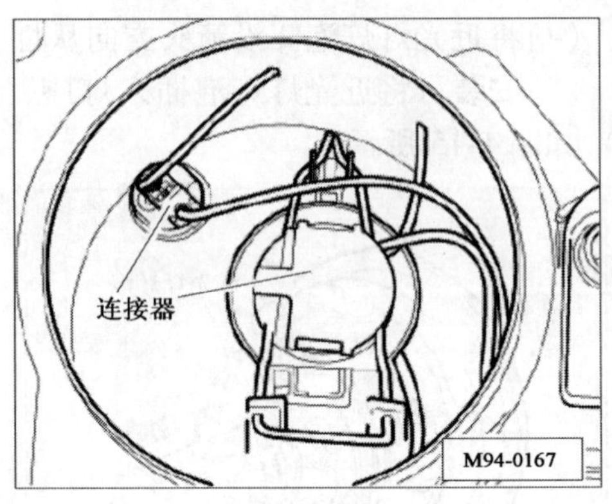

图 4-19　连接器

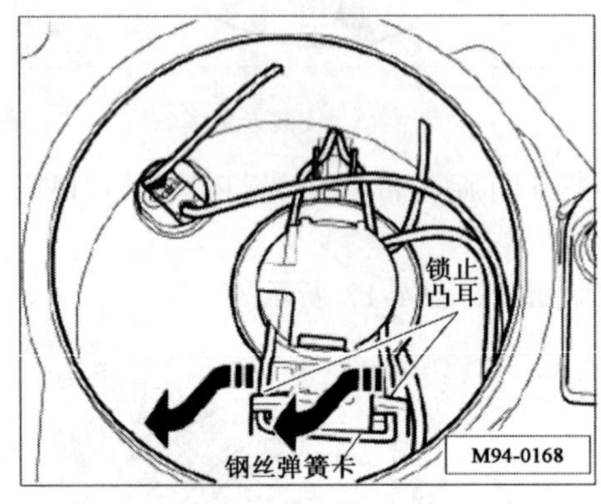

图 4-20　拆卸钢丝弹簧卡

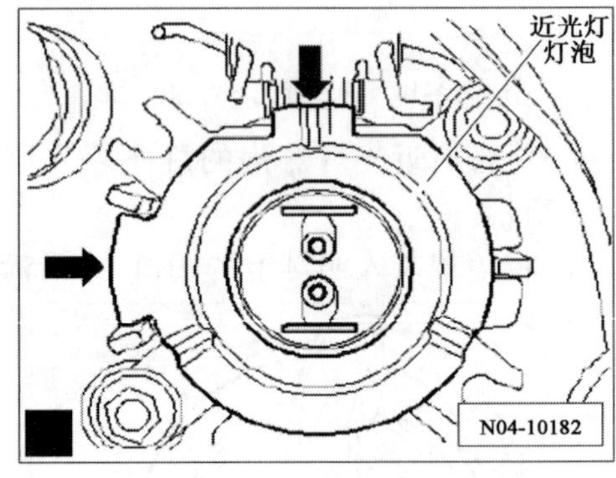

图 4-21　安装远光

(2)拔下盖罩,如图 4-22 所示。

(3)将带有停车灯灯座 1 从反光罩中拔出,如图 4-23 所示。

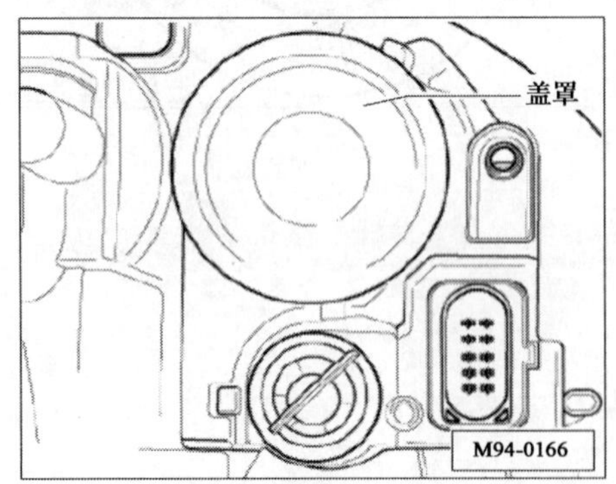

图 4-22　拔下盖罩

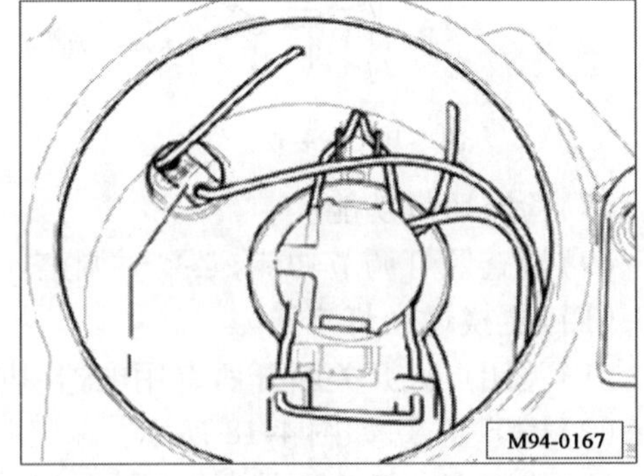

图 4-23　拆卸停车灯

(4)将停车灯灯泡 2 从灯座 1 上沿箭头的方向拔出,如图 4-24 所示。

(5)按相反的顺序安装。

(6)检查大灯功能。

(7)检查大灯调节功能,必要时调整。

(六)更换转向灯灯泡

(1)关闭点火开关断开所有用电器,拔下点火钥匙。

(2)将带转向信号灯灯泡的灯座沿箭头方向旋转，并将其从照灯中取出，如图4-25所示。

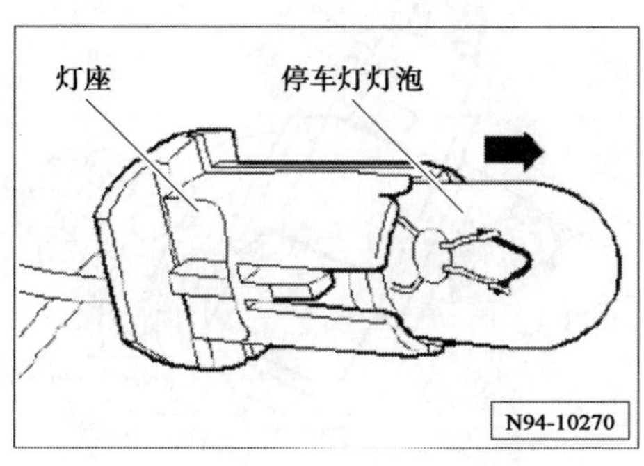

图4-24　拆卸停车灯灯泡

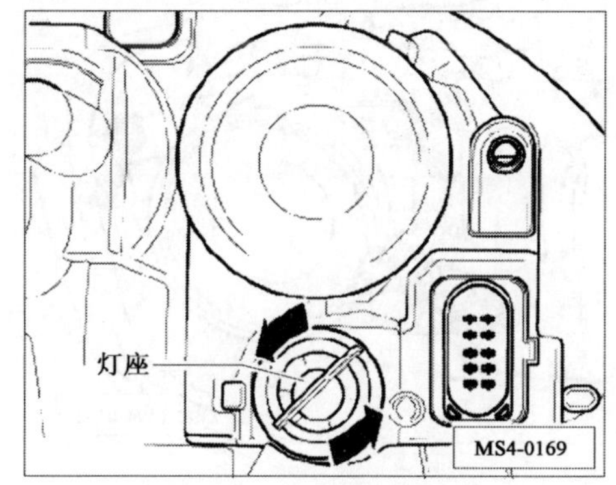

图4-25　拆卸转向信号灯灯泡

(3)将转向信号灯灯泡压入灯座，逆时针方向旋转灯泡，并将其从灯座中拔出。

(4)按相反的顺序安装。

(5)检查大灯功能。

(6)检查大灯调节功能，必要时调整。

(七)前雾灯结构(如图4-26所示)

(八)前雾灯的拆装

(1)关闭点火开关断开所有用电器，拔下点火钥匙。

(2)旋出螺栓，将盖罩从卡子中脱开，如图4-27所示。

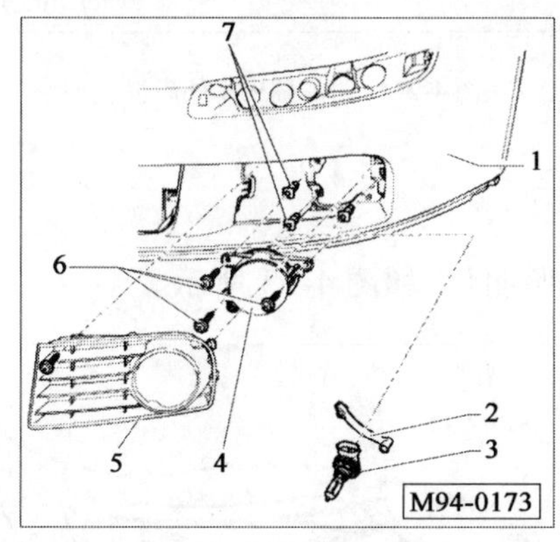

图4-26　前雾灯

1-前保险杠;2-排气软管;3-前雾灯灯泡;4-前雾灯外壳;5-盖罩;6-固定螺钉;7-支撑螺母

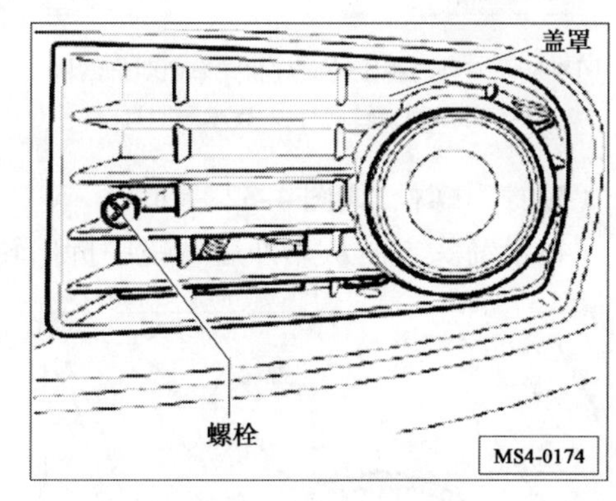

图4-27　拆卸固定螺栓

(3)拧下固定螺栓，如图4-28中箭头所示。

(4)从保险杠中拉出前雾灯外壳并脱开插头连接器，如图4-29中箭头所示。

(5)按相反的顺序安装。

(6)检查前雾灯设置，必要时调整。

(九)车外后视镜转向灯和登车照明灯结构(如图4-30所示)

(十)车外后视镜转向灯和登车照明灯的拆装

(1)关闭点火开关断开所有用电器，拔下点火钥匙。

(2)沿箭头方向向前翻出车外后视镜,如图4-31所示。

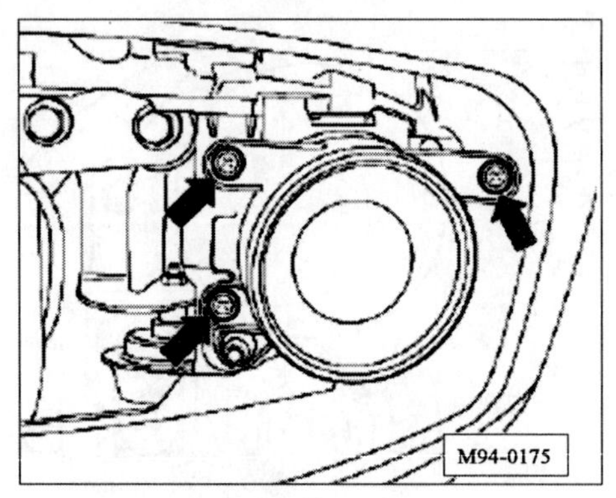

图4-28　拆卸固定螺栓

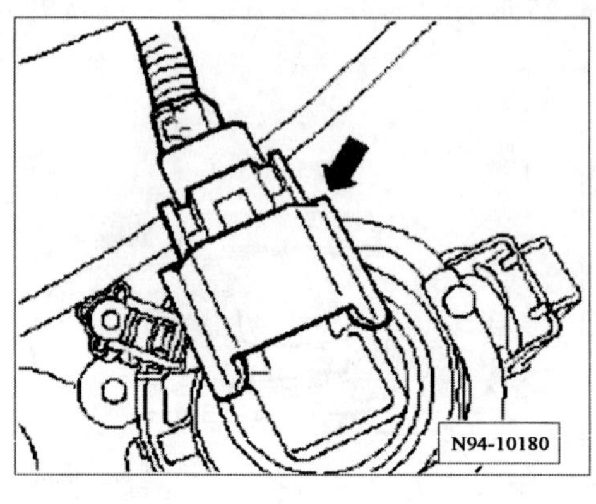

图4-29　脱开插头连接器

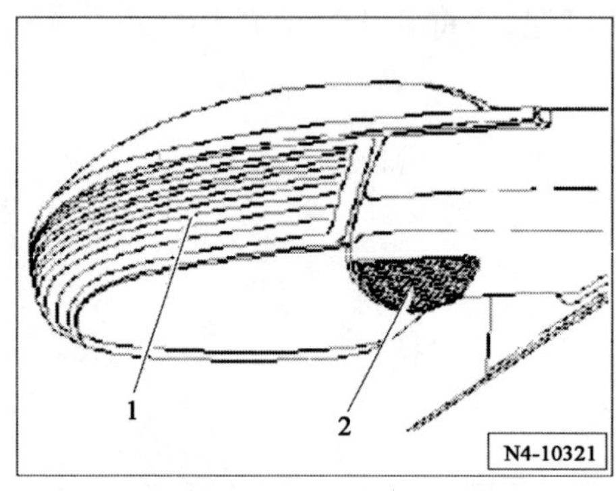

图4-30　车外后视镜转向灯和登车照明灯结构
1-车外后视镜转向灯;2-登车照明灯

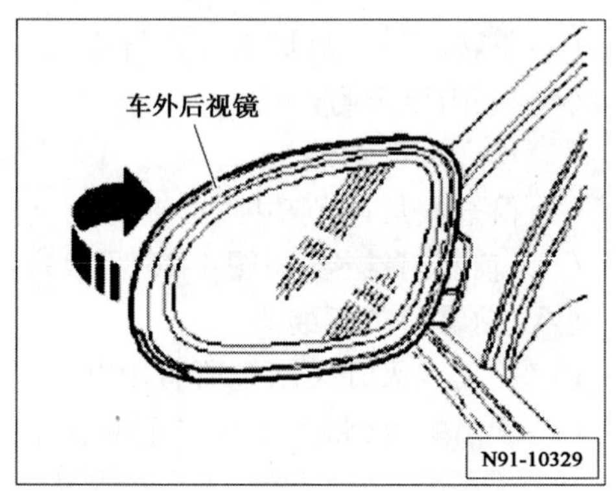

图4-31　向前翻出车外后视镜

(3)拧出螺栓,如图4-32所示。

(4)沿箭头方向从车外后视镜中拆出转向灯和登车照明灯,如图4-33所示。

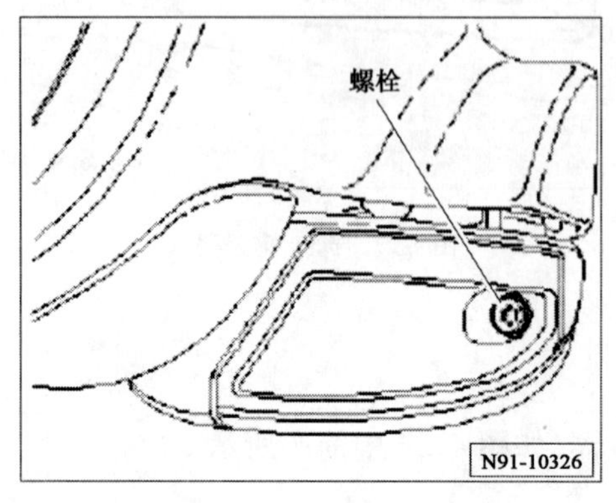

图4-32　拧出螺栓

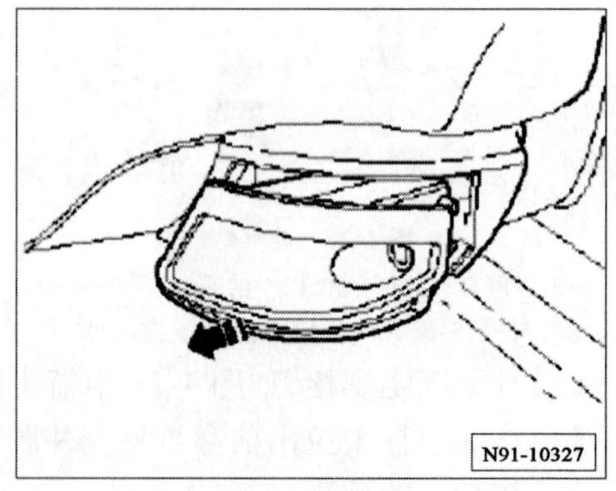

图4-33　拆出转向灯和登车照明灯

(5)沿箭头方向从登车照明灯外壳中拉出灯座,如图4-34所示。

(6)将插入式灯泡(12V、6W)沿箭头的方向从灯座中拔出,如图4-35所示。

(7)按相反的顺序安装。

(8)安装后进行车外后视镜功能检查。

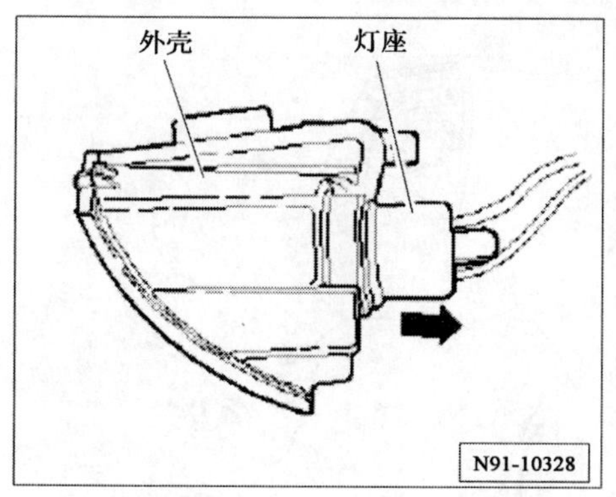

图 4-34　拉出灯座

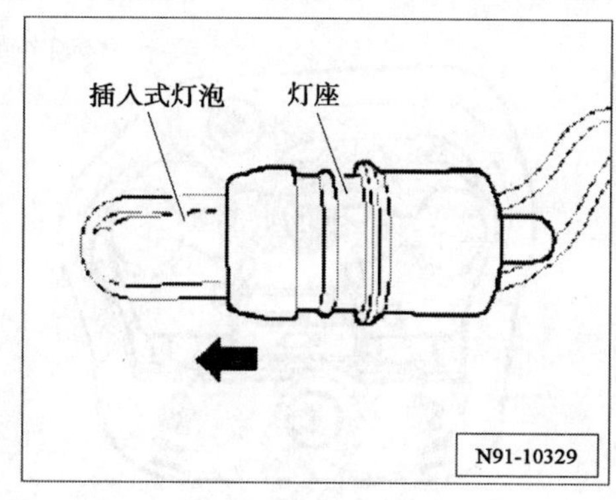

图 4-35　拆卸灯泡

(十一)尾灯的结构(如图 4-36 所示)

(十二)尾灯的拆装

(1)关闭点火开关断开所有用电器,拔下点火钥匙。

(2)将侧饰板压向一边,拔下插头,如图 4-37 所示。

(3)拆卸侧围板中后车灯上的固定螺母,如图 4-37 所示。

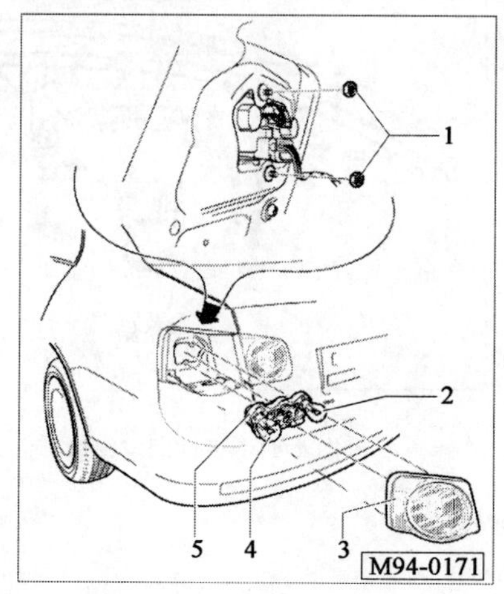

图 4-36　尾灯的结构

1-固定螺母;2-制动灯和后车灯灯泡;3-侧围板中的后车灯外壳;4-2 个制动灯、转向灯和后车灯灯泡;5-灯座

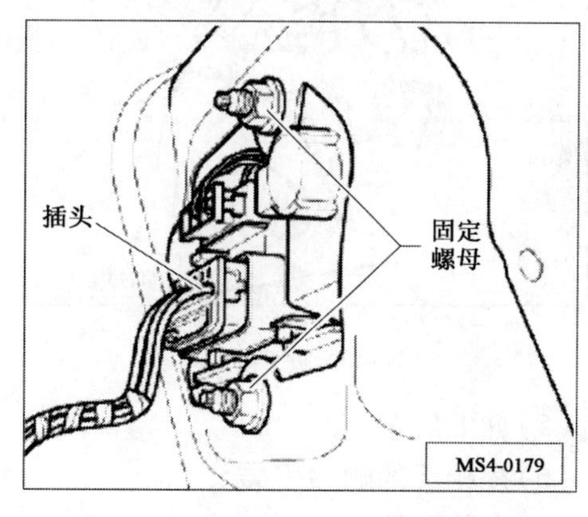

图 4-37　拆卸插头、固定螺母

(4)沿箭头方向松开固定凸耳,将灯座从后车灯外壳中脱出,如图 4-38 所示。

(5)按相反的顺序安装。

(十三)行李箱盖上的尾灯的结构(如图 4-39 所示)

(十四)行李箱盖上尾灯的拆装

(1)关闭点火开关断开所有用电器,拔下点火钥匙。

(2)从行李箱盖内的饰板中脱出维修盖板。

(3)拔下插头,如图 4-40 所示。

(4)拧下行李箱盖中后车灯固定螺母,如图 4-41 所示。

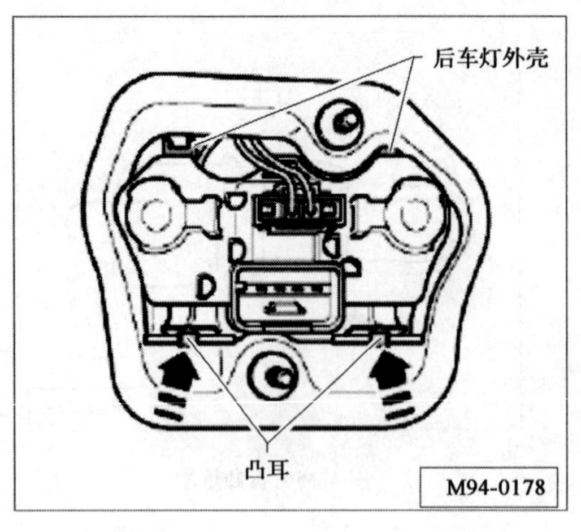

图 4-38　拆卸尾灯

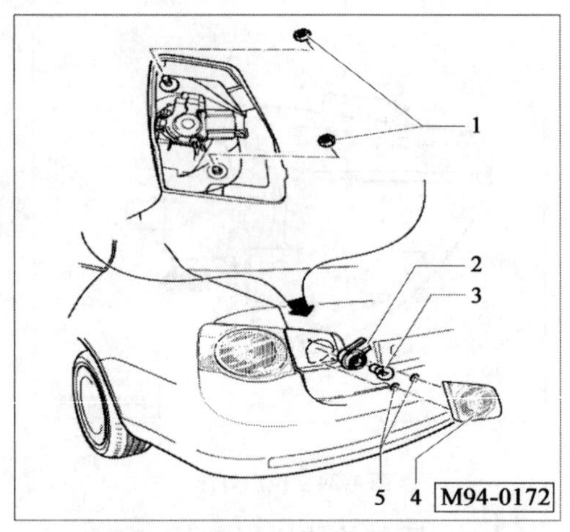

图 4-39　行李箱盖上的尾灯的结构

1-固定螺母;2-灯座;3-倒车灯灯泡;4-行李箱盖内的后车灯外壳;5-垫圈

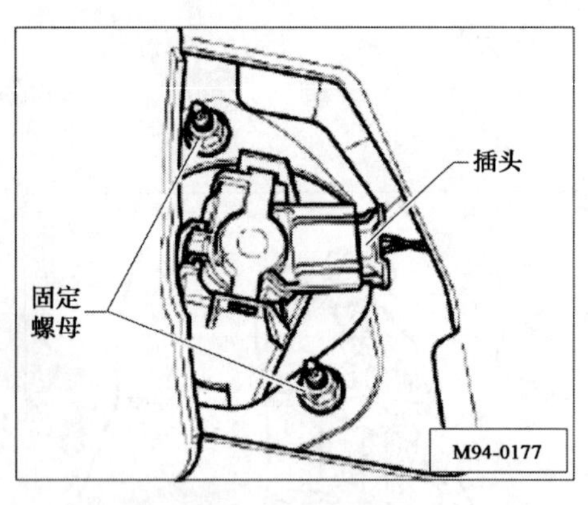

图 4-40　拔下插头

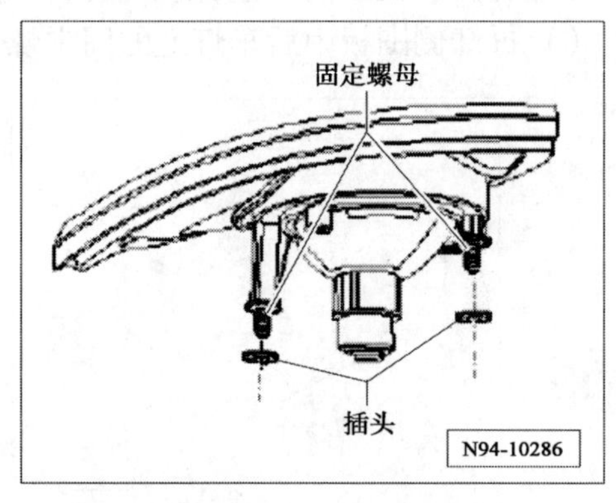

图 4-41　拆卸固定螺母

(5)拆下后车灯。

(6)按相反的顺序安装。

(7)安装后检查与车身的间隙,需要时调整。

(十五)牌照灯的拆装

(1)关闭点火开关断开所有用电器,拔下点火钥匙。

(2)将固定螺栓(箭头所指)从牌照灯上拆下,如图 4-42 所示。

(3)拆下带有牌照灯的散光玻璃。

(4)安装顺序相反。

二、车灯开关 E1 的拆装

(一)车灯开关 E1 的结构(如图 4-43 所示)

(二)车灯开关 E1 的拆装

(1)关闭点火开关和所有用电器。

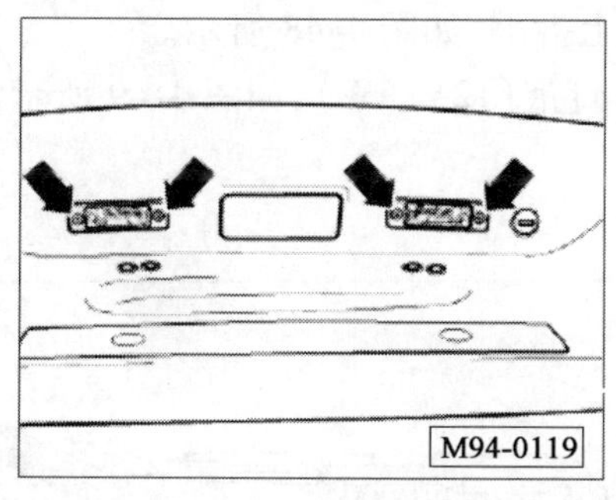

图 4-42　拆卸固定螺栓

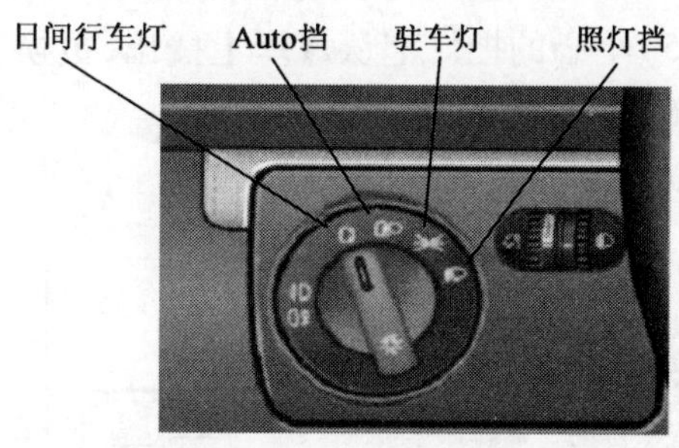

图 4-43　车灯开关 E1 的结构图

（2）将车灯开关 E1 旋钮旋至“O”挡。

（3）按下车灯开关旋钮 1，并略微向右旋转 2，将旋把保持在此位置，并握住旋把将车灯开关从仪表中拉出 3，如图 4-44 所示。

（4）脱开插头，如图 4-45 中箭头所示。

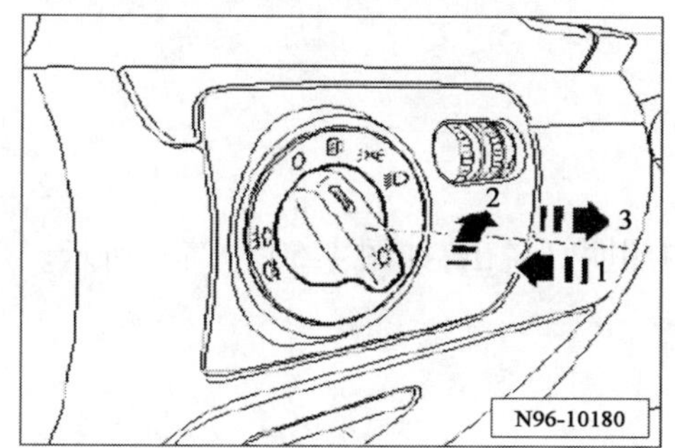

图 4-44　拆卸车灯开关

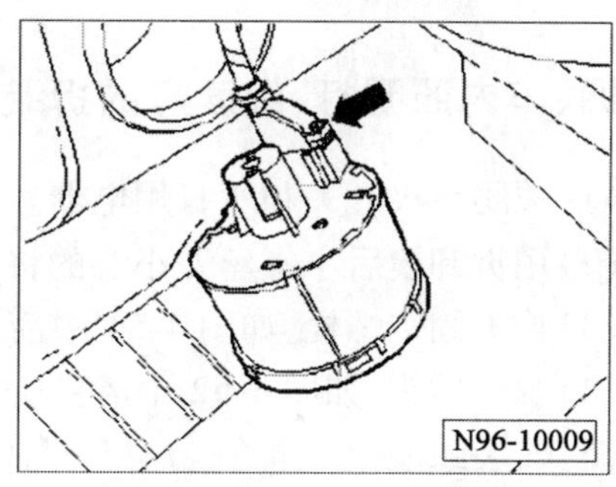

图 4-45　脱开插

（5）安装顺序相反。

三、脚部空间灯、杂物箱灯的拆装

（1）关闭点火开关和所有用电器。

（2）用拆卸楔后小螺丝刀小心的将散光镜撬出，如图 4-46 中箭头所示。

（3）脱开插头，如图 4-47 中箭头所示。

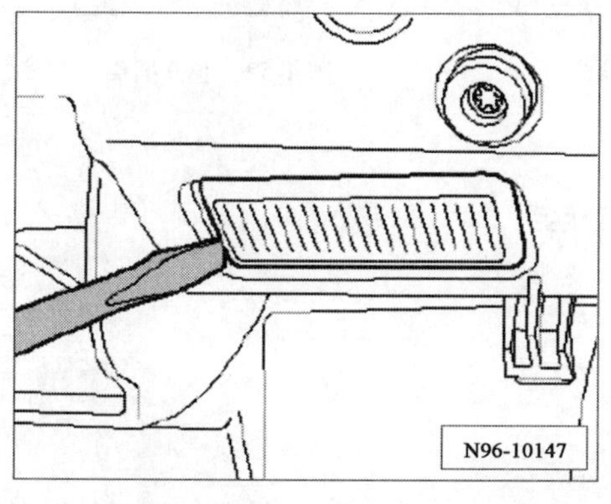

图 4-46　拆卸散光

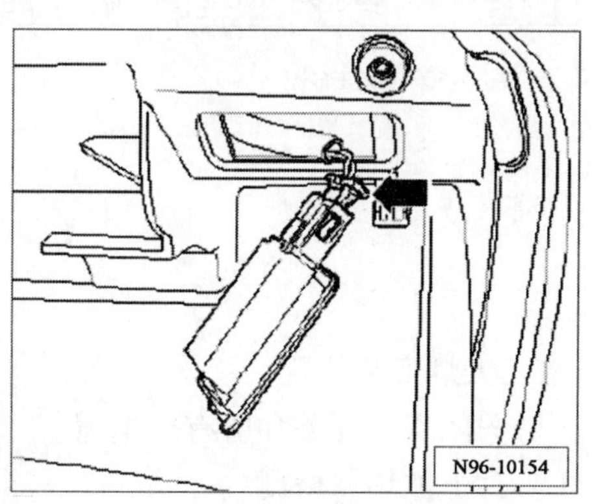

图 4-47　脱开插

(4)松开锁止凸耳 1,将隔热板 2 从车灯的散光镜上拆下,如图 4-48 所示。

(5)小心的把灯泡从灯座上撬出,更换新的插入式灯泡(12V,5W),如图 4-49 所示。

(6)安装顺序相反。

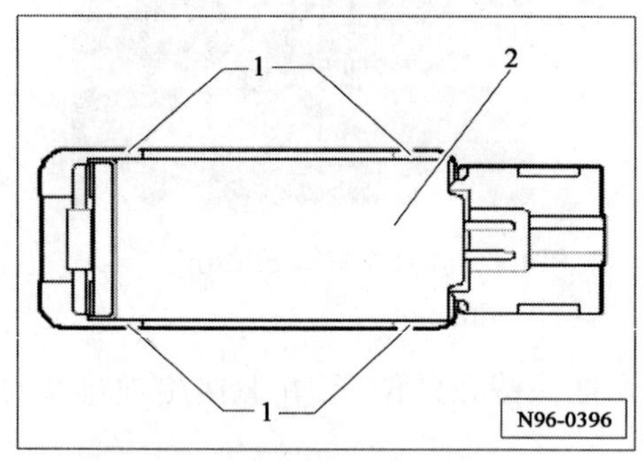

图 4-48　拆卸隔热

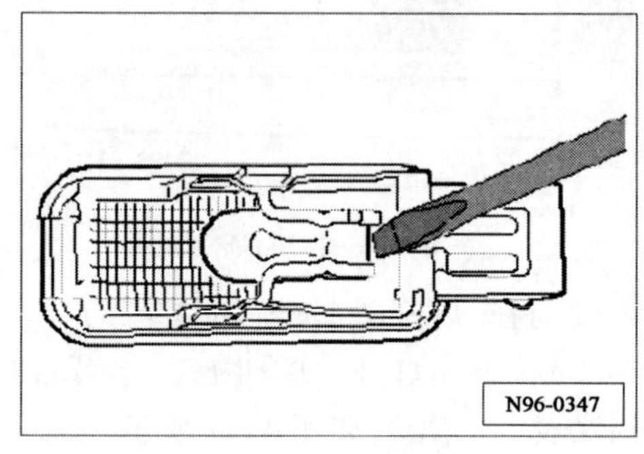

图 4-49　拆卸灯泡

四、车内照明灯、阅读灯的拆装

(1)关闭点火开关和所有用电器。

(2)用拆卸楔后小螺丝刀小心的将饰板从车内照明灯撬出,如图 4-50 中箭头所示。

(3)拧下固定螺栓,如图 4-51 中箭头所示。

(4)脱开插头,如图 4-52 中箭头所示。

(5)安装顺序相反。

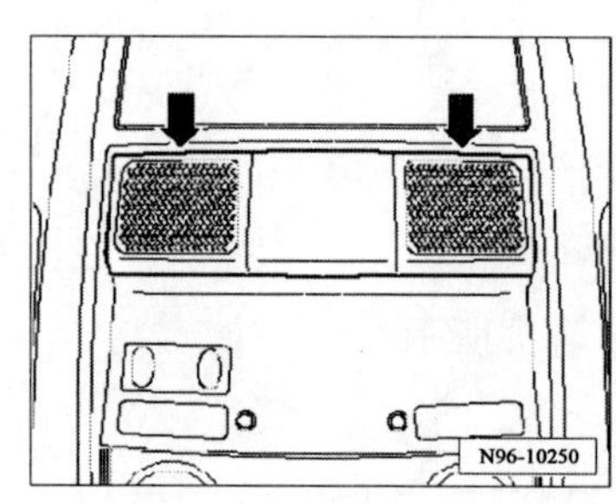

图 4-50　拆卸饰板

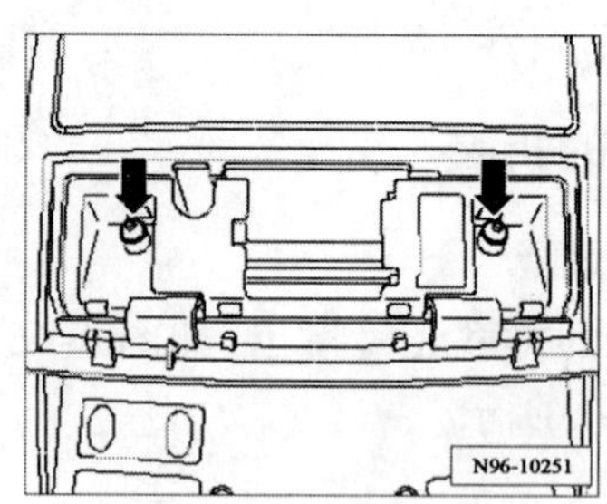

图 4-51　拧下固定螺栓

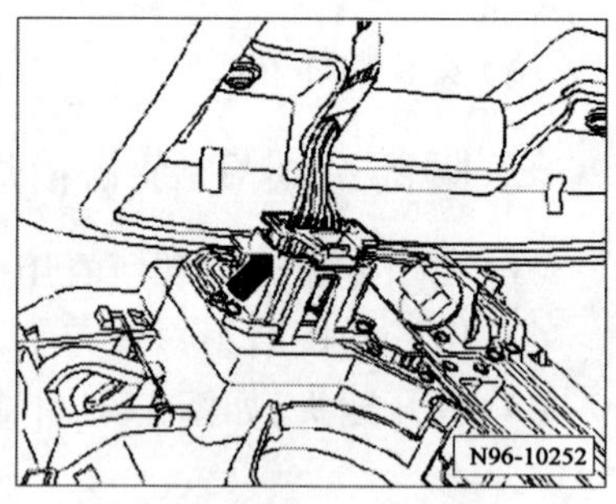

图 4-52　脱开插头

C　知识拓展

校正大灯安装位置

(1)关闭点火开关和所有用电器。

(2)拆下散热器格栅。

(3)从大灯上松开上部的固定螺栓;如图 4-53 中箭头所示。

(4)从大灯上松开右下部的固定螺栓;如图 4-54 中箭头所示。

(5)从照灯上松开左下部的固定螺栓;如图 4-55 中箭头所示。

(6)通过旋入或旋出在照灯左下部或右下部的调整衬套,如图 4-56 中箭头所示,来调整与车身的齐平度。

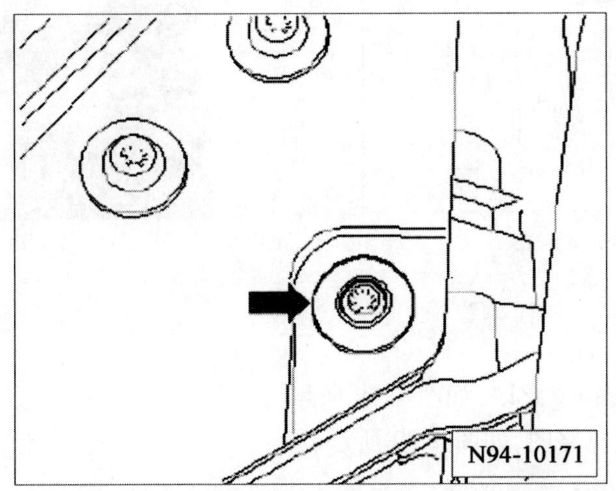

图 4-53　松开上部螺栓

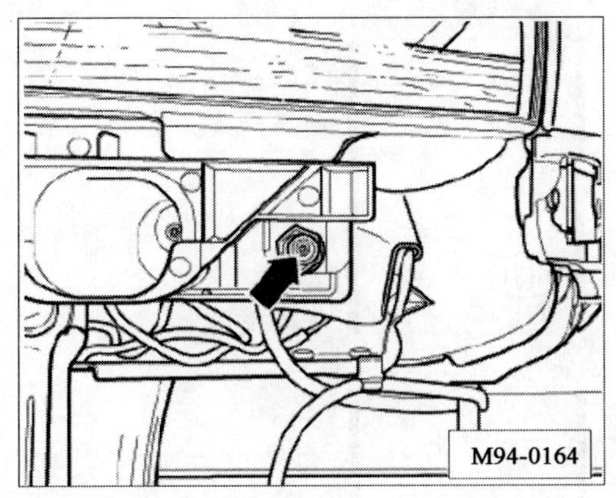

图 4-54　松开右下部螺栓

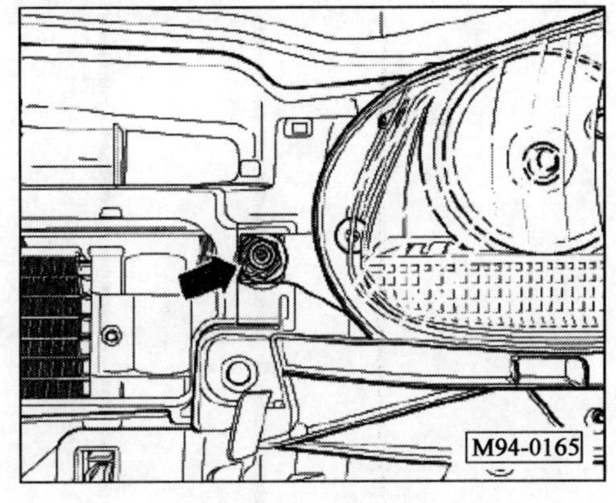

图 4-55　松开左下部螺栓

(7)以规定的拧紧力矩(420N·m)拧紧螺栓。

(8)检查照灯安装位置,必要时重新校正。

(9)安装散热器格栅。

(10)检查照灯功能。

速腾轿车灯光系统故障诊断案例分析

故障一

一、故障现象

打开点火开关,按下倒车灯开关 F4,倒车灯 M17 不亮,如图 4-57 所示。

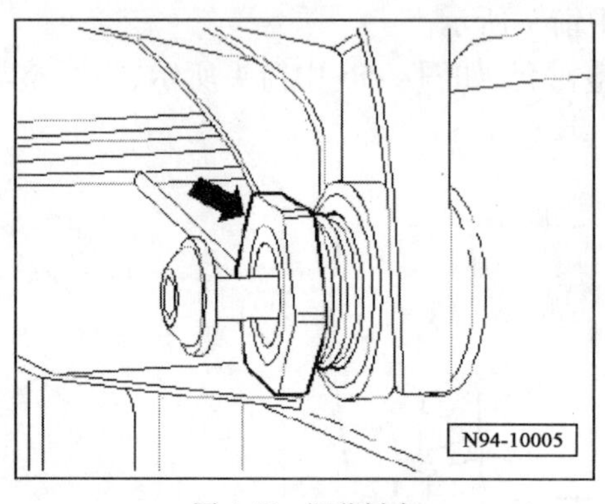

图 4-56 调节衬套

图 4-57 故障现象

二、电路图

倒车灯开关(F4)电路图,如图 4-58 所示。

倒车灯(M17)电路图,如图 4-59 所示。

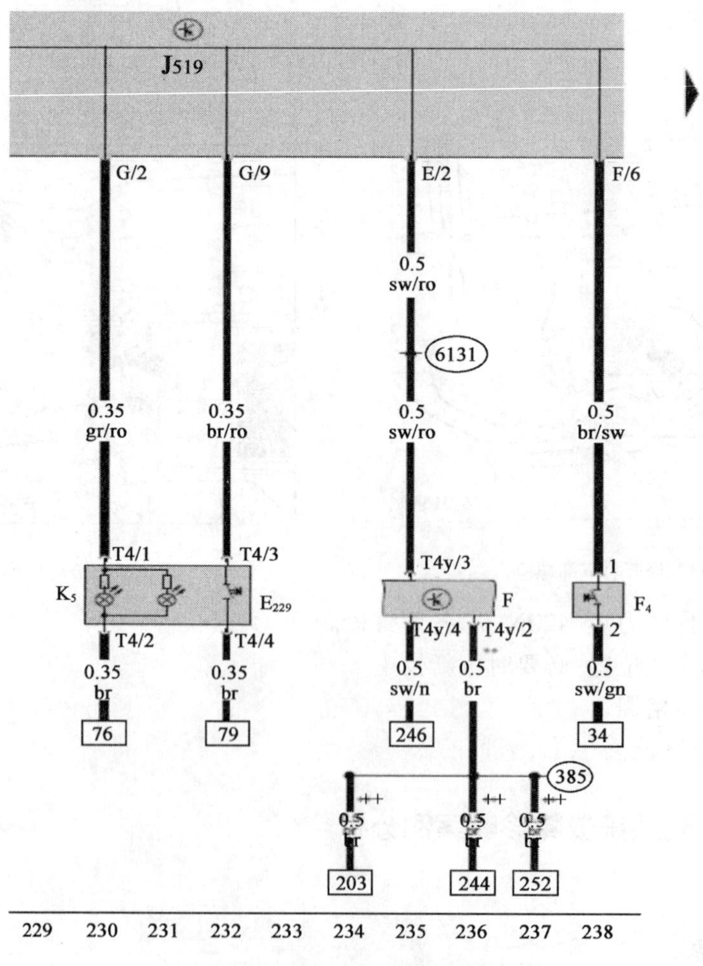

图 4-58 倒车灯开关控制电路图

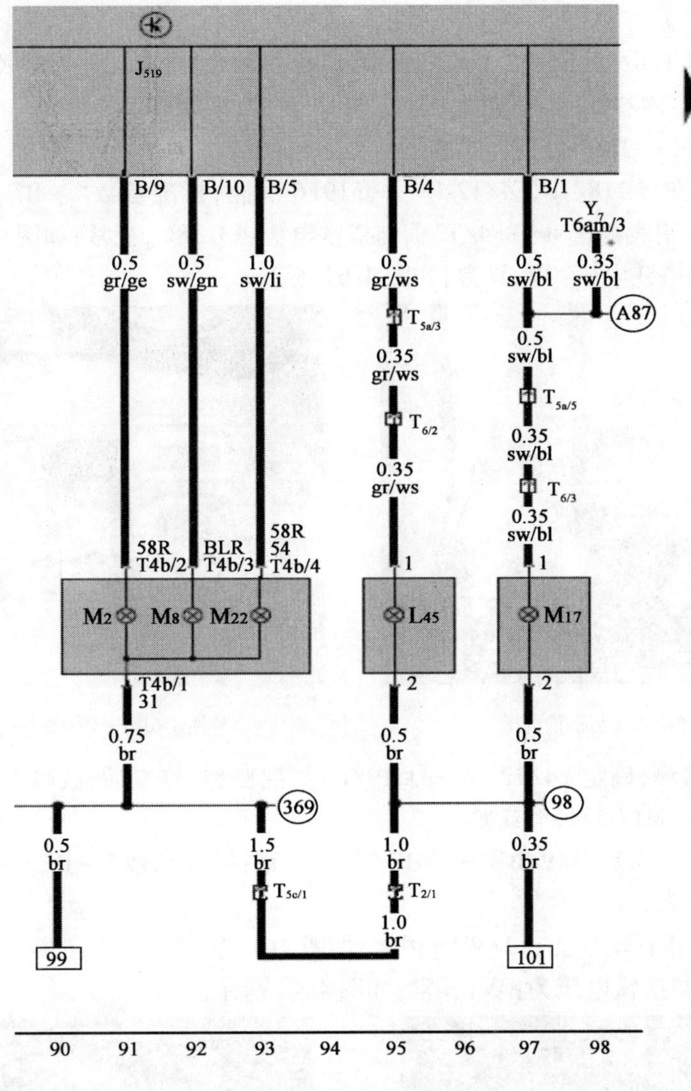

图 4-59　倒车灯控制电路图

三、故障分析

可能原因：

(1)开关 F4 的供电。

(2)开关本身。

(3)开关 F4—J519 的供电线路。

(4)J519—M17 的供电线路。

(5)M17 本身。

四、诊断过程

1. 开关 F4 的供电

查阅手册，图号 118/8，F4/T2-2 供电；标准参数“+B”，点火开关 ON，用万用表测量：F4/T2-2 与搭铁电压：13.38V，正常。

2. 开关本身

查阅手册,图号 118/18,F4/T2-1 与搭铁电压;标准参数“ + B”,点火开关 ON,打开倒车灯开关,用万用表测量:F4/T2-1 与搭铁电压:13.38V,正常;说明开关良好。

3. 检查开关 F4——J519 的供电线路

(1)查阅手册,图号 118/18,F4/T2-1——J519F6 线路;标准参数“ + B”,点火开关 ON,打开倒车灯开关,用万用表测量:(1)F4/T2-1 与搭铁电压:13.38V,正常;如图 4-60 所示。

(2)J519/F6 与搭铁电压:0V,异常;如图 4-61 所示。

图 4-60　F4/T2-1 与搭铁电压

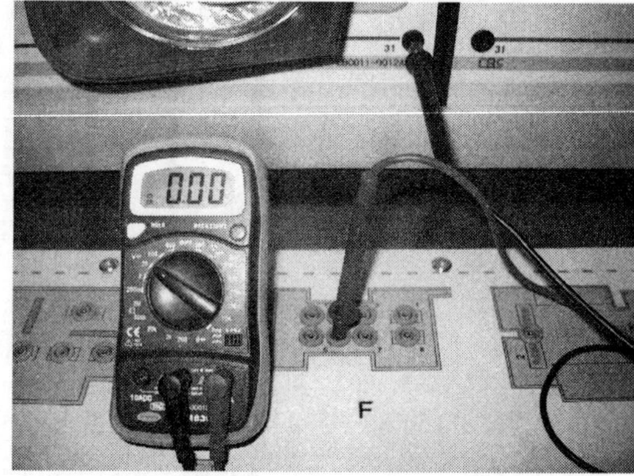

图 4-61　J519/F6 与搭铁电压

(3)从上面的检测,确定 F4/T2-1——J519/F6 线路断路,修复后,故障未排除。

4. 检查 J519——M17 的供电线路

查阅手册,图号 118/8,J519/B1——M17/T2-1 线路;标准参数“ + B”,点火开关 ON,打开倒车灯开关,用万用表测量:

(1)J519/B1 与搭铁电压为:12.39V,正常;如图 4-62 所示。

(2)M17/T2-1 与搭铁电压为:0V,异常;如图 4-63 所示。

图 4-62　J519/B1 与搭铁电压

图 4-63　M17/T2-1 与搭铁电压

(3)从上面的检测,确定 J519/B1——M17/T2-1 线路断路,修复后,故障排除。

五、结论

F4/T2-1——J519/F6 线路断路,建议修复。

J519/B1——M17/T2-1 线路断路,建议修复。

故障二

一、故障现象

打开点火开关，打开灯光开关 E1 至近光灯挡，左侧近光灯 M29、右侧尾灯 M2 不亮；如图 4-64所示。

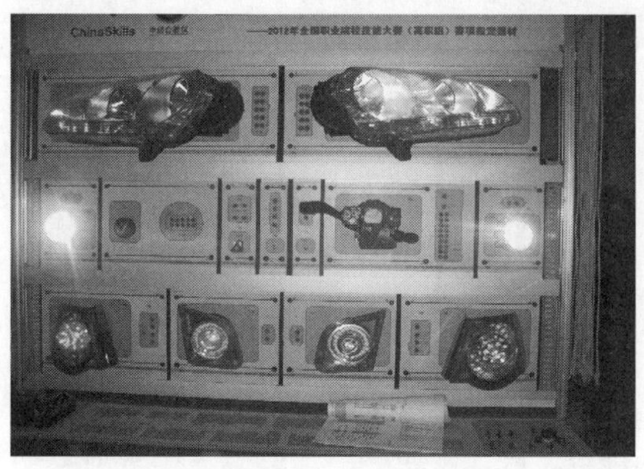

图 4-64　故障现象

二、电路图

左侧近光灯 M29 电路图，如图 4-65 所示。

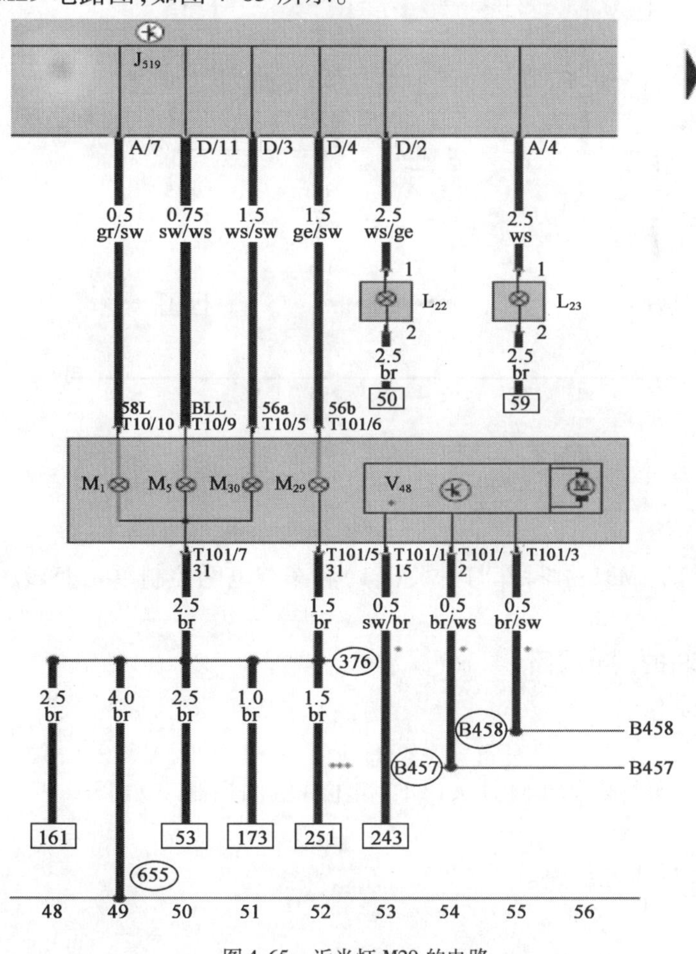

图 4-65　近光灯 M29 的电路

左侧近光灯 M2 电路图；如图 4-66 所示。

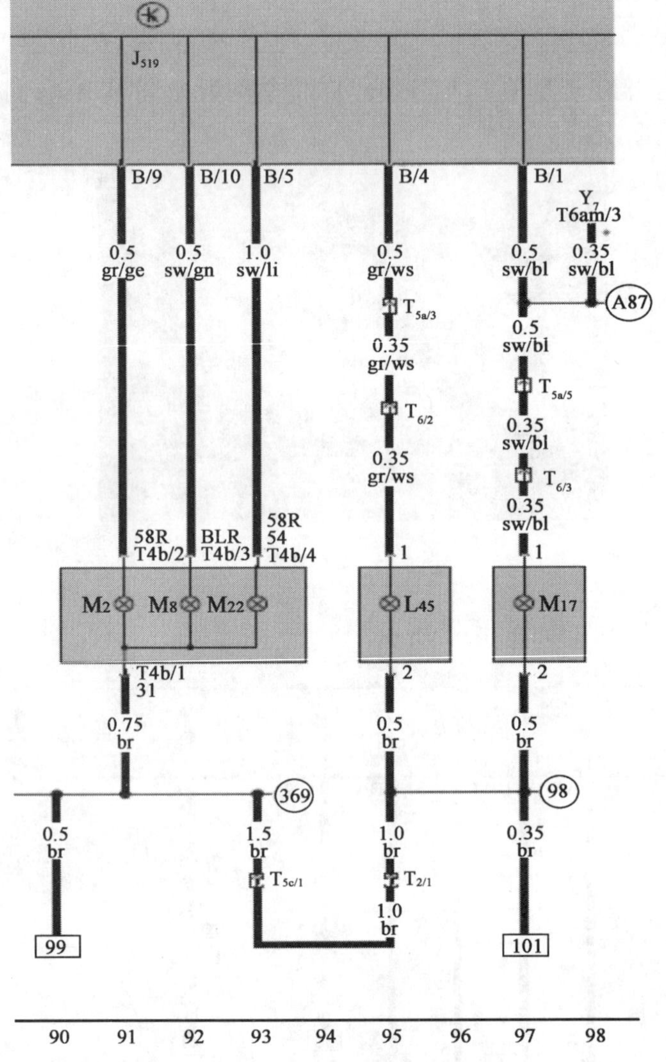

图 4-66　近光灯 M2 的电路图

三、故障分析

(1)右侧近光灯亮 M31；排除车灯开关(E1)和车载电网控制单元 J519。

可能原因：

①J519——M29 的供电线路。

②M29 的搭铁。

③M29 本身。

(2)左侧尾灯亮 M4；排除车灯开关(E1)和车载电网控制单元 J519。

可能原因：

①J519——M2 的供电线路。

②M2 的搭铁。

③M2 本身。

四、诊断过程

1. 检查 J519——M29 供电电路

查阅手册,图号 118/5,J519/D4——M29/T10i-6 线路;标准参数"+B",点火开关 ON,打开近光灯开关,用万用表测量:

(1)J519/D4 与搭铁电压:13.24V,正常,如图 4-67 所示。

(2)T10i-6 与搭铁电压:0V,异常,如图 4-68 所示。

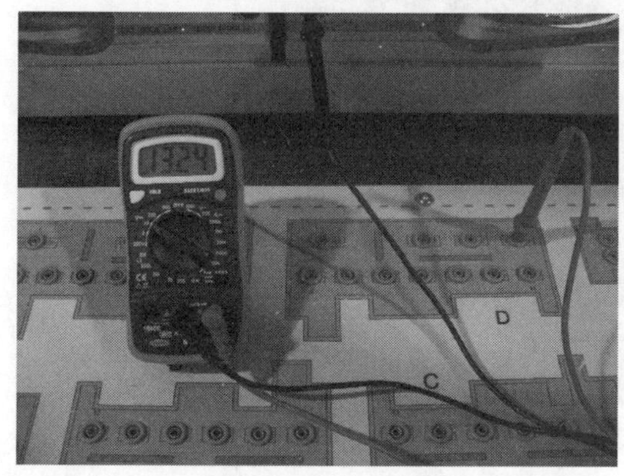

图 4-67 J519/D4 与搭铁电压

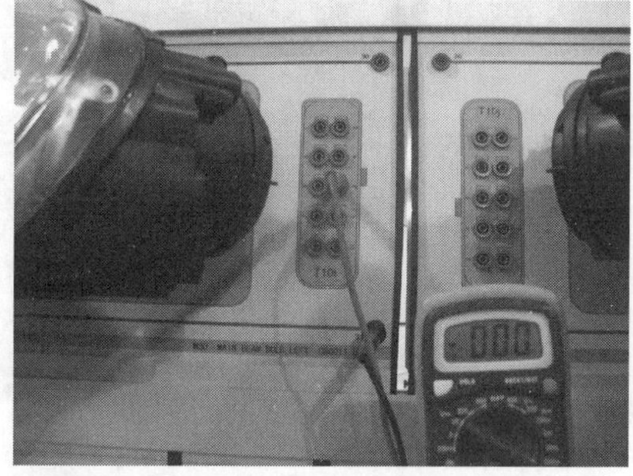

图 4-68 T10i-6 与搭铁电压

(3)从上面的检测,确定 J519/D4——M29/T10i-6 线路断路,修复后,故障排除。

2. 检查 J519-M2 供电电路

查阅手册,图号 118/8,J519/B9——M2/T4b-2 线路;标准参数"+B",点火开关 ON,打开尾灯开关,用万用表测量:

(1)J519/B9 与搭铁电压:13.05V,正常,如图 4-69 所示。

(2)T4b-2 与搭铁电压:0V,异常,如图 4-70 所示。

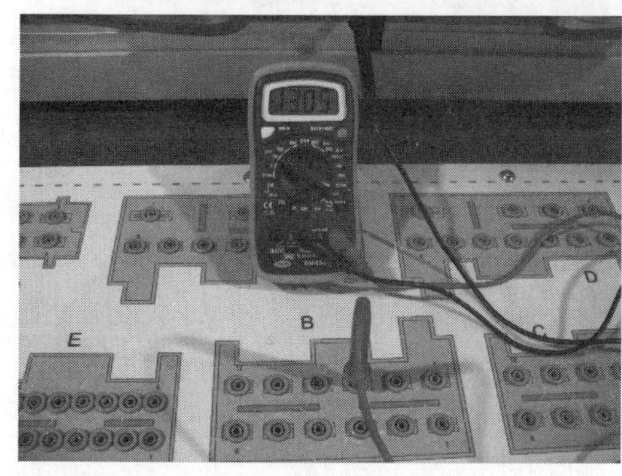

图 4-69 J519/B9 与搭铁电压

图 4-70 T4b-2 与搭铁电压

(3)从上面的检测,确定 J519/B9——M2/T4b-2 线路断路,修复后,故障排除。

五、结论

J519/D4——M29/T10i-6 线路断路,建议修复。

J519/B9——M2/T4b-2 线路断路,建议修复。

故障三

一、故障现象

打开点火开关，灯光开关 E1 全开，左侧前小灯不亮、右侧前大灯不亮、右侧前雾灯不亮、左侧后雾灯不亮、倒车灯不亮。如图 4-71 所示。

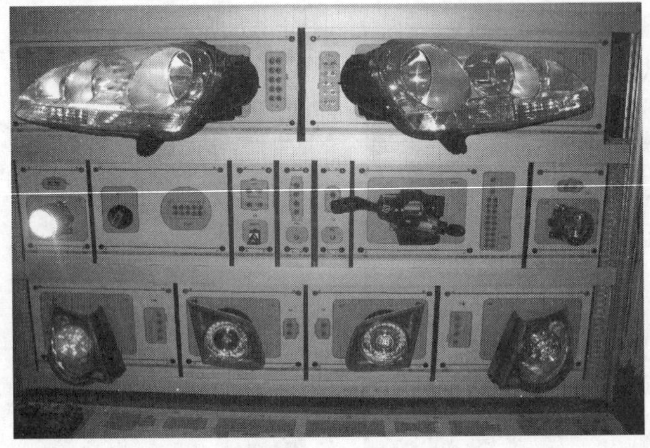

图 4-71　故障现象

二、电路图

车在电网控制单元 J519 的供电保险电路图如图 4-72 所示。

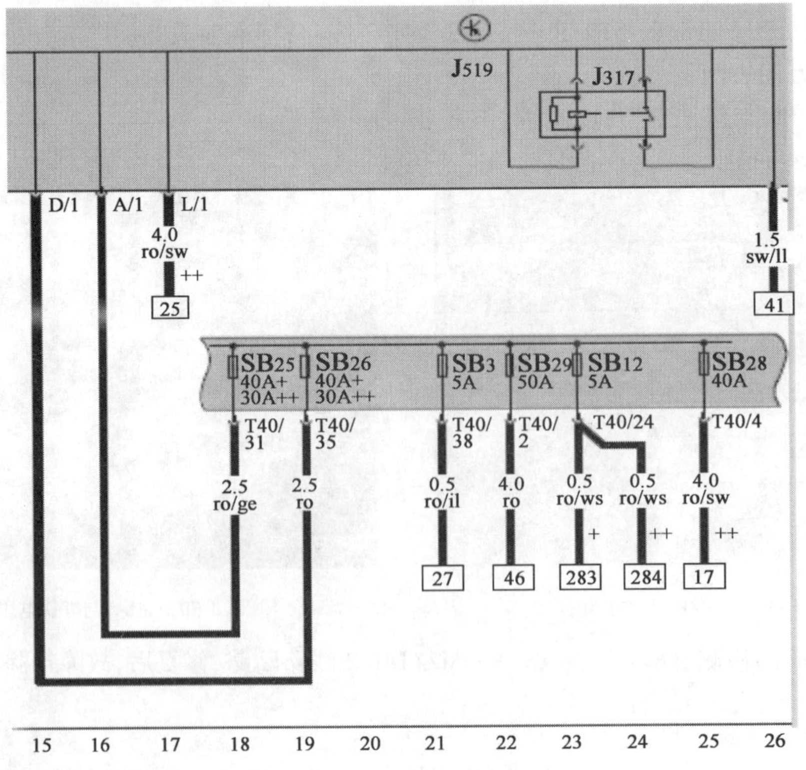

图 4-72　J519 供电保险电路图

三、故障分析

右侧前小灯亮、左侧前照灯亮、左侧前雾灯亮、可排除开关 E1 及 E1 至 J519 之间的可能，而且像这样规律性的故障不可能是所有灯泡或线路都有故障。

可能原因：车载电网控制单元 J519 的供电电路。

四、诊断过程

检查 J519 供电电路：

查阅手册，图号 118/3，J519 供电端子，标准参数"+B"，点火开关 ON，用万用表测量：

(1)J519/D1 与搭铁电压：13.48V，正常，如图 4-73 所示。

(2)SB26 两端与搭铁电压：13.99V，正常，如图 4-74 所示。

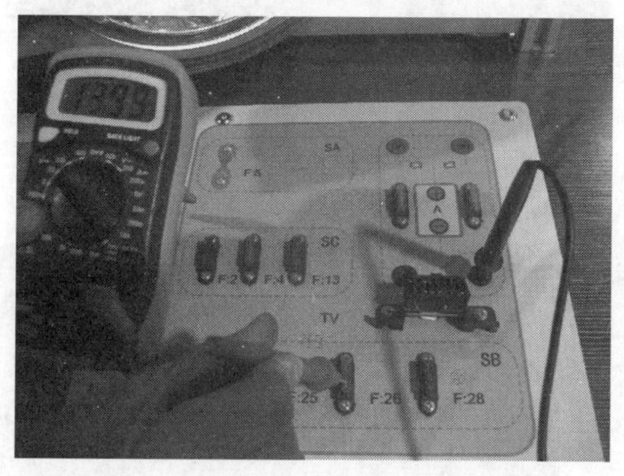

图 4-73　SB26 两端与搭铁电压

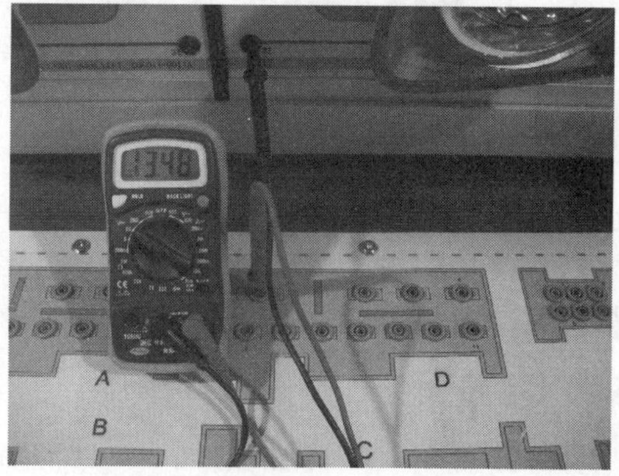

图 4-74　J519/D1 与搭铁电压

(3)J519L1 与搭铁电压：14.01V，正常，如图 4-75 所示。

(4)SB28 两端与搭铁电压：13.95V，正常，如图 4-76 所示。

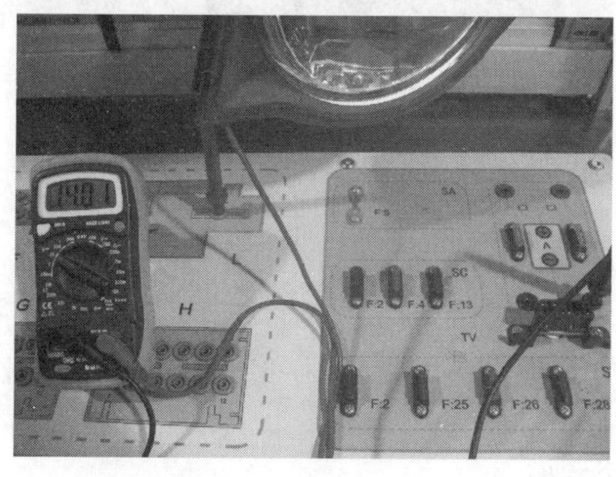

图 4-75　J519L1 与搭铁电压

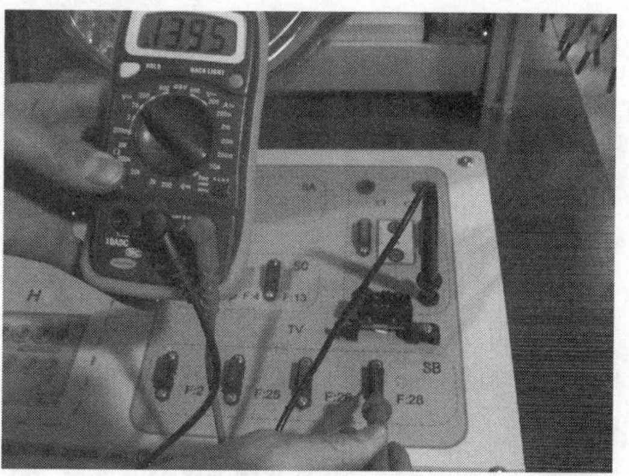

图 4-76　SB28 两端与搭铁电压

(5)J519A1 与搭铁电压：0V，异常，如图 4-77 所示。

(6)SB25/T40-31 与搭铁电压：13.33V，正常，如图 4-78 所示。

(7)从上面的检测，确定 J519 A1——SB25T40/31 线路断路，修复后，故障排除。

五、结论

J519/A1——SB25/T40-31 线路断路，建议修复。

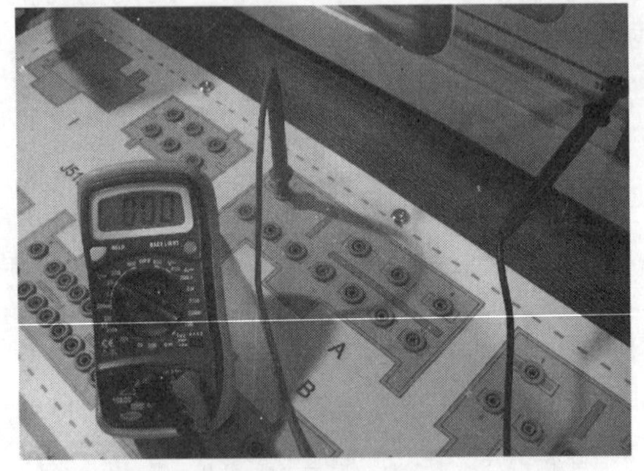

图 4-77　J519A1 与搭铁电压

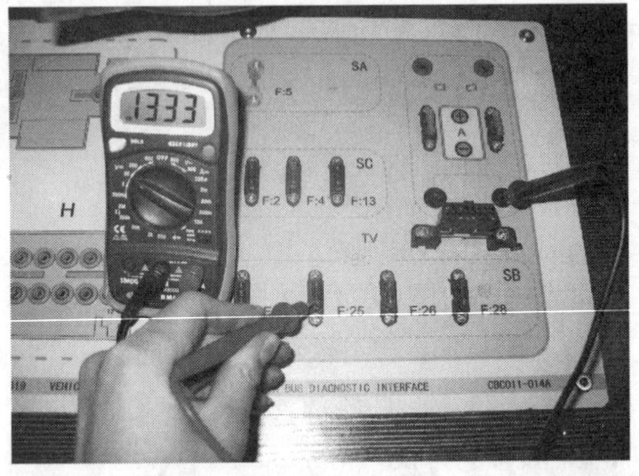

图 4-78　SB25/T40-31 与搭铁电压

故障四

一、故障现象

打开点火开关，灯光开关 E1 前后雾灯挡，前后雾灯不亮，如图 4-79 所示。

图 4-79　故障现象

二、电路图

雾灯开关 E18、E7 电路图，如图 4-80 所示。

前雾灯的电路图，如图 4-81 所示。

后雾灯的电路图，如图 4-82 所示。

三、故障分析

可能原因：

(1)开关 E18、E7——J519 的供电电路。

(2)J519——L22、L23 的供电电路。

(3)L22、L23 本身。

四、诊断过程

检查开关 E18、E7——J519 的供电电路。

查阅手册，图号 118/7，E1/T10h-5——J519/E6 的线路，标准参数“+B”，点火开关 ON，打开前雾灯开关，用万用表测量：

(1)E1/T10h-5 与搭铁电压：0V 异常，如图 4-83 所示。

(2)J519/E6 搭铁电压：13.38V 正常，如图 4-84 所示。

(3)怀疑是 E1/T10h-5——J519/E6 的线路，进一步检测，在 E1/T10h-5 端子在开启后 3s 内有 13.33V 的电压，3s 后电压为 0V，判定 E1/T10h-5——J519/E6 的线路良好。

(4)拆检 E1 开关后发现雾灯触电烧蚀，如图 4-85 所示。

(5)更换灯光 E1 后，恢复正常，如图 4-86 所示。

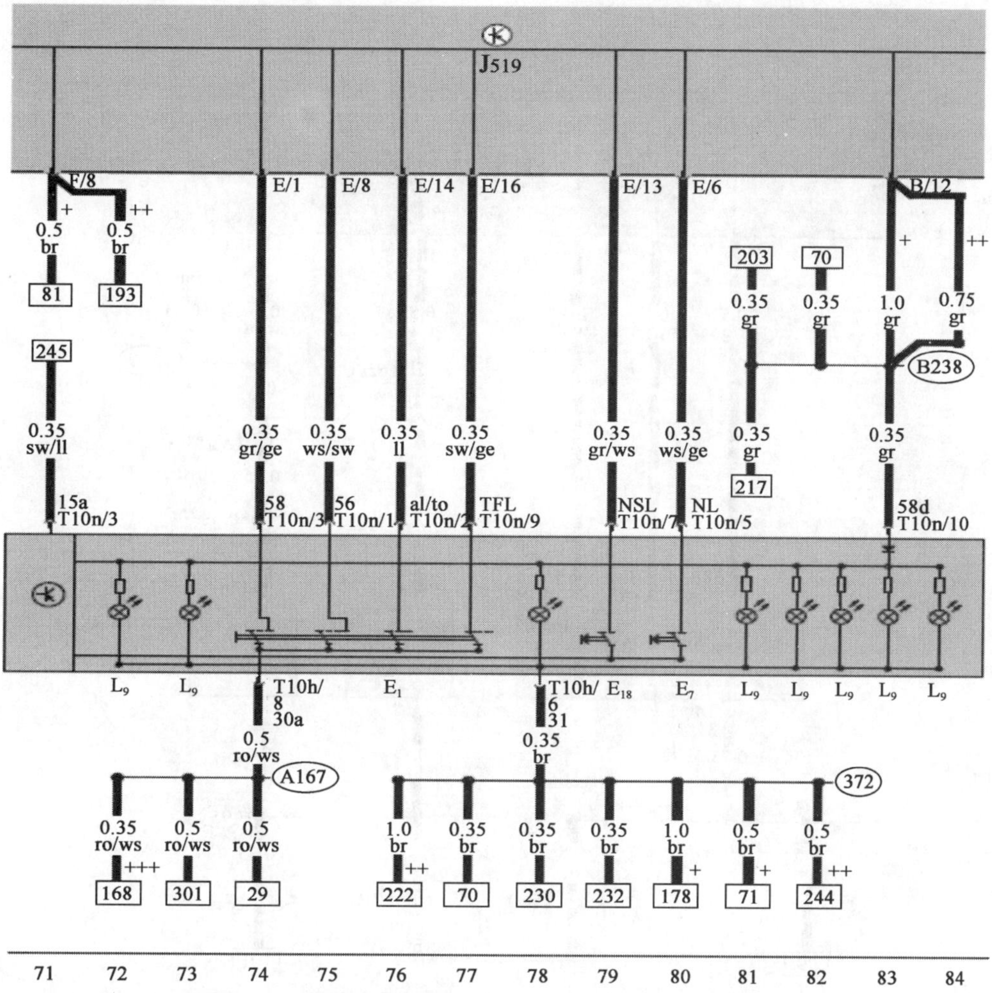

J519
F/8 + ++ 0.5 br 0.5 br 81 193
245 0.35 sw/ll 15a T10n/3
E/1 0.35 gr/ge 58 T10n/3
E/8 0.35 ws/sw 56 T10n/1
E/14 0.35 ll al/to T10n/2
E/16 0.35 sw/ge TFL T10n/9
E/13 0.35 gr/ws NSL T10n/7
E/6 0.35 ws/ge NL T10n/5
203 70 0.35 gr 0.35 gr 0.35 gr 217
B/12 + ++ 1.0 gr 0.75 gr B238 0.35 gr 58d T10n/10
L9 L9 T10h/ 8 30a E1 T10h/ 6 31 E18 E7 L9 L9 L9 L9 L9
0.5 ro/ws A167 0.35 br 372
0.35 ro/ws +++ 168
0.5 ro/ws 301
0.5 ro/ws 29
1.0 br ++ 222
0.35 br 70
0.35 br 230
0.35 br 232
1.0 br + 178
0.5 br + 71
0.5 br ++ 244
71 72 73 74 75 76 77 78 79 80 81 82 83 84

图 4-80　雾灯开关 E18、E7 电路图

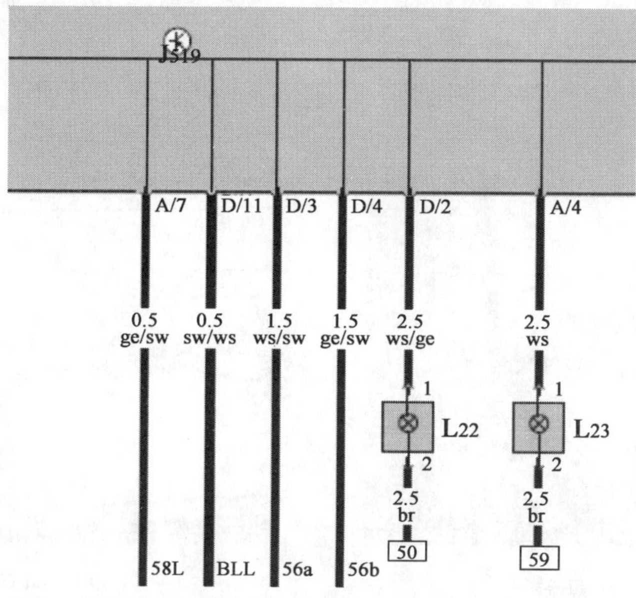

图 4-81　前雾灯的电路图

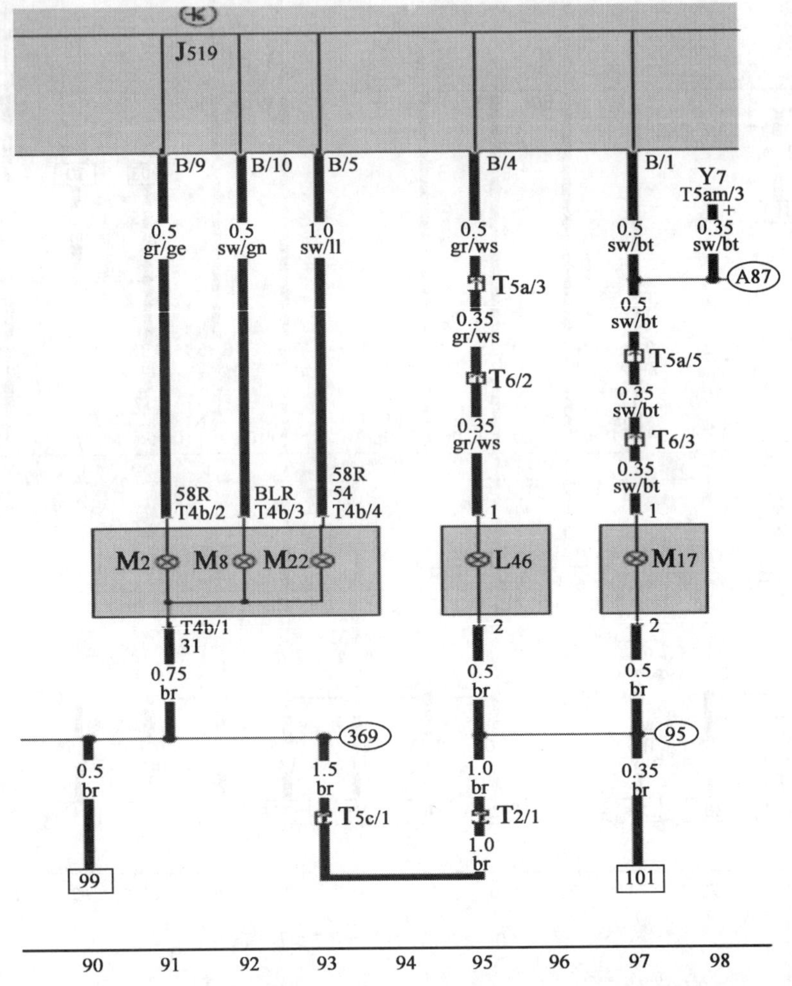

图 4-82　后雾灯的电路图

图 4-83　E1/T10h-5 与搭铁电压

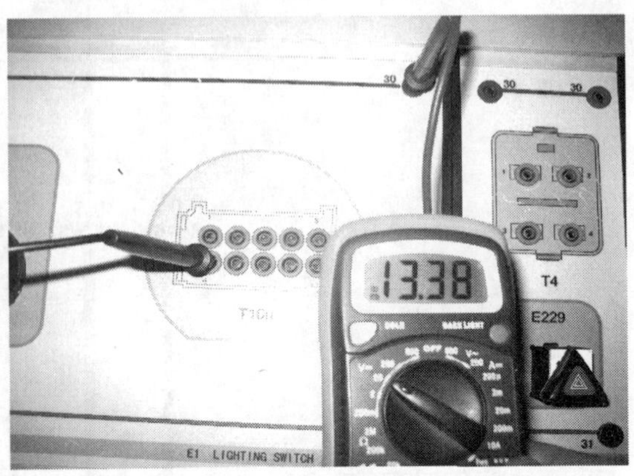

图 4-84　J519/E6 搭铁电压

五、结论

开关 E1 损坏，建议修复。

图 4-85 雾灯触电烧蚀

图 4-86 恢复正常

项目五　一汽大众轿车车身舒适系统

任务　空调系统原理与案例分析

R 任务描述

汽车空调系统已经广泛应用于汽车。空调系统是密闭系统，制冷剂在制冷系统内的状态变化，看不见摸不着，一旦出现故障往往无处下手，这是制冷设备不同于其他机械设备之处。汽车空调系统的故障多种多样，除磨损外，维护不良和操作不当也会引起故障。汽车空调系统的故障一般有下列几种：①制冷方面：不制冷或冷却不良；②声音方面：声音异常或有噪声；③电气方面：控制电路及元器件故障；④发动机过热。

另外，空调制冷机与汽车本身装配在一起，因而在寻找故障原因时，不仅要从空调设备本身考虑，还应考虑汽车本身与空调设备的联系。

汽车空调技术是一门综合性技术，不同的汽车空调，制冷剂回路的设计都相同，只是依据不同的制冷要求做一些调整，维修技术参数可能不同，但其故障判断的逻辑分析，采用的维修方法大同小异。所以具体实施修理，要掌握一定的故障判断方法，参考使用说明书和有关资料，借助于一些专门的仪器，才能较准地把握。同时还要求必须有专门的技术和工具。

Z 知识目标

会叙述汽车空调制冷系统的结构及控制原理。

N 能力目标

1. 会识读汽车空调系统控制电路图。
2. 具备制冷系统制冷剂的检漏、回收、抽真空和充注等基本技能。
3. 会检修速腾轿车空调系统常见故障。

S 素质目标

安全与防护，车间 5S 管理，合作、交流、沟通能力的培养。

A　相关知识

一、空调系统组成

汽车暖风装置、制冷装置、通风装置、空气净化装置及控制系统构成了汽车空调系统。

暖风装置:主要用于取暖,对车内空气进行加热,达到取暖除湿的目的。

制冷装置:对车内空气进行冷却和除湿,使车内空气变得凉爽舒适。

通风装置:将外部新鲜空气吸进车内,起到通风换气的作用。

空气净化装置:除去车内空气中的尘埃、臭味、烟气及有毒气体,使车内空气变得清洁。

控制系统:控制空调系统的工作。

(一)空调制冷系统基本知识

(1)制冷剂

制冷剂是制冷系统中完成制冷循环的工作介质。汽车空调用制冷剂目前主要使用R134a(HFC134a)制冷剂,不含氯元素对臭氧层没有破坏作用,属“环保制冷剂”。它安全性高,不易燃、不爆炸、无毒、无刺激性和腐蚀性;它蒸发潜热高,定压比热高,具有较好的制冷能力,饱和压力与R12接近。

R134a为氢氟碳(HFC)制冷剂,它与R12(氯氟碳CFC)系统不相容,这两种制冷剂在任何情况下绝对不能混合,也不能以任何方式相互替代,否则会对空调系统产生严重损害。

(2)制冷剂R134a压力和温度的关系

由图5-1可知,将气态制冷剂在温度不变的情况下提高压力或在一定压力下降低温度至沸点以下,都会从气态变成液态。相反在不改变温度的情况下降低压力或在一定压力下提高温度,制冷剂会从液态变成气态。这种关系是汽车空调系统制冷的基本原理之一。

(3)冷冻油

即制冷系统中的润滑油。其作用是润滑、密封、冷却、降低噪声。在制冷循环中,润滑油始终与制冷剂接触或混合,并随制冷剂一起在系统内循环。润滑油必须是专用的,只适用于特定的压缩机类型。特别注意的是R12空调系统使用的压缩机油不得用于R134a空调系统中。

速腾轿车适用于R134a的冷冻油是聚二醇PAG。

(4)R134a空调系统正常工作压力

当制冷系统组成工作时:

低压端:0.15~0.25MPa(1.5~2.5kgf/cm^2)

高压端:0.37~1.57MPa(14.5~162.5kgf/cm^2)

测试条件为:蒸发器吸入口温度30~350℃,发动机转速1500r/min,温度调节旋钮调到最大冷却挡(COOL),蒸发器风机高速运转。

R134a空调系统的高压比R12系统高0.2MPa左右,低压相当。R134a空调系统的抽真空、加注制冷剂及捡漏方法以及故障的诊断排除与R12系统基本相同。

(二)空调制冷系统原理

1.汽车空调制冷系统的组成

汽车空调制冷系统主要由压缩机、冷凝器、储液干燥器、膨胀阀、蒸发器组成,如图5-2所示。

2.工作原理

制冷系统工作时,压缩机转动,热的制冷剂蒸汽从蒸发器内被吸进压缩机进行压缩,使压力增高,泵进冷凝器中。冷凝器将制冷剂蒸汽的热量散发出去,使制冷剂蒸汽变为液体。制冷剂放出热量后,经干燥过滤器滤去水分,液态制冷剂在高温、高压下,被压向膨胀阀,膨胀阀可以根据车厢内热负荷情况自动的调节制冷剂的流量，使液态制冷剂经过限量后进入蒸发器。制冷剂突然进入大溶剂的蒸发器螺旋管中，由于体积变大而压力下降，又由液态变为气态同时吸收大量的热量，使流经蒸发器的空气变冷，冷空气吹向车厢，带有热量的气态制冷剂又被吸进压缩机，开始下一个循环的工作。

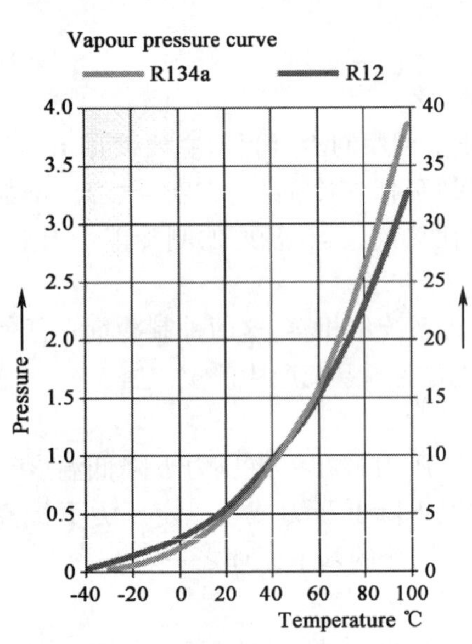

图 5-1　制冷剂温度与压力的关系

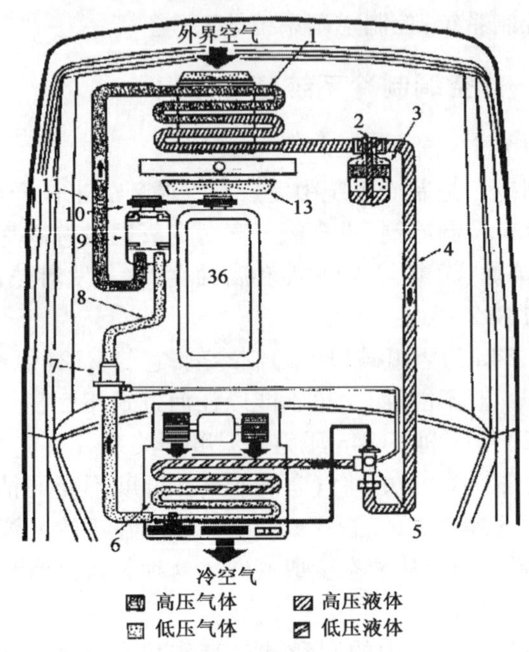

图 5-2　空调制冷系统的组成

1-冷凝器；2-视窗；3-储液干燥器；4-液体管路；5-膨胀阀；6-蒸发器；7-吸气节流阀；8-吸气管路；9-压缩机；10-皮带轮；11-排气管路；12-散热器；13-发动机风扇；14-发动机

制冷剂在系统中如此循环往复，将车厢内的热量通过制冷剂传递给周围的空气，从而使车厢温度降低，达到制冷目的。

汽车制冷系统组成原理如图 5-3 所示。

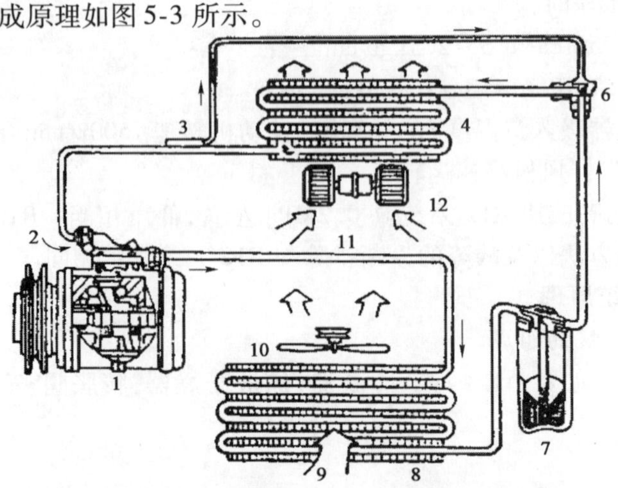

图 5-3　汽车空调蒸汽压缩式制冷循环原理

1-压缩机；2-低压侧；3-感温包；4-蒸发器；5-冷气；6-膨胀阀；7-储液干燥器；8-冷凝器；9-迎面风；10-发动机冷却风扇；11-热空气；12-鼓风机

3. 空调制冷系统类型

类型有膨胀阀式和节流管式。膨胀阀式如图 5-4 所示，节流管式如图 5-5 所示。

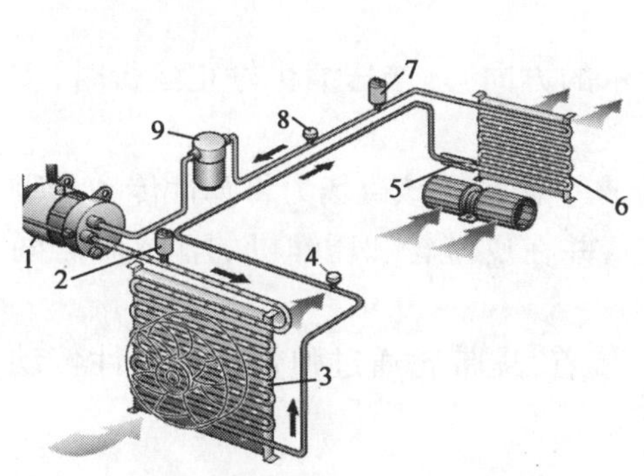

图 5-4　膨胀管式制冷循环系统

1-压缩机；2-压力开关；3-冷凝器；4-高压维修阀；5-膨胀管；6-蒸发器；7-压力开关；8-低压维修阀；9-集液器

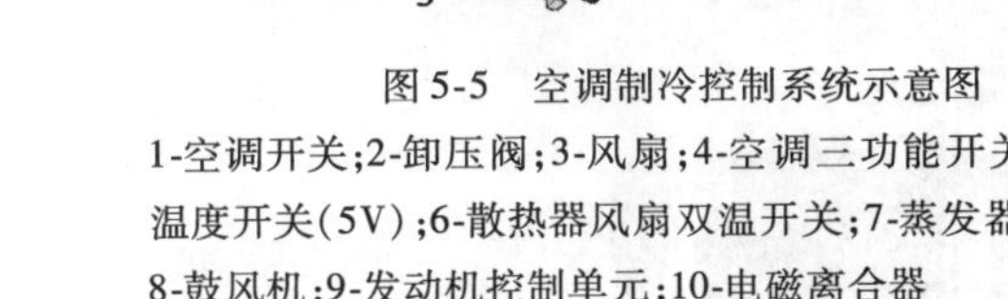

图 5-5　空调制冷控制系统示意图

1-空调开关；2-卸压阀；3-风扇；4-空调三功能开关；5-冷却液温度开关(5V)；6-散热器风扇双温开关；7-蒸发器温度开关；8-鼓风机；9-发动机控制单元；10-电磁离合器

4. 空调制冷控制系统

(三)空调制冷系统主要部件结构原理

1. 压缩机

压缩机是空调制冷循环系统的心脏。它将气态制冷剂压缩成高温高压状态送入冷凝器，同时吸入蒸发器中的低温低压的气态制冷剂，如图 5-6 所示。

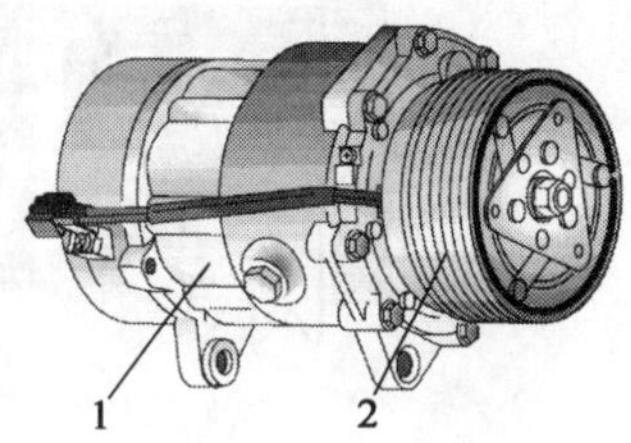

图 5-6　空调压缩机

1-压缩机；2-电磁离合器

斜盘式压缩机如图 5-7、图 5-8 所示。其主要零件是一根主轴，斜盘用花键和主轴固定在一起。当主轴转动时，依靠斜盘的旋转运动驱动活塞作轴向往复运动。如果斜盘转动一周，前后两个活塞各完成压缩、排气、吸气一个循环，相当于两个汽缸作用。

一般有 3 ~ 10 个活塞围绕在输入轴的周围，每个活塞都配有一个吸入/压力阀，这些阀可根据工作冲程有规律的自动打开/关闭。

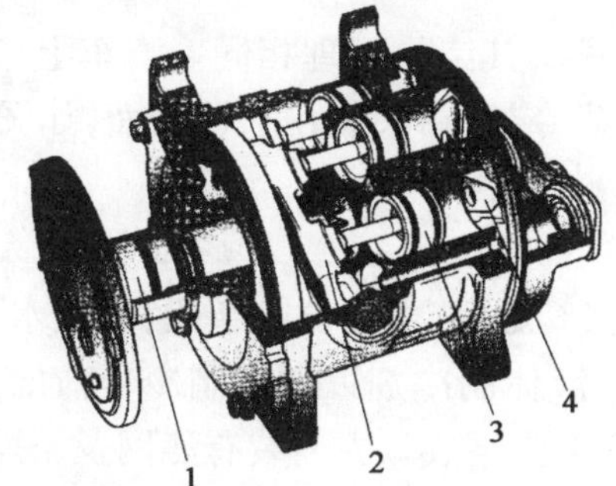

图 5-7　斜盘式压缩机(非自调节式)

斜盘的角度恒定，容积恒定

1-输入轴；2-斜盘；3 活塞；4-吸入/压力阀

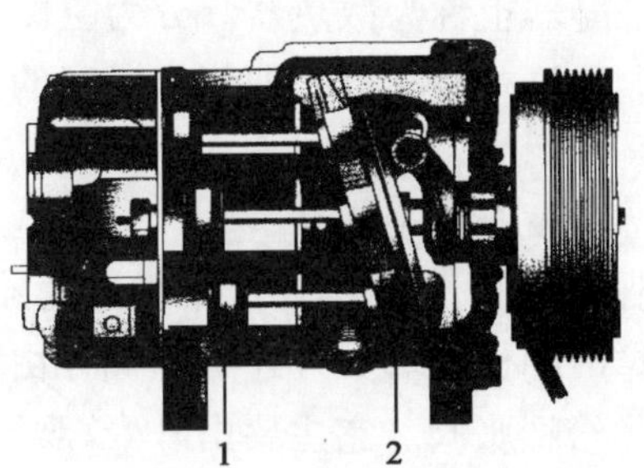

图 5-8　斜盘式压缩机(自调节式)

斜盘的角度可变，容积可变

1-活塞；2-斜盘

2. 电磁离合器

电磁离合器传动系连接在压缩机和汽车发动机之间，电磁离合器控制压缩机的运行。离合器由带轴承的皮带,带轴套的弹性传动片,电磁线圈的构成。

弹性传动片的轴套永久地安装在压缩机输入轴上。皮带轮安装在压缩机壳体上的枢轴承上,位于输出轴端。电磁线圈与压缩机壳体永久相连。在弹性传动片和皮带轮之间有一段间隙,如图5-9(空隙A)所示。

汽车发动机通过多楔带来驱动皮带轮(图中箭头指示的方向)。当压缩机停止运行时,皮带轮自由随动。

当压缩机通电后,电磁线圈上便会有电压,这时便会产生磁场。该磁场力将弹性传动片吸向旋转的皮带轮,如图5-10所示(此时空隙"A"被填补),并在皮带轮和压缩机的输入轴之间形成正极电路连接。

压缩机开始运转,直到电磁线圈的电路断开为止。接着,皮带轮通过弹簧拉回弹性传动片。皮带轮再次转动,但不驱动压缩机输入轴。

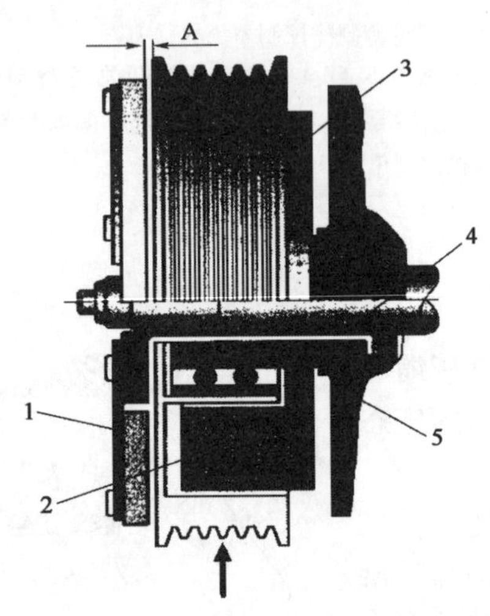

图5-9　离合器分离示意图

1-带轴套的传动片;2-电磁线圈;3-带轴承的皮带轮;4-压缩机输入轴;5-压缩机壳体

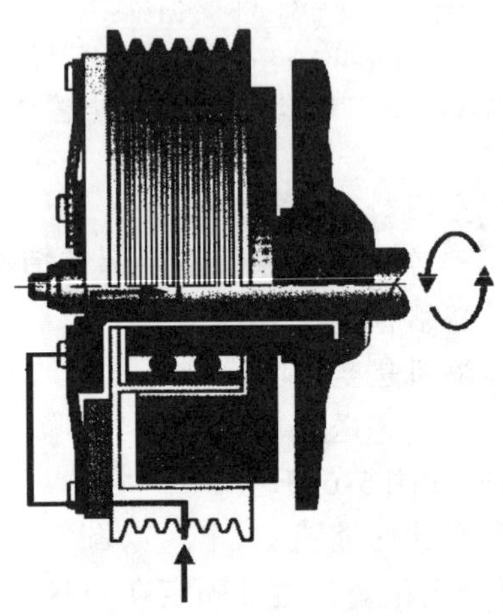

图5-10　离合器结合示意图

3. 冷凝器

冷凝器也称为散热器。分为空冷式、水冷式和蒸发式。其工作原理相同。汽车上广泛采用强制通风式冷凝器。即依靠风扇的转动,强迫空气流动冷却,一般装在水箱前面,如图5-11所示。

4. 储液干燥过滤器

如图5-12所示的储液干燥过滤器装在冷凝器和膨胀阀之间,主要滤除杂质,吸收水分,起防止堵塞的作用。另外还可以储存由冷凝器送来的高压液体制冷剂以顺应制冷负荷的大小,随时供给膨胀阀。它主要由外壳、观察窗、安全熔塞和管接头组成。壳内装有滤网及干燥用得硅胶。

储液干燥过滤器的入口必须连接与冷凝器的出口,而出口必须连接于膨胀阀的入口。

5. 节流装置

控制进入蒸发器的制冷剂流量。目前汽车空调系统应用的节流装置有热力膨胀阀(TXV)和固定孔管(FOT)。

(1)膨胀阀

也称节流阀，是汽车空调制冷系统的主要部件。安装在蒸发器入口前，是制冷循环高压与低压的分界点。在膨胀阀前，制冷剂是高压液体；在膨胀阀后制冷剂是低压、低温饱和液体和蒸气的雾状混合物。

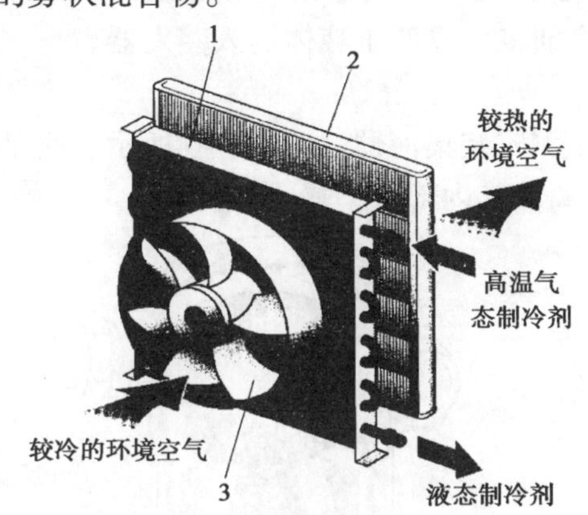

图5-11 冷凝器

1-冷凝器；2-冷却器；3-冷却风扇

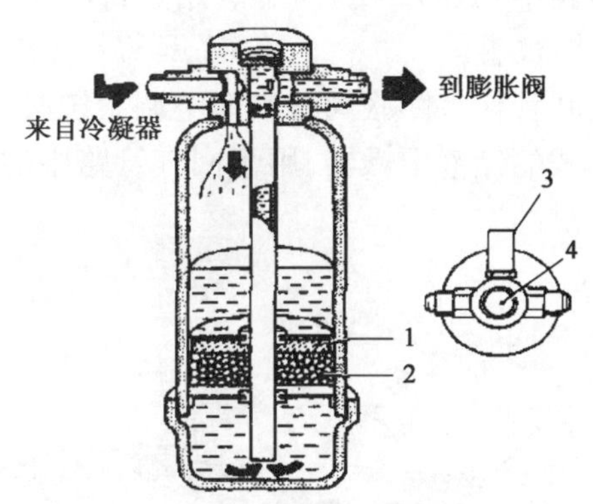

图5-12 储液干燥过滤器

1-滤网；2-干燥剂；3 安全塞；4-观察窗

其功用一是将高压制冷剂液体节流减压，由冷凝压力降至蒸发压力；二是自动调节制冷剂进入蒸发器的流量，以适应制冷负荷变化的需要。

汽车上采用感温式膨胀阀。它利用蒸发器出口蒸气过热度来调节制冷剂的流量，如图5-13所示。

(2)新型膨胀阀

该膨胀阀也位于制冷剂回路的高压端和低压端之间，位于蒸发器的正上游处。

膨胀阀是热控型的。该阀配有带热敏头和球形阀的控制装置。位于膜片一侧的热敏头内填充有特殊气体。另一侧则通过压力平衡孔与蒸发器出口(低压端)相连。球形阀由推杆驱动，如图5-14所示。

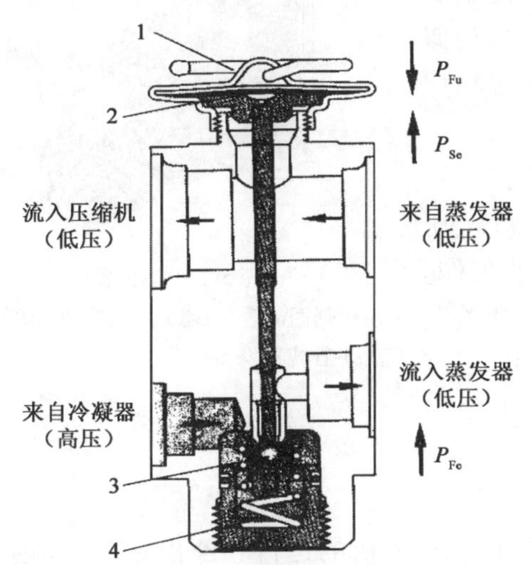

图5-13 膨胀阀结构示意图

1-恒温器(带传感器线路，含制冷剂)；2-膜片；3-球形阀；4-调节弹簧

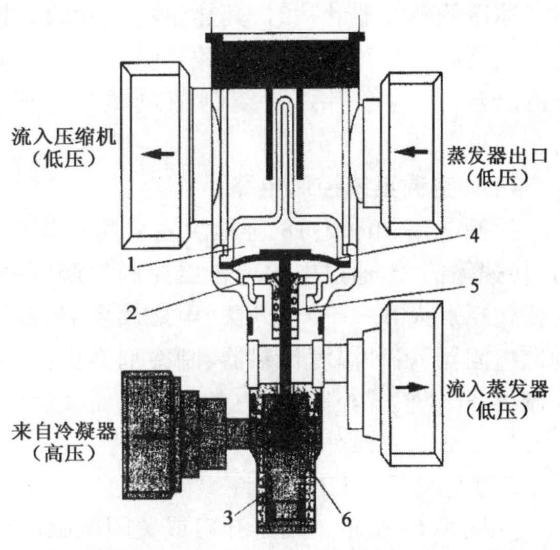

图5-14 新型膨胀阀结构示意图

1-填充有特殊气体的热敏头；2-压力平衡孔；3-调节弹簧；4-膜片；5-推杆；6-球形阀

特殊气体的压力以及制冷剂的喷注量取决于低压端的温度。膨胀阀总是配有隔热装置。阀的开度取决于蒸发器出口的温度(低压)。压力平衡受到控制。

(3)固定孔管(限流器)

孔管是固定孔口的一种毛细节流阀,也称膨胀管。装于冷凝器出口和蒸发器入口之间的液体管路中,如图5-15所示。用于将高压液体制冷剂将压成低压液体流入蒸发器。

6. 集液器

用孔管代替膨胀阀时汽车空调系统必须在低压侧安装集液器,如图5-16所示。它是一种特殊形式的储液干燥器,用于回气管路中的气液分离。其内部有干燥剂和滤网。

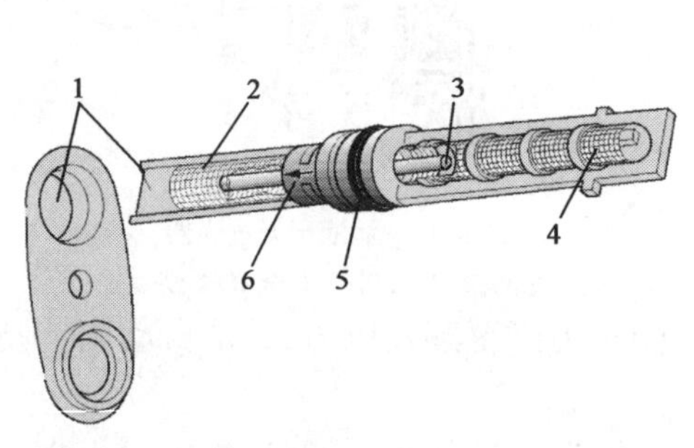

图5-15 膨胀管

1-到蒸发器;2-制冷剂原子滤网;3-定直径滤网;4-灰尘滤网;5-O型密封圈,将高压侧和低压侧隔开;6-制冷剂流向

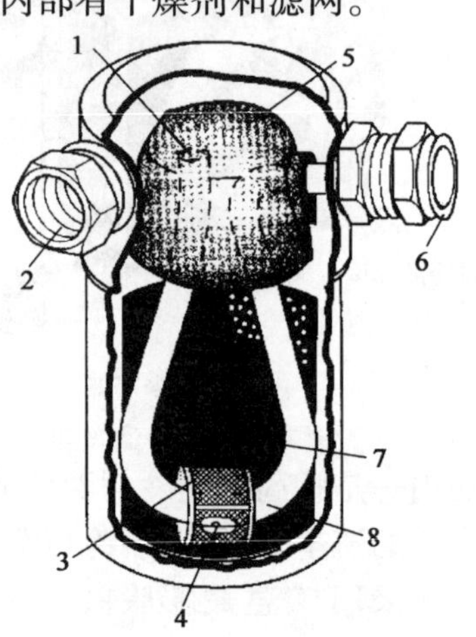

图5-16 集液器结构

1-气态制冷剂入口;2-来自蒸发器;3-滤网;4-制冷剂孔;5-塑料盖;6-流入压缩机;7-干燥剂;8-U形管

7. 蒸发器

其作用与冷凝器相反。位于暖风装置箱中。当空气流经冰冷的蒸发器叶片时,其热量将被吸收。即把低温低压的液态制冷剂蒸发,吸收车厢热量而制冷。其结构类似于冷凝器,用铜管(铝管)绕制散热翅片构成,如图5-17所示。

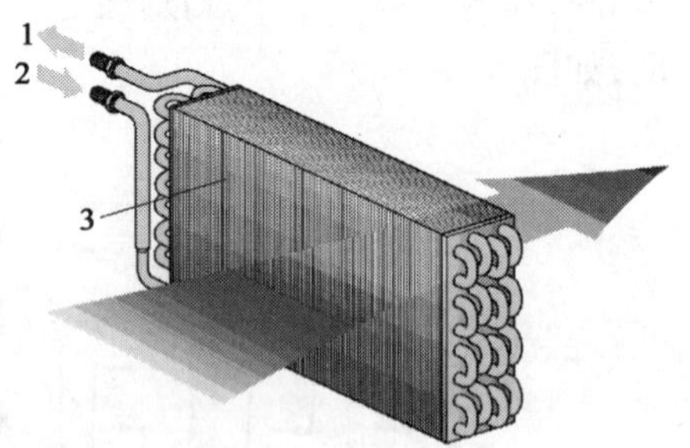

图5-17 蒸发器

1-制冷剂回流管(气态);2-制冷剂供给管(蒸气);3-管式蒸发器

(四)空调系统控制电路

控制电路如图5-18所示。主要是根据各种温度、压力、转速等信号,通过电磁离合器控制空调压缩机的工作。主要包括点火开关、A/C开关、电磁离合器、鼓风机开关及调速电阻器、各种温度传感器、制冷剂高低压力开关、温度控制器、送风模式控制装置、各种继电器。

1. 安全系统组件

(1)空调开关E35

如图5-19所示。用于开启或关闭电磁离合器,控制压缩机的运行和停止。在自动空调系统中,散热器风扇和新鲜空气鼓风机同步启动。在手动空调系统中,新鲜空气鼓风机必须置于一挡速度。

当空调已启动的信号发至发动机控制单元时,发动机怠速将提升(以补偿压缩机运转所需的额外负荷)。

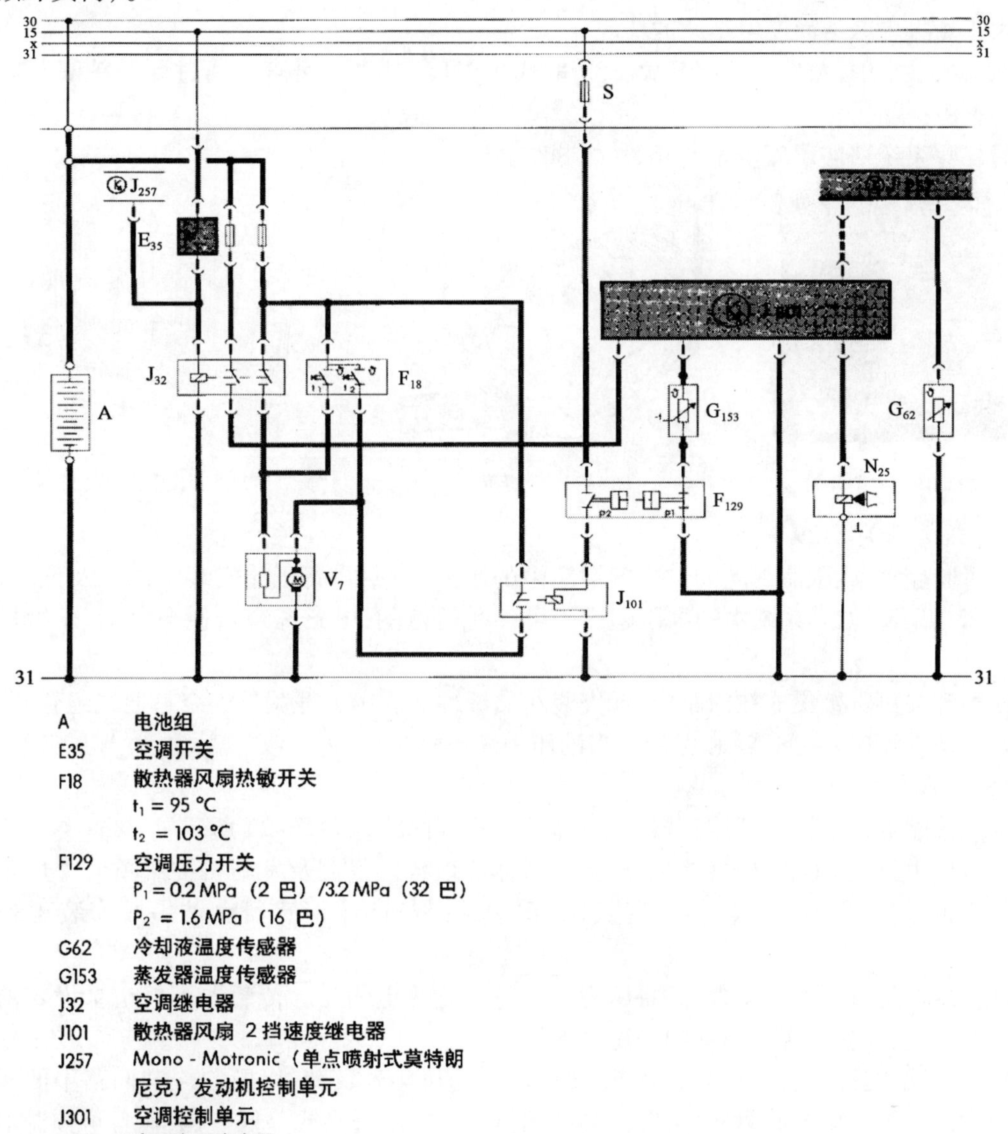

A　电池组

E35　空调开关

F18　散热器风扇热敏开关

t_1 = 95 °C

t_2 = 103 °C

F129　空调压力开关

P_1 = 0.2 MPa (2 巴) /3.2 MPa (32 巴)

P_2 = 1.6 MPa (16 巴)

G62　冷却液温度传感器

G153　蒸发器温度传感器

J32　空调继电器

J101　散热器风扇 2 挡速度继电器

J257　Mono - Motronic (单点喷射式莫特朗尼克) 发动机控制单元

J301　空调控制单元

N25　空调电磁离合器

V7　散热器风扇

S　熔断器

图 5-18　空调控制电路图

空调开关可置于环境温度开关的下游,从而确保空调在 5°C 以下不会启动。

(2)泄压阀

直接与压缩机或储液罐连接,如图 5-20 所示。在 3.8MPa(38 巴)压力下,阀门打开;当压力降低[3.0 ~3.5 MPa(30 ~35 巴)]时,阀门关闭。

某些类型的泄压阀可能装有一块塑料盘,在阀门升起时即破裂。在这种情况下,必须找出造成系统过压的原因。只有在系统排空的情况下,才能更换破裂的密封件。

(3)蒸发器温度传感器

如图 5-21 所示。蒸发器温度传感器用于测量蒸发器冷却叶片之间的温度。传感器的信号被送至空调控制单元。当蒸发器的温度降至过低时,压缩机便停止工作。

当温度在 -1 ~0°C 时,压缩机关闭;当达到约 +3°C 时,压缩机开启。这样就可以避免蒸发器由于冷凝水冻结而发生结冰的情况。

在某些系统中,蒸发器温度开关 E33 取代了温度传感器,可直接通过此开关断开电磁离合器的电源。

另一些系统则使用环境温度开关拄制此功能。

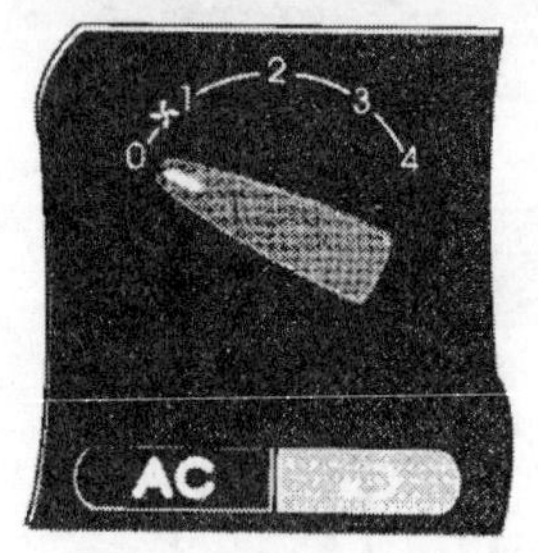

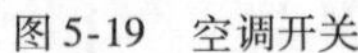
图 5-19　空调开关

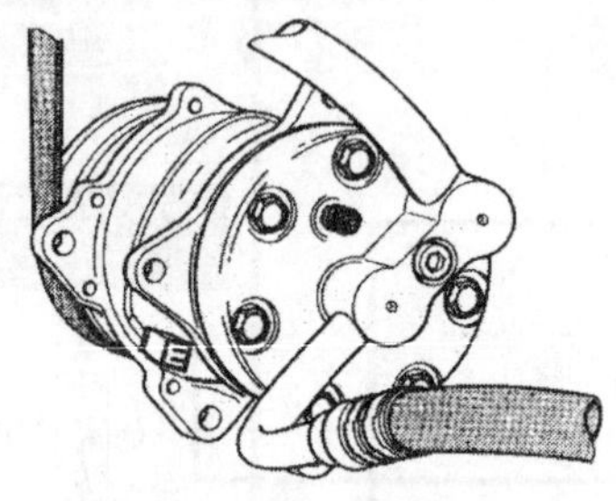
图 5-20　泄压阀

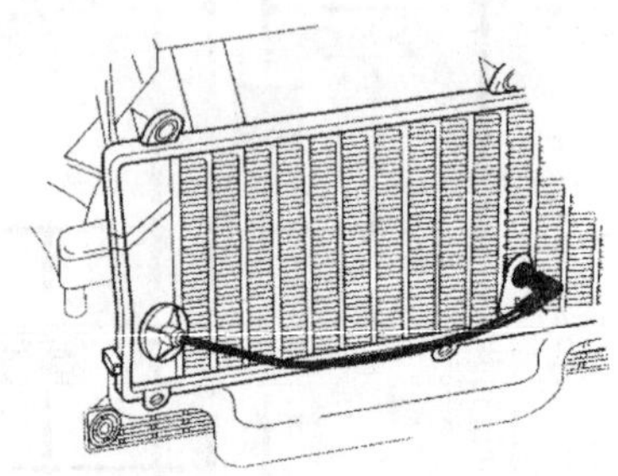
图 5-21　蒸发器温度传感器

(4)压力开关 F129

为了监控和/或限制封闭的制冷剂回路中的压力,在回路高压端安装了高压及低压开关,如图 5-22 所示。如果系统中的高压超出了可接受的范围,电磁离合器便会分离,压缩机停止运行。

压力开关可直接集成在回路中,或安装在储液罐上。压力开关是一个三通式组合开关,用于保护冷却气流(风扇回路)和保持适当的压力。

(5)高压传感器

高压传感器是一种新型传感器,用于监控制冷剂回路,如图 5-23 所示。

空调压力开关 F129 已经由电子压力传感器所取代。空调及发动机控制单元中用于测定的电子设备也作了相应调整。和压力开关 F129 一样,高压传感器也被集成安装于高压管路内。

此传感器记录制冷剂压力,并将压力物理量转化为电信号。传感器不仅记录设定的压力阈值,并且还监控整个工作循环中的制冷剂压力。

压力传感器发出的信号指示由空调造成的发动机额外负荷,以及制冷剂回路中的压力状况。通过散热器风扇控制单元,可以控制压缩机冷却风扇升高或降低一挡,而且可控制电磁离合器接合或分离。

如果散热器风扇控制单元没有检测到任何信号,出于安全考虑,应急措施是将关闭压缩机。

(6)自诊断故障信息:

高压传感器中的故障,存储在发动机电子设备的故障存储器中。

2. 技术维修和保养

(1)空调服务站

①空调服务站具有专业空调开发的设备

制冷剂回路处于密闭的系统中。为确保系统正常运行,制冷剂应清洁;不可含有任何湿气;在向管路内填充制冷剂之前,须确保管路已排空且处于干燥状态;

只能使用耐制冷剂的原厂零部件,为避免破坏环境及造成人身伤害,不可在开放的空气中向制冷剂回路内充入制冷剂,必须采用环保的方式对制冷剂进行弃置。服务站具备专为空调开发的设备,能够满足以上所有要求。

②专业人员操作

空调服务站操作制冷剂回路的工作,要求人员符合专业要求,具有进行妥善维修的专业知识、安全法规及“压力容器规范”的相关知识以及资格认证(因各个国家而异),服务站所拥有的专业空调维修和保养人员符合以上各项要求。

(2)服务站对空调进行专业和环保的操作设备

①用于车辆检查的检漏仪

空调系统管路泄漏是制冷能力不足的的原因之一。轻微的泄漏(外部损坏)由于释放的制冷剂量小,所以只有通过适当的检漏仪才能发现。采用这种设备可以检测到每年不足5g的制冷剂泄漏,电子检漏仪外形如图5-24所示。

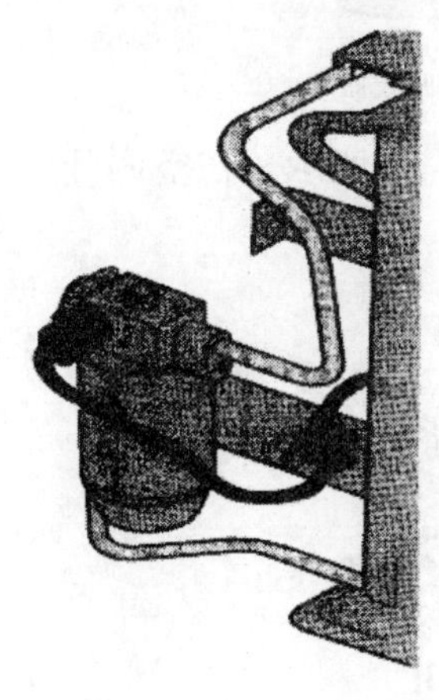

图5-22　压力开关

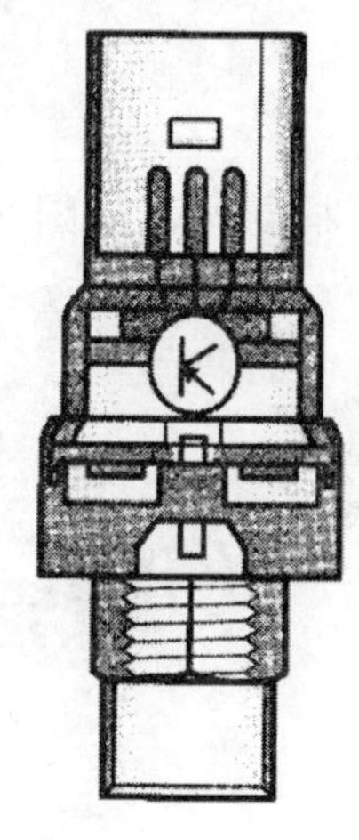

图5-23　高压传感器

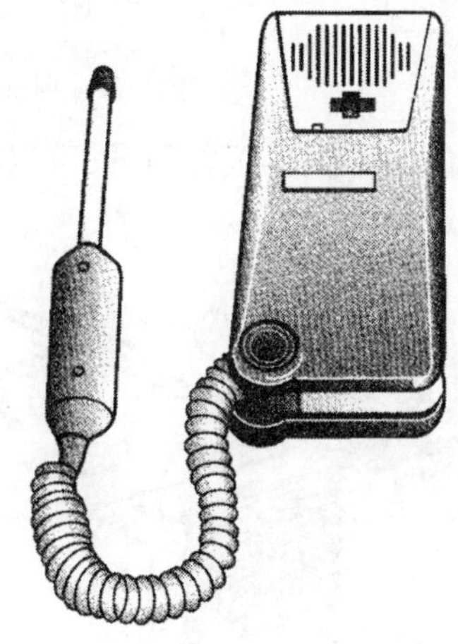

图5-24　电子检漏仪

②回收工作站

是一个集检测,抽吸、清理和加注等功能于一体的一站式系统。如图5-25所示。此工作站符合与车载空调制冷系统的维护、测试和调试等工作相关的所有要求。

此工作站有多种型号。一台工作站包括多个独立单元:加注缸、压力表、真空泵、截止阀、加注软管、制冷回路高压、低压区检修连接器快接接头。

工作站可用于抽空、清理或加注车载空调制冷剂。抽出的制冷剂在工作站内部被回收(通过清除悬浮物进行干燥和净化),并在维修完成后重新使用。

根据政府对氟利昂和卤素使用的禁令,不允许在没有回收工作站的情况下对空调执行操作。回收工作站的操作必须由专业人员完成。

③制冷剂的弃置——回收瓶

由于压缩机内部机械损伤等原因而含有过多杂质的制冷剂无法进行净化。这种制冷剂会被抽吸到一个带回收瓶的抽吸装置内,然后被送至弃置地点,清空并弃置。

回收瓶如图5-26所示。每次只能加注规定充装量的75%(为制冷剂受热膨胀留出余量)。因此,在向这些瓶子内加注制冷剂时必须使用经校准的秤进行称量(遵循压力容器规范)。

(3)系统维修

①利用回收工作站作业

为便于回收工作站作业,在回路的低压和高压段设有检修端,可以用于进行加注、排空、清理、压力测试。

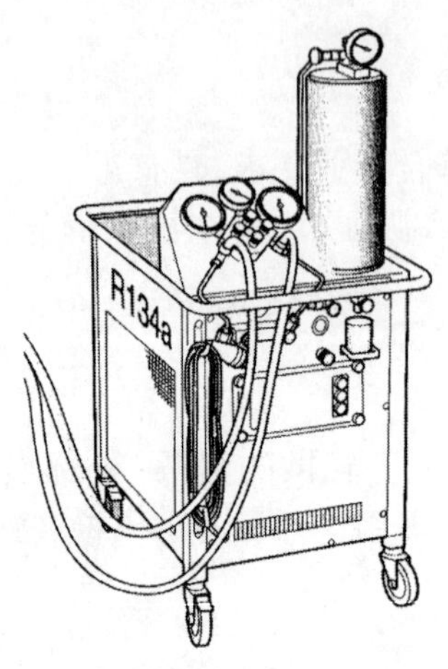

图 5-25　回收工作站

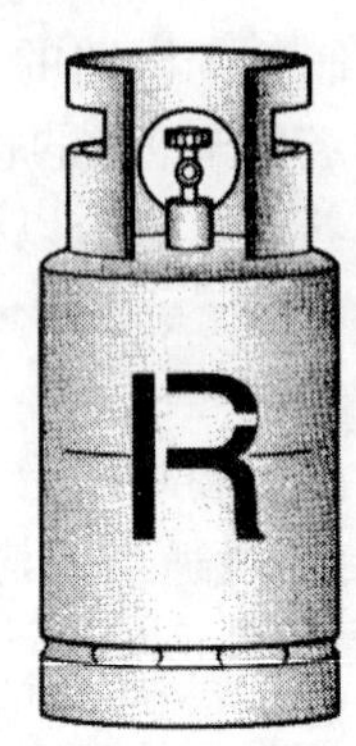

图 5-26　回收瓶

例如需执行压力测试,可以连接工作站压力表,如图 5-27、图 5-28 所示。在空调开启的状态下进行测试。

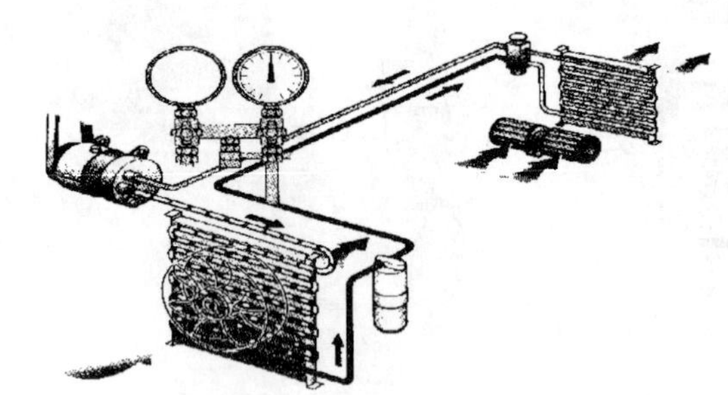

图 5-27　高压检修连接器

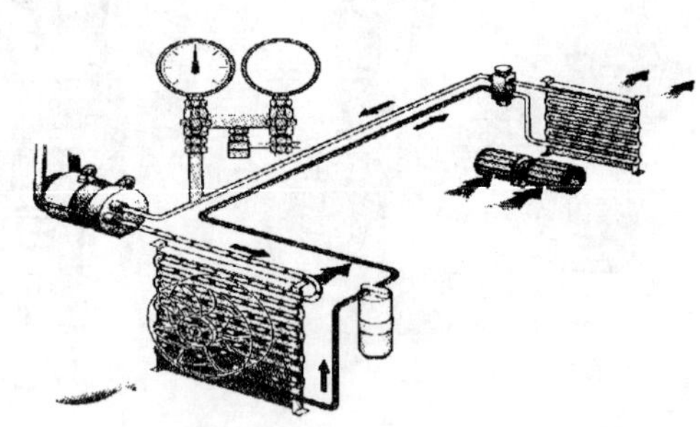

图 5-28　低压检修连接器

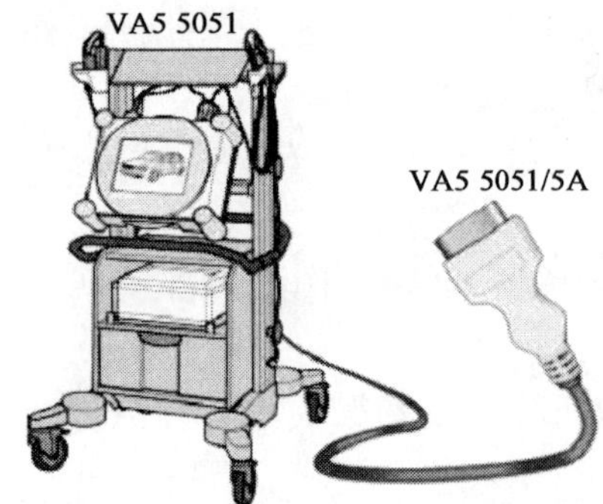

图 5-29　车载诊断设备 VAS5051

②通过自诊断进行故障诊断

速腾轿车装有控制单元的自动空调系统通常具备自诊断功能。自诊断地址码为:08 空调/暖风装置电子设备

自诊断可由车载诊断设备测试及信息系统 VAS5051 如图 5-29 所示。车载系统测试仪 V. A. G 1552 或故障读取器 V. A. G 1551 执行。在维修车间手册中,对各类型汽车的暖风及空调系统的自诊断功能和自诊断程序进行了详细阐述。

自诊断可在任何维修车间内进行,因为在自诊断过程中制冷剂回路不受影响(即不打开回路)。

B　实训操作内容

能力训练项目:空调压缩机的拆装。

操作准备工作:速腾空调轿车一台、拆装工具一套。

操作步骤:

1. 拆卸和安装空调压缩机辅助总成支架

拆卸和安装空调压缩机辅助总成支架及其部件时,无需打开制冷剂循环回路。拆卸时可参照分解图如图 5-30、图 5-31 所示进行。

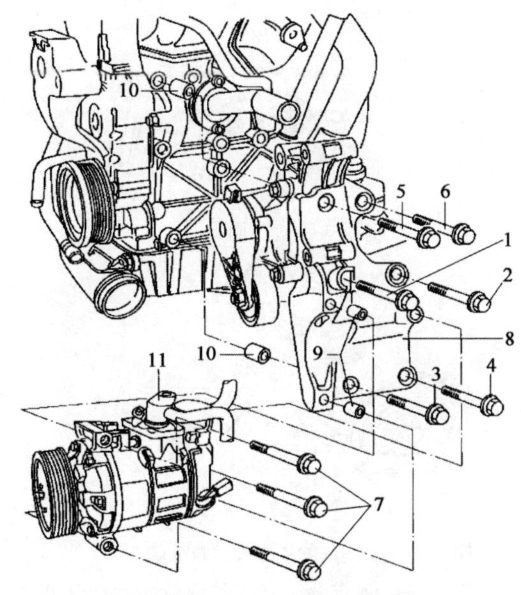

图5-30 空调压缩机分解图

1～7-六角螺栓;8-用于三相交流发电机和空调压缩机的辅助总成支架;9,10-定位套;11-空调压缩机

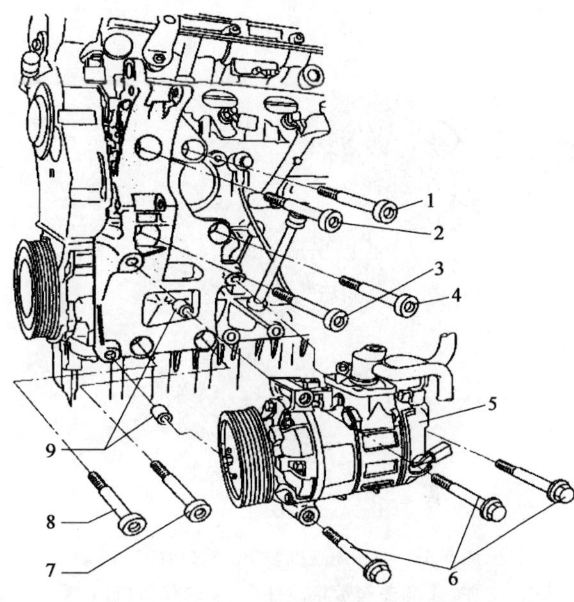

图5-31 空调压缩机分解图

1,2,4,7,8-六角螺栓;3-空调压缩机;5-空调压缩机支架;6-螺栓;9-定位套

①拆下三相交流发电机。

②松开空调压缩机,拧出六角螺栓。从辅助总成支架上取下空调压缩机并用合适的辅助工具固定在车身上。拧出螺栓1～6,从汽缸体上取下辅助总成支架。

2.安装压缩机

安装时,务必遵循固定螺栓的拧紧顺序:依次拧紧位置1～6的六角螺栓。将空调压缩机固定于车身上。

如果已拆下空调压缩机并且尚未打开制冷剂循环系统,则用一个合适的辅助工具(例如焊丝)将空调压缩机固定于车身上。

请注意,空调压缩机上的制冷剂软管保持无应力。

3.拆卸多楔带轮

空调压缩机多楔带轮的拆卸如图5-32和图5-33所示。

①拆下多楔带。

②拧出六角螺栓。从辅助总成支架上取下空调压缩机并用合适的辅助工具(例如一根焊丝)固定在车身上。

③拧出六角螺栓2,并从汽缸体中取出空调压缩机的支架。将空调压缩机固定在车身上。

④如果已拆下空调压缩机并且尚未打开制冷循环系统,则用一个合适的辅助工具(例如焊丝)将空调压缩机固定于车身上。

请注意,空调压缩机上的制冷剂软管保持无应力。

4.安装多楔带轮

安装时,按与拆卸的相反顺序进行。

①在更换多楔带轮时不能拆卸空调压缩机。

②为便于松开和拧上螺栓可用一个普通的带式扳手(用编织带)固定多楔带轮。

维修提示:在安装多楔带时,注意其在多楔带轮中的位置是否正确。最后将多楔带套在空调压缩机的多楔带轮上。

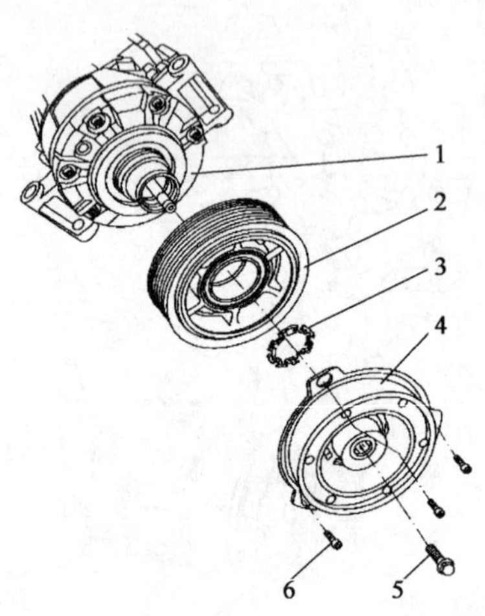

图 5-32 空调压缩机多楔带轮分解图

1-空调压缩机;2-多楔带轮;3-卡环;4-过载保护;5-六角螺栓

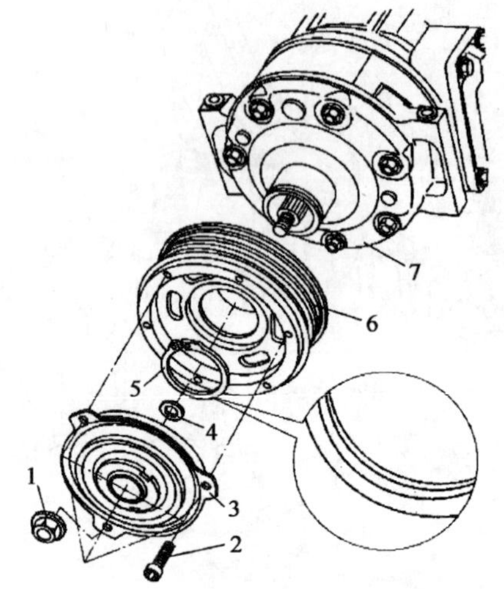

图 5-33 空调压缩机多楔带轮分解图

1-六角螺栓;2-螺栓;3-过载保护;4-垫圈;5-卡环;6-多楔带轮;7-空调压缩机

C 知识拓展

外部控制式变排量压缩机

(一)变排量压缩机概述

变排量空调在现代汽车上得到越来越广泛的应用。

轿车空调用变排量压缩机按照结构形式分为摇板式、斜盘式、滚动活塞式、螺杆式、旋片式、涡旋式等机型,其中斜盘式变排量压缩机目前应用最多,按控制方式分为内部控制式变排量压缩机与外部控制式变排量压缩机。与传统的定量空调相比,变排量空调有如下的优点:①排气压力和工作转矩的波动减小,避免了对发动机的冲击;②保持了温度的稳定性;③保持了蒸发器低压的稳定性,而且蒸发器不会结霜;④提高了压缩机的使用寿命;⑤减少了功率消耗。

1. 内部控制变排量压缩机

内部控制变排量压缩机用内部控制阀使吸气压力保持在一个较低的恒定温度(一般保持蒸发温度为0℃),往往用再热方式提高送风温度来保持车内的舒适性,

2. 外部控制变排量压缩机

外部控制变排量压缩机汽车空调系统根据环境温度,发动机转速,太阳辐射强度,车内温度,送风温度,送风风向以及空调模式设定等参数,由汽车的控制板或者计算机来确定控制信号,再由外部(电磁)控制阀来控制压缩机合适的排量,这样可以根据当时的冷负荷情况确定一个合适的吸气压力,不需要再热,从而达到节能的目的。

外部调节的变排量压缩机的优点:压缩机一直运转,无接合冲击,提高了舒适性;通过调节蒸发器的温度使制冷量和热负荷及能量消耗完美匹配,减少了再加热过程,使出风口的温度,湿度恒定调节;由于排量可以降低到近0%,省去离合器可使质量减轻20%(500~800g);压缩机的功率消耗下降,燃油消耗下降;新结构的皮带轮用于皮带传动和空调压缩机之间的力传递,消除了转矩波动并同时起到过载保护的作用。

外部调节的变排量压缩机主要有电装公司的7SEU16、7SBU16(图5-34)和6SEU12。

(二)结构与工作原理

外部控制式变排量压缩机控制阀有一个电磁单元,操纵和显示单元从蒸发器出风温度传感器获得信号作为输入信息,从而对压缩机的功率进行无级调节,控制阀由机械元件和电磁单元组成,机械元件按低压侧的压力关系,借助位于控制阀低压区的压力敏感元件来影响调节。变排量空调压缩机外形如图5-35所示。

其内部结构如图5-36所示。

图5-34 7SBU16空调压缩机结构示意图

1-皮带轮;2-斜盘箱;3-斜盘;4-活塞;5-外部控制阀

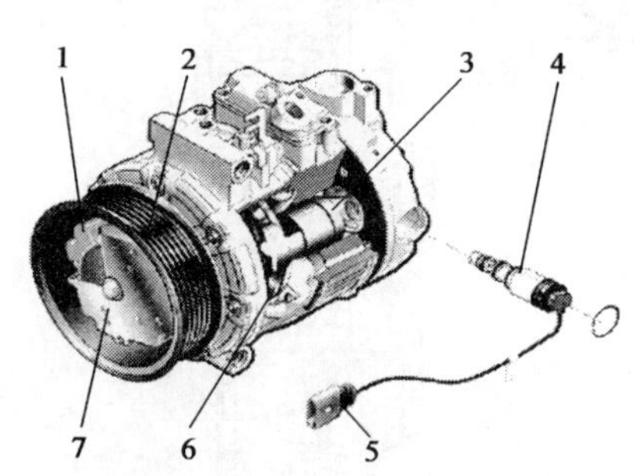

图5-35 变排量空调压缩机

1-橡胶成型元件;2-集成过载保护的胶带轮;3-往复运动活塞;4-调节阀N280;5-线束插头;6-斜盘;7-压盘

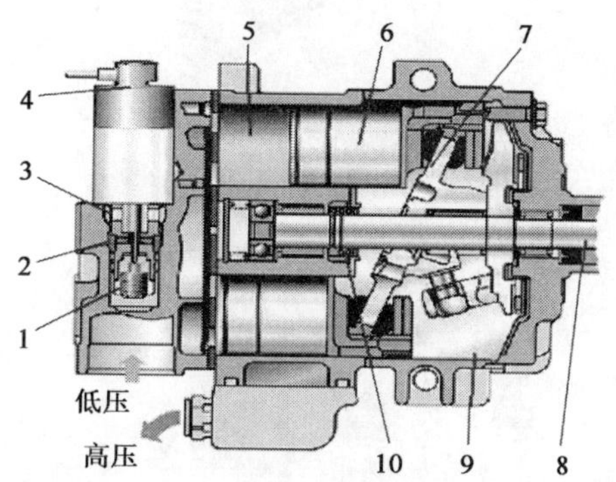

图5-36 变排量空调压缩机结构

1-进气压力;2-高压;3-曲轴箱压力;4-空调压缩机调节阀;5-压缩室;6-空心活塞;7-斜盘;8-驱动轴;9-曲轴箱;10-回位弹簧

1. 电磁调节阀

电磁调节阀安装在压缩机中,并用一个弹簧锁止垫圈固定如图5-37所示。它是压缩机内低压、高压与曲轴箱压力之间的接口,并且是免离合操作的先决条件。通过控制这几种压力对斜盘进行调节。脉冲宽度调制电压信号驱动该调节阀中的一个挺杆。电压作用的持续时间决定了调整量。

由操纵和显示单元通过500Hz的通断频率进行控制,在无电流的状态下,阀门开启,高压腔和压缩机斜盘箱相通,高压腔的压力和斜盘箱的压力达到平衡,全负荷时,阀门关闭,斜盘箱和高压腔之间的通道被隔断,斜盘箱的压力下降,斜盘的倾斜角度加大直至达到100%的排量;关掉空调或所需的制冷量较低时,阀门开启,斜盘箱和高压腔之间的通道被打开,斜盘的倾斜角度减小直至低于2%的排量。

当系统的低压较高时,真空膜盒被压缩,阀门挺杆被松开,继续向下移动,使得高压腔和斜盘箱进一步被隔离,从而使压缩机达到100%的排量。

当系统的吸气压力特别低时,压力元件被释放,使挺杆的调节行程受到限制,这就意味着高压腔和斜盘箱不再能完全被隔断,从而使压缩机的排量变小。

2. 皮带轮

外部调节变排量压缩机采用了新结构皮带轮,如图5-38所示。用于皮带传动和空调压缩机之间的力传递。皮带盘由皮带轮和随动轮组成,通过一橡胶元件将皮带轮和随动轮有力地连接起来。当压缩机因损坏而卡死时,随动轮和皮带轮之间的橡胶元件的传递力急剧增大,皮带轮在旋转方向将橡胶元件挤压到卡死的随动轮上,橡胶元件产生变形,对随动轮产生的压力增大,随动轮随之产生变形直至随动轮和皮带轮之间脱离连接,从而避免了皮带传动的损坏。随动轮的变形量取决于橡胶元件的弹性,橡胶元件的弹性取决于结构件的温度。

由于橡胶元件和随动轮的形变,避免了发动机皮带传动的损坏,同时防止了诸如水泵和发电机的损坏,起到了过载保护的作用。

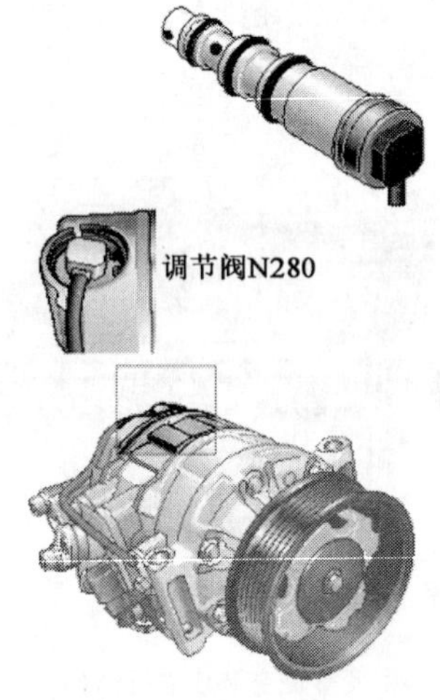

图 5-37　压缩机调节阀 N280

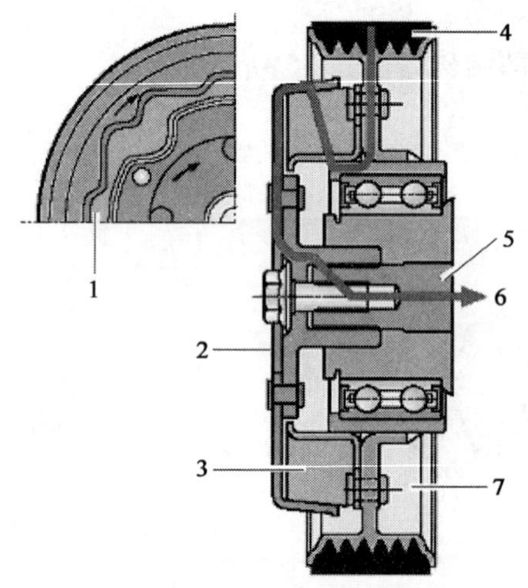

图 5-38　内置过载保护的皮带轮

1-成型橡胶件;2-驱动盘;3-成型橡胶件;4-多楔带;5-压缩机轴;6-压缩机完好时的功率液;7-皮带轮

3. 压缩机工作原理

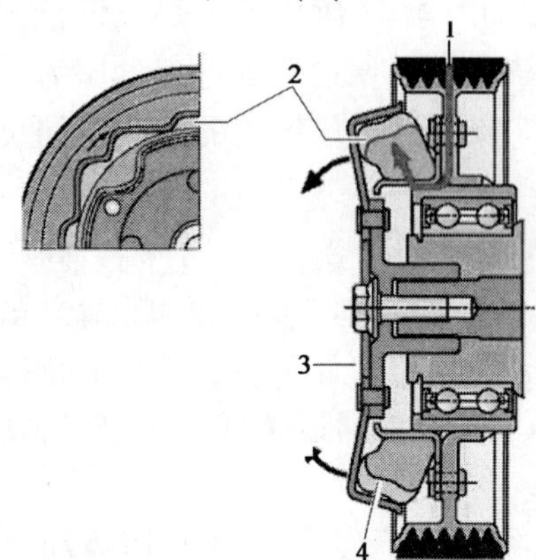

图 5-39　压缩机堵转

1-成型橡胶件被剪切后的功率液;2-被剪切下来的材料;3-堵转的驱动盘;4-堵转的成形橡胶件变形

(1)正常工作时

压缩机有效工作时,多楔带的皮带轮与驱动盘之间有一个与二者紧密相联的成型橡胶件。当压缩机运转时,两个盘片以相同速率旋转。

(2)压缩机堵转

驱动盘停转。停转后,皮带与驱动盘之间的传动力变得很大,如图 5-39 所示。成型橡胶件被皮带轮按照转动方向压到堵转的驱动盘上。成型橡胶件上的变形部分被剪切下来,皮带轮与驱动盘之间的连接部分被切断。皮带轮这时就会无障碍地旋转。这样就不会损坏多楔带并排除了发动机损坏的可能性。

4. 变排量空调系统

变排量空调系统示意图如图 5-40 所示。蒸发器下游通风口温度由蒸发器温度传感器 G308 进行检测。它确保在 0°C 时关闭制冷功能。并与外部调节式压缩机一起,使蒸发器下游通风口温度在 0 ~ 12℃进行自适应控制。

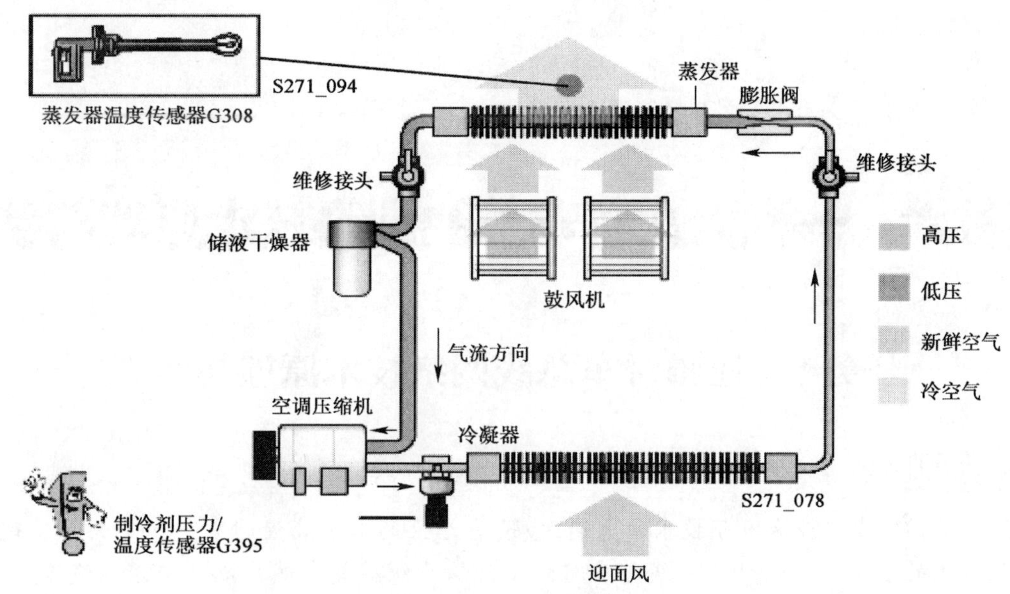

图 5-40　变排量空调系统示意图

D　案例分析

案例 1

故障现象：一辆 2007 年产速腾 1.6L 轿车，客户抱怨车辆在天热的时候空调不够凉，有时起动十几分钟后仍无冷风吹出。

检查分析：用故障诊断仪检测所有系统都无故障记忆。读取数据流，选择 08（空调）-08（数据流），检测相关数据如表 5-1 所示。

读取的数据流　　表 5-1

组号—区号	001－1	001－4	010－1	012－4
数据项	压缩机电流（A）	系统压力（kPa）	蒸发器温度（℃）	压缩机所需力矩（N·m）
示值	0.8	120	12	2～3

根据检测的数据可以看出，蒸发器温度偏高并且压缩机所需扭矩偏低。压缩机正常工作电流在 0.8A 左右，并且随着室内温度逐渐下降，空调控制单元会逐渐减小压缩机电流降低输出功率。此时蒸发器温度为 12℃，而压缩机电流已调节到最大值，此时可分析出，空调控制单元判断制冷功率不足（蒸发器温度过高），因此以大功率输出制冷。但压缩机所需力矩为 2～320N·m，比标准值低。也就是说，空调控制单元希望压缩机 100% 满负荷工作，但压缩机实际只需 50% 力矩就能达到满负荷工作要求。由此可以判断，压缩机电磁阀 N280 或压缩机内活塞等机构故障，导致输出功率不足而空调不够凉。

故障排除：由于无单独的 N280 供货，所以尝试更换压缩机总成，空调制冷效果非常好。再用故障诊断仪读取数据流，测得数据如表 5-2 所示。

维修后读取的数据流　　表 5-2

组号—区号	001－1	001－4	010－1	012－4
数据项	压缩机电流（A）	系统压力（kPa）	蒸发器温度（℃）	压缩机所需力矩（N·m）
示值	0.8	150	3	6～7

对比维修前后数据可以发现，压缩机工作电流基本一样，但压缩机力矩提升了 2～3 倍，而蒸发器温度降低至 3℃，系统压力提升了 30kPa。至此故障排除。

项目六　一汽大众轿车总线网络技术原理与实训

任务　速腾轿车总线网络技术原理与实训

R 任务描述

随着现代汽车工业和电子技术的飞速发展,汽车上的电子装置越来越多。为了实现数据共享和布线的方便,CAN－BU 总线与多路信息传输系统被越来越广泛地应用到汽车上,CAN 总线的应用使车辆控制技术更加先进,但同时也使汽车故障分析诊断更加复杂,故障原因更加不易确定。CAN 数据总线使各个电控系统之间的数据、信息实现了实时的交换、传递和共享,某项故障原因不但影响某一电控系统,同时使相关电控系统也因此受到影响。

R 任务要求

知道一汽大众轿车总线技术的特点,会维修一汽大众汽车总线故障。

Z 知识目标

描述一汽大众汽车总线网络的结构及工作原理;在相应的车上要找出总线控制系统的部件。

N 能力目标

会维修一汽大众汽车总线产生的故障。

S 素质目标

安全与防护,车间 5S 管理,合作、交流、沟通能力的培养。

A 相关知识

随着对汽车安全性、舒适性,排放和经济性要求的日益严格,各电控单元间的数据交换也越来越复杂,它们需要频繁地进行数据和信息交换,同时对数据传输量和传输速度的要求也越来越高,如电子稳定性程序 ESP 与发动机控制和变速器控制间的数据交换,以保证汽车行驶的稳定性。汽车上控制系统,调节系统和通信系统的使用越来越多,传统的方法是利用各个并行导线进行点对点的数据传输,由于线束的复杂性,有限的接插件的插针数也阻碍了控制单元的开发。这就需要设计一个良好数据传递方式来确保车辆中的电气/电子部件更容易管理且节省空间。

由波许公司生产的控制区域网(CAN——Controller Area Network)是专门为汽车而开发的线性总线系统,目前也用于其他领域,如住宅数据传输。并已在大众和奥迪车型上得到应用。

数据在公共总线上一个接一个传输，所有 CAN 的参与者（用户）可在总线上存取数据。通过控制单元上的 CAN 接口可以发送和接收数据。由于网络交联，只需很少的导线，因为在总线上可交换很多的数据并可多次读出。CAN 数据总线可比作公共汽车公共汽车可以同时运输大量乘客 CAN 数据总线包含大量的数据信息。如图 6-1 所示。

一、数据传递的原理

一般说来，一个控制单元从整个系统中获得的信息越多，该控制单元协调自身的功能会越好

CAN 数据总线作为控制单元之间的一种数据传递形式，它将各个控制单元连接形成一个完整的系统，如图 6-2 所示。

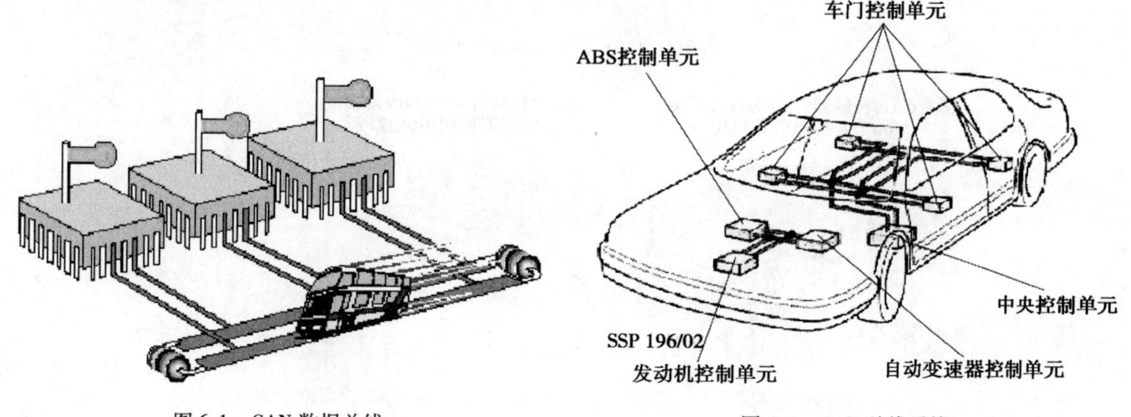

图 6-1　CAN 数据总线　　　　图 6-2　CAN 总线系统

各控制单元之间的所有信息都通过两根数据线进行交换——CAN 数据总线，如图 6-3 所示。

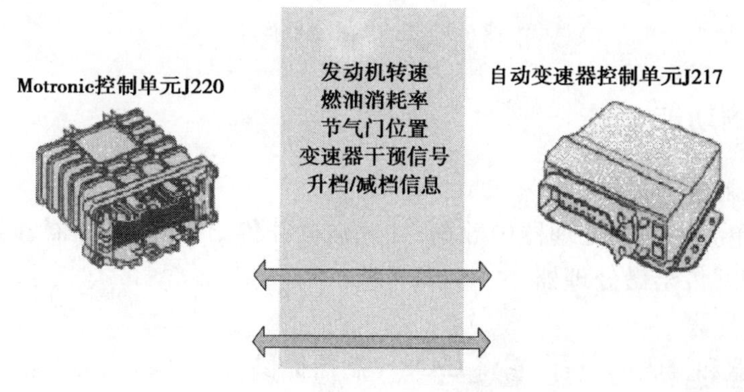

图 6-3　CAN 总线数据传输

CAN 数据总线中的数据传递就像一个电话会议，一个电话用户控制单元将数据“讲”入网络中，其他用户通过网络“接听”这个数据，对这个数据感兴趣的用户就会利用数据，而其他用户则忽略，如图 6-4 所示。

二、CAN 数据总线的构成

该系统由 1 个控制器、1 个收发器、2 个数据传输终端和 2 条传输线构成，如图 6-5 所示。区别于数据传输线，其他组件在控制单元中，控制单元的功能与以前的相同。

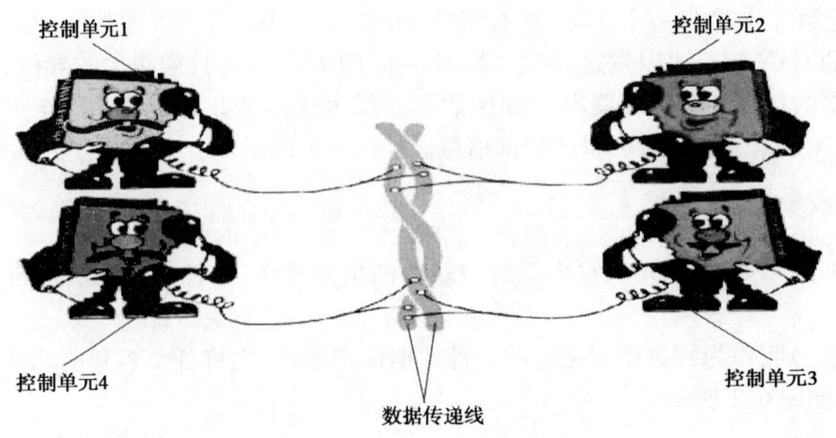

图 6-4　CAN 总线数据传递形式

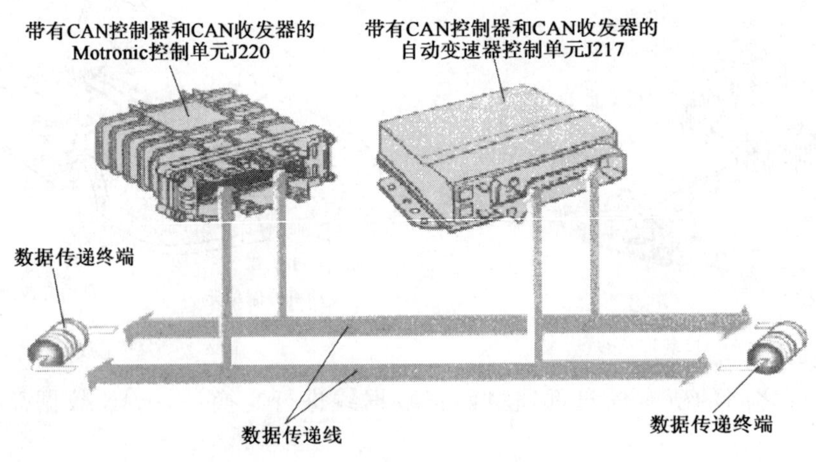

图 6-5　CAN 数据总线构成

三、各部件的功能

(一) CAN 控制器

接收在控制单元中的微处理器中数据;处理数据并传给 CAN 收发器,同时,控制器接收收发器的数据,处理并传给微处理器。

(二) CAN 收发器

是一个发送器和接收的组合,它将 CAN 控制器提供的数据转化为电信号并通过数据线发送出去,同时它接收数据并将数据传到 CAN 控制器。

(三) 数据传输终端

是一个电阻器,阻止数据在传输终了被反射回来并产生反射波破坏数据。

(四) 数据传递线

用以传输数据的双向数据线,分为 CAN 高位数据线和低位数据线。如果多个控制单元要同时发送各自的数据,那么系统就必须决定哪一个控制单元首先进行发送。具有最高优先权的数据,首先发送,基于安全考虑,由 ABS/EDL 控制单元提供的数据比自动变速器控制单元提供的数据(驾驶数据)更重要。

(五)CAN 数据总线的数据传递过程

CAN 数据总线的数据传递过程如图 6-6 所示。提供数据控制单元向 CAN 控制器提供需要发送的数据;发送数据 CAN 收发器接收由 CAN 控制器传来的数据,转为电信号并发送;接收数据 CAN 系统中,所有控制单元转为接收器;检查数据控制单元检查判断所接收的数据是否所需要的数据;接受数据如接收的数据重要,它将被接受并进行处理,否则忽略。

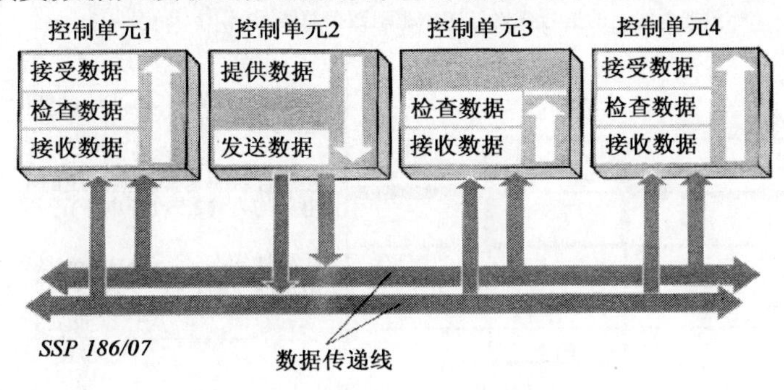

图 6-6　CAN 数据总线的数据传递过程

四、一汽-大众数据总线

(一)一汽-大众内使用多种数据总线。

第一种 CAN 数据总线是舒适 CAN 数据总线,传输速率为 62. 5kBIT/S;第二种是 CAN 驱动数据总线,传输速率为 500kBIT/S;第三种 LIN 总线是 Local Interconnect Network 的缩写。Local Interconnect(局域互联)表示所有的控制单元都装在一个有限的空间内(如车顶),所以它也被称为"局域子系统"。车上各个 LIN 总线系统之间的数据交换是由主控制器通过 CAN 总线实现的。LIN 总线系统是单线式总线,底色是紫色,有标志色(白色)。该线的横截面面积为 0. 35mm^2,无需屏蔽。该系统可让一个 LIN 主控制器与最多 16 个 LIN 从控制器进行数据交换。

目前所有的车型都是用 CAN 驱动数据总线。从 2000 年起开始使用总线和 Infotainment 数据总线也可以与 CAN 驱动数据总线进行数据交换(通过带网关的组合仪表)。

控制单元之间的数据交换就是通过这两条导线来完成的,这些数据可能是发动机转速、邮箱油面高度及车速等。CAN 导线的基色为橙色,对于驱动数据总线来说,CAN-Hihg 线上还多加了黑色作为标志色;对于 CAN 舒适数据总线来说,CAN-Hihg 线上的标志色为绿色;对于 CAN-Infotainment 数据总线来说,CAN-Hihg 线上的标志色为紫色,CAN-Low 线的标志色都是棕色。为了保证有很高的抗干扰(如来自发动机舱),所有的 CAN 数据总线都采用双线式系统,如图 6-7 所示。

图 6-7　CAN 数据总线双线系统

为了提高数据传递的可靠性,CAN 数据总线系统的两条导线(双绞线)分别用于不同的数据传递,这两条线分别称为 CAN-High 线和 CAN-Low 线。

在静止状态时,这两条导线上作用有相同预先设定值,该值称为静电平。

对于 CAN 驱动数据总线来说,这个值大约为 2. 5V。

静电平也成为隐性状态,因为连接的所有控制单元均可修改它。

在显性状态时,CAN-High 线上的电压值会升高一个预定值(对 CAN 驱动数据总线来说,这个值至少为1V)。而CAN-Low线上的电压值会降低一个同样值(对CAN驱动数据总线来说,这个值至少为1V),于是在CAN驱动数据总线上,CAN-High线就处于激活状态,其电压不低于3.5V(2.5V+1V=3.5V),而CAN-Low线上的电压值最多可降至1.5V(2.5V-1V=1.5V)。因此在隐性状态时,CAN-High线与CAN-Low线上的电压差为0V,在显性状态时该差值最低为2V,如图6-8所示。

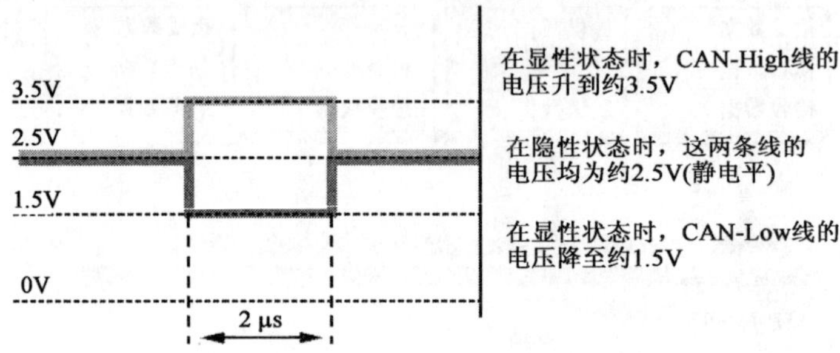

图6-8　CAN数据总线上的信号变化

与所有的CAN导线一样,CAN舒适数据总线也是双线数据总线,其脉冲频率为100kbit/s,所以也称为低速CAN总线。

控制单元通过CAN驱动数据总线的CAN-High线和CAN-Low线来进行数据交换,如车门开/关、车内灯开/关。车辆位置(GPS)等等。由于使用同样的脉冲频率,所以CAN舒适数据总线和CAN Infotainment总线可以共同使用一对导线,当然前提条件是相应的车上有这两种数据总线。CAN舒适总线上的信号变化如图6-9所示。

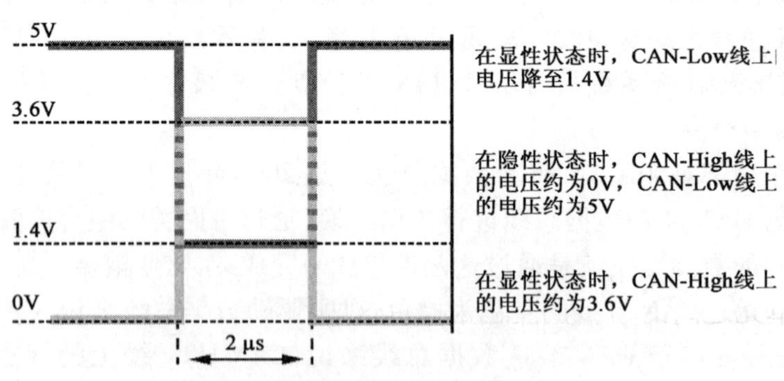

图6-9　CAN舒适数据总线上的信号变化

CAN驱动数据总线通过15号接线柱切断,或经过短时无载运行后切断。CAN数据数据总线由30号接线柱供电且必须保持随时可用状态。为了尽可能降低对供电网产生的符合,在15号接线柱关闭后,若总系统不再需要数十数据总线,那么舒适总线就进入所谓"休眠模式"。CAN舒适数据总线在一条数据线短路,或一条CAN线断路时,可以用另一条线继续工作,这时会自动切换到"单线工况"。CAN驱动数据总线的电信号与CAN舒适数据总线的电信号是不同的。CAN驱动数据总线无法与CAN舒适数据总线进行电气连接;对于某些特殊车型,可能是通过网关控制单元来实现的。

(二)通过网关将三个系统联成网络

由于电压电平和电阻配置不同,所以在CAN驱动数据总线和CAN舒适/Infotainment数据总线之间无法进行耦合连接。

另外这两种数据总线的传输速率是不同的,这就决定了他们无法使用不同的信号。

这就需要在这两个系统之间能完成一个转换。这个转换过程是通过所谓的网关来实现的,根据车辆的不同,网关可能安装在组合仪表内、车上供电控制单元内或在自己的网关控制单元内。

由于通过 CAN 数据总线的所有信息都供网关使用,所以网关也用作诊断接口。从速腾车开始是通过 CAN 数据总线诊断线来完成查询诊断信息这个工作的。

一汽-大众速腾的 CAN 网络,如图 6-10 所示。

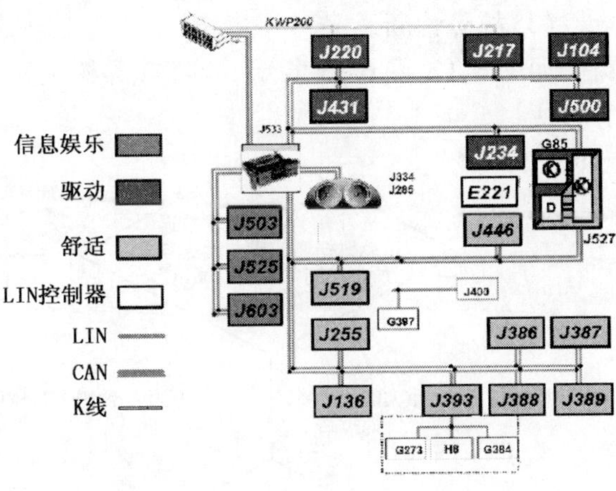

图 6-10　一汽-大众速腾的 CAN 网络

B　能力训练项目

一、CAN 总线故障诊断

(1)将 VAS6150 接到网关上后,可以通过 VAS6150 的主菜单使用功能 19(网关)来查看故障记录,在网关菜单中可通过选择 08 来查看测量数据块,随后必须输入想要查看的测量数据块的号码,如图 6-11 所示。

	1	2	3	4
CAN驱动数据总线				
125	发动机控制单元	变速器控制单元	ABS控制单元	—
126	转向角度传感器	安全气囊控制单元	电动转向*)	柴油泵控制单元*)
127	中央电气*)	全轮驱动*)	车距调节电气系统	—
128	蓄电池管理	电子点火锁	自水平调节	减振调节
129	—	—	—	—
CAN舒适数据总线				
130	单线/双线	中央舒适系统电气	司机车门控制单元	副司机车门控制单元
131	左后车门电气	右后车门电气	司机座椅记忆电气	中央电气
132	组合仪表*)	多功能方向盘	全自动空调	轮胎压力监控
133	车顶电气	副司机座椅记忆电气	后座椅记忆电气	驻车距离调节
134	驻车加热*)	电子点火锁	雨刮电气	—
135	挂车控制单元*)	前部中央操纵显示单元	后部中央操纵显示单元	—
CAN Infotainment数据总线				
140	单线/双线	收音机	导航系统	电话
141	语音操纵*)	CD换碟机*)	网关*)	Telematik*)
142	前部操纵显示单元	后部操纵显示单元	—	组合仪表*)
143	数字式音响系统	多功能方向盘*)	驻车加热	—

*) 取决于车型的特殊装备

图 6-11　故障诊断

(2)用 VAS5051 和欧姆表对 CAN 驱动数据总线进行故障查寻。

CAN 驱动数据总线上最常见的故障可以用 VAS5051 上的万用表/欧姆表来诊断,当然有些故障须使用 VAS5051 上的数字存储式示波器(DSO)来判断。

(3)故障诊断。

如图 6-12、图 6-13 所示,故障查寻树表示的是使用 VAS5051 和万用表/欧姆表的故障查寻方法。

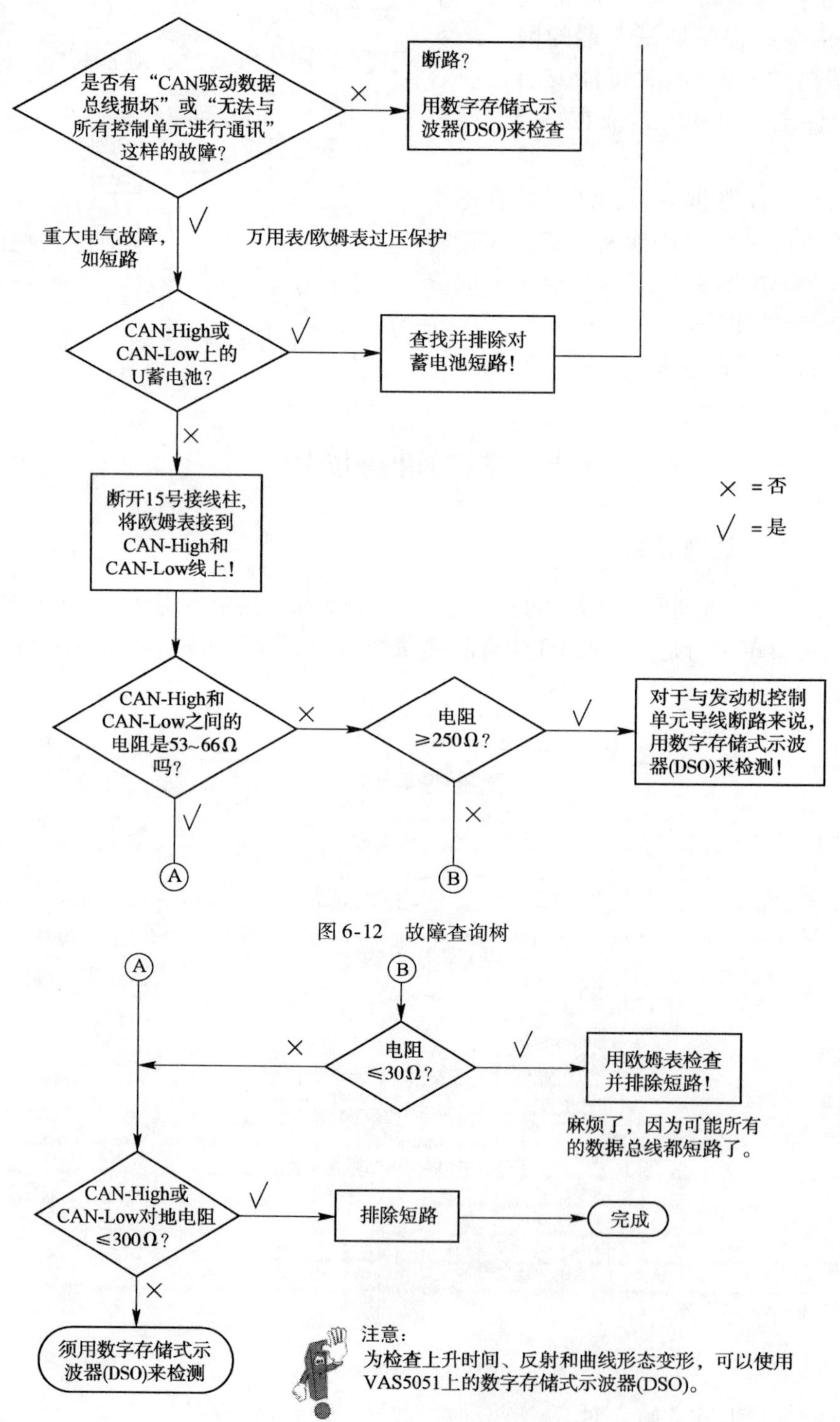

图 6-12　故障查询树

图 6-13　故障查询树

最后确定故障位置,按照维修手册中 CAN 数据总线维修方法进行维修和部件的更换。

项目七　一汽大众轿车维护

X 项目描述

汽车维护内容在汽车维修中占有较大的比重，正确做好汽车的维护工作，及时发现汽车存在的隐患和故障，保证汽车良好的技术性能，延长汽车使用寿命具有重要的意义。

X 项目要求

完成一汽-大众轿车总成或部件的维护工作；熟练完成一汽-大众轿车3000km双人保养作业。

Z 知识目标

知道汽车维护的方法和内容。

N 能力目标

会进行汽车维护操作；完成3000km维护操作。

S 素质目标

安全与防护，车间5S管理，合作、交流、沟通能力的培养

A　相关知识

一、常规检查

（一）发动机舱内检查

打开发动机舱盖，目测检查发动机及其附属部件：检查管路有无干涉、漏油、漏气或损伤；线路有无干涉、破损；插接器连接是否可靠或松动。

防冻液、风窗玻璃清洗液、制动液、燃油系统、制冷和加热系统（软管、接头、液体容器）：检查有无溢漏、干涉和损伤。

（二）车底检查

在汽车维护工位的举升架上升起汽车，目测检查车底：检查发动机有无渗漏机油，检查变速器、主减速器及等速万向节防护套有无渗漏或损坏，检查减振器有无渗漏减振器油，检查燃油管路有无干涉、损伤、漏油，检查排气管有无泄漏，检查驱动轴防尘罩有无破损等，制动系统有无泄漏或损坏，检查车身底部防护层和底饰板是否破损。

二、汽车用油、液的检查与更换

（一）发动机机油液位检查与更换

1. 发动机机油液位检查

检查发动机机油液位时：首先将汽车停放在平整的水平面上，关闭发动机之后，等待3min

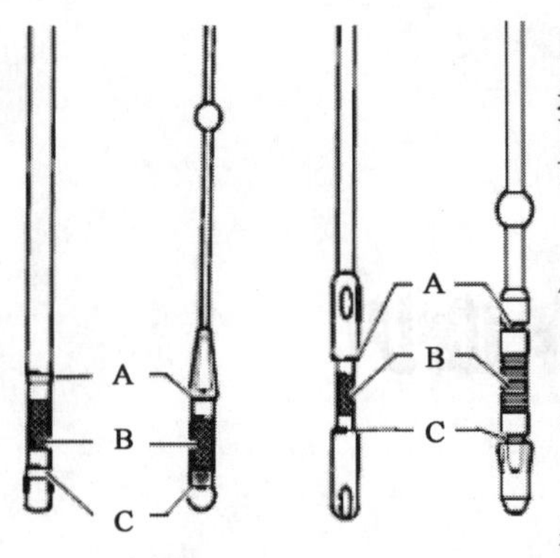

图 7-1　机油尺油位标记

以上，以便使机油流回油底壳；然后拔出机油尺，用干净的抹布擦干净后再次插入机油油尺，直到限位位置；再次拔出机油尺并读取机油油位。如图 7-1 所示。

如果机油液位在标记 A 区，不允许再添加机油；机油液位在 B 区，可以添加机油，加到 A 区即可；机油液位在 C 区，必须添加机油，添加至机油液位位于 B 区时（波纹区）即可。

如果机油液位在标记 A 区上方时，存在损坏尾气催化净化器的危险；机油液位在 C 区下方时，必须添加机油，直至油位位于标记 A 处即可。

2. 更换发动机机油及机油滤清器

对于采用固定式机油滤清器模块的发动机，在更换发动机机油之前，要先更换机油滤清器。

打开机油添加口盖，升起汽车，在放油螺塞的下面放置废弃机油的收集容器，松开机油放油螺塞；用机油滤清器扳手松开机油滤清器并取下，放出发动机机油。

清洁发动机上的密封面（清除掉旧滤清器的密封垫），滤清器内注满机油并用机油涂抹橡胶密封垫，用机油滤清器扳手拧上滤清器。

添加发动机机油至规定值。

（二）冷却液液面高度检查与添加

1. 检查冷却液液位，必要时添加冷却液

在发动机处于冷态时检查冷却液补偿灌中的冷却液液位高度，液面是否处于 Max ~ Min。如果冷却液液位低于 Min，按照混合比（表 7-1）加注冷却液至 Max ~ Min。冷却液浓度不得低于 40%，切不超过 60%，否则会降低防冻能力。

防冻液混合比　　表 7-1

防冻液温度	防冻液添加剂 G12 TL VW774D	水
-25℃	约 40%	约 60%
-35℃	约 50%	约 50%
-40℃	约 60%	约 40%

2. 检查冷却液浓度，如有必要，添加或调整冷却液浓度

用折射仪 T10007 检查冷却液浓度。折射仪如图 7-2所示。检测时，先对折射仪进行零位校准，用 1 ~ 2滴蒸馏水均匀不满棱镜表面，盖好盖朝向亮处在刻度 0 附近一条蓝色的明暗分界线。

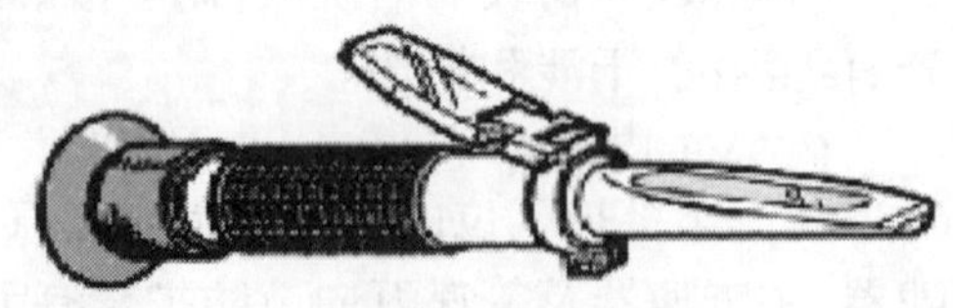
图 7-2　折射仪

校零后，用滴定管将冷却液滴到玻璃上，从明亮分界线读出检查的精确值。检测完冷却液后，用含水的棉纸把镜面、盖板及周围的冷却液擦拭干净。

冷却液防冻能力至少保证 -25℃（寒冷地区至少 -35℃）。即使在比较温暖的季节及温带地区，也不能加水稀释冷却液浓度，冷却液添加剂（G12）至少保证占 40%，不能超过 60%。否则会降低制冷效果。

如果防冻效果过低，排除规定量的防冻液，用冷却液添加剂（G12）补充。

(三)检查风窗玻璃清洗液液面,必要时添加清洗液

检查风窗玻璃清洗液是否缺少,如缺少,补加恰当比例(表7-2)的风窗玻璃清洗液。加注时必须加到储液罐的灌口。

风窗玻璃清洗液比例 表7-2

防冻能力	风窗清洁剂	水
-17℃/-18℃	1份	3份
-22℃/-23℃	1份	2份
-37℃/-38℃	1份	1份

(四)制动液液位检查与更换

1.制动液液位的检查

检查制动液液位是否在Max~Min,制动液的液位取决于摩擦片的磨损情况。新车移交时制动液必须在Max(最高)标记处,为了不使制动液从储液罐中流出,制动液液位不允许超过Max(最高)标记。常规保养时检查制动液液位,必须参照制动摩擦片磨损的情况决定是否添加制动液,在行车时,由于摩擦片的磨损和自动调整会使液位略微降低,当制动摩擦片的磨损快要达到磨损极限时,液位在最低标记Min处和略高于最低标记时,不需要补充制动液,如果液位已降至最低标记Min之下时,添加制动液,但在添加之前必须检查制动系统;当制动摩擦片是新的或者里摩擦片的磨损极限还有很大距离时,制动液液位在Max~Min。

2.制动液的更换

每两年必须更换制动液。

利用专用工具VAS5234或VAG1869进行制动液的更换,其步骤如下:

(1)从制动液储液罐上拧下密封盖。

(2)用专用设备VAS5234或VAG1869的吸油管抽吸尽可能多的制动液。

(3)将适配接头拧在制动液储液罐上。

(4)将加油软管接到适配接头上。

(5)将制动踏板加载装置放到驾驶员座椅和制动踏板之间,并将其预紧。

(6)将用专用设备VAS5234或VAG1869的加注软管连接到适配接头上。

(7)将两个后车轮拆下,以便够到排气螺栓,拔下制动钳排气螺栓的罩盖。

(8)将接油瓶的排气软管接到后部右侧排气螺栓上,打开排气螺栓,放出相应量的制动液,拧上排气螺栓。

(9)将接油瓶的排气软管接到后部左侧排气螺栓上,打开排气螺栓,放出相应量的制动液,拧上排气螺栓。

(10)将接油瓶的排气软管接到前部右侧排气螺栓上,打开排气螺栓,放出相应量的制动液,拧上排气螺栓。

(11)将接油瓶的排气软管接到前部左侧排气螺栓上,打开排气螺栓,放出相应量的制动液,拧上排气螺栓。

(12)将盖帽插到制动钳的排气螺栓上。

(13)用专用设备VAS5234或VAG1869加注制动液。

(14)将加注软管从适配接头上取下,拧下制动液储液罐的适配接头。

(15)检查制动液液位,必要时纠正。

(16)拧上制动液储液罐端盖,拆下制动踏板加载装置。

(17)检查制动踏板压力和制动踏板自由行程。自由行程的最大值为踏板行程的1/3。

3. 注意事项

(1)切勿将制动液与含矿物油的液体(机油、汽油、清洁剂)混合。矿物油会损坏制动装置的密封件和密封套。

(2)制动液是有毒的,具有腐蚀性,因此,不允许与油漆接触。

(3)制动液具有吸湿性,即会吸收空气中的水分,因此,应保存在密封的容器中。

(4)万一有制动液溢出,溅到皮肤上,要用水清洗。

三、轮胎的检查与维护

(一)检查轮胎的状态

检查轮胎滚动面和胎壁是否有损坏以及是否有异物(钉子、铁屑、石子、碎片等);检查轮胎是否侵蚀、滚动面是否单侧磨损、胎壁疏松多孔、切口和刺穿。

(二)轮胎胎面检查

根据前车轮的运行状况可以判断,是否需要检查前束和车轮外倾角:如果轮胎花纹上有毛刺,说明轮距有误;轮胎滚动面单侧磨损严重,说明车轮外倾角有问题。此类磨损现象产生时,应进行四轮定位检查,予以纠正。

(三)轮胎花纹深度检查

用轮胎花纹深度尺检查轮胎深度,在轮胎圆周方向上选 3 个点进行检查,轮胎花纹深度最小值为 1.6mm。有些轮胎在胎侧标有磨损标记,如图 7-3 所示。如果在磨损标记处没有花纹了,则表明轮胎磨损达到最低花纹深度。

图 7-3　轮胎花纹磨损标记

(四)轮胎气压、轮胎换位及轮胎螺栓拧紧力矩

相应车型的轮胎气压值在油箱盖内侧或驾驶员侧 B 柱的标签上能找到,将轮胎气压调整到与车辆的负荷相适应,备胎的压力应为本车型所规定的最高压力。表中列出的轮胎气压值适用于冷态轮胎,当轮胎处于热态时,不要降低提高了轮胎的充气压力。对于冬季轮胎,轮胎充气压力至少须提高 0.2bar。

轮胎换位时同一侧的前轮换至后轮,后轮换至前轮。轮胎的拧紧力矩为 120N·m。

四、制动装置的检查与维护

(一)目测检查下列组件是否泄漏和损坏

制动主缸、制动助力器(带制动防抱死系统时:液压单元)制动力调节器、制动钳。

另外:不能扭曲制动软管;在最大转向角度时制动软管不得接触到汽车的部件;检查制动软管和管路是否有擦伤;检查制动管路接口和固装置是否牢固、是否有泄漏和锈蚀。

(二)摩擦片厚度检查

检查前后摩擦片的厚度。为了更好的判断剩余摩擦片的厚度,将驾驶员侧的车轮拆下,测量内外摩擦片的厚度,不带背板,其厚度为 2mm。如果摩擦片的厚度(不带背板)为 2mm,说明制动摩擦片的厚度达到了磨损极限,必须更换。

更换盘式制动摩擦片时,一定要检查制动盘的磨损情况,必要时更换制动盘。

B 实训操作内容

一、速腾轿车 3000km 双人维护操作技能训练

速腾 3000km 双人维护操作流程

车辆顶起位置 1	A 技师				B 技师			
	步骤	技师位置	内容	操作方法	步骤	技师位置	内容	操作方法
	1	工位内	接受任务，与 B 技师交换信息	1. 接受服务顾问指派； 2. 与 B 技师做工作前的沟通	1	工位内	接受任务，与 A 技师交换信息	1. 接受服务顾问指派； 2. 与 A 技师做工作前的沟通
	2	车辆四周	复检外观	1. 从驾驶员侧逆时针方向检查外观； 2. 坐在车内检查四件套使用	2	工位内	检查工位安全做工作准备	1. 将备件和工具按照 A、B 技师的需求分成两组，准备保养表； 2. 将举升器调至支撑对应车型的准备位置，站在举升器司机侧
	3	驾驶座	检查操控机构	1. 感觉制动踏板、离合器踏板（手动挡）加速踏板行程间隙、自动回位功能，有无干涉、卡滞现象； 2. 检查转向盘调节和锁止功能，有无松旷，最后将转向盘位置还原； 3. 使用车内中控锁开关，测试上锁和开锁功能是否正常； 4. 检查玻璃升降器的控制开关和升降功能，检查后窗锁止功能，最后将玻璃全部落下； 5. 检查左右反光镜是否调节自如，最后将反光镜位置还原				

速腾3000km双人维护操作流程

车辆顶起位置2	A 技师				B 技师			
	步骤	技师位置	内容	操作方法	步骤	技师位置	内容	操作方法
	1	驾驶座	车辆驶入工位	1. 起动发动机，档杆置入前进档，检查操作是否顺畅； 2. 进入工位前必须鸣笛，检查喇叭功能，并且提醒B技师注意引导； 3. 左侧轮胎外沿，与地面行车线对齐，左前轮轴心与停止线垂直； 4. 将档杆置入“P”（手动置空挡）	1	驾驶员侧工位	引导A技师进入工位	1. 引导A技师按照行车线和停止线将车停入工位； 2. 将检测电脑交给A技师
	2	驾驶座	检查雨刷 检查前部灯光 电脑自诊断	1. 测试刮水喷水功能，检查喷水位置和刮水控制柄各挡位功能； 2. 检查刮水器起止位置； 3. 关闭点火开关，向下拨刮水控制柄，将刮水调至维修位置后打开点火开关； 4. 开小灯、照灯、前后雾灯，对照车前凸面镜检查前部灯光是否齐全； 5. 开远光开关，检查远光功能； 6. 开闪光开关，检查闪光功能； 7. 检查仪表或灯光开光上相应指示灯是否正常； 8. 将检测电脑连接，进行电脑自诊断，读取故障存储器内容，消除故障记录，保养归零	2	车辆后方	取出备胎	1. 打开后备箱，在箱口处铺好翼子板护罩，取出备胎，放到轮胎架上； 2. 轻合后备箱盖，不锁上
	3	驾驶座	检查后部灯光检查倒车雷达打开发动机盖	1. 将挡杆置入“R”（手动置倒挡）； 2. 听B技师口令分别打开左、右转向开关，危险报警灯开关，检查车前和仪表显示灯是否正常； 3. 踩制动踏板，辅助检查制动灯； 4. 听B技师口令，仔细聆听倒车警告音是否正常，并向B技师反馈检查信息； 5. 打开发动机盖	3	车辆后方	指挥A技师检查后部灯光、倒车雷达	1. 检查左尾灯、后雾灯、牌照灯、倒车灯、右尾灯是否正常； 2. 依次向A技师发口令：“左转灯、右转灯、危险报警灯、制动灯”检查各灯光是否正常； 3. 边用手慢慢靠近左后倒车雷达，边询问A技师车内的警告音反应是否正常； 4. 从左向右依次检查其他倒车雷达； 5. 打开后备箱盖，用手拢在后备箱灯处，检查灯光是否正常，保持后备箱盖打开； 6. 完毕后向A技师发口令“关灯”

续上表

车辆顶起位置2	A 技师				B 技师			
	步骤	技师位置	内容	操作方法	步骤	技师位置	内容	操作方法
	4	驾驶座	检查仪表车内灯光安全气囊前排座椅、安全带空调、音响、天窗以及其他设备	1. 开关巡航定速开关，检查仪表指示灯是否正常； 2. 用手拢在仪表处，检查仪表背光是否正常； 3. 调节仪表亮度按钮，检查仪表亮度是否变化； 4. 检查各警报指示灯、指针是否正常； 5. 检查并校正仪表时钟； 6. 听B技师口令关闭照灯，将灯光开关放在小灯位置； 7. 将挡杆置入“N”（手动置空挡）； 8. 用手分别拢在车内各按钮处，检查各按钮夜视背光功能是否正常； 9. 打开空调开关，将风量调至最大，检查风量变化； 10. 打开各风向控制按钮，检查各开关功能，从左向右检查各出风口的风量、开闭和风向调节功能； 11. 打开内循环开关，检查开关功能和送风情况，将风量调至最小； 12. 调节温度控制开关，检查开关功能和温度显示变化情况； 13. 将温度调至22℃，检查空调风量是否自动变化； 14. 将空调各控制开关调整至客户进厂时的初始状态，关闭空调； 15. 打开音响开关，调整音量，检查功能是否正常； 16. 检查音响屏幕显示是否正常	4	车辆前方	检查刮水清洁并检查发动机舱内情况检查电瓶、制动油、玻璃水打开机油加注盖	1. 从驾驶员侧回到车前，检查刮水片是否老化破损，是否安装到位； 2. 用翼子板护罩保护车身两前翼子板，打开前机盖； 3. 拆下电瓶护罩，用棉布擦拭电瓶； 4. 检查电瓶和电极安装是否牢固，电瓶有无破损漏液； 5. 清洁极柱； 6. 测试电瓶状况是否正常，打印测试报告； 7. 用棉布简单清洁发动机舱； 8. 拆卸发动机护罩，放在工具车上； 9. 检查制动油液面和油质是否正常，必要时添加； 10. 检查制动总泵和真空助力器是否正常； 11. 检查制动油管是否渗漏，是否有机械干涉； 12. 打开玻璃水加注盖，检查是否可看到液面，必要时添加； 13. 检查发动机是否有泄漏现象； 14. 检查各油路、气路、容器和接头有无渗漏、破损、干涉现象； 15. 检查各电线及插头有无老化、破损、松动和干涉现象； 16. 检查各橡胶件有无老化破损现象； 17. 擦拭加注盖四周，打开盖子，放在工具车上； 18. 擦拭机油加注口和机油尺四周，拔开机油尺，保持前机盖打开

续上表

车辆顶起位置2	A 技 师				B 技 师			
	步骤	技师位置	内容	操作方法	步骤	技师位置	内容	操作方法
	4	驾驶座	检查仪表车内灯光安全气囊前排座椅、安全带空调、音响、天窗以及其它设备	17. 将音响调整至客户进厂时的初始状态，关闭音响； 18. 检查主、辅安全气囊罩壳是否损坏； 19. 检查座椅靠背上气囊的功能是否被限制(座套没有预留气囊位置)； 20. 从左向右检查左遮光板灯、顶灯、右遮光板灯、手套箱灯，用手拢在各灯光处，检查是否正常； 21. 打开烟灰缸，按下点烟器，检查操作是否顺畅，烟灰缸保持打开； 22. 调节天窗开关，检查天窗打开功能是否正常，打开过程是否顺畅，将天窗保持状关闭态； 23. 开关眼镜盒，检查功能是否正常； 24. 用手电光照后视镜的光亮传感器，检查防眩目功能是否正常(非自动后视镜，检查手动防眩目功能)； 25. 检查驻车制动器紧度是否正常；拉紧和松开过程是否顺畅； 26. 检查仪表驻车制动器指示灯是否正常，松开驻车制动器； 27. 从左向右检查前排安全带的高度调节、拉紧和卡扣功能是否正常； 28. 检查座椅各方向调节功能是否正常、顺畅； 29. 检查座椅固定是否牢固； 30. 检查点烟器是否正常弹出，关闭烟灰缸，打开中控锁和油箱盖，关闭点火开关，下车				

续上表

车辆顶起位置2	A 技师				B 技师			
	步骤	技师位置	内容	操作方法	步骤	技师位置	内容	操作方法
	5	驾驶员侧举升器	支撑车辆工作准备	1. 将驾驶员侧举升器的胶垫，支撑在车底边的规定位置； 2. 检查并保证驾驶员侧车辆支撑安全后向B技师做升车手势； 3. 举升器胶垫与车身完全接触后，再次检查司机侧车辆支撑，保证安全后向B技师做升车手势； 4. B技师举升车辆的同时，为B技师准备零件，向量杯中倒入适量机油，并准备燃油滤芯和相应工具	5	副司机举升器	支撑车辆升车	1. 将副驾驶员侧举升器的胶垫，支撑在车底边的规定位置； 2. 检查并保证副驾驶员侧车辆支撑安全； 3. 看到A技师升车手势后，升车； 4. 举升器胶垫与车身完全接触后，再次检查副驾驶员侧车辆支撑并保证安全； 5. 看到A技师升车手势后，升车

车辆顶起位置3	A 技师				B 技师			
	步骤	技师位置	内容	操作方法	步骤	技师位置	内容	操作方法
	1	后部底盘	更换燃油滤芯检查后部底盘	1. 拆卸燃油滤芯，使用棉布吸附溢出燃油； 2. 安装时在新滤芯的管口处涂抹少量润滑脂； 3. 将旧件密封存放； 4. 检查后保险杠安装是否牢固； 5. 检查备胎槽和底盘是否损伤	1	前部底盘	拆卸发动机护板排放机油检查前部底盘	1. 从副驾驶员侧开始拆卸护板，将护板放在工具车上，螺钉放在收集盒里； 2. 将机油桶放在放油螺钉处，慢慢松开放油螺栓，放机油； 3. 检查发动机后侧是否渗漏； 4. 检查排气歧管密封是否正常； 5. 检查转向机有无异常； 6. 检查前桥螺钉紧固标记是否正常； 7. 检查变速器、主减速器、等速万向节有无松动，并检查是否有磕碰、泄漏

续上表

车辆顶起位置3	A 技师				B 技师			
	步骤	技师位置	内容	操作方法	步骤	技师位置	内容	操作方法
	2	车辆左后	检查左后轮胎左后悬挂及排气管	1. 检查轮胎气压,胎面状况清洁胎面杂物,检查三点轮胎深度; 2. 检查下支臂、平衡杆、球头是否松旷受损; 3. 检查刹车分泵、油管是否连接牢固和漏油; 4. 检查驻车制动器拉线、制动油管是否变形、扭曲和有干涉; 5. 检查车轮传感器线路安装是否完好牢固; 6. 检查减振器是否渗漏; 7. 检查排气管是否锈蚀、渗漏; 8. 检查排气吊耳连接是否牢固	2	车辆左前	检查左前悬挂	1. 检查下支臂、平衡杆、定位球头、转向球头、内外球笼是否松旷受损; 2. 检查防尘胶套是否老化、破损; 3. 检查刹车分泵、油管是否连接牢固、无干涉和漏油; 4. 检查车轮传感器线路安装是否完好牢固; 5. 检查减振器是否渗漏; 6. 用手托举轮胎,检查上压力轴承是否正常
	3	车辆右后	检查右后轮胎右后悬挂及燃油管	1. 检查轮胎气压,胎面状况,清洁胎面杂物,检查三点轮胎深度; 2. 检查下支臂、平衡杆、球头是否松旷受损; 3. 检查制动分泵、油管是否连接牢固和漏油; 4. 检查驻车制动器拉线、制动油管是否变形、扭曲和有干涉; 5. 检查车轮传感器线路安装是否完好牢固; 6. 检查减振器是否渗漏; 7. 检查燃油管路是否有干涉受损; 8. 检查油箱安装是否牢固,是否受损	3	车辆右前	检查右前悬挂	1. 检查下支臂、平衡杆、定位球头、转向球头、内外球笼是否松旷受损; 2. 检查防尘胶套是否老化、破损; 3. 检查刹车分泵、油管是否连接牢固、无干涉和漏油; 4. 检查车轮传感器线路安装是否完好牢固; 5. 检查减振器是否渗漏; 6. 用手托举轮胎,检查上压力轴承是否正常

续上表

车辆顶起位置3	A 技师				B 技师			
	步骤	技师位置	内容	操作方法	步骤	技师位置	内容	操作方法
	4	中部底盘	检查排气密封，检查氧传感器	1. 检查排气管接口是否漏气、受损； 2. 检查氧传感器安装和线路是否完好	4	前部底盘	检查水箱 检查/更换皮带 更换机油滤芯 检查变速箱油 安装放油螺栓	1. 检查油、水、空调管路有无老化、破损、渗漏和干涉现象； 2. 检查水箱有无磕碰渗漏； 3. 检查各电线及插头有无老化、破损、松动和干涉现象； 4. 检查发动机皮带有无老化，有裂纹、开裂、有油脂痕迹，张紧度是否正常； 5. 必要时更换，将旧件密封保存； 6. 使用专用工具慢慢松开滤芯，使溢出的机油流到机油桶中，卸下滤芯； 7. 用棉布清洁滤芯底座，检查旧滤芯的密封垫是否已清理干净； 8. 紧固底座螺母，如有松动，需更换机油冷却器密封圈； 9. 将量杯中的机油灌入滤芯，并在新滤芯密封圈上涂抹适量的新机油； 10. 先用手安装滤芯，再用力矩扳手将滤芯紧至标准力矩，清洁残留油迹； 11. 按要求旋开变速器油检查螺钉，检查液面和油质是否正常，安装并紧固螺钉，用漆笔作标记； 12. 更新放油螺栓垫圈，先用手安装螺栓，再用力矩扳手紧固至标准力矩，用漆笔做标记； 13. 清洁残留油迹，将机油车推回原位，到举升器控制按钮处

续上表

车辆顶起位置3	A 技师				B 技师			
	步骤	技师位置	内容	操作方法	步骤	技师位置	内容	操作方法
	5	车辆右前	检查右前轮胎	检查轮胎气压，胎面状况，清洁胎面杂物，检查三点轮胎深度	5	副驾驶员举升器	降车	1. 看到A技师的降车手势后，降车； 2. 降到四轮刚与地面接触即可
	6	车辆左前	检查左前轮胎	1. 检查轮胎气压，胎面状况，清洁胎面杂物，检查三点轮胎深度； 2. 将四条轮胎的检查结果记录在保养检查表上				
	7	驾驶员侧举升器	检查工位安全工作准备	1. 确保工位和四周安全，向B技师做降车手势； 2. B技师下降车辆的同时，为B技师准备机油、空气滤芯，吸尘器等				

车辆顶起位置4	A 技师				B 技师			
	步骤	技师位置	内容	操作方法	步骤	技师位置	内容	操作方法
	1	车辆后方	检查备胎 检查油箱盖	1. 检查轮胎气压，胎面状况，清洁胎面杂物，检查三点轮胎深度； 2. 将备胎放回后备箱中，固定好，关闭后备箱盖； 3. 安装尾气排放装置； 4. 检查油箱盖是否完好，关闭油箱盖	1	车辆前方	加注机油 更换火花塞	1. 按照规定用量加注机油，清洁残留油迹，拧紧机油加注盖； 2. 用专用工具拔掉高压线； 3. 依次拆卸更换火花塞； 4. 安装火花塞，并用力矩扳手紧固至标准力矩； 5. 将旧件密封存放

续上表

车辆顶起位置4	A 技师				B 技师			
	步骤	技师位置	内容	操作方法	步骤	技师位置	内容	操作方法
	2	车辆前方	检查防冻液 检查正时皮带 更换空气滤芯	1. 检查液面高度； 2. 安全打开补水罐盖子，检查防冻液冰点，如需要补充，应添加一定配比的防冻液； 3. 检查涨紧度； 4. 检查是否老化，有裂纹、开裂； 5. 检查是否有油脂痕迹； 6. 拆卸空气滤芯，用吸尘器清理滤芯壳，用棉布擦拭后安装新空气滤芯，并将旧件密封存放	2	车辆前方	指挥A技师起动发动机	1. 安装护罩； 2. 向A技师发口令"着车"，检查发动机工作是否正常
	3	驾驶座	听指令起动发动机 检查发动机运转 灭车、拉手刹	1. 坐在驾驶席，听到B技师"着车"口令后，启动车辆检查是否正常； 2. 关闭点火开关，拉紧驻车制动器，下车； 3. 将尾气排放装置归位	3	车辆四周	拆卸轮胎（螺栓）护罩	1. 所用工具归位，将检查结果记录在保养检查表上； 2. 从左前车轮逆时针拆卸轮胎（螺栓）护罩，放在收集盒里； 3. 到举升器控制按钮处
	4	车辆右后方	检查工位安全	1. 站在车辆右后方，保证工位安全后，向B技师做升车手势； 2. B技师升车时，整理工具； 3. 将旧件集中放置	4	副司机举升器	升车	看到A技师的升车手势后，升车

续上表

车辆顶起位置5	A 技师				B 技师			
	步骤	技师位置	内容	操作方法	步骤	技师位置	内容	操作方法
	1	车辆后方	复检燃油滤芯	检查燃油滤芯安装是否牢固,接头是否渗漏	1	车辆前方	复检机油滤芯	检查放油螺栓和机油滤芯有无渗漏
	2	车辆前方	安装发动机护板	1. 与B技师一起从副司机侧安装护板; 2. 完成后到举升器控制按钮处	2	车辆前方	安装发动机护板	与A技师一起从司机侧安装护板
	3	副司机举升器	降车	1. 看到B技师降车手势后,下降车辆; 2. 降到拆卸轮胎的位置停止	3	车辆左后	检查工位安全	1. 确保工位和四周安全,向A技师做降车手势; 2. A技师下降车辆的同时,分别准备A、B技师拆装轮胎所需的工具后,站在左后轮处

车辆顶起位置6	A 技师				B 技师			
	步骤	技师位置	内容	操作方法	步骤	技师位置	内容	操作方法
	1	车辆右后	检查轮胎轴承 拆卸轮胎 检查刹车片和分泵	1. 上下、左右晃动轮胎,检查轮胎轴承是否松旷; 2. 清洁轮毂表面,用气动扳手先对角松开所有轮拴,再全部卸下,将拆下的轮胎放在轮胎架上; 3. 制动碎屑,用塞规检查刹车片厚度; 4. 制动分泵是否渗漏、卡滞; 5. 胎架及轮胎移至车辆右前轮处	1	车辆左后	检查轮胎轴承 拆卸轮胎 检查刹车片和分泵	1. 上下、左右晃动轮胎,检查轮胎轴承是否松旷; 2. 简单清洁轮毂表面,用气动扳手先对角松开所有轮拴,再全部卸下,将拆下的轮胎放在轮胎架上; 3. 清理制动碎屑,用塞规检查刹车片厚度; 4. 检查制动分泵是否渗漏、卡滞; 5. 将轮胎架及轮胎移至车辆左前轮处

续上表

车辆顶起位置6	A 技师				B 技师			
	步骤	技师位置	内容	操作方法	步骤	技师位置	内容	操作方法
	2	车辆右前	检查轮胎轴承 拆卸轮胎 检查刹车片和分泵 轮胎换位 安装轮胎	1. 上下、左右晃动轮胎，检查轮胎轴承是否松旷； 2. 简单清洁轮毂表面，用气动扳手先对角松开所有轮拴，再全部卸下，将拆下的轮胎放在轮胎架上； 3. 清理制动碎屑，用塞规检查刹车片厚度； 4. 检查制动分泵是否渗漏、卡滞； 5. 检查制动油管是否与悬挂有机械干涉； 6. 将原右后轮安装在右前轮位置，先用手将轮胎螺栓对角安装，再用气动扳手对角旋入，不可紧死	2	车辆左前	检查轮胎轴承 拆卸轮胎 检查制动片和分泵 轮胎换位 安装轮胎	1. 上下、左右晃动轮胎，检查轮胎轴承是否松旷； 2. 简单清洁轮毂表面，用气动扳手先对角松开所有轮拴，再全部卸下，将拆下的轮胎放在轮胎架上； 3. 清理制动碎屑，用塞规检查刹车片厚度； 4. 检查制动分泵是否渗漏、卡滞； 5. 检查制动油管是否与悬挂有机械干涉； 6. 将原左后轮安装在左前轮位置，先用手将轮胎螺栓对角安装，再用气动扳手对角旋入，不可紧死
	3	车辆右后	安装轮胎	1. 将轮胎架移至右后轮处，将原右前轮安装在右后轮位置，先用手将轮胎螺栓对角安装，再用气动扳手对角旋入，不可紧死； 2. 完成后到举升器控制按钮处	3	车辆左后	安装轮胎	将轮胎架移至左后轮处，将原左前轮安装在左后轮位置，先用手将轮胎螺栓对角安装，再用气动扳手对角旋入，不可紧死
	4	副驾驶员举升器	降车	1. 看到 B 技师降车手势后，下降车辆至地面； 2. 将副驾驶员侧举升器胶垫复位	4	车辆左后	检查工位安全	1. 确保工位和四周安全，向 A 技师做降车手势； 2. A 技师下降车辆的同时，将所用工具归位； 3. 准备紧固轮胎螺栓所需工具

续上表

<table>
<tr><th rowspan="2">车辆顶起位置7</th><th colspan="4">A 技 师</th><th colspan="4">B 技 师</th></tr>
<tr><th>步骤</th><th>技师位置</th><th>内容</th><th>操 作 方 法</th><th>步骤</th><th>技师位置</th><th>内容</th><th>操 作 方 法</th></tr>
<tr><td rowspan="3"></td><td rowspan="2">1</td><td rowspan="2">车辆四周</td><td rowspan="2">安装轮胎(螺栓)护罩</td><td rowspan="2">1. 在B技师紧固螺栓后,从左后轮开始用漆笔在螺栓上作标记,然后安装护罩;
2. 将驾驶员侧举升器胶垫复位;
3. 安装左前、右前、右后护罩;
4. 工具归位,将检查结果记录在维护检查表上</td><td>1</td><td>车辆四周</td><td>紧固轮胎螺栓</td><td>1. 从左后轮开始,对角紧固轮胎螺栓至标准力矩;
2. 紧固左前、右前、右后轮胎螺栓</td></tr>
<tr><td>2</td><td>车辆前方</td><td>检查机油液面</td><td>1. 检查机油液面是否正确,必要时调整;
2. 安装好机油尺,关闭前机盖</td></tr>
<tr><td>2</td><td>驾驶室内</td><td>移动车辆至灯光检测位置</td><td>1. 进入驾驶位置,起动发动机;
2. 将车移动到灯光检测位置;
3. 保持发动机运转;
4. 打开照灯,打开发动机盖</td><td>3</td><td>车辆后方</td><td>引导A技师进入灯光检测位置</td><td>1. 引导A技师将车辆停移动至灯光检测位置;
2. 安装尾气排放装置</td></tr>
</table>

<table>
<tr><th rowspan="2">车辆顶起位置8</th><th colspan="4">A 技 师</th><th colspan="4">B 技 师</th></tr>
<tr><th>步骤</th><th>技师位置</th><th>内容</th><th>操 作 方 法</th><th>步骤</th><th>技师位置</th><th>内容</th><th>操 作 方 法</th></tr>
<tr><td></td><td>1</td><td>车辆四周</td><td>润滑维护天窗、车门、后备箱更换花粉滤芯</td><td>1. 下车,准备天窗和车门润滑脂及润滑工具;
2. 先用棉布清理天窗轨道,再用无水酒精清洁轨道;
3. 将适量润滑脂润滑轨道,开关天窗两次;
4. 开关右前车门检查门灯、内外拉手工作是否正常,润滑门锁和铰链,开闭两次车门;
5. 拆卸副驾驶员手套箱,更换花粉滤芯;
6. 用吸尘器清理滤芯壳,并用棉布擦拭,将旧件密封存放;
7. 安装副驾驶员手套箱</td><td>1</td><td>车辆前方</td><td>调整前照明润滑保养发动机盖</td><td>1. 准备灯光测试仪和调试工具;
2. 检查调整前照灯至标准值范围;
3. 润滑前机盖锁和两侧铰链,开闭两次,关闭前机盖</td></tr>
</table>

续上表

车辆顶起位置8	A 技师				B 技师			
	步骤	技师位置	内容	操作方法	步骤	技师位置	内容	操作方法
	1	车辆四周	润滑维护天窗、车门、后备箱更换花粉滤芯	8. 开关左前车门检查门灯、内外拉手工作是否正常,润滑门锁和铰链,开闭两次车门; 9. 开关两后车门检查门灯、内外拉手工作是否正常; 10. 检查儿童锁功能是否正常; 11. 检查安全带高度调节、拉紧和卡扣功能是否正常; 12. 检查阅读灯是否正常; 13. 检查可折叠靠背的锁紧功能是否正常; 14. 润滑两后门锁和铰链,开闭两次车门; 15. 润滑后备箱锁和两侧铰链,开闭两次				
	2	工位内	完成检查表 互检签字 送交检验	1. 所用工具归位,将所有检查结果和车辆改装内容记录在维护检查表上,并签字; 2. 在任务委托书上签字; 3. 进入驾驶位置,起动发动机,关闭所有车窗; 4. 将车辆和单据交质量检验员检验	2	工位内	完成检查表 互检签字 整理工位	1. 所用工具和尾气排放装置归位,将所有检查结果记录在保养检查表上,并签字; 2. 在任务委托书上签字; 3. 整理清洁工具、设备、旧件,现场场地,准备开始下个工作

C 知识拓展

一、汽车维护知识

(一)汽车维护分级和周期

1. 汽车维护的分级

日常维护,一级维护,二级维护。

2. 汽车维护的周期

(1)日常维护的周期

出车前,行车中,收车后。

(2)一级维护、二级维护的周期

①汽车一、二级维护周期的确定,应以汽车行驶里程为基本依据。

汽车一、二级维护行驶里程依据车辆使用说明书的有关规定,同时依据汽车使用条件的不同,由省级交通行政主管部门。

②一、二级维护时间间隔。对于不便用行程里程统计、考核的汽车,可用行驶时间间隔确定一、二级维护周期。其时间(天)间隔可依据汽车使用强度和条件的不同。参照汽车一、二级维护里程周期确定。

(二)汽车维护定义

1. 日常维护

以清洁、补给和安全检视为作业中心内容,由驾驶员负责执行的车辆维护作业。

2. 一级维护

除日常维护作业外,以清洁、润滑、紧固为作业中心内容。并检查有关制度、操纵等安全部件,由维修企业负责执行的车辆维护作业。

3. 二级维护

除一级维护作业外。以检查、调整转向节、转向摇臂、制动蹄片、悬架等经过一定时间的使用容易磨损或变形的安全部件为主,并拆检轮胎,进行轮胎换位,检查调整发动机工作状况和排气污染控制装置等,由维修企业负责执行的车辆维护作业。

(三)日常维护的内容

1. 对汽车外观、发动机外表进行清洁,保持车容整洁。

2. 对汽车各部润滑油(脂)、燃油、冷却液、制动液、各种工作介质、轮胎气压进行检视补给。

3. 对汽车制动、转向、传动、悬挂、灯光、信号等安全部位和位置以及发动机运转状态进行检视、校紧,确保行程安全。

(四)一级维护的作业内容

一级维护作业内容见表7-3。

一级维护作业内容 表7-3

序号	项　目	作业内容	技术要求
1	点火系	检查、调整	正常工作
2	发动机空气滤清器、空压机空气滤清器、曲轴箱通风系空气滤清器、机油滤清器和燃油滤清器	清洁或更换	各滤芯应清洁无破损,上下衬垫无残缺,密封良好;滤清器应清洁,安装牢固

续上表

序号	项　目	作业内容	技术要求
3	曲轴箱油面、化油器油面、冷却液液面、制度液液面高度	检查	符合规定
4	曲轴箱通风装置、三效催化转化装置	外观检查	齐全、无损坏
5	散热器、油底壳、发动机前后支垫、水泵、空压机、进排气歧管、化油器、输油泵、喷油泵连接螺栓	检查校紧	各连接部位螺栓、螺母应紧固，锁销、垫圈及胶垫应完好有效
6	空压机、发电机、空调机皮带	检查皮带磨损、老化程度，调整皮带松紧度	符合规定
7	转向器	检查转向器液面及密封状况，润滑万向节十字轴、横直拉杆、球头销、转向节等部位	符合规定
8	离合器	检查调整离合器	操纵机构应灵敏可靠；踏板自由行程应符合规定
9	变速器、差速器	检查变速器、差速器液面及密封状况，润滑传动轴万向节十字轴、中间承，校紧各部连接螺栓，清洁各通气塞	符合规定
10	制动系	检查紧固各制动管路、检查调整制动踏板自由行程	制动管路接头应不漏气，支架螺栓紧固可靠。制动联动机构应灵敏可靠，储气筒无积水、制动踏板自由行程符合规定
11	车架、车身及各附件	检查、紧固	各部螺栓及拖钩、挂钩应紧固可靠，无裂损，无窜动，齐全有效
12	轮胎	检查轮辋及压条挡圈；检查轮胎气压（包括备胎），并检情况补气；检查轮毂轴承间隙	轮辋及压条挡圈应无裂损、变形；轮胎气压应符合规定，气门嘴帽齐全；轮轴承间隙无明显松旷
13	悬架机构	检查	无损坏、连接可靠
14	蓄电池	检查	电解液液面高度应符合规定，通气孔畅通，电桩夹头清洁、牢固
15	灯光、仪表、信号装置	检查	齐全有效，安装牢固
16	全车润滑点	润滑	各润滑嘴安装正确，齐全有效
17	全车	检查	不漏油、不漏水、不漏气、不漏电、不漏尘，各种防尘罩齐全有效

注：技术要求栏中的"符合规定"指符合实际使用中的有关规定。

（五）二级维护作业内容

1. 二级维护作业过程

汽车二级维护首先要进行检测，汽车进厂后，根据汽车技术档案的记录资料（包括车辆运行记录,维修记录,检测记录,总成修理记录等)和驾驶员反映的车辆使用技术状况(包括汽车动力性、异响、转向、制动及燃、润料消耗等)确定所需检测项目,依据检测结果及车辆实际技术状况进行故障诊断,从而确定附加作业。附加作业项目确定后与基本作业项目一并进行二级维护作业。二级维护过程中要进行过程检验,过程检验项目的技术要求应满足有关的技术标准或规范;二级维护作业完成后,应经维护企业进行竣工检验,竣工检验合格的车辆,由维护企业填写《汽车维护竣工出厂合格证》后方可出厂。

2. 二级维护作业内容见表7-4

二级维护作业项目　　表7-4

序号	作业项目	作业内容	技术要求
1	整车装备与标识符	检查,紧固	标识安全,装备完整,有效,各部件连接可靠
2	车驾,车身,驾驶室	检查,紧固	性能可靠,工作良好 无变形,断裂,脱焊,连接螺栓,铆钉紧固
3	内装饰	检查,紧固	设备完好,无松动
4	空调系统	检查空调系统工作状况,密封状况	1)制冷系统密封,制冷效果良好; 2)暖气装置工作正常
5	空气压缩机	清洁,校紧	清洁,连接可靠,无漏气,安全阀工作正常
6	发动机机油,机油滤清器	1)更换机油; 2)视情更换机油滤清器	1)润滑油规格性能指标符合规定; 2)液面高度符合规定; 3)机油滤清器密封良好,无堵塞,完好有效
7	检查润滑油油面高度	检查转向器,变速器,主减速器等润滑油规格和液面高度,不足时按要求补给	符合出厂规定
8	空气滤清器	清洁空气滤清器	空气滤清器清洁有效,安装可靠恒温进气装置真空软管安装可靠,进气转换阀工作灵敏,准确
9	1)燃油箱及油管; 2)燃油滤清器; 3)燃油泵	1)检查接头及密封情况; 2)清洁燃油滤清器,并视情更换; 3)检查燃油泵,必要时更换	1)接头无破损,渗漏,紧固可靠; 2)燃油滤清器工作正常; 3)燃油泵工作正常,油压符合规定
10	燃油蒸发控制装置	检查清洁,必要时更换	工作正常
11	曲轴箱通风装置	检查,清洁	清洁畅通,连接可靠,不漏气,各阀门无堵塞,卡滞现象,灵敏有效,符合规定
12	增压器,中冷器	检查,清洁	符合规格

续上表

序号	作业项目	作业内容	技术要求
13	散热器,膨胀箱,百叶窗,水泵,节温器,转动皮带	1)检查密封情况,箱盖压力阀,液面高度,水泵; 2)检查皮带外观,调整皮带松紧度	1)散热器及软管无变形,破损及渗漏;箱盖接合表面良好,胶垫不老化,箱盖压力阀开启压力符合要求;水泵不漏水,无异响;节温器工作性能符合规定; 2)皮带应无裂痕和过量磨损,表面无油污,皮带松紧度符合规定
14	1)进,排气歧管,消声器,排气管; 2)汽缸盖	1)检查,紧固,视情补焊或更换; 2)按规定次序和扭紧力矩,校紧汽缸盖	1)无裂纹,漏气,消声器性能良好; 2)扭紧力矩符合规定
15	发动机支架	检查,紧固	连接牢固,无变形和裂纹
16	化油器及联动机构	清洁,检查,紧固	清洁,联动机构运动灵活,连接牢固,无漏油、漏气现象,工作系统和附加装置工作正常
17	喷油器,喷油泵	检查喷油器和喷油泵的作用,必要时检测喷油压力和喷油状况,视情调整供油提前角	1)喷油器雾化良好,无滴油、漏油现象,喷油压力符合规定; 2)供油提前角符合规定
18	气门间隙	检查调整	符合规定
19	分电器,高压线	清洁,检查	分电器无油污,调整触电间隙在规定范围内,无松旷.漏电现象,高压线性能符合规定
20	火花塞	清洁,检查或更改火花塞,调整电极间隙	电极表面清洁,间隙符合规定
21	电控燃油喷射系统供油管路	检查密封状况	密封良好,作用正常
22	发动机,发电机调节器,起动机	清洁,润滑	符合规定
23	蓄电池	检查,清洁,补给	清洁,安装牢固,电解液液面符合规定
24	前照灯,仪表,喇叭,刮水器,全车电器线路	检查,调整,必要时修理或更换	1)前照灯,喇叭,各仪表及信号装置功能齐全、有效,符合规定; 2)刮水器电机运转无异响,连动杆连接可靠; 3)全车线路整齐,连接可靠,绝缘良好
25	发电机,发电机调节器,起动机	清洁,润滑	符合规定
26	ABS 装置	检查,调整,必要时修理或更换	线路连接完好,工作正常
27	行车记录仪	检查,调整,必要时修理或更换	线路连接完好,工作正常

续上表

序号	作业项目	作业内容	技术要求
28	缓速器	检查,调整	连接可靠,工作正常
29	空气悬挂	检查,调整,必要时修理或更换	连接可靠,工作正常
30	前束及转向角	调整	符合规定
31	电子控制装置	检查,调整,必要时修理或更换	消除故障码,工作正常
32	空气调节与控制装置	检查,调整,必要时修理或更换	工作正常
33	转向器,转向传动机构	1)检查转向器传动机构的工作状况和密封性,校紧各部螺栓; 2)检查调整转向盘自由转动量	转向盘自由转动量符合规定,转向轻便、灵活,无卡滞和漏油现象,垂臂及转向节臂无弯曲及裂损,各部螺栓连接可靠
34	变速器,差速器	检查密封状况和操纵机构,清洁通气孔	密封良好,通气孔畅通,操纵机构作用正常,无异响、跳动、乱挡现象
35	传动轴,传动轴承支架,中间轴承	1)检查防尘罩; 2)检查传动轴万向节工作状况; 3)检查传动轴承支架; 4)检查中间轴承间	1)口防尘罩不得有裂纹、损坏,卡箍可靠,支架无松动; 2)万向节不松旷,无卡滞,无异响; 3)传动轴支架无松动; 4)中间轴承间隙符合规定
36	转向器,转向传动机构	1)检查转向器传动机构的工作状态和密封性,校紧各部螺栓; 2)检查调整转向盘自由转动量	转向盘自由转动量符合规定,转向轻便、灵活,无卡滞和漏油现象,垂臂及转向节臂无弯曲及裂损,各螺栓连接可靠
37	前束及转向角	调整	符合规定
38	变速器,差速器	检查密封状况和操纵机构,清洁通气孔	密封良好,通气孔畅通,操纵机构作用正常,无异响、跳动、乱挡现象
39	传动轴,传动轴承支架,中间轴承	1)检查防尘罩; 2)检查传动轴承万向节工作状态; 3)检查传动轴承支架; 4)检查中间轴承间	1)口防尘罩不得有裂纹、损坏,卡箍可靠,支架无松动; 2)万向节不松旷,无卡滞,无异响; 3)传动轴支架无松动; 4)中间轴承间隙符合规定
40	四轮定位	检查,调整四轮定位	符合规定
41	前轮制动器调整臂	检查前轮制动器调整臂的作用	作用正常

续上表

序号	作业项目	作业内容	技术要求
42	拆卸轮毂	拆卸前轮毂总成,制动蹄,支承销;清洁转向节,轴承,支承销,清洁制动底版等零件	清洁无油污
43	制动盘,制动凸轮轴	检查制动盘,制动凸轮轴,校紧装置螺栓	1)制动底板不变形,按规定力矩扭紧装置螺栓; 2)凸轮轴转动灵活,无卡滞,转向间隙符合规定
44	转向节	检查转向节及螺母,保险片及油封.转向节臂,校紧装置螺栓	1)转向节无裂纹,螺纹完好,与螺母配合应无径向松旷,保险片作用良好,油封完好不漏油; 2)转向节轴径与轴承的配合间隙符合要求,转向节臂装置螺栓扭紧力矩符合规定
45	离合器	调整离合器踏板自由行程	离合器踏板自由行程符合规定
46	制动蹄复位弹簧	检查制动蹄复位弹簧	复位应无明显变形,自由长度、拉力符合规定
47	内外轴承	检查内轴承	滚柱保持架无断裂,滚柱子不脱落,无裂损和烧蚀,轴承内圈无裂损和烧蚀
48	制动蹄及支承销	检查制动蹄及支承销	1)制动蹄无裂纹及明显变形,摩擦片不破裂,铆接可靠,摩擦片厚度符合规定; 2)支承销无过量磨损,支承销与制动蹄承孔衬套配合间隙符合规定
49	检查轮毂	检查前轮毂制动鼓及轴承外座圈,校紧轮胎螺栓内螺母	1)轮胎无裂损; 2)轴承外座圈无裂纹,无麻点,无烧蚀; 3)制动鼓无裂纹,外边缘不得高出工作表面,检视孔完整,内径尺寸、圆度误差、左右内径差符合规定; 4)轮胎螺栓齐全完好,规格一致,按规定力矩扭紧
50	装复轮毂	装复前轮毂、调整前轮轴承松紧度及制动间隙	1)装复支承销,制动蹄支承销孔均应涂润滑脂,开口销或卡簧齐全有效; 2)润滑轴承; 3)制动鼓、制动片表面清洁,无油污; 4)制动片与制动鼓的阀隙应符合规定,转动无碰擦现象或声响,检视孔挡板齐全; 5)轮毂转动灵活,用拉力测量时课转动
51	制动管路,阀	检查紧固	制动阀及管路接头牢固有效
52	半轴,轮毂总成	拆半轴、轮毂总成、制动体、支承销,清洗各零件及制动底板、半轴套管	1)轮毂通气孔畅通; 2)各零件及制动盘、后桥套管清洗无油污
53	制动底板	检查制动底板、制动凸轮轴,校紧连按螺栓	1)制动底板不变形,连接螺栓按规定力矩紧固; 2)凸轮轴转动灵活,无卡滞,轮向间隙和间隙符合规定
54	后桥	检查后桥半轴套管、螺母及油封	1)套管无裂纹及明显松动,与螺母配合无径向松旷; 2)油封完好,无损坏,无漏油; 3)套管颈与轴承配合间隙符合规定

续上表

序号	作业项目	作业内容	技 术 要 求
55	内外轴承	检查内外轴承	1)轴承保持架无断裂,滚柱不脱落,无裂损和烧蚀; 2)轴承内座圈无裂纹、烧蚀
56	制动蹄及支承销	检查制动蹄及支承销	1)制动蹄无裂纹及变形,摩擦片不破裂,铆接可靠,摩擦片厚度符合规定; 2)支承销制动蹄承孔衬套配合间隙符合规定; 3)支承销无过量磨损
57	制动蹄复位弹簧	检查制动蹄复位弹簧	复位弹簧无变形,自由长度符合规定,拉力良好
58	半轴	检查半轴	半轴无明显弯曲,不磨套管,无裂纹,花键无过量磨损或扭曲变形
59	后轮毂	检查后轮毂、制动鼓及轴承外座圈,检查扭曲半轴螺栓,检查轮胎螺栓,校紧内螺母	1)轮毂无裂损; 2)轴承外座圈不松动,无损坏,制动鼓无裂纹,内径、圆度误差、左右内径差符合规定,外边缘不得高出工作表面,制动鼓检视孔完整
60	半轴	检查半轴	半轴无明显弯曲,不磨套管,无裂纹,花键无过量磨损或弯曲变形
61	制动间隙	装复后轮毂,调整制动间隙	1)装复支承销、制动蹄片时,承孔均应涂润滑脂,开口销或卡簧齐全可靠; 2)润滑轴承; 3)套管轴颈表面应涂机油后再装上轴承; 4)制动蹄片、制动鼓面应清洁,无油污; 5)制动蹄片与制动鼓的间隙应符合规定,转动无碰擦现象或声响,检视孔挡板齐全紧固; 6)轮毂转动灵活,拉力符合规定; 7)锁紧螺母按规定力矩扭紧
62	驻车制动	检查制动蹄厚度,检查制动器自由行程	视情更换制动蹄片,制动器自由行程符合规定,驻车制动性能良好
63	悬架	检查、紧固,视情补焊、校正	不松动、无裂纹,无短片,按规定扭紧力矩紧固螺栓
64	轮胎(包括备胎)	检查紧固,补气,进行轮胎换位,磨损严重时更换轮胎	气压符合规定,清洁,无裂损、老化、变形,气门嘴完好,轮胎螺栓紧固,轮胎螺栓紧固,轮胎的装用符合规定
65	润滑	全车加注润滑脂的部位全部润滑	润滑脂嘴齐全有效,润滑良好
66	钢板弹簧	检查	钢板弹簧应无断裂,钢板销、衬套完好且连接可靠,钢板U形螺栓紧固力矩符合要求
67	减振器	检查,紧固	减振器要求不漏油,且连接可靠
68	车架	检查	要求车架无变形,车架纵横梁无裂纹,车架铆钉无松动
69	前后轴	检查	要求前后轴无变形,无裂纹

注:技术要求栏中的“符合规定“指同时符合制造厂家和国家标准或地方标准;当没有国家或行业标准时,以制造厂家技术要求为准;当没有厂家的技术要求时,以本标准为准。

参考文献

[1] 李恒宾,王海峰.汽车检测与诊断技术[M].北京:北京邮电大学出版社,2012.

[2] 张凤山,张春华.速腾/迈腾轿车快修精修手册[M].北京:机械工业出版社,2011.

[3] 左适够.汽车结构与拆装[M].北京:高等教育出版社,2007.

[4] 汤定国.汽车发动机构造与维修[M].人民交通出版社,2005.

[5] 赵文天.汽车电器设备构造与维修[M].北京:北京邮电大学出版社,2012.

[6] 一汽-大众售后服务培训自学手册405.

[7] 一汽-大众 CAN 数据总线自学手册.

[8] 1.4tsi 发动机技术解密　汽车频道。和讯网。2012 年 06 月 07 日 01:55 来源:第一车网.

[9] 高强.速腾轿车电子油门故障排除.百度文库.

[10] 周林福.汽车拆装[M].北京:人民交通出版社,2011.

[11] 纪伟.轿车底盘故障诊断与分析[M].北京:机械工业出版社,2009.

[12] 彭高宏.汽车故障诊断设备使用一书通[M].北京:广东科技出版社,2008.7.

[13] 王尚军.汽车常用检测设备的使用[M].北京:机械工业出版社,2009.1.

[14] 吴文琳.新款汽车万用表检测速查手册[M].北京:机械工业出版社,2011.2.

[15] 张润生.汽车空调维修[M].北京:人民交通出版社,2005.

[16] 一汽-大众 SAGITAR 培训教程.

参考文献